统计与数据科学丛书 5

张量学习理论及其应用

杨晓伟　郝志峰　何丽芳　著

科学出版社

北　京

内 容 简 介

自然图像、高光谱图像、医学图像、视频以及社交网络数据本质上都属于多模态数据，张量是多模态数据的自然表示形式. 近十余年来，张量学习的研究引起了国内外研究者的广泛关注，并取得了一批非常优秀的成果，被广泛应用于机器学习、模式识别、图像处理、计算机视觉、数据挖掘以及社交网络分析等领域. 本书从张量的基本概念和代数运算出发，基于多元统计分析和小样本学习理论的两条主线，详细归纳和总结了国内外研究者在张量分解、张量子空间学习、有监督张量学习、带噪声和缺失数据的张量子空间学习、张量子空间学习在图像补全和去噪中的应用、张量子空间学习在数据挖掘中的应用等方面取得的最新成果.

本书可作为统计学、计算数学、计算机科学、人工智能、自动化以及大数据等有关专业的高年级本科生和研究生教学参考书，也可作为机器学习、模式识别、图像处理、计算机视觉、数据挖掘和社交网络分析等领域的教师与科研工作者的参考书.

图书在版编目（CIP）数据

张量学习理论及其应用/杨晓伟，郝志峰，何丽芳著. —北京：科学出版社，2023.9
（统计与数据科学丛书）
ISBN 978-7-03-076457-7

I.①张… II.①杨… ②郝… ③何… III.①张量-研究 IV.①O183.2

中国国家版本馆 CIP 数据核字 (2023) 第 186341 号

责任编辑：李 欣 范培培／责任校对：彭珍珍
责任印制：张 伟／封面设计：无极书装

科学出版社 出版
北京东黄城根北街 16 号
邮政编码：100717
http://www.sciencep.com
北京九州迅驰传媒文化有限公司 印刷
科学出版社发行 各地新华书店经销
*
2023 年 9 月第 一 版 开本：720×1000 B5
2023 年 9 月第一次印刷 印张：17 1/2
字数：353 000

定价：128.00 元
（如有印装质量问题，我社负责调换）

“统计与数据科学丛书”序

统计学是一门集收集、处理、分析与解释量化的数据的科学. 统计学也包含了一些实验科学的因素, 例如通过设计收集数据的实验方案获取有价值的数据, 为提供优化的决策以及推断问题中的因果关系提供依据.

统计学主要起源对国家经济以及人口的描述, 那时统计研究基本上是经济学的范畴. 之后, 因心理学、医学、人体测量学、遗传学和农业的需要逐渐发展壮大, 20 世纪上半叶是统计学发展的辉煌时代. 世界各国学者在共同努力下, 逐渐建立了统计学的框架, 并将其发展成为一个成熟的学科. 随着科学技术的进步, 作为信息处理的重要手段, 统计学已经从政府决策机构收集数据的管理工具发展成为各行各业必备的基础知识.

从 20 世纪 60 年代开始, 计算机技术的发展给统计学注入了新的发展动力. 特别是近二十年来, 社会生产活动与科学技术的数字化进程不断加快, 人们越来越多地希望能够从大量的数据中总结出一些经验规律, 对各行各业的发展提供数据科学的方法论, 统计学在其中扮演了越来越重要的角色. 从 20 世纪 80 年代开始, 科学家就阐明了统计学与数据科学的紧密关系. 进入 21 世纪, 把统计学扩展到数据计算的前沿领域已经成为当前重要的研究方向. 针对这一发展趋势, 进一步提高我国的统计学与数据处理的研究水平, 应用与数据分析有关的技术和理论服务社会, 加快青年人才的培养, 是我们当今面临的重要和紧迫的任务. “统计与数据科学丛书”因此应运而生.

这套丛书旨在针对一些重要的统计学及其计算的相关领域与研究方向作较系统的介绍. 既阐述该领域的基础知识, 又反映其新发展, 力求深入浅出, 简明扼要, 注重创新. 丛书面向统计学、计算机科学、管理科学、经济金融等领域的高校师生、科研人员以及实际应用人员, 也可以作为大学相关专业的高年级本科生、研究生的教材或参考书.

朱力行

2019 年 11 月

前　言

张量分析是连续介质力学的重要数学基础, 广泛应用于流体力学、弹性力学、塑性力学、材料力学、理论力学、量子力学等力学分支中. 近十余年来, 基于多模态数据（自然图像、高光谱图像、医学图像、视频以及社交网络数据）的张量表示和多元统计分析, 研究者把它广泛应用于机器学习、模式识别、图像处理和数据挖掘等人工智能领域, 取得了一批优秀的科研成果.

从 2009 年开始, 基于数据的张量表示, 作者在张量子空间学习、有监督张量学习、半监督张量学习、张量的核函数构造、张量的特征选择、图像去噪、图像补全和社交网络分析等方面开展了深入的研究. 基于作者多年来在张量学习理论及其应用方面的研究基础, 本书首先从力学中使用的张量基本概念和代数运算的角度出发解释了人工智能领域中相关概念和运算的本质, 然后从多元统计分析和小样本学习理论的角度出发, 详细归纳和总结了近十余年来国内外研究者在张量分解、张量子空间学习、有监督张量学习、带噪声和缺失数据的张量子空间学习、张量子空间学习在图像补全和去噪中的应用、张量子空间学习在数据挖掘中的应用等方面取得的最新研究成果. 希望本书的出版能够对从事机器学习、模式识别、图像处理、计算机视觉、数据挖掘和社交网络分析等领域研究工作的科研工作者起到一个抛砖引玉的作用.

本书的工作得到了广东省科技厅重大项目“精密探测金属表面噪声和环境磁场的囚禁离子探针的实验探究” (2020B0303300001)、国家自然科学基金面上项目“带类噪声的大规模张量分类算法研究” (61273295)、广东省自然科学基金面上项目“大规模张量子空间学习算法研究” (2019A1515011411)、广州市科技计划项目 (基础研究类)“大样本人脸识别的张量回归算法研究” (201607010069) 的资助。感谢本书的责任编辑李欣老师, 在本书出版的过程中, 李老师付出了大量辛勤的汗水!

本书注重相关算法的数学原理分析和原始创新, 一些纯粹的应用性成果可能没有涉及. 尽管我们对书稿进行了多次检查, 但书中难免会存在一些不足之处, 敬请各位读者批评指正!

杨晓伟　郝志峰　何丽芳

2023 年 3 月 15 日

目　　录

第 1 章　张量的基本概念和代数运算

张量分析是连续介质力学的重要数学基础[1,2], 广泛应用于流体力学、弹性力学、塑性力学、材料力学、理论力学、量子力学等力学分支中. 最近十余年来, 基于多模态数据 (自然图像、高光谱图像、医学图像、视频、社交网络数据) 的张量表示和多元统计分析, 研究者把它广泛应用于机器学习、模式识别、图像处理和数据挖掘等人工智能领域[3-6]. 由于使用的对象和目的不同, 在力学和人工智能领域中, 张量的定义和代数运算存在一些描述的不同之处. 为了让交叉学科的研究者能够从数学角度更好地理解张量的定义及其代数运算的本质, 在本章中, 我们首先根据文献 [1] 从并矢的角度出发介绍张量的定义及其代数运算, 然后详细讨论机器学习、模式识别、图像处理和数据挖掘领域中的张量定义及其代数运算与力学中相关概念的联系.

1.1　矢量及其代数运算

定义 1-1 (矢量)　在三维欧氏空间中, 矢量是具有大小和方向且满足一定规则的实体, 用小写黑体字母表示, 例如: $\boldsymbol{u}, \boldsymbol{v}, \boldsymbol{w}$ 等. 它们所对应矢量的大小 (模或者值) 分别用 $|\boldsymbol{u}|, |\boldsymbol{v}|, |\boldsymbol{w}|$ 表示. 称模为零的矢量为零矢量, 用 $\boldsymbol{0}$ 表示. 称与矢量 $\boldsymbol{u}$ 的模相等但方向相反的矢量为 $\boldsymbol{u}$ 的负矢量, 用 $-\boldsymbol{u}$ 表示.

矢量满足下列规则.

(1) 相等: 如果两个矢量具有相同的模和方向, 则称两个矢量相等.

(2) 矢量和: 按照平行四边形法则定义矢量和. 同一空间中两个矢量之和仍然是该空间中的一个矢量. 矢量和满足交换律 $\boldsymbol{u}+\boldsymbol{v} = \boldsymbol{v}+\boldsymbol{u}$ 和结合律 $(\boldsymbol{u} + \boldsymbol{v})+\boldsymbol{w} = \boldsymbol{u} + (\boldsymbol{v} + \boldsymbol{w})$.

(3) 数乘矢量: 矢量 $\boldsymbol{u}$ 乘实数 a 仍是同一空间中的矢量, 记作 $\boldsymbol{v} = a\boldsymbol{u}$. 数乘矢量满足分配律 $(a + b)\,\boldsymbol{u} = a\boldsymbol{u} + b\boldsymbol{u}; a\,(\boldsymbol{u} + \boldsymbol{v}) = a\boldsymbol{u} + a\boldsymbol{v}$ 和结合律 $(ab)\,\boldsymbol{u} = a\,(b\boldsymbol{u})$.

定义 1-2 (线性相关)　矢量组 $\boldsymbol{u}_1, \boldsymbol{u}_2, \cdots, \boldsymbol{u}_n$ 线性相关是指存在一组不全为零的实数 $a_1, a_2, \cdots, a_n$, 使得 $\sum\limits_{i=1}^{n} a_i\boldsymbol{u}_i = \boldsymbol{0}$.

定义 1-3 (线性无关)　矢量组 $\boldsymbol{u}_1, \boldsymbol{u}_2, \cdots, \boldsymbol{u}_n$ 线性无关是指当一组实数 a_1,

$a_2, \cdots, a_n$ 全为零时, $\sum\limits_{i=1}^{n} a_i \boldsymbol{u}_i = \boldsymbol{0}$ 才成立.

定义 1-4 (矢量的维数) 一个矢量空间所包含的最大线性无关矢量的数目称为该矢量空间的维数.

定义 1-5 (矢量的点积) 两个矢量 $\boldsymbol{u}$ 和 $\boldsymbol{v}$ 的点积 $\boldsymbol{u} \cdot \boldsymbol{v} = |\boldsymbol{u}|\,|\boldsymbol{v}| \cos(\boldsymbol{u}, \boldsymbol{v})$, 式中 $(\boldsymbol{u}, \boldsymbol{v})$ 表示矢量 $\boldsymbol{u}$ 和 $\boldsymbol{v}$ 的夹角.

定义 1-6 (矢量的叉积) 两个矢量 $\boldsymbol{u}$ 和 $\boldsymbol{v}$ 的叉积 (也称矢积) 是垂直于 $\boldsymbol{u}$ 和 $\boldsymbol{v}$ 构成的平面的另一个矢量, 定义为

$$\boldsymbol{w} = \boldsymbol{u} \times \boldsymbol{v} = \begin{vmatrix} i & j & k \\ u_1 & u_2 & u_3 \\ v_1 & v_2 & v_3 \end{vmatrix} \tag{1-1-1}$$

三个矢量的二重叉积满足恒等式 $\boldsymbol{w} \times (\boldsymbol{u} \times \boldsymbol{v}) = (\boldsymbol{w} \cdot \boldsymbol{v})\,\boldsymbol{u} - (\boldsymbol{w} \cdot \boldsymbol{u})\,\boldsymbol{v}$.

定义 1-7 (矢量的混合积) 三个矢量的混合积为 $[\boldsymbol{w}, \boldsymbol{u}, \boldsymbol{v}] = (\boldsymbol{w} \times \boldsymbol{v}) \cdot \boldsymbol{u} = \boldsymbol{w} \cdot (\boldsymbol{v} \times \boldsymbol{u})$. 在三维欧氏空间中, 令 $\boldsymbol{w} = w_1 \boldsymbol{e}_1 + w_2 \boldsymbol{e}_2 + w_3 \boldsymbol{e}_3$, $\boldsymbol{u} = u_1 \boldsymbol{e}_1 + u_2 \boldsymbol{e}_2 + u_3 \boldsymbol{e}_3$, $\boldsymbol{v} = v_1 \boldsymbol{e}_1 + v_2 \boldsymbol{e}_2 + v_3 \boldsymbol{e}_3$, 其中 $\boldsymbol{e}_i\,(i = 1, 2, 3)$ 是基矢量, 则

$$[\boldsymbol{w}, \boldsymbol{u}, \boldsymbol{v}] = \boldsymbol{w} \cdot (\boldsymbol{v} \times \boldsymbol{u}) = \begin{vmatrix} w_1 & v_1 & u_1 \\ w_2 & v_2 & u_2 \\ w_3 & v_3 & u_3 \end{vmatrix}$$

1.2 斜角直线坐标系的基矢量和矢量分量

设平面内坐标线互不正交的直线坐标系 x_1, x_2 如图 1-1 所示. 其中, $\boldsymbol{g}_1$ 和 $\boldsymbol{g}_2$ 是沿坐标线 x_1 和 x_2 的参考矢量. 对于任意的矢量 $\boldsymbol{P}$, 设它在 $\boldsymbol{g}_1$ 和 $\boldsymbol{g}_2$ 上的投影分量分别为 p^1 和 p^2, 则 $\boldsymbol{P}$ 可以表示为下列形式:

$$\boldsymbol{P} = p^1 \boldsymbol{g}_1 + p^2 \boldsymbol{g}_2 \tag{1-2-1}$$

设与 $\boldsymbol{g}_i\,(i = 1, 2)$ 对偶的矢量 $\boldsymbol{g}^j\,(j = 1, 2)$ 满足下列条件:

$$\boldsymbol{g}_1 \cdot \boldsymbol{g}^2 = \boldsymbol{g}^2 \cdot \boldsymbol{g}_1 = 0 \tag{1-2-2}$$

$$\boldsymbol{g}^1 \cdot \boldsymbol{g}_1 = \boldsymbol{g}^2 \cdot \boldsymbol{g}_2 = 1 \tag{1-2-3}$$

则称 $\boldsymbol{g}_i\,(i = 1, 2)$ 和 $\boldsymbol{g}^j\,(j = 1, 2)$ 分别为协变基矢量和逆变基矢量. 显然, $p^i = \boldsymbol{P} \cdot \boldsymbol{g}^i\,(i = 1, 2)$, 我们称其为矢量 $\boldsymbol{P}$ 的逆变分量.

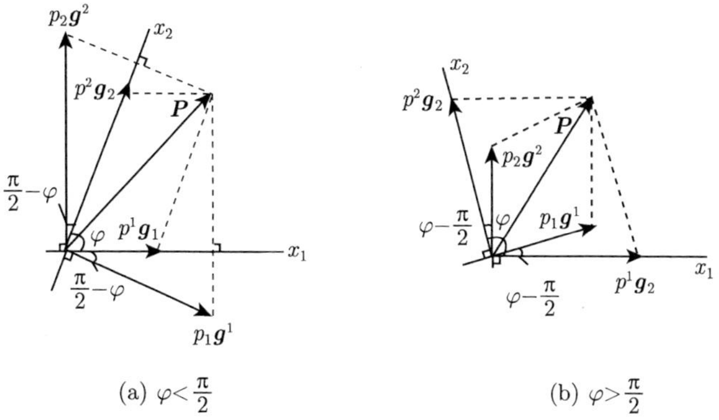

图 1-1 平面内的斜角直线坐标系

设 $\boldsymbol{P}$ 在 $\boldsymbol{g}^1$ 和 $\boldsymbol{g}^2$ 上的投影分量分别为 p_1 和 p_2, 则 $\boldsymbol{P}$ 也可以表示为下列形式:

$$\boldsymbol{P}=p_1\boldsymbol{g}^1+p_2\boldsymbol{g}^2 \tag{1-2-4}$$

显然 $p_i=\boldsymbol{P}\cdot\boldsymbol{g}_i\,(i=1,2)$, 我们称其为矢量 $\boldsymbol{P}$ 的协变分量. 在笛卡尔坐标系中, 基矢量是标准正交基, 一组协变基矢量和对应的逆变基矢量完全重合, 不需要区分上下指标.

三维空间中的点位置可以用原点到该点的矢量 $\boldsymbol{r}\left(x^1,x^2,x^3\right)$ 表示 (见图 1-2). 对于直线坐标系, $\boldsymbol{r}$ 与坐标呈下列线性关系:

$$\boldsymbol{r}=x^1\boldsymbol{g}_1+x^2\boldsymbol{g}_2+x^3\boldsymbol{g}_3 \tag{1-2-5}$$

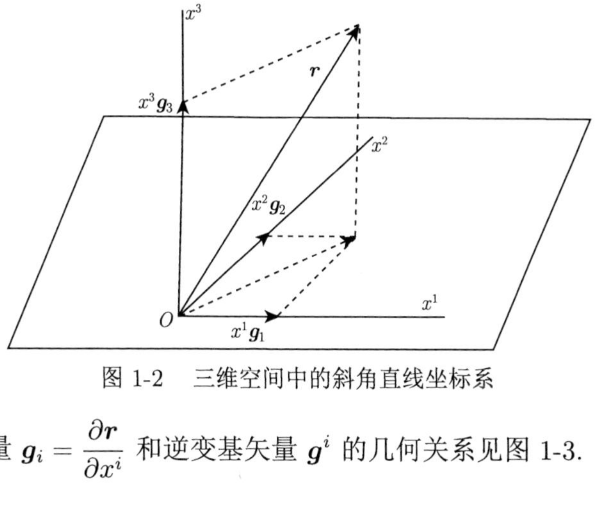

图 1-2 三维空间中的斜角直线坐标系

协变基矢量 $\boldsymbol{g}_i=\dfrac{\partial\boldsymbol{r}}{\partial x^i}$ 和逆变基矢量 $\boldsymbol{g}^i$ 的几何关系见图 1-3.

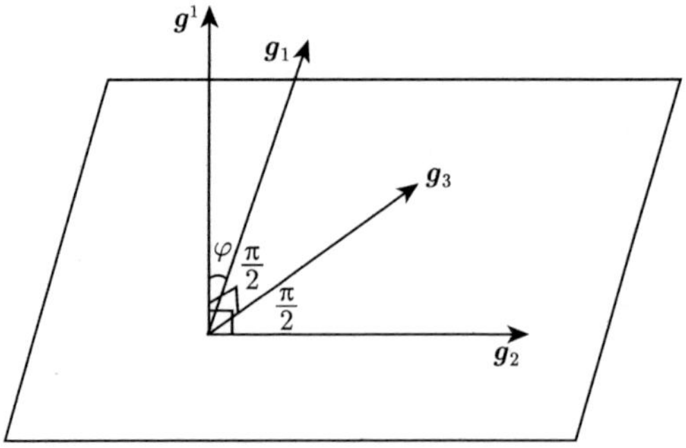

图 1-3　逆变基矢量与斜变基矢量的集合关系

由 $\boldsymbol{g}^1 \cdot \boldsymbol{g}_j = 0\,(j=2,3)$ 和矢量叉积的定义 1-6, 我们知道: $\boldsymbol{g}^1$ 平行于矢量 $\boldsymbol{g}_2 \times \boldsymbol{g}_3$. 令 $\boldsymbol{g}^1 = \alpha \boldsymbol{g}_2 \times \boldsymbol{g}_3$, 由 $\boldsymbol{g}^1 \cdot \boldsymbol{g}_1 = 1$ 可得

$$\alpha = \frac{1}{\boldsymbol{g}_1 \cdot (\boldsymbol{g}_2 \times \boldsymbol{g}_3)} = \frac{1}{[\boldsymbol{g}_1, \boldsymbol{g}_2, \boldsymbol{g}_3]} \tag{1-2-6}$$

从而

$$\boldsymbol{g}^1 = \frac{1}{[\boldsymbol{g}_1, \boldsymbol{g}_2, \mathbf{g}_3]} (\boldsymbol{g}_2 \times \boldsymbol{g}_3) \tag{1-2-7}$$

其中 $[\boldsymbol{g}_1, \boldsymbol{g}_2, \boldsymbol{g}_3] = \begin{vmatrix} g_{11} & g_{21} & g_{31} \\ g_{12} & g_{22} & g_{32} \\ g_{13} & g_{23} & g_{33} \end{vmatrix}$.

同理, 我们可以得到

$$\boldsymbol{g}^2 = \frac{1}{[\boldsymbol{g}_1, \boldsymbol{g}_2, \boldsymbol{g}_3]} (\boldsymbol{g}_3 \times \boldsymbol{g}_1) \tag{1-2-8}$$

$$\boldsymbol{g}^3 = \frac{1}{[\boldsymbol{g}_1, \boldsymbol{g}_2, \boldsymbol{g}_3]} (\boldsymbol{g}_1 \times \boldsymbol{g}_2) \tag{1-2-9}$$

令

$$\boldsymbol{g}^i = g^{i1}\boldsymbol{g}_1 + g^{i2}\boldsymbol{g}_2 + g^{i3}\boldsymbol{g}_3 \tag{1-2-10}$$

$$\boldsymbol{g}_i = g_{i1}\boldsymbol{g}^1 + g_{i2}\boldsymbol{g}^2 + g_{i3}\boldsymbol{g}^3 \tag{1-2-11}$$

则有

$$(g_{ij}) = \left(g^{ij}\right)^{-1} \tag{1-2-12}$$

其中 $g_{ij} = \boldsymbol{g}_i \cdot \boldsymbol{g}_j$, $g^{ij} = \boldsymbol{g}^i \cdot \boldsymbol{g}^j$.

矢量 $\boldsymbol{P}$ 对协变基矢量和逆变基矢量的分解式分别如下所示

$$\boldsymbol{P} = p^1\boldsymbol{g}_1 + p^2\boldsymbol{g}_2 + p^3\boldsymbol{g}_3 \tag{1-2-13}$$

$$\boldsymbol{P} = p_1\boldsymbol{g}^1 + p_2\boldsymbol{g}^2 + p_3\boldsymbol{g}^3 \tag{1-2-14}$$

且有

$$p^i = \boldsymbol{P}\cdot\boldsymbol{g}^i = \left(p_1\boldsymbol{g}^1 + p_2\boldsymbol{g}^2 + p_3\boldsymbol{g}^3\right)\cdot\boldsymbol{g}^i = p_1g^{1i} + p_2g^{2i} + p_3g^{3i} \tag{1-2-15}$$

$$p_i = \boldsymbol{P}\cdot\boldsymbol{g}_i = \left(p^1\boldsymbol{g}_1 + p^2\boldsymbol{g}_2 + p^3\boldsymbol{g}_3\right)\cdot\boldsymbol{g}_i = p^1g_{1i} + p^2g_{2i} + p^3g_{3i} \tag{1-2-16}$$

上述两个公式称为矢量分量的指标升降关系.

1.3 张量的定义及表示

任意两个矢量 $\boldsymbol{a}$ 和 $\boldsymbol{b}$ 并写在一起称为并矢, 一般记作 $\boldsymbol{ab}$. 并矢 $\boldsymbol{ab}$ 与任意的矢量 $\boldsymbol{f}$ 之间的点积满足下列规则

$$\boldsymbol{f}\cdot(\boldsymbol{ab}) = (\boldsymbol{f}\cdot\boldsymbol{a})\,\boldsymbol{b} \tag{1-3-1}$$

$$(\boldsymbol{ab})\cdot\boldsymbol{f} = \boldsymbol{a}\,(\boldsymbol{f}\cdot\boldsymbol{b}) \tag{1-3-2}$$

显然, 上述表达式所表示的变换是线性变换.

由并矢的定义可知: 除交换律之外, 并矢服从初等代数的运算规律:

(1) 结合律

$$m\,(\boldsymbol{ab}) = (m\boldsymbol{a})\,\boldsymbol{b} = \boldsymbol{a}\,(m\boldsymbol{b}) = m\boldsymbol{ab} \tag{1-3-3}$$

$$(\boldsymbol{ab})\,\boldsymbol{c} = \boldsymbol{a}\,(\boldsymbol{bc}) = \boldsymbol{abc} \tag{1-3-4}$$

$$(m\boldsymbol{a})\,(n\boldsymbol{b}) = mn\boldsymbol{ab} \tag{1-3-5}$$

(2) 分配律

$$\boldsymbol{a}\,(\boldsymbol{b}+\boldsymbol{c}) = \boldsymbol{ab} + \boldsymbol{ac} \tag{1-3-6}$$

$$(\boldsymbol{a}+\boldsymbol{b})\,\boldsymbol{c} = \boldsymbol{ac} + \boldsymbol{bc} \tag{1-3-7}$$

$$m\,(\boldsymbol{ab}+\boldsymbol{cd}) = m\boldsymbol{ab} + m\boldsymbol{cd} \tag{1-3-8}$$

$$(\boldsymbol{a}+\boldsymbol{b})\,(\boldsymbol{c}+\boldsymbol{d}) = \boldsymbol{ac} + \boldsymbol{ad} + \boldsymbol{bc} + \boldsymbol{bd} \tag{1-3-9}$$

设

$$\boldsymbol{a} = a_1\boldsymbol{e}^1 + a_2\boldsymbol{e}^2 + a_3\boldsymbol{e}^3 \tag{1-3-10}$$

$$\boldsymbol{b} = b_1\boldsymbol{e}^1 + b_2\boldsymbol{e}^2 + b_3\boldsymbol{e}^3 \tag{1-3-11}$$

则

$$
\begin{aligned}
\boldsymbol{ab} &= \left(a_1\boldsymbol{e}^1 + a_2\boldsymbol{e}^2 + a_3\boldsymbol{e}^3\right)\left(b_1\boldsymbol{e}^1 + b_2\boldsymbol{e}^2 + b_3\boldsymbol{e}^3\right) \\
&= a_1b_1\boldsymbol{e}^1\boldsymbol{e}^1 + a_1b_2\boldsymbol{e}^1\boldsymbol{e}^2 + a_1b_3\boldsymbol{e}^1\boldsymbol{e}^3 + a_2b_1\boldsymbol{e}^2\boldsymbol{e}^1 + a_2b_2\boldsymbol{e}^2\boldsymbol{e}^2 \\
&\quad + a_2b_3\boldsymbol{e}^2\boldsymbol{e}^3 + a_3b_1\boldsymbol{e}^3\boldsymbol{e}^1 + a_3b_2\boldsymbol{e}^3\boldsymbol{e}^2 + a_3b_3\boldsymbol{e}^3\boldsymbol{e}^3 \\
&= \sum_{i,j=1}^{3} a_ib_j\boldsymbol{e}^i\boldsymbol{e}^j
\end{aligned}
\tag{1-3-12}
$$

显然, 并矢 $\boldsymbol{ab}$ 代表了由并基矢量 $\boldsymbol{e}^i\boldsymbol{e}^j$ 组成空间中的点, 该点可以记成下列矩阵:

$$
\boldsymbol{T} = \begin{pmatrix} \boldsymbol{a}_1\boldsymbol{b}_1 & \boldsymbol{a}_1\boldsymbol{b}_2 & \boldsymbol{a}_1\boldsymbol{b}_3 \\ \boldsymbol{a}_2\boldsymbol{b}_1 & \boldsymbol{a}_2\boldsymbol{b}_2 & \boldsymbol{a}_2\boldsymbol{b}_3 \\ \boldsymbol{a}_3\boldsymbol{b}_1 & \boldsymbol{a}_3\boldsymbol{b}_2 & \boldsymbol{a}_3\boldsymbol{b}_3 \end{pmatrix}
\tag{1-3-13}
$$

一般来说, N 个矢量 $\boldsymbol{a}_1, \boldsymbol{a}_2, \cdots, \boldsymbol{a}_N$ 的并矢 $\boldsymbol{a}_1\boldsymbol{a}_2\cdots\boldsymbol{a}_N$ 称为 N 阶并矢.

下面, 我们从并矢的角度给出张量的定义. 设由 N 个矢量 $\boldsymbol{a}_1 \in R^{I_1}, \boldsymbol{a}_2 \in R^{I_2}, \cdots, \boldsymbol{a}_N \in R^{I_N}$ 形成的 N 阶并矢空间中的点 $\mathcal{T}$ 是由 $I_1I_2\cdots I_N$ 个有序数 $T_{i_1,i_2,\cdots,i_N}$ 组成的集合, 从形式上可以看成 $I_1I_2\cdots I_N$ 维空间中的一个点. 在旧坐标系 $\left(x_{j_1}^1, x_{j_2}^2, \cdots, x_{j_N}^N\right)$ 和新坐标系 $\left(y_{i_1}^1, y_{i_2}^2, \cdots, y_{i_N}^N\right)$ 中, 我们分别用 $T_{j_1,j_2,\cdots,j_N}$ 和 $\overline{T}_{i_1,i_2,\cdots,i_N}$ 表示同一个点的坐标分量. 如果

$$
\overline{T}_{i_1,i_2,\cdots,i_N} = \frac{\partial y_{i_1}^1}{\partial x_{j_1}^1}\frac{\partial y_{i_2}^2}{\partial x_{j_2}^2}\cdots\frac{\partial y_{i_N}^N}{\partial x_{j_N}^N}T_{j_1,j_2,\cdots,j_N}
\tag{1-3-14}
$$

则称 $\mathcal{T}$ 为 N 阶张量.

与矢量类似, 我们可以把张量看作一个实体, 即将张量表示成各个分量与基张量的组合, 称为张量的实体表示法 (并矢表示法). 如在同一个坐标系中, N 阶张量 $\mathcal{T}$ 可以表示为

$$
\begin{aligned}
\mathcal{T} &= \sum_{i_1,i_2,\cdots,i_k,i_{k+1},\cdots,i_N=1}^{I_1,I_2,\cdots,I_k,I_{k+1},\cdots,I_N} T^{i_1,i_2,\cdots,i_N}\boldsymbol{g}_{i_1}\boldsymbol{g}_{i_2}\cdots\boldsymbol{g}_{i_N} \\
&= \sum_{i_1,i_2,\cdots,i_k,i_{k+1},\cdots,i_N=1}^{I_1,I_2,\cdots,I_k,I_{k+1},\cdots,I_N} T_{i_1,i_2,\cdots,i_N}\boldsymbol{g}^{i_1}\boldsymbol{g}^{i_2}\cdots\boldsymbol{g}^{i_N}
\end{aligned}
\tag{1-3-15}
$$

利用协变基矢量和逆变基矢量之间的关系, 我们可以把张量 $\mathcal{T}$ 表示为下列形式:

$$\mathcal{T}=\sum_{i_1,i_2,\cdots,i_k,i_{k+1},\cdots,i_N=1}^{I_1,I_2,\cdots,I_k,I_{k+1},\cdots,I_N} T^{i_1,i_2,\cdots,i_k}_{\cdots,i_{k+1},\cdots,i_N}\boldsymbol{g}_{i_1}\boldsymbol{g}_{i_2}\cdots\boldsymbol{g}_{i_k}\boldsymbol{g}^{i_{k+1}}\boldsymbol{g}^{i_{k+2}}\cdots\boldsymbol{g}^{i_N} \tag{1-3-16}$$

显然, N 阶张量 $\mathcal{T}$ 是一个 N 重线性函数[2]. 在上述并矢表示法中, 如果 $\boldsymbol{g}_k$ (或 $\boldsymbol{g}^k$) 是线性无关的, 则它们的并矢, 也称基张量 $\boldsymbol{g}_{i_1}\boldsymbol{g}_{i_2}\cdots\boldsymbol{g}_{i_N}$ (或 $\boldsymbol{g}^{i_1}\boldsymbol{g}^{i_2}\cdots\boldsymbol{g}^{i_N}$ 或 $\boldsymbol{g}_1\boldsymbol{g}_2\cdots\boldsymbol{g}_k\boldsymbol{g}^{k+1}\boldsymbol{g}^{k+2}\cdots\boldsymbol{g}^{i_N}$) 也是线性无关的.

$T^{i_1,i_2,\cdots,i_N}$ 和 $T_{i_1,i_2,\cdots,i_N}$ 是张量 $\mathcal{T}$ 在不同坐标系中的分量形式. 在给定坐标系的情况下, 我们可以用张量的分量 $T^{i_1,i_2,\cdots,i_N}$(或 $T_{i_1,i_2,\cdots,i_N}$) 的集合表示张量. 这称为张量的分量表示法. 为了表达方便, 在本书中, 有时也用 $T(i_1,i_2,\cdots,\ i_N)$ 表示张量的分量.

1.4 张量的代数运算

定义 1-8 (张量的相等) 若两个张量 $\mathcal{T}$ 和 $\mathcal{S}$ 在同一个坐标系中的逆变 (或协变, 或混变) 分量一一相等, 则两个张量的其他一切分量也一一相等, 且在任意坐标系中的一切分量也一一相等, 即 $\mathcal{T}=\mathcal{S}$.

定义 1-9 (张量的相加) 若把两个张量 $\mathcal{T}$ 和 $\mathcal{S}$ 在同一个坐标系中的逆变 (或协变, 或混变) 分量一一相加, 得到一组数, 它们是新张量 $\mathcal{U}$ 的逆变 (或协变, 或混变) 分量, 则称张量 $\mathcal{U}$ 是张量 $\mathcal{T}$ 和 S 的和, 记作 $\mathcal{U}=\mathcal{T}+\mathcal{S}$.

定义 1-10 (标量和张量的相乘) 若把张量 $\mathcal{T}$ 在同一个坐标系中的逆变 (或协变, 或混变) 分量乘以标量 k, 得到一组数, 它们是新张量 $\mathcal{U}$ 的逆变 (或协变, 或混变) 分量, 且对于任意坐标系中的其他任意分量该表达式同样成立, 则记为 $\mathcal{U}=k\mathcal{T}$.

定义 1-11 (张量和张量的并乘) 设 $T^{i_1,i_2,\cdots,i_N}$ 和 $S^{j_1,j_2,\cdots,j_M}$ 分别是 N 阶张量 $\mathcal{T}$ 和 M 阶张量 $\mathcal{S}$ 的分量 (可以是任意形式的分量即逆变、协变或混变分量), 则 $T^{i_1,i_2,\cdots,i_N}$ 和 $S^{j_1,j_2,\cdots,j_M}$ 各分量的两两相乘是新张量 $\mathcal{U}$ 的一组分量. 我们称张量 $\mathcal{U}$ 是张量 $\mathcal{T}$ 和 $\mathcal{S}$ 的并乘, 用实体表示为

$$\mathcal{T}\mathcal{S}=\mathcal{U} \tag{1-4-1}$$

由

$$\begin{aligned}\mathcal{T}S&=\sum_{i_1,i_2,\cdots,i_N=1}^{I_1,I_2,\cdots,I_N}T^{i_1,i_2,\cdots,i_N}\boldsymbol{g}_{i_1}\boldsymbol{g}_{i_2}\cdots\boldsymbol{g}_{i_N}\sum_{j_1,j_2,\cdots,j_M=1}^{J_1,J_2,\cdots,J_M}S^{j_1,j_2,\cdots,j_M}\boldsymbol{f}_{j_1}\boldsymbol{f}_{j_2}\cdots\boldsymbol{f}_{j_M}\\&=\sum_{i_1,i_2,\cdots,i_N=1}^{I_1,I_2,\cdots,I_N}\sum_{j_1,j_2,\cdots,j_M=1}^{J_1,J_2,\cdots,J_M}T^{i_1,i_2,\cdots,i_N}S^{j_1,j_2,\cdots,j_M}\boldsymbol{g}_{i_1}\boldsymbol{g}_{i_2}\cdots\boldsymbol{g}_{i_N}\boldsymbol{f}_{j_1}\boldsymbol{f}_{j_2}\cdots\boldsymbol{f}_{j_M}\end{aligned} \tag{1-4-2}$$

可知: 一方面, 张量 $\mathcal{U}$ 的阶数是张量 $\mathcal{T}$ 和 $\mathcal{S}$ 的阶数之和; 另一方面, 张量的并乘不能任意调换顺序.

定义 1-12 (张量的缩并) 对于张量 $\mathcal{T}$, 将其基张量中的任意两个基矢量 (一般选一个协变基矢量和一个逆变基矢量) 进行点积运算称为张量的缩并. 对于 N 阶张量 $\mathcal{T}=\sum\limits_{i_1,i_2,\cdots,i_k,i_{k+1},\cdots,i_N=1}^{I_1,I_2,\cdots,I_k,I_{k+1},\cdots,I_N} T^{i_1,i_2,\cdots,i_k}_{\cdots,i_{k+1},\cdots,i_N}\boldsymbol{g}_{i_1}\boldsymbol{g}_{i_2}\cdots\boldsymbol{g}_{i_k}\boldsymbol{g}^{i_{k+1}}\boldsymbol{g}^{i_{k+2}}\cdots\boldsymbol{g}^{i_N}$, 假设我们对基矢量 $\boldsymbol{g}_{i_2}$ 和 $\boldsymbol{g}^{i_{k+1}}$ 进行点积运算, 则有

$$\begin{aligned}\mathcal{U}&=\sum_{i_1,i_2,\cdots,i_k,i_{k+1},\cdots,i_N=1}^{I_1,I_2,\cdots,I_k,I_{k+1},\cdots,I_N} T^{i_1,i_2,\cdots,i_k}_{\cdots,i_{k+1},\cdots,i_N}\boldsymbol{g}_{i_1}\overbrace{\boldsymbol{g}_{i_2}\cdots\boldsymbol{g}_{i_k}\boldsymbol{g}^{i_{k+1}}}^{\cdot}\boldsymbol{g}^{i_{k+2}}\cdots\boldsymbol{g}^{i_N}\\&=\sum_{i_1,i_2,\cdots,i_k,i_{k+1},\cdots,i_N=1}^{I_1,I_2,\cdots,I_k,I_{k+1},\cdots,I_N} T^{i_1,i_2,\cdots,i_k}_{\cdots,i_{k+1},\cdots,i_N}\delta^{i_2}_{i_{k+1}}\boldsymbol{g}_{i_1}\boldsymbol{g}_{i_3}\cdots\boldsymbol{g}_{i_k}\boldsymbol{g}^{i_{k+2}}\cdots\boldsymbol{g}^{i_N}\\&=\sum_{i_1,i_2,\cdots,i_k,i_{k+2},\cdots,i_N=1}^{I_1,I_2,\cdots,I_k,I_{k+2},\cdots,I_N} T^{i_1,i_2,\cdots,i_k}_{\cdots,i_2,\cdots,i_N}\boldsymbol{g}_{i_1}\boldsymbol{g}_{i_3}\cdots\boldsymbol{g}_{i_k}\boldsymbol{g}^{i_{k+2}}\cdots\boldsymbol{g}^{i_N}\end{aligned}\tag{1-4-3}$$

从理论上, 我们可以证明: 张量缩并之后得到一个新的张量 $\mathcal{U}$, 其阶数比 $\mathcal{T}$ 低两阶.

定义 1-13 (转置张量) 如果保持基矢量的排列顺序不变, 而调换张量分量的指标顺序, 则得到一个同阶的新张量, 称为原张量的转置张量. 对高阶张量而言, 对不同指标的转置结果是不同的, 所以应该指明对哪两个指标的转置张量. 例如: 对 N 阶张量 $\mathcal{T}=\sum\limits_{i_1,i_2,\cdots,i_N=1}^{I_1,I_2,\cdots,I_N} T^{i_1,i_2,\cdots,i_N}\boldsymbol{g}_{i_1}\boldsymbol{g}_{i_2}\cdots\boldsymbol{g}_{i_N}$ 的 i_1 和 i_2 指标的转置张量为

$$\mathcal{S}=\sum_{i_1,i_2,\cdots,i_N=1}^{I_1,I_2,\cdots,I_N} T^{i_2,i_1,\cdots,i_N}\boldsymbol{g}_{i_1}\boldsymbol{g}_{i_2}\cdots\boldsymbol{g}_{i_N}\tag{1-4-4}$$

而对 i_1 和 i_N 指标的转置张量为

$$\mathcal{P}=\sum_{i_1,i_2,\cdots,i_N=1}^{I_1,I_2,\cdots,I_N} T^{i_N,i_2,\cdots,i_1}\boldsymbol{g}_{i_1}\boldsymbol{g}_{i_2}\cdots\boldsymbol{g}_{i_N}\tag{1-4-5}$$

定义 1-14 (张量的点积) 两个张量 $\mathcal{T}$ 和 $\mathcal{S}$ 先并乘后缩并的运算称为点积. 和缩并一样, 对于点积运算, 应该说明将张量 $\mathcal{T}$ 的哪一个基矢量和张量 $\mathcal{S}$ 的哪一

个基矢量进行点积运算. 对于 N 阶张量 $\mathcal{T}=\sum\limits_{i_1,i_2,\cdots,i_k,i_{k+1},\cdots,i_N=1}^{I_1,I_2,\cdots,I_k,I_{k+1},\cdots,I_N} T^{i_1,i_2,\cdots,i_k}_{\cdots,i_{k+1},\cdots,i_N}\boldsymbol{g}_{i_1}\cdot \boldsymbol{g}_{i_2}\cdots\boldsymbol{g}_{i_k}\boldsymbol{g}^{i_{k+1}}\boldsymbol{g}^{i_{k+2}}\cdots\boldsymbol{g}^{i_N}$ 和 M 阶张量 $\mathcal{S}=\sum\limits_{j_1,j_2,\cdots,j_k,j_{k+1},\cdots,j_M=1}^{J_1,J_2,\cdots,J_k,J_{k+1},\cdots,J_M} \mathcal{S}^{j_1,j_2,\cdots,j_k}_{\cdots,j_{k+1},\cdots,j_N}\boldsymbol{g}_{j_1}\cdot \boldsymbol{g}_{j_2}\cdots\boldsymbol{g}_{j_k}\boldsymbol{g}^{j_{k+1}}\boldsymbol{g}^{j_{k+2}}\cdots\boldsymbol{g}^{j_M}$, 其并乘的结果为

$$
\begin{aligned}
\mathcal{T}\mathcal{S}=&\sum_{i_1,i_2,\cdots,i_k,i_{k+1},\cdots,i_N=1}^{I_1,I_2,\cdots,I_k,I_{k+1},\cdots,I_N}\ \sum_{j_1,j_2,\cdots,j_k,j_{k+1},\cdots,j_M=1}^{J_1,J_2,\cdots,J_k,J_{k+1},\cdots,J_M} T^{i_1,i_2,\cdots,i_k}_{\cdots,i_{k+1},\cdots,i_N} S^{j_1,j_2,\cdots,j_k}_{\cdots,j_{k+1},\cdots,j_N}\boldsymbol{g}_{i_1}\boldsymbol{g}_{i_2}\\
&\cdots\cdot\boldsymbol{g}_{i_k}\boldsymbol{g}^{i_{k+1}}\boldsymbol{g}^{i_{k+2}}\cdots\boldsymbol{g}^{i_N}\boldsymbol{g}_{j_1}\boldsymbol{g}_{j_2}\cdots\boldsymbol{g}_{j_k}\boldsymbol{g}^{j_{k+1}}\boldsymbol{g}^{j_{k+2}}\cdots\boldsymbol{g}^{j_M}
\end{aligned}
\tag{1-4-6}
$$

假设我们对基矢量 $\boldsymbol{g}_{i_2}$ 和 $\boldsymbol{g}^{j_{k+1}}$ 进行点积运算, 则有

$$
\begin{aligned}
\mathcal{U}=\overset{\cdot}{\widehat{\mathcal{T}\mathcal{S}}}=&\sum_{i_1,i_2,\cdots,i_k,i_{k+1},\cdots,i_N=1}^{I_1,I_2,\cdots,I_k,I_{k+1},\cdots,I_N}\ \sum_{j_1,j_2,\cdots,j_k,j_{k+1},\cdots,j_M=1}^{J_1,J_2,\cdots,J_k,J_{k+1},\cdots,J_M} T^{i_1,i_2,\cdots,i_k}_{\cdots,i_{k+1},\cdots,i_N} S^{j_1,j_2,\cdots,j_k}_{\cdots,j_{k+1},\cdots,j_N}\\
&\cdot\boldsymbol{g}_{i_1}\overbrace{\boldsymbol{g}_{i_2}\cdots\boldsymbol{g}_{i_k}\boldsymbol{g}^{i_{k+1}}\boldsymbol{g}^{i_{k+2}}\cdots\boldsymbol{g}^{i_N}\boldsymbol{g}_{j_1}\boldsymbol{g}_{j_2}\cdots\boldsymbol{g}_{j_k}\boldsymbol{g}^{j_{k+1}}}^{\cdot}\boldsymbol{g}^{j_{k+2}}\cdots\boldsymbol{g}^{j_M}\\
=&\sum_{i_1,i_2,\cdots,i_k,i_{k+1},\cdots,i_N=1}^{I_1,I_2,\cdots,I_k,I_{k+1},\cdots,I_N}\ \sum_{j_1,j_2,\cdots,j_k,j_{k+1},\cdots,j_M=1}^{J_1,J_2,\cdots,J_k,J_{k+1},\cdots,J_M} T^{i_1,i_2,\cdots,i_k}_{\cdots,i_{k+1},\cdots,i_N} S^{j_1,j_2,\cdots,j_k}_{\cdots,j_{k+1},\cdots,j_N}\\
&\cdot\delta^{j_{k+1}}_{i_2}\boldsymbol{g}_{i_1}\boldsymbol{g}_{i_3}\cdots\boldsymbol{g}_{i_k}\boldsymbol{g}^{i_{k+1}}\boldsymbol{g}^{i_{k+2}}\cdots\boldsymbol{g}^{i_N}\boldsymbol{g}_{j_1}\boldsymbol{g}_{j_2}\cdots\boldsymbol{g}_{j_k}\boldsymbol{g}^{j_{k+2}}\cdots\boldsymbol{g}^{j_M}\\
=&\sum_{i_1,i_2,\cdots,i_k,i_{k+1},\cdots,i_N=1}^{I_1,I_2,\cdots,I_k,I_{k+1},\cdots,I_N}\ \sum_{j_1,j_2,\cdots,j_k,i_2,j_{k+2},\cdots,j_M=1}^{J_1,J_2,\cdots,J_k,I_2,J_{k+2},\cdots,J_M} T^{i_1,i_2,\cdots,i_k}_{\cdots,i_{k+1},\cdots,i_N} S^{j_1,j_2,\cdots,j_k}_{\cdots,i_2,j_{k+2},\cdots,j_N}\\
&\cdot\boldsymbol{g}_{i_1}\boldsymbol{g}_{i_3}\cdots\boldsymbol{g}_{i_k}\boldsymbol{g}^{i_{k+1}}\boldsymbol{g}^{i_{k+2}}\cdots\boldsymbol{g}^{i_N}\boldsymbol{g}_{j_1}\boldsymbol{g}_{j_2}\cdots\boldsymbol{g}_{j_k}\boldsymbol{g}^{j_{k+2}}\cdots\boldsymbol{g}^{j_M}
\end{aligned}
\tag{1-4-7}
$$

从理论上, 我们可以证明, 两个张量点积以后得到一个新的张量 $\mathcal{U}$, 其阶数为 $N+M-2$.

定义 1-15 (对称张量) 若调换某张量的两个分量指标的顺序而张量保持不变, 则称该张量对于这两个指标来说是对称张量. 例如: 对于 N 阶张量 $T=\sum\limits_{i_1,i_2,\cdots,i_N=1}^{I_1,I_2,\cdots,I_N} T^{i_1,i_2,\cdots,i_N}\boldsymbol{g}_{i_1}\boldsymbol{g}_{i_2}\cdots\boldsymbol{g}_{i_N}$, 如果调换 i_1 和 i_2 指标之后, $T^{i_2,i_1,\cdots,i_N}=T^{i_1,i_2,\cdots,i_N}$, 则张量 $\mathcal{T}$ 对于指标 i_1 和 i_2 来说是对称张量. 显然, 对称张量与其相应的转置张量是相等的.

定义 1-16 (反对称张量) 若调换某张量的两个分量指标后所得到的张量分量均与原张量的对应分量差一个符号, 则称该张量对于这两个指标来说是反对称张量. 例如: 对于 N 阶张量 $\mathcal{T} = \sum_{i_1,i_2,\cdots,i_N=1}^{I_1,I_2,\cdots,I_N} T^{i_1,i_2,\cdots,i_N}\boldsymbol{g}_{i_1}\boldsymbol{g}_{i_2}\cdots\boldsymbol{g}_{i_N}$, 如果调换 i_1 和 i_2 指标之后, $T^{i_2,i_1,\cdots,i_N} = -T^{i_1,i_2,\cdots,i_N}$, 则张量 $\mathcal{T}$ 对于指标 i_1 和 i_2 来说是反对称张量.

定义 1-17 (张量的商法则) 如果张量 $\mathcal{T}$ 和 p 阶张量 $\mathcal{S}$ 进行 p 次点积运算后得到一个 q 阶张量, 则 $\mathcal{T}$ 一定是一个 $q+p$ 阶张量. 这就是张量的商法则, 其详细证明见 [1].

1.5 机器学习和力学中的张量表示与运算之间的关系

为了让交叉学科的研究者能够更好地理解张量的定义及其代数运算的本质, 在这一节中, 参考文献 [3-6], 我们首先给出机器学习、模式识别、数据挖掘和图像处理等领域中的张量表示与运算的定义, 然后讨论它们和力学中相关概念之间的关系. 这种讨论有助于读者对机器学习、模式识别、数据挖掘和图像处理等领域中的张量表示与运算有一个更加清晰的认识.

定义 1-18 (张量的定义) 张量 $\mathcal{A}$ 是一个多维数组. N 阶张量是 N 个矢量空间张量积的元素, 且每个矢量空间 (模态空间) 都有自身的坐标系. 在机器学习领域, N 阶张量 $\mathcal{A}=\sum_{i_1,i_2,\cdots,i_N=1}^{I_1,I_2,\cdots,I_N} A_{i_1,i_2,\cdots,i_N}\boldsymbol{g}^{i_1}\boldsymbol{g}^{i_2}\cdots\boldsymbol{g}^{i_N}$ 常常记为 $\mathcal{A}\in R^{I_1\times I_2\times\cdots\times I_N}$ 或者 $A_{i_1,i_2,\cdots,i_N}$ $(1\leqslant i_n\leqslant I_n, 1\leqslant n\leqslant N)$. 很明显, 这两种表示法分别是张量的实体表示法和分量表示法. 如果我们把张量 $\mathcal{A}$ 看成由基张量 $\boldsymbol{g}^{i_1}\boldsymbol{g}^{i_2}\cdots\boldsymbol{g}^{i_N}$ $(1\leqslant i_n\leqslant I_n, 1\leqslant n\leqslant N)$ 所张成空间中的一个点, 则张量 $\mathcal{A}$ 常常是一个高维数组. 从并矢的角度来看, 标量是零阶张量, 矢量是一阶张量, 矩阵是二阶张量. 在实际应用中, 我们把三阶及三阶以上的张量称为高阶张量. 图 1-4 给出几个张量例子.

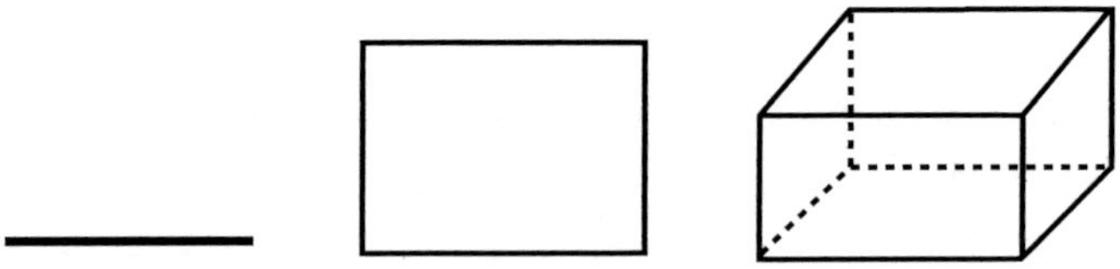

(a) 一阶张量(矢量) (b) 二阶张量(矩阵) (c) 三阶张量

图 1-4 张量的例子示意图

定义 1-19 (张量切片) 张量切片是张量的二维切面, 一般通过变化其中的两个下标而固定其余的下标得到. 由于张量拥有多个下标, 因此, 在运算中, 我们应该指明张量针对哪些固定下标的切片. 对于一个三阶张量 $\mathcal{A} \in R^{I_1 \times I_2 \times I_3}$, 它相对于三个下标的切片分别用 $\boldsymbol{A}_{i::}, \boldsymbol{A}_{:j:}$ 和 $\boldsymbol{A}_{::k}$ 表示. 图 1-5 给出了它们的可视化示例 [3].

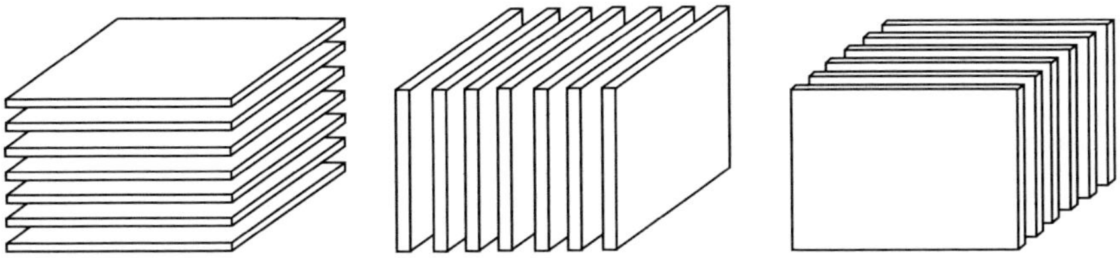

(a) 水平切片 $\boldsymbol{A}_{i::}$ (b) 垂直切片 $\boldsymbol{A}_{:j:}$ (c) 正面切片 $\boldsymbol{A}_{::k}$

图 1-5 三阶张量 $\mathcal{A} \in R^{I_1 \times I_2 \times I_3}$ 的切片

定义 1-20 (张量的矩阵展开) 张量的矩阵展开是把张量的分量重排为一个矩阵的过程. 由于张量拥有多个模态空间, 因此作张量的矩阵展开运算时, 我们应该说明张量对哪个模态的矩阵展开. 不失一般性, 我们讨论 N 阶张量 $\mathcal{A} \in R^{I_1 \times I_2 \times \cdots \times I_N}$ 沿第 $n\,(n=1,2,\cdots,N)$ 个模态的矩阵展开, 得到的矩阵用 $\boldsymbol{A}_{(n)}$ 表示. 张量的矩阵展开按照下列规则进行: 张量在 $(i_1, i_2, \cdots, i_N)$ 处的分量与矩阵在 (i_n, j) 处的元素对应, 其中

$$j = 1 + \sum_{\substack{k=1 \\ k \neq n}}^{N} (i_k - 1)\, J_k$$

$$J_k = \sum_{\substack{m=1 \\ m \neq n}}^{k-1} I_m$$

为了清晰地说明张量的矩阵展开过程, 我们给出一个三阶张量的例子 [3]. 设 $\mathcal{A} \in R^{3 \times 4 \times 2}$ 对于第三个下标的切片为

$$\boldsymbol{A}_{::1} = \begin{pmatrix} 1 & 4 & 7 & 10 \\ 2 & 5 & 8 & 11 \\ 3 & 6 & 9 & 12 \end{pmatrix}, \quad \boldsymbol{A}_{::2} = \begin{pmatrix} 13 & 16 & 19 & 22 \\ 14 & 17 & 20 & 23 \\ 15 & 18 & 21 & 24 \end{pmatrix}$$

则有

$$\boldsymbol{A}_{(1)} = \left(\begin{array}{cccc:cccc} 1 & 4 & 7 & 10 & 13 & 16 & 19 & 22 \\ 2 & 5 & 8 & 11 & 14 & 17 & 20 & 23 \\ 3 & 6 & 9 & 12 & 15 & 18 & 21 & 24 \end{array}\right)$$

$$A_{(2)} = \begin{pmatrix} 1 & 2 & 3 & 13 & 14 & 15 \\ 4 & 5 & 6 & 16 & 17 & 18 \\ 7 & 8 & 9 & 19 & 20 & 21 \\ 10 & 11 & 12 & 22 & 23 & 24 \end{pmatrix}$$

$$A_{(3)} = \begin{pmatrix} 1 & 2 & 3 & 4 & \cdots & 9 & 10 & 11 & 12 \\ 13 & 14 & 15 & 16 & \cdots & 21 & 22 & 23 & 24 \end{pmatrix}$$

定义 1-21 (张量的外积) 张量 $\mathcal{X} \in R^{I_1 \times I_2 \times \cdots \times I_N}$ 和 $\mathcal{Y} \in R^{J_1 \times J_2 \times \cdots \times J_M}$ 的外积被定义为

$$(\mathcal{X} \circ \mathcal{Y})_{i_1,i_2,\cdots,i_N,j_1,j_2,\cdots,j_M} = X_{i_1,i_2,\cdots,i_N} Y_{j_1,j_2,\cdots,j_M} \tag{1-5-1}$$

其中指标 $i_1, i_2, \cdots, i_N$ 取值满足 $1 \leqslant i_n \leqslant I_n, 1 \leqslant n \leqslant N$; 指标 $j_1, j_2, \cdots, j_M$ 取值满足 $1 \leqslant j_m \leqslant J_M, 1 \leqslant m \leqslant M$. 从张量并乘的概念可以看出, 张量 $\mathcal{X}$ 和 $\mathcal{Y}$ 的外积本质上是两个张量的并乘, 所得到的新张量 $\mathcal{X}\mathcal{Y}$ 的阶数是 $N+M$. 上述表达式是张量的分量表达式. 在实际应用中, 我们可以等价地使用 $\mathcal{X}\mathcal{Y}$ 和 $\mathcal{X} \circ \mathcal{Y}$. 显然, N 个矢量的张量外积是一个 N 阶张量. 为了直观地说明张量外积, 我们在图 1-6 中给出了两个矢量外积的一个例子.

$$\begin{pmatrix} a_1 \\ a_2 \\ a_3 \\ a_4 \end{pmatrix} \circ \begin{pmatrix} b_1 & b_2 & b_3 & b_4 & b_5 & b_6 & b_7 \end{pmatrix}$$

$$= \begin{pmatrix} a_1b_1 & a_1b_2 & a_1b_3 & a_1b_4 & a_1b_5 & a_1b_6 & a_1b_7 \\ a_2b_1 & a_2b_2 & a_2b_3 & a_2b_4 & a_2b_5 & a_2b_6 & a_2b_7 \\ a_3b_1 & a_3b_2 & a_3b_3 & a_3b_4 & a_3b_5 & a_3b_6 & a_3b_7 \\ a_4b_1 & a_4b_2 & a_4b_3 & a_4b_4 & a_4b_5 & a_4b_6 & a_4b_7 \end{pmatrix}$$

图 1-6 两个矢量的外积

定义 1-22 (张量的内积) 两个阶数和对应阶的维数均相同的张量 $\mathcal{X}, \mathcal{Y} \in R^{I_1 \times I_2 \times \cdots \times I_N}$ 之间的内积被定义为

$$\langle \mathcal{X}, \mathcal{Y} \rangle = \sum_{i_1=1}^{I_1} \sum_{i_2=1}^{I_2} \cdots \sum_{i_N=1}^{I_N} X_{i_1,i_2,\cdots,i_N} Y_{i_1,i_2,\cdots,i_N} \tag{1-5-2}$$

如果在张量 $\mathcal{X}$ 和 $\mathcal{Y}$ 的并乘运算中只考虑对应同一个基张量的坐标相乘, 在张量的缩并运算中考虑 $\mathcal{X}$ 和 $\mathcal{Y}$ 中对应基矢量的点积, 则张量 $\mathcal{X}$ 和 $\mathcal{Y}$ 的内积本质上

是张量 $\mathcal{X}$ 和 $\mathcal{Y}$ 先并乘然后做 N 次缩并的点积运算. 从另外一个角度来看, 张量的内积是矢量内积在多线性空间中的自然推广.

定义 1-23 (张量的 n-模积) 张量 $\mathcal{A} \in R^{I_1\times I_2\times\cdots\times I_N}$ 和矩阵 $\boldsymbol{U} \in R^{J_n\times I_n}$ 的 n-模积 $\mathcal{A}\times_n \boldsymbol{U}$ 定义如下

$$(\mathcal{A}\times_n \boldsymbol{U})_{i_1,i_2,\cdots,i_{n-1},j_n,i_{n+1},\cdots,i_N} = \sum_{i_n=1}^{I_n} A_{i_1,i_2,\cdots,i_N} u_{j_n,i_n} \tag{1-5-3}$$

从张量的点积运算定义可以看出: 张量的 n-模积本质上是 N 阶张量 $\mathcal{A}$ 和二阶张量 $\boldsymbol{U}$ 的点积运算, 得到的张量 $\mathcal{A}\times_n \boldsymbol{U} \in R^{I_1\times I_2\times\cdots\times I_{n-1}\times J_n\times I_{n+1}\times\cdots\times I_N}$ 仍然是一个 N 阶张量. 若令 $\mathcal{Y} = \mathcal{A}\times_n \boldsymbol{U}$, 则 $\boldsymbol{Y}_{(n)} = \boldsymbol{U}\boldsymbol{A}_{(n)}$.

给定一个张量 $\mathcal{A} \in R^{I_1\times I_2\times\cdots\times I_N}$ 和一系列 $\boldsymbol{U} \in R^{J_n\times I_n}, J_n < I_n, n = 1,\cdots,N$, 则 $\mathcal{A}\times_1 \boldsymbol{U}^{(1)}\times_2 \boldsymbol{U}^{(2)}\times\cdots\times_N \boldsymbol{U}^{(N)} \in R^{J_1\times J_2\times\cdots\times J_{n-1}\times J_n\times J_{n+1}\times\cdots\times J_N}$ 是一个 N 阶张量. 为了简化符号表示, 我们常常把它写为 $\mathcal{A}\prod_{k=1}^{N}\times_k \boldsymbol{U}^{(k)}$.

由张量 n-模积的定义可以看出: $\mathcal{A}\times_1 \boldsymbol{U}^{(1)}\times_2 \boldsymbol{U}^{(2)} = \mathcal{A}\times_2 \boldsymbol{U}^{(2)}\times_1 \boldsymbol{U}^{(1)}$ 恒成立.

定义 1-24 (张量的 Frobenius 范数) 张量 $\mathcal{A} \in R^{I_1\times I_2\times\cdots\times I_N}$ 的 Frobenius 范数被定义为所有元素平方和的二次方根:

$$\|\mathcal{A}\|_F = \sqrt{\langle\mathcal{A},\mathcal{A}\rangle} = \sqrt{\sum_{i_1}^{I_1}\sum_{i_2}^{I_2}\cdots\sum_{i_N}^{I_N} A^2_{i_1,i_2,\cdots,i_N}} \tag{1-5-4}$$

显然, 张量的 Frobenius 范数是矢量的 l_2 范数在张量上的直接推广.

定义 1-25 (张量的核范数/张量的迹范数) N 阶张量 $\mathcal{A} \in R^{I_1\times I_2\times\cdots\times I_N}$ 的核范数是张量沿着 N 个模态展开矩阵的核范数的凸组合[7]:

$$\|\mathcal{A}\|_* = \sum_{n=1}^{N} \alpha_n \left\|\boldsymbol{A}_{(n)}\right\|_* \tag{1-5-5}$$

其中 $\alpha_n > 0$ 是组合系数, $\sum_{n=1}^{N}\alpha_n = 1$, $\left\|\boldsymbol{A}_{(n)}\right\|_* = \sum_{i=1}^{r_n}\sigma_i\left(\boldsymbol{A}_{(n)}\right)$, $\sigma_i\left(\boldsymbol{A}_{(n)}\right)$ 是矩阵 $\boldsymbol{A}_{(n)}$ 的第 i 个非零奇异值, r_n 是矩阵 $\boldsymbol{A}_{(n)}$ 的秩[8].

定义 1-26 (秩-1 张量) 如果 N 阶张量 $\mathcal{A}$ 能够分解为 N 个矢量的外积, 即

$$\mathcal{A} = \boldsymbol{a}^{(1)}\circ\boldsymbol{a}^{(2)}\circ\cdots\circ\boldsymbol{a}^{(N)} \tag{1-5-6}$$

则称该张量是秩-1 张量.

定义 1-27 (对角张量)　如果张量 $\mathcal{A} \in R^{I_1 \times I_2 \times \cdots \times I_N}$ 的分量 $A_{i_1,i_2,\cdots,i_N} \neq 0$ $(i_1 = i_2 = \cdots = i_N)$, 而其他的分量均为零, 则称该张量是对角张量.

定义 1-28 (矩阵的 Kronecker 积)　矩阵 $\boldsymbol{A} \in R^{I_1 \times I_2}$ 和 $\boldsymbol{B} \in R^{J_1 \times J_2}$ 的 Kronecker 积 $\boldsymbol{A} \otimes \boldsymbol{B}$ 定义如下

$$\boldsymbol{A} \otimes \boldsymbol{B} = \begin{pmatrix} a_{11}\boldsymbol{B} & a_{12}\boldsymbol{B} & \cdots & a_{1I_2}\boldsymbol{B} \\ a_{21}\boldsymbol{B} & a_{22}\boldsymbol{B} & \cdots & a_{2I_2}\boldsymbol{B} \\ \vdots & \vdots & \ddots & \vdots \\ a_{I_11}\boldsymbol{B} & a_{I_12}\boldsymbol{B} & \cdots & a_{I_1I_2}\boldsymbol{B} \end{pmatrix} \tag{1-5-7}$$

显然, $\boldsymbol{A} \otimes \boldsymbol{B} \in R^{(I_1J_1) \times (I_2J_2)}$.

定义 1-29 (矩阵的 Khatri-Rao 积)　矩阵 $\boldsymbol{A} \in R^{I_1 \times I_2}$ 和 $\boldsymbol{B} \in R^{J_1 \times I_2}$ 的 Khatri-Rao 积 $\boldsymbol{A} \odot \boldsymbol{B}$ 定义如下

$$\boldsymbol{A} \odot \boldsymbol{B} = \begin{pmatrix} \boldsymbol{a}_1 \otimes \boldsymbol{b}_1 & \boldsymbol{a}_2 \otimes \boldsymbol{b}_2 & \cdots & \boldsymbol{a}_{I_2} \otimes \boldsymbol{b}_{I_2} \end{pmatrix} \tag{1-5-8}$$

显然, $\boldsymbol{A} \odot \boldsymbol{B} \in R^{(I_1J_1) \times I_2}$.

定义 1-30 (矩阵的 Hadamard 积)　矩阵 $\boldsymbol{A} \in R^{I_1 \times I_2}$ 和 $\boldsymbol{B} \in R^{I_1 \times I_2}$ 的 Hadamard 积 $\boldsymbol{A} * \boldsymbol{B}$ 定义如下

$$\boldsymbol{A} * \boldsymbol{B} = \begin{pmatrix} a_{11}b_{11} & a_{12}b_{12} & \cdots & a_{1I_2}b_{1I_2} \\ a_{21}b_{21} & a_{22}b_{22} & \cdots & a_{2I_2}b_{2I_2} \\ \vdots & \vdots & & \vdots \\ a_{I_11}b_{I_11} & a_{I_12}b_{I_12} & \cdots & a_{I_1I_2}b_{I_1I_2} \end{pmatrix} \tag{1-5-9}$$

对于矩阵的上述三种运算, 下列等式成立 [9,10]:

$$(\boldsymbol{A} \otimes \boldsymbol{B})(\boldsymbol{C} \otimes \boldsymbol{D}) = (\boldsymbol{AC}) \otimes (\boldsymbol{BD}) \tag{1-5-10}$$

$$(\boldsymbol{A} \otimes \boldsymbol{B})^{\mathrm{T}} = \boldsymbol{A}^{\mathrm{T}} \otimes \boldsymbol{B}^{\mathrm{T}} \tag{1-5-11}$$

$$(\boldsymbol{A} \otimes \boldsymbol{B})^{\dagger} = \boldsymbol{A}^{\dagger} \otimes \boldsymbol{B}^{\dagger} \tag{1-5-12}$$

$$\boldsymbol{A} \odot \boldsymbol{B} \odot \boldsymbol{C} = (\boldsymbol{A} \odot \boldsymbol{B}) \odot \boldsymbol{C} = \boldsymbol{A} \odot (\boldsymbol{B} \odot \boldsymbol{C}) \tag{1-5-13}$$

$$(\boldsymbol{A} \odot \boldsymbol{B})^{\mathrm{T}} (\boldsymbol{A} \odot \boldsymbol{B}) = \left(\boldsymbol{A}^{\mathrm{T}}\boldsymbol{A}\right) * \left(\boldsymbol{B}^{\mathrm{T}}\boldsymbol{B}\right) \tag{1-5-14}$$

$$(\boldsymbol{A} \odot \boldsymbol{B})^{\dagger} = \left(\left(\boldsymbol{A}^{\mathrm{T}}\boldsymbol{A}\right) * \left(\boldsymbol{B}^{\mathrm{T}}\boldsymbol{B}\right)\right)^{\dagger} (\boldsymbol{A} \odot \boldsymbol{B})^{\mathrm{T}} \tag{1-5-15}$$

其中 $\boldsymbol{A}^{\dagger}$ 是矩阵 $\boldsymbol{A}$ 的伪逆.

设张量 $\mathcal{A} \in R^{I_1 \times I_2 \times \cdots \times I_N}$ 和矩阵 $\boldsymbol{U} \in R^{J_n \times I_n}\,(n=1,\cdots,N)$, 则 $\mathcal{Y} = \mathcal{A} \times_1 \boldsymbol{U}^{(1)} \times_2 \boldsymbol{U}^{(2)} \times \cdots \times_N \boldsymbol{U}^{(N)}$ 的充分必要条件是 $\boldsymbol{Y}_{(n)} = \boldsymbol{U}^{(n)}\boldsymbol{A}_{(n)}\left(\boldsymbol{U}^{(N)} \otimes \cdots \otimes \boldsymbol{U}^{(n+1)} \otimes \boldsymbol{U}^{(n-1)} \otimes \cdots \otimes \boldsymbol{U}^{(1)}\right)^{\mathrm{T}}$[3].

参 考 文 献

[1] 黄克智, 薛明德, 陆明万. 张量分析. 北京: 清华大学出版社, 1986.

[2] 谢锡麟. 现代张量分析及其在连续介质力学中的应用. 上海: 复旦大学出版社, 2014.

[3] Kolda T G, Bader B W. Tensor decompositions and applications. SIAM Review, 2009, 51(3): 455-500.

[4] Lu H P, Plataniotis K N, Venetsanopoulos A. Multilinear Subspace Learning: Dimensionality Reduction of Multidimensional Data. Boca Raton: CRC Press, 2014.

[5] Papalexakis E E, Faloutsos C, Sidiropoulos N D. Tensors for data mining and data fusion: Models, applications, and scalable algorithms. ACM Transactions on Intelligent Systems and Technology, 2016, 8(2), Article 16: 1-44.

[6] Liu Y P, Liu J N, Long Z, et al. Tensor Computation for Data Analysis. Cham: Springer Nature Switzerland AG, 2022.

[7] Liu J, Musialski P, Wonka P, et al. Tensor completion for estimating missing values in visual data. IEEE Transactions on Pattern Analysis and Machine Intelligence, 2013, 35(1): 208-220.

[8] Recht B, Fazel M, Parrilo P A. Guaranteed minimum-rank solutions of linear matrix equations via nuclear norm minimization. SIAM Review, 2010, 52(3): 471-501.

[9] Smilde A, Bro R, Geladi P. Multi-Way Analysis: Applications in the Chemical Sciences. West Sussex: Wiley, 2004.

[10] Van Loan C F. The ubiquitous Kronecker product. Journal of Computational and Applied Mathematics, 2000, 123: 85-100.

第 2 章　张量分解

在机器学习、模式识别、图像处理、计算机视觉和数据挖掘等领域, 站在数学的角度来看, 其使用的张量分解本质上是张量的低秩近似, 属于张量子空间学习的范畴, 也是其他张量子空间学习算法设计与分析的基础. 目前, 常用的张量分解包括: CP 分解[1]、高阶奇异值分解 (higher-order singular value decomposition, HOSVD)[2]、Tucker 分解[3]、张量奇异值分解 (tensor singular value decomposition, t-SVD)[4,5]、TT (tensor train) 分解[6] 和 TR (tensor ring) 分解[7]. 在本章中, 我们将详细地介绍这方面的工作, 为读者深入地理解张量子空间学习及其应用打下一个坚实的基础.

2.1　CP 分解

1927 年, Hitchcock[8] 提出了张量多元函数的思想, 把张量表示为有限个秩-1 张量和的形式. 1944 年, Cattell[9] 提出了平行比例分析的思想. 1970 年, Carroll[10] 和 Harshman[11] 分别以 CANDECOMP (canonical decomposition) 和 PARAFAC (parallel factors) 命名把上述思想引入心理测量学领域, 并首次提出了基于交替最小二乘的 CP 分解算法. 2000 年, Kiers[1] 把 CANDECOMP/PARAFAC 的分解统称为 CP 分解. 2001 年, Zhang 提出了广义的 Rayleigh-Newton 方法[12]; 2005 年, Shashua 提出了非负 CP 分解算法[13]; 2015 年, Papalexakis 提出了稀疏并行 CP 分解算法[14]. 接下来, 我们详细介绍 [10, 11] 和 [13, 14] 的工作.

2.1.1　基于交替最小二乘的 CP 分解算法

CP 分解是把 N 阶张量 $\mathcal{A} \in R^{I_1 \times I_2 \times \cdots \times I_N}$ 近似写成下列形式 [15]

$$\mathcal{A} \approx \sum_{r=1}^{R} \boldsymbol{a}_r^{(1)} \circ \boldsymbol{a}_r^{(2)} \circ \cdots \circ \boldsymbol{a}_r^{(N)} = \sum_{r=1}^{R} \prod_{n=1}^{N} \boldsymbol{a}_r^{(n)} \tag{2-1-1}$$

其中 R 是一个正整数, $\boldsymbol{a}_r^{(n)} \in R^{I_n}\ (n = 1, 2, \cdots, N)$.

CP 分解也称为张量 $\mathcal{A}$ 的长度为 R 的秩-1 分解. 显然, 张量的 CP 分解本质上是把张量分解为 R 个秩-1 张量 $\boldsymbol{a}_r^{(1)} \circ \boldsymbol{a}_r^{(2)} \circ \cdots \circ \boldsymbol{a}_r^{(N)}\ (r = 1, 2, \cdots, R)$. CP 分解所需要秩-1 张量的最少数目称为张量 $\mathcal{A}$ 的秩, 记为 $R = \operatorname{rank}(\mathcal{A})$. 如果 $\boldsymbol{a}_i^{(n)}$

和 $\boldsymbol{a}_j^{(n)}\,(i \neq j; 1 \leqslant i, j \leqslant R; n = 1, 2, \cdots, N)$ 是相互正交的, 该分解形式也被称作秩-R 近似. 图 2-1 给出三阶张量 $\mathcal{X}$ 的 CP 分解的图示.

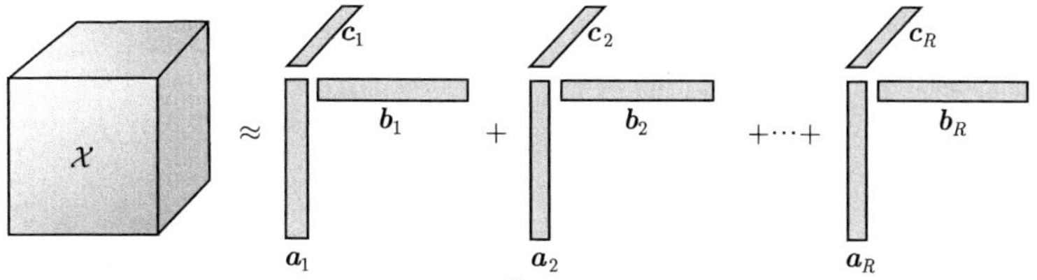

图 2-1 三阶张量 $\mathcal{X} \approx \sum_{r=1}^{R} \boldsymbol{a}_r \circ \boldsymbol{b}_r \circ \boldsymbol{c}_r$ 的 CP 分解

张量秩的定义与矩阵秩的定义是非常相似的, 但是它们之间存在明显的差异. 就 CP 分解而言, 对于给定的张量, 如何求它的秩是一个 NP 难问题 [16]. 在实际应用中, 研究者常常从数值计算的角度在给定的 R 范围内进行试算.

在实际应用中, 张量 $\mathcal{A} \in R^{I_1 \times I_2 \times \cdots \times I_N}$ 的 CP 分解也常常写成下列形式 [15]:

$$\mathcal{A} \approx \left[\lambda; \boldsymbol{A}^{(1)}, \boldsymbol{A}^{(2)}, \cdots, \boldsymbol{A}^{(N)}\right] \equiv \sum_{r=1}^{R} \lambda_r \boldsymbol{a}_r^{(1)} \circ \boldsymbol{a}_r^{(2)} \circ \cdots \circ \boldsymbol{a}_r^{(N)} \tag{2-1-2}$$

其中因子矩阵 $\boldsymbol{A}^{(n)} = (\boldsymbol{a}_1^{(n)}, \boldsymbol{a}_2^{(n)}, \cdots, \boldsymbol{a}_R^{(n)})$ 的列均是单位矢量.

对于三阶张量, 下列表达式成立:

$$\boldsymbol{A}_{(1)} = \boldsymbol{A}^{(1)} \left(\boldsymbol{A}^{(3)} \odot \boldsymbol{A}^{(2)}\right)^{\mathrm{T}} \tag{2-1-3}$$

$$\boldsymbol{A}_{(2)} = \boldsymbol{A}^{(2)} \left(\boldsymbol{A}^{(3)} \odot \boldsymbol{A}^{(1)}\right)^{\mathrm{T}} \tag{2-1-4}$$

$$\boldsymbol{A}_{(3)} = \boldsymbol{A}^{(3)} \left(\boldsymbol{A}^{(2)} \odot \boldsymbol{A}^{(1)}\right)^{\mathrm{T}} \tag{2-1-5}$$

在 CP 分解下, 令 $\boldsymbol{\Lambda} = \mathrm{diag}\,(\boldsymbol{\lambda})$, 则张量的矩阵展开具有下列形式:

$$\boldsymbol{A}_{(n)} = \boldsymbol{A}^{(n)} \boldsymbol{\Lambda} \left(\boldsymbol{A}^{(N)} \odot \cdots \odot \boldsymbol{A}^{(n+1)} \odot \boldsymbol{A}^{(n-1)} \odot \cdots \odot \boldsymbol{A}^{(1)}\right)^{\mathrm{T}} \tag{2-1-6}$$

定义 2-1 (秩分解) 对于给定的 N 阶张量 $\mathcal{A} \in R^{I_1 \times I_2 \times \cdots \times I_N}$, 我们把 $R = \mathrm{rank}\,(\mathcal{A})$ 的精确的 CP 分解 $\mathcal{A} = \sum_{r=1}^{R} \boldsymbol{a}_r^{(1)} \circ \boldsymbol{a}_r^{(2)} \circ \cdots \circ \boldsymbol{a}_r^{(N)} = \sum_{r=1}^{R} \prod_{n=1}^{N} \boldsymbol{a}_r^{(n)}$ 称为秩分解.

定义 2-2 (最大秩) CP 分解中的最大可达秩称为张量的最大秩.

对于三阶张量 $\mathcal{A} \in R^{I_1 \times I_2 \times I_3}$, 最大秩具有下列上界:

$$\operatorname{rank}(\mathcal{A}) \leqslant \min\{I_1 I_2, I_2 I_3, I_1 I_3\} \tag{2-1-7}$$

高阶张量的秩分解常常是唯一的, 而矩阵的秩分解是不唯一的.

定理 2-1 设秩等于 R 的三阶张量 $\mathcal{A} \in R^{I_1 \times I_2 \times I_3}$ 的 CP 分解为 $\mathcal{A} = \sum_{r=1}^{R} \boldsymbol{a}_r^{(1)} \circ \boldsymbol{a}_r^{(2)} \circ \boldsymbol{a}_r^{(3)} = [\boldsymbol{A}^{(1)},\ \boldsymbol{A}^{(2)},\ \boldsymbol{A}^{(3)}]$, $k_{\boldsymbol{A}^{(i)}}$ 是矩阵 $\boldsymbol{A}^{(i)}(i=1,2,3)$ 的秩, 则 CP 分解唯一的充分性条件是 [17,18]

$$\sum_{i=1}^{3} k_{\boldsymbol{A}^{(i)}} \geqslant 2R+2 \tag{2-1-8}$$

定理 2-2 设秩等于 R 的 N 阶张量 $\mathcal{A} \in R^{I_1 \times I_2 \times \cdots \times I_N}$ 的 CP 分解为 $\mathcal{A} = \sum_{r=1}^{R} \boldsymbol{a}_r^{(1)} \circ \boldsymbol{a}_r^{(2)} \circ \cdots \circ \boldsymbol{a}_r^{(N)} = \left[\boldsymbol{A}^{(1)}, \boldsymbol{A}^{(2)}, \cdots, \boldsymbol{A}^{(N)}\right]$, $k_{\boldsymbol{A}^{(i)}}$ 是矩阵 $\boldsymbol{A}^{(i)}(i=1,2,\cdots,N)$ 的秩, 则 CP 分解唯一的充分性条件是 [19]

$$\sum_{i=1}^{N} k_{\boldsymbol{A}^{(i)}} \geqslant 2R+N-1 \tag{2-1-9}$$

定理 2-3 设秩等于 R 的 N 阶张量 $\mathcal{A} \in R^{I_1 \times I_2 \times \cdots \times I_N}$ 的 CP 分解为 $\mathcal{A} = \sum_{r=1}^{R} \boldsymbol{a}_r^{(1)} \circ \boldsymbol{a}_r^{(2)} \circ \cdots \circ \boldsymbol{a}_r^{(N)} = \left[\boldsymbol{A}^{(1)}, \boldsymbol{A}^{(2)}, \cdots, \boldsymbol{A}^{(N)}\right]$, $k_{\boldsymbol{A}^{(i)}}$ 是矩阵 $\boldsymbol{A}^{(i)}(i=1,2,\cdots,N)$ 的秩, 则 CP 分解唯一的必要性条件是 [20]

$$\min_{n=1,2,\cdots,N} \operatorname{rank}\left(\boldsymbol{A}^{(1)} \odot \cdots \odot \boldsymbol{A}^{(n-1)} \odot \boldsymbol{A}^{(n+1)} \odot \cdots \odot \boldsymbol{A}^{(N)}\right)^{\mathrm{T}} = R \tag{2-1-10}$$

N 阶张量 $\mathcal{A} \in R^{I_1 \times I_2 \times \cdots \times I_N}$ 的 CP 分解的优化模型如下 [10,11,15]

$$\min_{\widehat{\mathcal{A}}} \left\|\mathcal{A} - \widehat{\mathcal{A}}\right\| \tag{2-1-11}$$

$$\text{s.t.} \quad \widehat{\mathcal{A}} = \sum_{r=1}^{R} \lambda_r \boldsymbol{a}_r^{(1)} \circ \boldsymbol{a}_r^{(2)} \circ \cdots \circ \boldsymbol{a}_r^{(N)} = \left[\lambda; \boldsymbol{A}^{(1)}, \boldsymbol{A}^{(2)}, \cdots, \boldsymbol{A}^{(N)}\right] \tag{2-1-12}$$

利用张量的矩阵展开, 上述优化问题可以转化为下列优化问题:

$$\min_{\widehat{\boldsymbol{A}}^{(n)}} \left\|\boldsymbol{A}_{(n)} - \widehat{\boldsymbol{A}}^{(n)}\left(\boldsymbol{A}^{(1)} \odot \boldsymbol{A}^{(3)} \odot \cdots \odot \boldsymbol{A}^{(n-1)} \odot \boldsymbol{A}^{(n+1)} \odot \cdots \odot \boldsymbol{A}^{(N)}\right)^{\mathrm{T}}\right\|_F \tag{2-1-13}$$

其中 $\widehat{\boldsymbol{A}}^{(n)} = \boldsymbol{A}^{(n)}\mathrm{diag}(\boldsymbol{\lambda})$.

优化问题 (2-1-13) 的最优解由下式得到

$$\begin{aligned}\widehat{\boldsymbol{A}}^{(n)} &= \boldsymbol{A}_{(n)}\left(\left(\boldsymbol{A}^{(1)}\odot\boldsymbol{A}^{(2)}\odot\cdots\odot\boldsymbol{A}^{(n-1)}\odot\boldsymbol{A}^{(n+1)}\odot\cdots\odot\boldsymbol{A}^{(N)}\right)^{\mathrm{T}}\right)^{\dagger}\\ &= \boldsymbol{A}_{(n)}\left(\boldsymbol{A}^{(1)}\odot\boldsymbol{A}^{(2)}\odot\cdots\odot\boldsymbol{A}^{(n-1)}\odot\boldsymbol{A}^{(n+1)}\odot\cdots\odot\boldsymbol{A}^{(N)}\right)\left(\left(\boldsymbol{A}^{(1)}\right)^{\mathrm{T}}\boldsymbol{A}^{(1)}\right.\\ &\quad\left.*\cdots*\left(\boldsymbol{A}^{(n-1)}\right)^{\mathrm{T}}\boldsymbol{A}^{(n-1)}*\left(\boldsymbol{A}^{(n+1)}\right)^{\mathrm{T}}\boldsymbol{A}^{(n+1)}*\cdots*\left(\boldsymbol{A}^{(N)}\right)^{\mathrm{T}}\boldsymbol{A}^{(N)}\right)^{\dagger}\end{aligned} \tag{2-1-14}$$

基于上述理论分析, 求解 CP 分解优化模型的交替最小二乘算法 CP-ALS (alternating least squares) 的详细步骤如下所示 [10,11,15], 见算法 2-1.

算法 2-1　CP-ALS 算法

输入: 张量 $\mathcal{X}$, 参数 R, 算法收敛控制参数 ε, 最大迭代次数 $T_{\max}$.

输出: $\boldsymbol{\lambda}, \boldsymbol{A}^{(1)}, \boldsymbol{A}^{(2)}, \cdots, \boldsymbol{A}^{(N)}$.

　$t=1$.

　初始化 $\boldsymbol{A}_0^{(n)} \in R^{I_n\times R}\ (n=1,2,\cdots,N)$.

　For $t=1,2,\cdots,T_{\max}$

　　For $n=1,2,\cdots,N$

　　　$\boldsymbol{V}=(\boldsymbol{A}^{(1)})^{\mathrm{T}}\boldsymbol{A}^{(1)}*\cdots*(\boldsymbol{A}^{(n-1)})^{\mathrm{T}}\boldsymbol{A}^{(n-1)}*(\boldsymbol{A}^{(n+1)})^{\mathrm{T}}\boldsymbol{A}^{(n+1)}*\cdots*(\boldsymbol{A}^{(N)})^{\mathrm{T}}\boldsymbol{A}^{(N)}$;

　　　$\boldsymbol{A}^{(n)}=\boldsymbol{X}_{(n)}(\boldsymbol{A}^{(1)}\odot\boldsymbol{A}^{(2)}\odot\cdots\odot\boldsymbol{A}^{(n-1)}\odot\boldsymbol{A}^{(n+1)}\odot\cdots\odot\boldsymbol{A}^{(N)})\boldsymbol{V}^{\dagger}$;

　　　For $r=1,2,\cdots,R$

　　　　$\lambda_r=\|\boldsymbol{a}_r^{(n)}\|_2$;

　　　　$\boldsymbol{a}_r^{(n)}=\boldsymbol{a}_r^{(n)}/\lambda_r$;

　　　End For

　　　$\boldsymbol{A}_t^{(n)}=\boldsymbol{A}^{(n)}$;

　　End For

　　If $\max\limits_n\left\{\dfrac{\|\boldsymbol{A}_t^{(n)}-\boldsymbol{A}_{t-1}^{(n)}\|_2}{\|\boldsymbol{A}_t^{(n)}\|_2}\right\}\leqslant\varepsilon$, **then break**;

　　$t=t+1$;

　End For

　Return $\boldsymbol{\lambda}, \boldsymbol{A}^{(1)}, \boldsymbol{A}^{(2)}, \cdots, \boldsymbol{A}^{(N)}$.

2.1.2 非负 CP 分解算法

非负 CP 分解的优化模型如下[13]:

$$\min_{\boldsymbol{a}_r^{(1)},\cdots,\boldsymbol{a}_r^{(N)}} \frac{1}{2}\left\|\mathcal{A}-\sum_{r=1}^{R}\boldsymbol{a}_r^{(1)}\circ\boldsymbol{a}_r^{(2)}\circ\cdots\circ\boldsymbol{a}_r^{(N)}\right\|_F^2 \tag{2-1-15}$$
$$\text{s.t.}\quad \boldsymbol{a}_r^{(1)},\boldsymbol{a}_r^{(2)},\cdots,\boldsymbol{a}_r^{(N)}\geqslant 0$$

令 $f(\boldsymbol{a}_r^{(1)},\boldsymbol{a}_r^{(2)},\cdots,\boldsymbol{a}_r^{(N)})=\frac{1}{2}\left\|\mathcal{A}-\sum_{r=1}^{R}\boldsymbol{a}_r^{(1)}\circ\boldsymbol{a}_r^{(2)}\circ\cdots\circ\boldsymbol{a}_r^{(N)}\right\|_F^2$, 则有

$$\begin{aligned}
&\frac{\partial f(\boldsymbol{a}_r^{(1)},\boldsymbol{a}_r^{(2)},\cdots,\boldsymbol{a}_r^{(N)})}{\partial a_{rl}^{(s)}}\\
&=\left\langle \mathcal{A}-\sum_{r=1}^{R}\boldsymbol{a}_r^{(1)}\circ\boldsymbol{a}_r^{(2)}\circ\cdots\circ\boldsymbol{a}_r^{(N)}, \frac{\partial\left(\mathcal{A}-\sum_{r=1}^{R}\boldsymbol{a}_r^{(1)}\circ\boldsymbol{a}_r^{(2)}\circ\cdots\circ\boldsymbol{a}_r^{(N)}\right)}{\partial a_{rl}^{(s)}}\right\rangle\\
&=\left\langle \mathcal{A}-\sum_{r=1}^{R}\boldsymbol{a}_r^{(1)}\circ\boldsymbol{a}_r^{(2)}\circ\cdots\circ\boldsymbol{a}_r^{(N)}, -\boldsymbol{a}_r^{(1)}\circ\boldsymbol{a}_r^{(2)}\circ\cdots\circ\boldsymbol{a}_r^{(s-1)}\circ\boldsymbol{e}_l\circ\boldsymbol{a}_r^{(s+1)}\cdots\circ\boldsymbol{a}_r^{(N)}\right\rangle\\
&=\left\langle \sum_{r=1}^{R}\boldsymbol{a}_r^{(1)}\circ\boldsymbol{a}_r^{(2)}\circ\cdots\circ\boldsymbol{a}_r^{(N)}, \boldsymbol{a}_r^{(1)}\circ\boldsymbol{a}_r^{(2)}\circ\cdots\circ\boldsymbol{a}_r^{(s-1)}\circ\boldsymbol{e}_l\circ\boldsymbol{a}_r^{(s+1)}\cdots\circ\boldsymbol{a}_r^{(N)}\right\rangle\\
&\quad-\left\langle \mathcal{A},\boldsymbol{a}_r^{(1)}\circ\boldsymbol{a}_r^{(2)}\circ\cdots\circ\boldsymbol{a}_r^{(s-1)}\circ\boldsymbol{e}_l\circ\boldsymbol{a}_r^{(s+1)}\cdots\circ\boldsymbol{a}_r^{(N)}\right\rangle
\end{aligned} \tag{2-1-16}$$

我们按照下列公式修正因子矩阵的元素 $a_{rl}^{(s)}$:

$$a_{rl}^{(s)}=a_{rl}^{(s)}-\mu_{rl}^{(s)}\frac{\partial f(\boldsymbol{a}_r^{(1)},\boldsymbol{a}_r^{(2)},\cdots,\boldsymbol{a}_r^{(N)})}{\partial a_{rl}^{(s)}} \tag{2-1-17}$$

其中 $\mu_{rl}^{(s)}=\dfrac{a_{rl}^{(s)}}{\sum\limits_{j=1}^{R}a_{jl}^{(s)}\prod\limits_{i=1,i\neq s}^{N}\left\langle\boldsymbol{a}_r^{(i)},\boldsymbol{a}_r^{(i)}\right\rangle}$.

由于 $f(\boldsymbol{a}_r^{(1)},\boldsymbol{a}_r^{(2)},\cdots,\boldsymbol{a}_r^{(N)})$ 相对于 $a_{rl}^{(s)}$ 的 Hessian 矩阵

$$\frac{\partial^2 f(\boldsymbol{a}_r^{(1)},\boldsymbol{a}_r^{(2)},\cdots,\boldsymbol{a}_r^{(N)})}{\partial a_{rl}^{(s)}\partial a_{rl}^{(s)}}=\prod_{i=1,i\neq s}^{N}\left\langle\boldsymbol{a}_r^{(i)},\boldsymbol{a}_r^{(i)}\right\rangle \tag{2-1-18}$$

是对角阵, 由

$$\mu_{rl}^{(s)} = \frac{a_{rl}^{(s)}}{\sum_{j=1}^{R} a_{jl}^{(s)} \prod_{i=1,i\neq s}^{N} \langle \boldsymbol{a}_r^{(i)}, \boldsymbol{a}_r^{(i)} \rangle} < \frac{a_{rl}^{(s)}}{a_{rl}^{(s)} \prod_{i=1,i\neq s}^{N} \langle \boldsymbol{a}_r^{(i)}, \boldsymbol{a}_r^{(i)} \rangle} \tag{2-1-19}$$

和 [13] 中的命题 1, 我们知道利用公式 (2-1-17) 修正因子矩阵的元素 $a_{rl}^{(s)}$ 可以保证非负 CP 分解算法是收敛的.

2.1.3 稀疏并行 CP 分解算法

受基于随机采样的矩阵分解算法启发[21], 2015 年, Papalexakis 提出了稀疏并行 CP 分解算法 ParCube[14].

设

$$x_a(i) = \sum_{j=1}^{J}\sum_{k=1}^{K} \mathcal{X}(i,j,k) \tag{2-1-20}$$

$$x_b(j) = \sum_{i=1}^{I}\sum_{k=1}^{K} \mathcal{X}(i,j,k) \tag{2-1-21}$$

$$x_c(k) = \sum_{i=1}^{I}\sum_{j=1}^{J} \mathcal{X}(i,j,k) \tag{2-1-22}$$

s 是抽样因子, $\mathcal{I}$, $\mathcal{J}$ 和 $\mathcal{K}$ 分别是沿着第一模态、第二模态和第三模态按照概率 $p_{\mathcal{I}}(i) = \dfrac{x_a(i)}{\sum_{i=1}^{I} x_a(i)}$, $p_{\mathcal{J}}(j) = \dfrac{x_b(j)}{\sum_{j=1}^{J} x_b(j)}$ 和 $p_{\mathcal{K}}(k) = \dfrac{x_c(k)}{\sum_{k=1}^{K} x_c(k)}$ 无放回抽取的坐标集, 其大小分别为 $|\mathcal{I}| = \dfrac{I}{s}$, $|\mathcal{J}| = \dfrac{J}{s}$ 和 $|\mathcal{K}| = \dfrac{K}{s}$, 则子张量 $\mathcal{X}_s = \mathcal{X}(\mathcal{I},\mathcal{J},\mathcal{K}) \in R^{\frac{I}{s}\times\frac{J}{s}\times\frac{K}{s}}$. 计算子张量 $\mathcal{X}_s$ 的算法 BiasedSample 的详细过程列在算法 2-2 中.

对于张量 $\mathcal{X}_s$, 运行 2.1.2 节的非负 CP 分解算法, 我们可以得到非负因子矩阵 $\boldsymbol{A}_s$, $\boldsymbol{B}_s$ 和 $\boldsymbol{C}_s$. 令 $\boldsymbol{A}(\mathcal{I},:) = \boldsymbol{A}_s \in R^{\frac{I}{s}\times R}$, $\boldsymbol{B}(\mathcal{J},:) = \boldsymbol{B}_s \in R^{\frac{J}{s}\times R}$, $\boldsymbol{C}(\mathcal{K},:) = \boldsymbol{C}_s \in R^{\frac{K}{s}\times R}$, 则我们可以得到张量的稀疏非负 CP 分解算法 BasicParCube. 该算法的详细过程列在算法 2-3 中.

很明显, 算法 2-3 可以得到三个稀疏的非负因子矩阵. 无论如何, 算法 2-3 依赖于采样因子和数据的分布, 仅仅进行一次采样计算因子矩阵, 可能导致一些重要信息的丢失. 为了解决这个问题, 作者首先对原始张量进行多次采样, 然后对每次采样的张量计算因子矩阵, 最后对得到的因子矩阵进行集成, 从而得到最终的因子矩阵.

算法 2-2　BiasedSample 算法

输入: 张量 $\mathcal{X} \in R^{I\times J\times K}$, 采样因子 s.

输出: 子张量 $\mathcal{X}_s \in R^{\frac{I}{s}\times\frac{J}{s}\times\frac{K}{s}}$.

For $i = 1, 2, \cdots, I$

$$x_a(i) = \sum_{j=1}^{J}\sum_{k=1}^{K}\mathcal{X}(i,j,k);$$

End For

For $j = 1, 2, \cdots, J$

$$x_b(j) = \sum_{i=1}^{I}\sum_{k=1}^{K}\mathcal{X}(i,j,k);$$

End For

For $k = 1, 2, \cdots, K$

$$x_c(k) = \sum_{i=1}^{I}\sum_{j=1}^{J}\mathcal{X}(i,j,k);$$

End For

按照抽样概率 $p_{\mathcal{I}}(i) = \dfrac{x_a(i)}{\sum_{i=1}^{I} x_a(i)}$ 无放回地随机抽取 $|\mathcal{I}|$ 个坐标, 其坐标集为 $\mathcal{I}$.

按照抽样概率 $p_{\mathcal{J}}(j) = \dfrac{x_b(j)}{\sum_{j=1}^{J} x_b(j)}$ 无放回地随机抽取 $|\mathcal{J}|$ 个坐标, 其坐标集为 $\mathcal{J}$.

按照抽样概率 $p_{\mathcal{K}}(k) = \dfrac{x_c(k)}{\sum_{k=1}^{K} x_c(k)}$ 无放回地随机抽取 $|\mathcal{K}|$ 个坐标, 其坐标集为 $\mathcal{K}$.

Return $\mathcal{X}_s = \mathcal{X}(\mathcal{I}, \mathcal{J}, \mathcal{K})$.

算法 2-3　BasicParCube 算法

输入: 张量 $\mathcal{X} \in R^{I\times J\times K}$, CP 参数 R, 采样因子 s.

输出: 因子矩阵 $\boldsymbol{A} \in R^{I\times R}$, $\boldsymbol{B} \in R^{J\times R}$, $\boldsymbol{C} \in R^{K\times R}$.

运行算法 2-2 得到 $\mathcal{X}_s, \mathcal{I}, \mathcal{J}, \mathcal{K}$.

运行 2.1.2 节中的非负 CP 分解算法得到 $\boldsymbol{A}_s \in R^{\frac{I}{s}\times R}$, $\boldsymbol{B}_s \in R^{\frac{J}{s}\times R}$, $\boldsymbol{C}_s \in R^{\frac{K}{s}\times R}$.

$\boldsymbol{A}(\mathcal{I},:) = \boldsymbol{A}_s, \boldsymbol{B}(\mathcal{J},:) = \boldsymbol{B}_s, \boldsymbol{C}(\mathcal{K},:) = \boldsymbol{C}_s$.

Return $\boldsymbol{A}$, $\boldsymbol{B}$, $\boldsymbol{C}$.

令 r 为采样总次数, $\mathcal{I}_p$, $\mathcal{J}_p$ 和 $\mathcal{K}_p$ 分别是在 r 次采样中, 在第一个模态的 $\dfrac{I}{s}$ 个坐标中重复出现的坐标集合、在第二个模态的 $\dfrac{J}{s}$ 个坐标中重复出现的坐标集合和在第三个模态的 $\dfrac{K}{s}$ 个坐标中重复出现的坐标集合. $\boldsymbol{A}_i$, $\boldsymbol{B}_i$ 和 $\boldsymbol{C}_i$ 是第 i 次

采样所得到的张量的三个稀疏非负因子矩阵, $n_a(f)$, $n_b(f)$ 和 $n_c(f)$ 分别是在公共坐标集合 $\mathcal{I}_p$, $\mathcal{J}_p$ 和 $\mathcal{K}_p$ 上 $\boldsymbol{A}_i$, $\boldsymbol{B}_i$ 和 $\boldsymbol{C}_i$ 的 l_2 范数, 其定义如下

$$n_a(f) = \|\boldsymbol{A}_i(\mathcal{I}_p, f)\|_2 \tag{2-1-23}$$

$$n_b(f) = \|\boldsymbol{B}_i(\mathcal{J}_p, f)\|_2 \tag{2-1-24}$$

$$n_c(f) = \|\boldsymbol{C}_i(\mathcal{K}_p, f)\|_2 \tag{2-1-25}$$

$$\lambda_i(f) = n_a(f)n_b(f)n_c(f) \tag{2-1-26}$$

其中 $f \in \{1, 2, \cdots, R\}$.

令 $v(f_2) = (\boldsymbol{A}(\mathcal{I}_p, f_2))^{\mathrm{T}} \boldsymbol{A}_i(I_p, f_1)$, $c = \arg\max\limits_{c'} v(c')$, 通过利用 $\boldsymbol{A}_i(:, f_1)$ 修订 $\boldsymbol{A}(:, c)$ 的零元素, 作者提出了因子合并算法 FactorMerge. 根据 [14] 中的命题 3.2, 我们知道: 因子合并算法 FactorMerge 能够从多个因子矩阵中通过合并操作正确地得到最终的因子矩阵. 该算法的详细流程如算法 2-4 所示.

算法 2-4　FactorMerge 算法

输入: 因子矩阵 $\boldsymbol{A}_i \in R^{I\times R}\,(i = 1, 2, \cdots, r)$, 重复坐标集 $\mathcal{I}_p$, 重复次数 r.
输出: 因子矩阵 $\boldsymbol{A} \in R^{I\times R}$.

```
A = A_1.
For i = 2, ..., r
    For f_1 = 1, ..., R
        For f_2 = 1, ..., R
            计算 v(f_2) = (A(I_p, f_2))^T A_i(I_p, f_1);
        End For
        计算 c = arg max_{c'} v(c');
        利用 A_i(:, f_1) 修订 A(:, c) 中的零元素;
    End For
End For
Return A.
```

基于上述分析和说明, ParCube 算法的详细流程如算法 2-5 所示.

算法 2-5　ParCube 算法

输入: 张量 $\mathcal{X} \in R^{I\times J\times K}$, CP 分解参数 R, 重复次数 r, 采样因子 s.
输出: 因子矩阵 $\boldsymbol{A} \in R^{I\times R}$, $\boldsymbol{B} \in R^{J\times R}$, $\boldsymbol{C} \in R^{K\times R}$ 和向量 $\boldsymbol{\lambda} \in R^{R\times 1}$.

```
A = 0.
B = 0.
C = 0.
随机运行 r 次采样, 计算 I_p, J_p 和 K_p.
```

For $i = 1, 2, \cdots, r$
　运行算法 2-3 得到 $\boldsymbol{A}_i$, $\boldsymbol{B}_i$ 和 $\boldsymbol{C}_i$;
　For $f = 1, 2, \cdots, R$
　　$n_a(f) = \|\boldsymbol{A}_i(I_p, f)\|_2$;
　　$n_b(f) = \|\boldsymbol{B}_i(J_p, f)\|_2$;
　　$n_c(f) = \|\boldsymbol{C}_i(K_p, f)\|_2$;
　　利用 $n_a(f)$, $n_b(f)$ 和 $n_c(f)$ 归一化因子矩阵 $\boldsymbol{A}_i$, $\boldsymbol{B}_i$ 和 $\boldsymbol{C}_i$ 的列;
　　$\lambda_i(f) = n_a(f) n_b(f) n_c(f)$;
　End For
End For
$\boldsymbol{A} = \text{FactorMerge}\,(\boldsymbol{A}_i)$.
$\boldsymbol{B} = \text{FactorMerge}\,(\boldsymbol{B}_i)$.
$\boldsymbol{C} = \text{FactorMerge}\,(\boldsymbol{C}_i)$.
$\boldsymbol{\lambda} = \text{Average}\,(\boldsymbol{\lambda}_i)$.
Return $\boldsymbol{A}$, $\boldsymbol{B}$, $\boldsymbol{C}$, $\boldsymbol{\lambda}$.

2.2 高阶奇异值分解

张量的高阶奇异值分解 (HOSVD) 是矩阵奇异值分解在高阶张量的自然推广. 2000 年, De Lathauwer 给出了详细的数学分析 [2]; 2014 年, 针对大规模生成式模型, Lee 提出了增量高阶奇异值分解算法 [22]; 2015 年, 基于 GPU 技术, Zou 提出了并行增量高阶奇异值分解算法 [23]. 在本节中, 我们首先给出高阶奇异值分析的主要结果, 然后介绍原始的高阶奇异值分解算法, 最后给出增量高阶奇异值分解算法.

2.2.1 HOSVD 算法

定理 2-4 复矩阵 $\boldsymbol{F} \in R^{I_1 \times I_2}$ 可以写成下列积的形式:

$$\boldsymbol{F} = \boldsymbol{U}^{(1)} \cdot \boldsymbol{S} \cdot \left(\boldsymbol{V}^{(2)}\right)^H = \boldsymbol{S} \times_1 \boldsymbol{U}^{(1)} \times_2 \left(\boldsymbol{V}^{(2)}\right)^* = \boldsymbol{S} \times_1 \boldsymbol{U}^{(1)} \times_2 \boldsymbol{U}^{(2)} \tag{2-2-1}$$

其中, $\boldsymbol{U}^{(1)} = (\boldsymbol{u}_1^{(1)}\ \boldsymbol{u}_2^{(1)}\ \cdots\ \boldsymbol{u}_{I_1}^{(1)}) \in R^{I_1 \times I_1}$ 和 $\boldsymbol{U}^{(2)} = (\boldsymbol{u}_1^{(2)}\ \boldsymbol{u}_2^{(2)}\ \cdots\ \boldsymbol{u}_{I_2}^{(2)}) \in R^{I_2 \times I_2}$ 均是单位矩阵. $\boldsymbol{S} \in R^{I_1 \times I_2}$, 且 $s_{ii} = \sigma_i\ (i = 1, 2, \cdots, \min(I_1, I_2))$, $\sigma_i \geqslant \sigma_j \geqslant 0\ (i, j = 1, 2, \cdots, \min(I_1, I_2); i > j)$, $\boldsymbol{S}$ 矩阵的其余元素全部为零. σ_i 是 $\boldsymbol{F}$ 的第 i 个奇异值, $\boldsymbol{u}_j^{(1)}$ 和 $\boldsymbol{u}_j^{(2)}$ 分别是 $\boldsymbol{F}$ 的第 j 个左奇异向量和右奇异向量.

定理 2-5 如果张量 $\mathcal{A} \in R^{I_1 \times I_2 \times \cdots \times I_N}$ 和 $\mathcal{S} \in R^{J_1 \times J_2 \times \cdots \times J_N}$ 存在关系 $\mathcal{A} = \mathcal{S} \times_1 \boldsymbol{U}^{(1)} \times_2 \boldsymbol{U}^{(2)} \times_3 \cdots \times_N \boldsymbol{U}^{(N)}$, 那么 $\boldsymbol{A}_{(n)}$ 和 $\boldsymbol{S}_{(n)}$ 之间满足下列关系 [24]

$$\boldsymbol{A}_{(n)} = \boldsymbol{U}^{(n)} \boldsymbol{S}_{(n)} \left(\boldsymbol{U}^{(n+1)} \otimes \boldsymbol{U}^{(n+2)} \otimes \cdots \otimes \boldsymbol{U}^{(N)} \otimes \boldsymbol{U}^{(1)} \otimes \cdots \otimes \boldsymbol{U}^{(n-1)}\right)^{\mathrm{T}} \tag{2-2-2}$$

定理 2-6 如果复张量 $\mathcal{A} \in R^{I_1 \times I_2 \times \cdots \times I_N}$ 可以写成下列积的形式

$$\mathcal{A} = S \times_1 \boldsymbol{U}^{(1)} \times_2 \boldsymbol{U}^{(2)} \times_3 \cdots \times_N \boldsymbol{U}^{(N)} \tag{2-2-3}$$

其中 $\boldsymbol{U}^{(n)} = (\boldsymbol{u}_1^{(n)}\ \boldsymbol{u}_2^{(n)}\ \cdots\ \boldsymbol{u}_{I_n}^{(n)}) \in R^{I_n \times I_n}$ 是单位张量, 则复张量 $\mathcal{S} \in R^{I_1 \times I_2 \times \cdots \times I_N}$ 的子张量 $\mathcal{S}_{i_n=\alpha}$ 具有下列性质:

$$\langle \mathcal{S}_{i_n=\alpha}, \mathcal{S}_{i_n=\beta} \rangle = 0, \quad \alpha \neq \beta \tag{2-2-4}$$

$$\|\mathcal{S}_{i_n=1}\|_F \geqslant \|\mathcal{S}_{i_n=2}\|_F \geqslant \cdots \geqslant \|\mathcal{S}_{i_n=I_n}\|_F \geqslant 0 \tag{2-2-5}$$

其中, $\|\mathcal{S}_{i_n=i}\|_F$ 和 $\boldsymbol{u}_1^{(n)}$ 分别是 $\boldsymbol{A}_{(n)}$ 的第 i 个奇异值和左奇异向量.

证明 设 $\boldsymbol{U}^{(i)}(i = 1, 2, \cdots, N)$ 是正交矩阵, 如果 $\mathcal{A} = \mathcal{S} \times_1 \boldsymbol{U}^{(1)} \times_2 \boldsymbol{U}^{(2)} \times_3 \cdots \times_N \boldsymbol{U}^{(N)}$, 则由定理 2-5 可知

$$\boldsymbol{A}_{(n)} = \boldsymbol{U}^{(n)} \boldsymbol{S}_{(n)} \left(\boldsymbol{U}^{(n+1)} \otimes \boldsymbol{U}^{(n+2)} \otimes \cdots \otimes \boldsymbol{U}^{(N)} \otimes \boldsymbol{U}^{(1)} \otimes \cdots \otimes \boldsymbol{U}^{(n-1)}\right)^{\mathrm{T}} \tag{2-2-6}$$

令 $\boldsymbol{A}_{(n)}$ 的奇异值分解为

$$\boldsymbol{A}_{(n)} = \boldsymbol{U}^{(n)} \cdot \boldsymbol{\Sigma}^{(n)} \cdot \left(\boldsymbol{V}^{(n)}\right)^{\mathrm{T}} \tag{2-2-7}$$

其中

$$\boldsymbol{\Sigma}^{(n)} = \mathrm{diag}(\sigma_1^{(n)}, \sigma_2^{(n)}, \cdots, \sigma_{I_n}^{(n)}) \tag{2-2-8}$$

$$\sigma_1^{(n)} \geqslant \sigma_2^{(n)} \geqslant \cdots \geqslant \sigma_{I_n}^{(n)} \geqslant 0 \tag{2-2-9}$$

则

$$\boldsymbol{S}_{(n)} = \boldsymbol{\Sigma}^{(n)} \cdot \left(\boldsymbol{V}^{(n)}\right)^{\mathrm{T}} \cdot \left(\boldsymbol{U}^{(n+1)} \otimes \boldsymbol{U}^{(n+2)} \otimes \cdots \otimes \boldsymbol{U}^{(N)} \otimes \boldsymbol{U}^{(1)} \otimes \cdots \otimes \boldsymbol{U}^{(n-1)}\right) \tag{2-2-10}$$

由 (2-2-10) 可知

$$\langle \mathcal{S}_{i_n=\alpha}, \mathcal{S}_{i_n=\beta} \rangle = 0, \quad \alpha \neq \beta \tag{2-2-11}$$

$$\|\mathcal{S}_{i_n=1}\|_F = \sigma_1^{(n)} \geqslant \|\mathcal{S}_{i_n=2}\|_F = \sigma_2^{(n)} \geqslant \cdots \geqslant \|\mathcal{S}_{i_n=I_n}\|_F = \sigma_{I_n}^{(n)} \geqslant 0 \tag{2-2-12}$$

张量的高阶奇异值分解具有下列特性:

(1) 张量沿第 n 模态展开的矩阵奇异值是唯一的.

(2) 二阶张量的高阶奇异值分解退化到矩阵的奇异值分解.

(3) 设 $\mathcal{A} = \mathcal{S} \times_1 \boldsymbol{U}^{(1)} \times_2 \boldsymbol{U}^{(2)} \times_3 \cdots \times_N \boldsymbol{U}^{(N)}$, 其 n-秩 $R_n = \mathrm{rank}_n(\mathcal{A})$ 是 n-模向量空间的维数, r_n 是满足 $\|\mathcal{S}_{i_n=r_n}\|_F > 0$ 中最大的下标, 则

$$R_n = \mathrm{rank}_n(\mathcal{A}) = \mathrm{rank}(\boldsymbol{A}_{(n)}) = r_n \tag{2-2-13}$$

(4) 设 $\mathcal{A} = \mathcal{S} \times_1 \boldsymbol{U}^{(1)} \times_2 \boldsymbol{U}^{(2)} \times_3 \cdots \times_N \boldsymbol{U}^{(N)}$, 则

(i) $\mathcal{A}$ 的 n-模向量空间 $\boldsymbol{R}\left(\boldsymbol{A}_{(n)}\right) = \mathrm{span}(\boldsymbol{U}_1^{(n)}, \boldsymbol{U}_2^{(n)}, \cdots, \boldsymbol{U}_{R_n}^{(n)})$.

(ii) $\boldsymbol{R}\left(\boldsymbol{A}_{(n)}\right)$ 的正交补空间, 即左 n-模向量空间

$$N(\boldsymbol{A}_{(n)}^H) = \mathrm{span}(\boldsymbol{U}_{R_n+1}^{(n)}, \boldsymbol{U}_{R_n+2}^{(n)}, \cdots, \boldsymbol{U}_{I_n}^{(n)})$$

(5) 设 $\mathcal{A} = \mathcal{S} \times_1 \boldsymbol{U}^{(1)} \times_2 \boldsymbol{U}^{(2)} \times_3 \cdots \times_N \boldsymbol{U}^{(N)}$, 则

$$\|\mathcal{A}\|_F^2 = \sum_{i=1}^{R_1} \sigma_i^{(1)} = \sum_{i=1}^{R_2} \sigma_i^{(2)} = \cdots = \sum_{i=1}^{R_N} \sigma_i^{(N)} = \|\mathcal{S}\|_F^2 \tag{2-2-14}$$

(6) 设 $\mathcal{A} = \mathcal{S} \times_1 \boldsymbol{U}^{(1)} \times_2 \boldsymbol{U}^{(2)} \times_3 \cdots \times_N \boldsymbol{U}^{(N)}$, 如果 $\widehat{\mathcal{A}}$ 是通过舍去最小 n-模奇异值 $\sigma_{P_n+1}^{(n)}, \sigma_{P_n+2}^{(n)}, \cdots, \sigma_{R_n}^{(n)}$ 对应的因子向量, 并令 $\mathcal{S}$ 中的对应元素为零得到的近似张量, 则

$$\|\mathcal{A} - \widehat{\mathcal{A}}\|_F^2 = \sum_{i_1=P_1+1}^{R_1} (\sigma_{i_1}^{(1)})^2 = \sum_{i_2=P_2+1}^{R_2} (\sigma_{i_2}^{(2)})^2 = \cdots = \sum_{i_N=P_N+1}^{R_N} (\sigma_{i_N}^{(N)})^2 \tag{2-2-15}$$

(7) 设 $\mathcal{A} = \mathcal{S} \times_1 \boldsymbol{U}^{(1)} \times_2 \boldsymbol{U}^{(2)} \times_3 \cdots \times_N \boldsymbol{U}^{(N)}$, 则

$$\boldsymbol{A}_{(n)} = \boldsymbol{U}^{(n)} \cdot \boldsymbol{\Sigma}^{(n)} \cdot \left(\boldsymbol{V}^{(n)}\right)^{\mathrm{T}} \tag{2-2-16}$$

$$\boldsymbol{\Sigma}^{(n)} = \mathrm{diag}(\sigma_1^{(n)}, \sigma_2^{(n)}, \cdots, \sigma_{I_n}^{(n)}) \tag{2-2-17}$$

$$\left(\boldsymbol{V}^{(n)}\right)^{\mathrm{T}} = \widetilde{\boldsymbol{S}}_{(n)} \cdot \left(\boldsymbol{U}^{(n+1)} \otimes \boldsymbol{U}^{(n+2)} \otimes \cdots \otimes \boldsymbol{U}^{(N)} \otimes \boldsymbol{U}^{(1)} \otimes \cdots \otimes \boldsymbol{U}^{(n-1)}\right)^{\mathrm{T}} \tag{2-2-18}$$

$$\boldsymbol{S}_{(n)} = \boldsymbol{\Sigma}^{(n)} \cdot \widetilde{\boldsymbol{S}}_{(n)} \tag{2-2-19}$$

基于上述分析, HOSVD 算法的详细过程如算法 2-6 所示.

算法 2-6　HOSVD 算法

输入: 张量 $\mathcal{X} \in R^{I_1 \times I_2 \times \cdots \times I_N}$, 参数 $J_1, J_2, \cdots, J_N$.

输出: 投影矩阵 $\boldsymbol{U}^{(n)}\,(n = 1, 2, \cdots, N)$, 核张量 $\mathcal{S} \in R^{J_1 \times J_2 \times \cdots \times J_N}$.

For $i = 1, 2, \cdots, N$

　计算协方差矩阵 $\boldsymbol{C} = \boldsymbol{X}_{(i)} \boldsymbol{X}_{(i)}^{\mathrm{T}}$;

　对矩阵 $\boldsymbol{C}$ 做奇异值分解, 置其左特征矩阵中的前 J_i 列为 $\boldsymbol{U}^{(i)}$;

End For

$\mathcal{S} = \mathcal{X} \times_1 (\boldsymbol{U}^{(1)})^{\mathrm{T}} \times_2 (\boldsymbol{U}^{(2)})^{\mathrm{T}} \times_3 \cdots \times_N (\boldsymbol{U}^{(N)})^{\mathrm{T}}$.

Return $\boldsymbol{U}^{(n)}\,(n = 1, 2, \cdots, N)$, $\mathcal{S}$.

2.2.2 增量 SVD 算法

对于矩阵 $\boldsymbol{A} \in R^{n_d \times n_a}$ 和 $\boldsymbol{B} \in R^{n_d \times n_b}$, 设

$$\overline{\boldsymbol{A}} = \frac{1}{n_a}\boldsymbol{A}\boldsymbol{1}_a \tag{2-2-20}$$

$$\widetilde{\boldsymbol{A}} = \boldsymbol{A} - \overline{\boldsymbol{A}}\boldsymbol{1}_a^{\mathrm{T}} \tag{2-2-21}$$

$$\overline{\boldsymbol{B}} = \frac{1}{n_b}\boldsymbol{B}\boldsymbol{1}_b \tag{2-2-22}$$

$$\widetilde{\boldsymbol{B}} = \boldsymbol{B} - \overline{\boldsymbol{B}}\boldsymbol{1}_b^{\mathrm{T}} \tag{2-2-23}$$

$$\boldsymbol{D} = \begin{pmatrix} \boldsymbol{A} & \boldsymbol{B} \end{pmatrix} \in R^{n_d \times (n_a+n_b)} \tag{2-2-24}$$

$$\widetilde{\boldsymbol{D}} = \begin{pmatrix} \boldsymbol{A} - \overline{\boldsymbol{D}}\boldsymbol{1}_a^{\mathrm{T}} & \boldsymbol{B} - \overline{\boldsymbol{D}}\boldsymbol{1}_b^{\mathrm{T}} \end{pmatrix} \in R^{n_d \times (n_a+n_b)} \tag{2-2-25}$$

其中 $\boldsymbol{1}$ 是所有元素均为 1 的列向量, $\overline{\boldsymbol{A}}$, $\overline{\boldsymbol{B}}$ 和 $\overline{\boldsymbol{D}}$ 分别为矩阵 $\boldsymbol{A}$, $\boldsymbol{B}$ 和 $\boldsymbol{D}$ 的均值列向量, $\widetilde{\boldsymbol{A}}$, $\widetilde{\boldsymbol{B}}$ 和 $\widetilde{\boldsymbol{D}}$ 分别为矩阵 $\boldsymbol{A}$, $\boldsymbol{B}$ 和 $\boldsymbol{D}$ 去中心化之后的矩阵.

我们的目标是利用 $\widetilde{\boldsymbol{A}}$ 的 SVD 结果 $\widetilde{\boldsymbol{A}} = \boldsymbol{U}\boldsymbol{\Sigma}\boldsymbol{V}^{\mathrm{T}}$ 计算 $\widetilde{\boldsymbol{D}}$ 的 SVD $\widetilde{\boldsymbol{D}} = \boldsymbol{U}'\boldsymbol{\Sigma}'(\boldsymbol{V}')^{\mathrm{T}}$. 由 (2-2-20)—(2-2-25), 我们很容易得到 [22]

$$\overline{\boldsymbol{D}} = \frac{n_a}{n_a+n_b}\overline{\boldsymbol{A}} + \frac{n_b}{n_a+n_b}\overline{\boldsymbol{B}} \tag{2-2-26}$$

$$\begin{aligned}
\boldsymbol{A} - \overline{\boldsymbol{D}}\boldsymbol{1}_a^{\mathrm{T}} &= \boldsymbol{A} - \left(\frac{n_a}{n_a+n_b}\overline{\boldsymbol{A}} + \frac{n_b}{n_a+n_b}\overline{\boldsymbol{B}}\right)\boldsymbol{1}_a^{\mathrm{T}} \\
&= \boldsymbol{A} - \overline{\boldsymbol{A}}\boldsymbol{1}_a^{\mathrm{T}} + \frac{n_b}{n_a+n_b}\left(\overline{\boldsymbol{A}} - \overline{\boldsymbol{B}}\right)\boldsymbol{1}_a^{\mathrm{T}} \\
&= \widetilde{\boldsymbol{A}} + \frac{n_b}{n_a+n_b}\left(\overline{\boldsymbol{A}} - \overline{\boldsymbol{B}}\right)\boldsymbol{1}_a^{\mathrm{T}}
\end{aligned} \tag{2-2-27}$$

$$\begin{aligned}
\boldsymbol{B} - \overline{\boldsymbol{D}}\boldsymbol{1}_b^{\mathrm{T}} &= \boldsymbol{B} - \left(\frac{n_a}{n_a+n_b}\overline{\boldsymbol{A}} + \frac{n_b}{n_a+n_b}\overline{\boldsymbol{B}}\right)\boldsymbol{1}_b^{\mathrm{T}} \\
&= \boldsymbol{B} - \overline{\boldsymbol{B}}\boldsymbol{1}_b^{\mathrm{T}} - \frac{n_a}{n_a+n_b}\left(\overline{\boldsymbol{A}} - \overline{\boldsymbol{B}}\right)\boldsymbol{1}_b^{\mathrm{T}} \\
&= \widetilde{\boldsymbol{B}} - \frac{n_a}{n_a+n_b}\left(\overline{\boldsymbol{A}} - \overline{\boldsymbol{B}}\right)\boldsymbol{1}_b^{\mathrm{T}}
\end{aligned} \tag{2-2-28}$$

$$\widetilde{\boldsymbol{D}}\widetilde{\boldsymbol{D}}^{\mathrm{T}} = \begin{pmatrix} \boldsymbol{A} - \overline{\boldsymbol{D}}\boldsymbol{1}_a^{\mathrm{T}} & \boldsymbol{B} - \overline{\boldsymbol{D}}\boldsymbol{1}_b^{\mathrm{T}} \end{pmatrix}\begin{pmatrix} \boldsymbol{A} - \overline{\boldsymbol{D}}\boldsymbol{1}_a^{\mathrm{T}} & \boldsymbol{B} - \overline{\boldsymbol{D}}\boldsymbol{1}_b^{\mathrm{T}} \end{pmatrix}^{\mathrm{T}}$$

$$
\begin{aligned}
&= \left(\widetilde{\boldsymbol{A}} + \frac{n_b}{n_a+n_b}\left(\overline{\boldsymbol{A}}-\overline{\boldsymbol{B}}\right)\mathbf{1}_a^{\mathrm{T}} \quad \widetilde{\boldsymbol{B}} - \frac{n_a}{n_a+n_b}\left(\overline{\boldsymbol{A}}-\overline{\boldsymbol{B}}\right)\mathbf{1}_b^{\mathrm{T}}\right) \\
&\quad \times \left(\widetilde{\boldsymbol{A}} + \frac{n_b}{n_a+n_b}\left(\overline{\boldsymbol{A}}-\overline{\boldsymbol{B}}\right)\mathbf{1}_a^{\mathrm{T}} \quad \widetilde{\boldsymbol{B}} - \frac{n_a}{n_a+n_b}\left(\overline{\boldsymbol{A}}-\overline{\boldsymbol{B}}\right)\mathbf{1}_b^{\mathrm{T}}\right)^{\mathrm{T}} \\
&= \widetilde{\boldsymbol{A}}\widetilde{\boldsymbol{A}}^{\mathrm{T}} + \widetilde{\boldsymbol{B}}\widetilde{\boldsymbol{B}}^{\mathrm{T}} + \frac{n_a n_b}{n_a+n_b}\left(\overline{\boldsymbol{A}}-\overline{\boldsymbol{B}}\right)\left(\overline{\boldsymbol{A}}-\overline{\boldsymbol{B}}\right)^{\mathrm{T}} \\
&= \left(\widetilde{\boldsymbol{A}} \quad \widetilde{\boldsymbol{B}} \quad \sqrt{\frac{n_a n_b}{n_a+n_b}}\left(\overline{\boldsymbol{A}}-\overline{\boldsymbol{B}}\right)\right)\left(\widetilde{\boldsymbol{A}} \quad \widetilde{\boldsymbol{B}} \quad \sqrt{\frac{n_a n_b}{n_a+n_b}}\left(\overline{\boldsymbol{A}}-\overline{\boldsymbol{B}}\right)\right)^{\mathrm{T}}
\end{aligned}
\tag{2-2-29}
$$

设 $\boldsymbol{F} = \left(\widetilde{\boldsymbol{B}} \quad \sqrt{\frac{n_a n_b}{n_a+n_b}}\left(\overline{\boldsymbol{A}}-\overline{\boldsymbol{B}}\right)\right)$, $\widetilde{\boldsymbol{A}} = \boldsymbol{U\Sigma V}^{\mathrm{T}}$, 由 $\boldsymbol{U}$ 和 $\boldsymbol{V}$ 为正交矩阵, 我们知道下列等式成立:

$$
\boldsymbol{\Sigma} = \boldsymbol{U}^{\mathrm{T}}\boldsymbol{U\Sigma V}^{\mathrm{T}}\boldsymbol{V} \tag{2-2-30}
$$

令 $\boldsymbol{Y} = \boldsymbol{U}^{\mathrm{T}}\widetilde{\boldsymbol{D}}\begin{pmatrix}\boldsymbol{V} & \mathbf{0}\\ \mathbf{0} & \boldsymbol{I}\end{pmatrix} = \boldsymbol{U}^{\mathrm{T}}\left(\widetilde{\boldsymbol{A}} \quad \boldsymbol{F}\right)\begin{pmatrix}\boldsymbol{V} & \mathbf{0}\\ \mathbf{0} & \boldsymbol{I}\end{pmatrix} = \left(\boldsymbol{U}^{\mathrm{T}}\widetilde{\boldsymbol{A}}\boldsymbol{V} \quad \boldsymbol{U}^{\mathrm{T}}\boldsymbol{F}\right) = (\boldsymbol{\Sigma} \quad \boldsymbol{U}^{\mathrm{T}}\boldsymbol{F})$ 的 SVD 为 $\boldsymbol{Y} = \boldsymbol{U}_y\boldsymbol{\Sigma}_y\boldsymbol{V}_y^{\mathrm{T}}$, 那么

$$
\begin{aligned}
\widetilde{\boldsymbol{D}} &= \boldsymbol{U}\boldsymbol{U}^{\mathrm{T}}\widetilde{\boldsymbol{D}}\begin{pmatrix}\boldsymbol{V} & \mathbf{0}\\ \mathbf{0} & \boldsymbol{I}\end{pmatrix}\begin{pmatrix}\boldsymbol{V} & \mathbf{0}\\ \mathbf{0} & \boldsymbol{I}\end{pmatrix}^{\mathrm{T}} = \boldsymbol{U}\left(\boldsymbol{\Sigma} \quad \boldsymbol{U}^{\mathrm{T}}\boldsymbol{F}\right)\begin{pmatrix}\boldsymbol{V} & \mathbf{0}\\ \mathbf{0} & \boldsymbol{I}\end{pmatrix}^{\mathrm{T}} \\
&= \boldsymbol{UY}\begin{pmatrix}\boldsymbol{V} & \mathbf{0}\\ \mathbf{0} & \boldsymbol{I}\end{pmatrix}^{\mathrm{T}} = \boldsymbol{U}\boldsymbol{U}_y\boldsymbol{\Sigma}_y\boldsymbol{V}_y^{\mathrm{T}}\begin{pmatrix}\boldsymbol{V} & \mathbf{0}\\ \mathbf{0} & \boldsymbol{I}\end{pmatrix}^{\mathrm{T}}
\end{aligned}
\tag{2-2-31}
$$

由 $\widetilde{\boldsymbol{D}} = \boldsymbol{U}'\boldsymbol{\Sigma}'\left(\boldsymbol{V}'\right)^{\mathrm{T}}$, 则有

$$
\boldsymbol{U}' = \boldsymbol{U}\boldsymbol{U}_y \tag{2-2-32}
$$

$$
\boldsymbol{\Sigma}' = \boldsymbol{\Sigma}_y \tag{2-2-33}
$$

$$
\left(\boldsymbol{V}'\right)^{\mathrm{T}} = \boldsymbol{V}_y^{\mathrm{T}}\begin{pmatrix}\boldsymbol{V} & \mathbf{0}\\ \mathbf{0} & \boldsymbol{I}\end{pmatrix}^{\mathrm{T}} \tag{2-2-34}
$$

2.2.3 增量高阶奇异值分解算法

对于张量 $\mathcal{A} \in R^{I_1\times I_2\times\cdots\times I_{N-1}\times I_N^a}$ 和 $\mathcal{B} \in R^{I_1\times I_2\times\cdots\times I_{N-1}\times I_N^b}$, 设

$$
\overline{\mathcal{A}} = \frac{1}{I_N^a}\mathcal{A}\times_N \mathbf{1}_{I_N^a} \tag{2-2-35}
$$

$$\widetilde{\mathcal{A}} = \mathcal{A} - \overline{\mathcal{A}} \times_N \mathbf{1}_{I_N^a}^{\mathrm{T}} \tag{2-2-36}$$

$$\overline{\mathcal{B}} = \frac{1}{I_N^b} \mathcal{B} \times_N \mathbf{1}_{I_N^b} \tag{2-2-37}$$

$$\widetilde{\mathcal{B}} = \mathcal{B} - \overline{\mathcal{B}} \times_N \mathbf{1}_{I_N^b}^{\mathrm{T}} \tag{2-2-38}$$

$$\mathcal{D} = \begin{pmatrix} \mathcal{A} & \mathcal{B} \end{pmatrix} \tag{2-2-39}$$

$$\widetilde{\mathcal{D}} = \begin{pmatrix} \mathcal{A} - \overline{\mathcal{D}} \times_N \mathbf{1}_{I_N^a}^{\mathrm{T}} & \mathcal{B} - \overline{\mathcal{D}} \times_N \mathbf{1}_{I_N^b}^{\mathrm{T}} \end{pmatrix} \tag{2-2-40}$$

其中 $\mathbf{1}$ 是所有元素均为 1 的列向量, $\overline{\mathcal{A}}$, $\overline{\mathcal{B}}$ 和 $\overline{\mathcal{D}}$ 分别为张量 $\mathcal{A}$, $\mathcal{B}$ 和 $\mathcal{D}$ 的均值张量, $\widetilde{\mathcal{A}}$, $\widetilde{\mathcal{B}}$ 和 $\widetilde{\mathcal{D}}$ 分别为张量 $\mathcal{A}$, $\mathcal{B}$ 和 $\mathcal{D}$ 去中心化之后的张量.

我们的目标是利用 $\widetilde{\mathcal{A}}$ 的 HOSVD 结果 $\widetilde{\mathcal{A}} = \mathcal{C} \times_1 \boldsymbol{U}^{(1)} \times_2 \boldsymbol{U}^{(2)} \times_3 \cdots \times_N \boldsymbol{U}^{(N)}$ 计算 $\widetilde{\mathcal{D}}$ 的 HOSVD $\widetilde{\mathcal{D}} = \mathcal{S} \times_1 \boldsymbol{U}_{\mathrm{new}}^{(1)} \times_2 \boldsymbol{U}_{\mathrm{new}}^{(2)} \times_3 \cdots \times_N \boldsymbol{U}_{\mathrm{new}}^{(N)}$. 由 (2-2-35)—(2-2-40), 我们很容易得到 [22]

$$\overline{\mathcal{D}} = \frac{I_N^a}{I_N^a + I_N^b} \overline{\mathcal{A}} + \frac{I_N^b}{I_N^a + I_N^b} \overline{\mathcal{B}} \tag{2-2-41}$$

当 $k \neq N$ 时, 我们可以对矩阵 $\left(\widetilde{\boldsymbol{A}}_{(k)} \quad \widetilde{\boldsymbol{B}}_{(k)} \quad \sqrt{\dfrac{I_N^a I_N^b}{I_N^a + I_N^b}} \left(\overline{\boldsymbol{A}}_{(k)} - \overline{\boldsymbol{B}}_{(k)} \right) \right)$ 利用增量 SVD 求新的因子矩阵 $\boldsymbol{U}^{(k)}$ [25].

当 $k = N$ 时, 由 $\widetilde{\boldsymbol{D}}_{(N)} = \begin{pmatrix} \widetilde{\boldsymbol{A}}_{(N)} \\ \widetilde{\boldsymbol{B}}_{(N)} \end{pmatrix} = \begin{pmatrix} \boldsymbol{U}^{(N)} & \mathbf{0} \\ \mathbf{0} & \boldsymbol{I} \end{pmatrix} \begin{pmatrix} \boldsymbol{C}_{(N)} \left(\boldsymbol{U}^{(1)} \otimes \cdots \otimes \boldsymbol{U}^{(N-1)} \right)^{\mathrm{T}} \\ \widetilde{\boldsymbol{B}}_{(N)} \end{pmatrix}$, 我们可以得到 [22]

$$\begin{aligned}
\widetilde{\boldsymbol{D}}_{(N)} (\widetilde{\boldsymbol{D}}_{(N)})^{\mathrm{T}} &= \begin{pmatrix} \boldsymbol{U}^{(N)} & \mathbf{0} \\ \mathbf{0} & \boldsymbol{I} \end{pmatrix} \begin{pmatrix} \boldsymbol{C}_{(N)} \left(\boldsymbol{U}^{(1)} \otimes \cdots \otimes \boldsymbol{U}^{(N-1)} \right)^{\mathrm{T}} \\ \widetilde{\boldsymbol{B}}_{(N)} \end{pmatrix} \begin{pmatrix} \boldsymbol{U}^{(N)} & \mathbf{0} \\ \mathbf{0} & \boldsymbol{I} \end{pmatrix}^{\mathrm{T}} \\
&= \begin{pmatrix} \boldsymbol{U}^{(N)} & \mathbf{0} \\ \mathbf{0} & \boldsymbol{I} \end{pmatrix} \begin{pmatrix} \boldsymbol{C}_{(N)} \left(\boldsymbol{U}^{(1)} \otimes \cdots \otimes \boldsymbol{U}^{(N-1)} \right)^{\mathrm{T}} \\ \widetilde{\boldsymbol{B}}_{(N)} \end{pmatrix} \\
&\quad \begin{pmatrix} \left(\boldsymbol{U}^{(1)} \otimes \cdots \otimes \boldsymbol{U}^{(N-1)} \right) \left(\boldsymbol{C}_{(N)} \right)^{\mathrm{T}} & (\widetilde{\boldsymbol{B}}_{(N)})^{\mathrm{T}} \end{pmatrix} \begin{pmatrix} \boldsymbol{U}^{(N)} & \mathbf{0} \\ \mathbf{0} & \boldsymbol{I} \end{pmatrix}^{\mathrm{T}} \\
&= \begin{pmatrix} \boldsymbol{U}^{(N)} & \mathbf{0} \\ \mathbf{0} & \boldsymbol{I} \end{pmatrix} \begin{pmatrix} \boldsymbol{C}_{(N)} \left(\boldsymbol{C}_{(N)} \right)^{\mathrm{T}} & \boldsymbol{B}'^{\mathrm{T}} \\ \boldsymbol{B}' & \widetilde{\boldsymbol{B}}_{(N)} (\widetilde{\boldsymbol{B}}_{(N)})^{\mathrm{T}} \end{pmatrix} \begin{pmatrix} \boldsymbol{U}^{(N)} & \mathbf{0} \\ \mathbf{0} & \boldsymbol{I} \end{pmatrix}^{\mathrm{T}}
\end{aligned} \tag{2-2-42}$$

其中 $\boldsymbol{B}' = \widetilde{\boldsymbol{B}}_{(N)}\left(\boldsymbol{U}^{(1)} \otimes \cdots \otimes \boldsymbol{U}^{(N-1)}\right)\left(\boldsymbol{C}_{(N)}\right)^{\mathrm{T}}$.

令

$$\begin{pmatrix} \boldsymbol{C}_{(N)}\left(\boldsymbol{C}_{(N)}\right)^{\mathrm{T}} & \boldsymbol{B}'^{\mathrm{T}} \\ \boldsymbol{B}' & \widetilde{\boldsymbol{B}}_{(N)}(\widetilde{\boldsymbol{B}}_{(N)})^{\mathrm{T}} \end{pmatrix} = \boldsymbol{U}\boldsymbol{\Lambda}\boldsymbol{U}^{\mathrm{T}} \tag{2-2-43}$$

则

$$\boldsymbol{U}_{\text{new}}^{(N)} = \begin{pmatrix} \boldsymbol{U}^{(N)} & \mathbf{0} \\ \mathbf{0} & \boldsymbol{I} \end{pmatrix} \boldsymbol{U} \tag{2-2-44}$$

得到新的因子矩阵之后, 我们可以通过下式计算核张量:

$$\mathcal{S} = \widetilde{\mathcal{D}} \times_1 (\boldsymbol{U}_{\text{new}}^{(1)})^{\mathrm{T}} \times_2 (\boldsymbol{U}_{\text{new}}^{(2)})^{\mathrm{T}} \times_3 \cdots \times_N (\boldsymbol{U}_{\text{new}}^{(N)})^{\mathrm{T}} \tag{2-2-45}$$

2.3 Tucker 分解

Tucker 分解是一种高阶主成分分析方法, 它把张量分解成一个核张量沿着每个模态与矩阵相乘的形式. 1966 年, Tucker 提出 Tucker1 张量分解算法 [26]; 1980 年, 针对三阶张量, Kroonenberg 利用交替最小二乘策略提出了 TUCKERALS3 算法 [27]; 1986 年, Kapteyn 把 TUCKERALS3 算法推广到 N 阶张量 [3]; 2000 年, De Lathauwer 提出了快速的 HOOI (higher order orthogonal iteration) 算法解决高阶张量的 Tucker 分解问题 [28]. 在这一节中, 我们主要介绍 De Lathauwer 的工作.

2.3.1 标准 Tucker 分解算法

对于 N 阶张量 $\mathcal{A} \in R^{I_1 \times I_2 \times \cdots \times I_N}$, 其 Tucker 分解形式如下

$$\mathcal{A} = \mathcal{S} \times_1 \boldsymbol{U}^{(1)} \times_2 \boldsymbol{U}^{(2)} \times_3 \cdots \times_N \boldsymbol{U}^{(N)} \tag{2-3-1}$$

其中 $\boldsymbol{U}^{(i)} \in R^{I_i \times R_i}$ $(i = 1, 2, \cdots, N)$ 是因子矩阵 (常常是正交的), 可以看作每个模态的主成分. $\mathcal{S} \in R^{J_1 \times J_2 \times \cdots \times J_N}$ 是核张量, 其元素反映了不同成分之间相互影响的水平. 如果 $I_i > J_i$ $(i = 1, 2, \cdots, N)$, 那么我们可以把 $\mathcal{S}$ 看成对 $\mathcal{A}$ 的压缩.

由定理 2-5 可知, (2-3-1) 可以写成下列矩阵形式:

$$\boldsymbol{A}_{(n)} = \boldsymbol{U}^{(n)} \cdot \boldsymbol{S}_{(n)} \cdot \left(\boldsymbol{U}^{(n+1)} \otimes \boldsymbol{U}^{(n+2)} \otimes \cdots \otimes \boldsymbol{U}^{(N)} \otimes \boldsymbol{U}^{(1)} \otimes \cdots \otimes \boldsymbol{U}^{(n-1)}\right)^{\mathrm{T}} \tag{2-3-2}$$

由 Kronecker 积的性质和 (2-3-2) 可得

$$\mathcal{S} = \mathcal{A} \times_1 \left(\boldsymbol{U}^{(1)}\right)^{\mathrm{T}} \times_2 \left(\boldsymbol{U}^{(2)}\right)^{\mathrm{T}} \times_3 \cdots \times_N \left(\boldsymbol{U}^{(N)}\right)^{\mathrm{T}} \tag{2-3-3}$$

令

$$\mathcal{A}=\mathcal{S}\times_1\boldsymbol{U}^{(1)}\times_2\boldsymbol{U}^{(2)}\times_3\cdots\times_N\boldsymbol{U}^{(N)}=[[\mathcal{S};\boldsymbol{U}^{(1)},\boldsymbol{U}^{(2)},\cdots,\boldsymbol{U}^{(N)}]] \tag{2-3-4}$$

则

$$\begin{aligned}
&\left\|\mathcal{A}-[[\mathcal{S};\boldsymbol{U}^{(1)},\boldsymbol{U}^{(2)},\cdots,\boldsymbol{U}^{(N)}]]\right\|_F^2\\
&=\|\mathcal{A}\|_F^2-2\left\langle\mathcal{A},[[\mathcal{S};\boldsymbol{U}^{(1)},\boldsymbol{U}^{(2)},\cdots,\boldsymbol{U}^{(N)}]]\right\rangle+\left\|[[\mathcal{S};\boldsymbol{U}^{(1)},\boldsymbol{U}^{(2)},\cdots,\boldsymbol{U}^{(N)}]]\right\|_F^2\\
&=\|\mathcal{A}\|_F^2-2\left\langle\mathcal{A}\times_1\left(\boldsymbol{U}^{(1)}\right)^{\mathrm{T}}\times_2\left(\boldsymbol{U}^{(2)}\right)^{\mathrm{T}}\times_3\cdots\times_N\left(\boldsymbol{U}^{(N)}\right)^{\mathrm{T}},\mathcal{S}\right\rangle+\|\mathcal{S}\|_F^2\\
&=\|\mathcal{A}\|_F^2-2\langle\mathcal{S},\mathcal{S}\rangle+\|\mathcal{S}\|_F^2\\
&=\|\mathcal{A}\|_F^2-\|\mathcal{S}\|_F^2\\
&=\|\mathcal{A}\|_F^2-\left\|\mathcal{A}\times_1\left(\boldsymbol{U}^{(1)}\right)^{\mathrm{T}}\times_2\left(\boldsymbol{U}^{(2)}\right)^{\mathrm{T}}\times_3\cdots\times_N\left(\boldsymbol{U}^{(N)}\right)^{\mathrm{T}}\right\|_F^2
\end{aligned} \tag{2-3-5}$$

这样, 我们可以把计算 $\boldsymbol{U}^{(i)}\in R^{I_i\times R_i}\,(i=1,2,\cdots,N)$ 的问题转化为下列优化问题:

$$\max_{\boldsymbol{U}^{(n)}}\ \left\|\mathcal{A}\times_1\left(\boldsymbol{U}^{(1)}\right)^{\mathrm{T}}\times_2\left(\boldsymbol{U}^{(2)}\right)^{\mathrm{T}}\times_3\cdots\times_N\left(\boldsymbol{U}^{(N)}\right)^{\mathrm{T}}\right\|_F^2 \tag{2-3-6}$$

$$\text{s.t.}\quad \boldsymbol{U}^{(i)}\in R^{I_i\times R_i}\,(i=1,2,\cdots,N)\text{ 是列正交的矩阵} \tag{2-3-7}$$

优化问题 (2-3-6) 和 (2-3-7) 可以写成矩阵形式:

$$\max_{\boldsymbol{U}^{(n)}}\left\|\left(\boldsymbol{U}^{(n)}\right)^{\mathrm{T}}\boldsymbol{W}\right\|_F^2 \tag{2-3-8}$$

$$\text{s.t.}\quad \boldsymbol{U}^{(i)}\in R^{I_i\times R_i}\,(i=1,2,\cdots,N)\text{ 是列正交的矩阵} \tag{2-3-9}$$

其中

$$\boldsymbol{W}=\left(\boldsymbol{U}^{(n+1)}\otimes\boldsymbol{U}^{(n+2)}\otimes\cdots\otimes\boldsymbol{U}^{(N)}\otimes\boldsymbol{U}^{(1)}\otimes\cdots\otimes\boldsymbol{U}^{(n-1)}\right) \tag{2-3-10}$$

基于上述分析, 我们可以给出详细地求解 Tucker 分解的正交迭代算法 (HOOI 算法) 如算法 2-7 所示[28].

在 Tucker 分解中, 如果 $r_n=\mathrm{rank}_n(\mathcal{A})$, 那么我们称 $\mathcal{A}$ 是一个秩-$(r_1,r_2,\cdots,r_N)$ 的张量. 一般来说, 求解拥有秩-$(r_1,r_2,\cdots,r_N)$ 的精确 Tucker 分解是比较容易的, 而求解拥有秩-$(R_1,R_2,\cdots,R_N)\,(R_n<\mathrm{rank}_n(\mathcal{A}))$ 的不精确 Tucker 分解是比较困难的.

从数学上来说, 在不截断的情况下, Tucker 分解等价于高阶奇异值分解. 无论如何, 截断高阶奇异值分解不是最优的张量拟合, 在实际应用中, 它常常被用作

Tucker 分解的一种好的初值. CP 分解可以看作 Tucker 分解的一种特例. 对于大规模张量, Tucker 分解会面对多次计算大规模张量 n-模积和大规模特征值的问题, 这导致它常常遇到计算和存储的困难.

算法 2-7　HOOI 算法

输入: 张量 $\mathcal{A}$, 参数 $R_1, R_2, \cdots, R_N$, 算法收敛控制参数 ε, 最大迭代次数 $T_{\max}$.

输出: $\mathcal{S}, \boldsymbol{U}^{(1)}, \boldsymbol{U}^{(2)}, \cdots, \boldsymbol{U}^{(N)}$.

利用算法 2-6 初始化 $\boldsymbol{U}_0^{(n)} \in R^{I_n \times R_n}$ $(n = 1, 2, \cdots, N)$.

For $t = 1, 2, \cdots, T_{\max}$

For $n = 1, 2, \cdots, N$

$\mathcal{Y} = \mathcal{A} \times_1 (\boldsymbol{U}^{(1)})^{\mathrm{T}} \times_2 (\boldsymbol{U}^{(2)})^{\mathrm{T}} \times_3 \cdots \times_{n-1} (\boldsymbol{U}^{(n-1)})^{\mathrm{T}} \times_{n+1} (\boldsymbol{U}^{(n+1)})^{\mathrm{T}} \times_{n+2} \cdots \times_N (\boldsymbol{U}^{(N)})^{\mathrm{T}}$;

对矩阵 $\boldsymbol{Y}_{(n)}$ 作 SVD, 置其左特征矩阵中的前 R_n 列为 $\boldsymbol{U}^{(n)}$;

End For

If $\max\limits_n \left\{ \dfrac{\|\boldsymbol{U}_t^{(n)} - \boldsymbol{U}_{t-1}^{(n)}\|_2}{\|\boldsymbol{U}_t^{(n)}\|_2} \right\} \leqslant \varepsilon$, **then break**;

End For

For $n = 1, 2, \cdots, N$

$\boldsymbol{U}^{(n)} = \boldsymbol{U}_t^{(n)}$;

End For

$\mathcal{S} = \mathcal{A} \times_1 (\boldsymbol{U}^{(1)})^{\mathrm{T}} \times_2 (\boldsymbol{U}^{(2)})^{\mathrm{T}} \times_3 \cdots \times_N (\boldsymbol{U}^{(N)})^{\mathrm{T}}$.

Return $\mathcal{S}, \boldsymbol{U}^{(1)}, \boldsymbol{U}^{(2)}, \cdots, \boldsymbol{U}^{(N)}$.

2.3.2　稀疏 Tucker 分解算法

一般来说, 在没有任何约束的情况下, Tucker 分解是不唯一的. 为了达到唯一分解的目的, 研究者常常强加正交约束、稀疏约束或者非负约束. 接下来, 我们考虑稀疏约束的情况.

稀疏 Tucker 分解的优化模型如下 [29]

$$\min_{\boldsymbol{U}^{(1)}, \boldsymbol{U}^{(2)}, \cdots, \boldsymbol{U}^{(N)}, \mathcal{S}} \|\mathcal{S}\|_1 \tag{2-3-11}$$

$$\text{s.t.}\quad \left(\boldsymbol{U}^{(i)}\right)^{\mathrm{T}} \boldsymbol{U}^{(i)} = I_{R_i} \quad (i = 1, 2, \cdots, N) \tag{2-3-12}$$

$$\left\|\mathcal{A} - \mathcal{S} \times_1 \boldsymbol{U}^{(1)} \times_2 \boldsymbol{U}^{(2)} \times_3 \cdots \times_N \boldsymbol{U}^{(N)}\right\|_F^2 \leqslant \varepsilon \tag{2-3-13}$$

上述优化问题可以转化为下列优化问题:

$$\min_{\boldsymbol{U}^{(1)}, \boldsymbol{U}^{(2)}, \cdots, \boldsymbol{U}^{(N)}, \mathcal{S}} \|\mathcal{S}\|_1 - \eta(\varepsilon - \left\|\mathcal{A} - \mathcal{S} \times_1 \boldsymbol{U}^{(1)} \times_2 \boldsymbol{U}^{(2)} \times_3 \cdots \times_N \boldsymbol{U}^{(N)}\right\|_F^2) \tag{2-3-14}$$

$$\text{s.t.} \quad \left(\boldsymbol{U}^{(i)}\right)^{\mathrm{T}} \boldsymbol{U}^{(i)} = I_{R_i} \quad (i=1,2,\cdots,N) \tag{2-3-15}$$

我们可以利用交替方向乘子法 (alternating direction method of multipliers, ADMM) 计算 $\boldsymbol{U}^{(i)}\,(i=1,2,\cdots,N)$ 和 $\mathcal{S}$.

(1) 计算 $\boldsymbol{U}^{(i)}\,(i=1,2,\cdots,N)$.

固定 $\mathcal{S}$, $\boldsymbol{U}^{(i)}$ 可以通过解下列优化问题得到

$$\min_{\boldsymbol{U}^{(1)},\boldsymbol{U}^{(2)},\cdots,\boldsymbol{U}^{(N)}} \left\|\mathcal{A} - \mathcal{S} \times_1 \boldsymbol{U}^{(1)} \times_2 \boldsymbol{U}^{(2)} \times_3 \cdots \times_N \boldsymbol{U}^{(N)}\right\|_F^2 \tag{2-3-16}$$

$$\text{s.t.} \quad \left(\boldsymbol{U}^{(i)}\right)^{\mathrm{T}} \boldsymbol{U}^{(i)} = I_{R_i}\,(i=1,2,\cdots,N) \tag{2-3-17}$$

令 $\mathcal{X} = \mathcal{S} \times_1 \boldsymbol{U}^{(1)} \times_2 \boldsymbol{U}^{(2)} \times_3 \cdots \times_{i-1} \boldsymbol{U}^{(i-1)} \times_{i+1} \boldsymbol{U}^{(i+1)} \times_{i+2} \cdots \times_N \boldsymbol{U}^{(N)}$, 则我们通过解下列优化问题得到 $\boldsymbol{U}^{(i)}$:

$$\max_{\boldsymbol{U}^{(i)}} \ \operatorname{tr}\left(\left(\boldsymbol{U}^{(i)}\right)^{\mathrm{T}} \boldsymbol{A}_{(i)} \left(\boldsymbol{X}_{(i)}\right)^{\mathrm{T}}\right) \tag{2-3-18}$$

$$\text{s.t.} \quad \left(\boldsymbol{U}^{(i)}\right)^{\mathrm{T}} \boldsymbol{U}^{(i)} = I_{R_i} \tag{2-3-19}$$

其解为

$$\boldsymbol{U}^{(i)} = \left(\left(\boldsymbol{A}_{(i)} \left(\boldsymbol{X}_{(i)}\right)^{\mathrm{T}}\right)\left(\boldsymbol{A}_{(i)} \left(\boldsymbol{X}_{(i)}\right)^{\mathrm{T}}\right)^{\mathrm{T}}\right)^{-\frac{1}{2}} \left(\boldsymbol{A}_{(i)} \left(\boldsymbol{X}_{(i)}\right)^{\mathrm{T}}\right) \tag{2-3-20}$$

(2) 计算 $\mathcal{S}$.

固定 $\boldsymbol{U}^{(i)}\,(i=1,2,\cdots,N)$, $\mathcal{S}$ 可以通过解下列优化问题得到

$$\min_{\boldsymbol{U}^{(1)},\boldsymbol{U}^{(2)},\cdots,\boldsymbol{U}^{(N)},\mathcal{S}} \|\mathcal{S}\|_1 \tag{2-3-21}$$

$$\text{s.t.} \quad \left\|\mathcal{A} - \mathcal{S} \times_1 \boldsymbol{U}^{(1)} \times_2 \boldsymbol{U}^{(2)} \times_3 \cdots \times_N \boldsymbol{U}^{(N)}\right\|_F^2 \leqslant \varepsilon \tag{2-3-22}$$

上述优化问题可以转化为下列优化问题:

$$\min_{\mathcal{S}} \left\|\operatorname{vec}(\mathcal{A}) - \left(\boldsymbol{U}^{(N)} \otimes \boldsymbol{U}^{(N-1)} \otimes \cdots \otimes \boldsymbol{U}^{(1)}\right) \operatorname{vec}(\mathcal{S})\right\|_F^2 + \lambda \left\|\operatorname{vec}(\mathcal{S})\right\|_1 \tag{2-3-23}$$

这是一个 LASSO(least absolute selection and shrinkage operator) 回归问题, 其解为

$$\begin{aligned} \mathcal{S} =& \operatorname{sgn}\left(\mathcal{A} \times_1 \left(\boldsymbol{U}^{(1)}\right)^{\mathrm{T}} \times_2 \left(\boldsymbol{U}^{(2)}\right)^{\mathrm{T}} \times_3 \cdots \times_N \left(\boldsymbol{U}^{(N)}\right)^{\mathrm{T}}\right) \\ & * \max\left\{\left|\mathcal{A} \times_1 \left(\boldsymbol{U}^{(1)}\right)^{\mathrm{T}} \times_2 \left(\boldsymbol{U}^{(2)}\right)^{\mathrm{T}} \times_3 \cdots \times_N \left(\boldsymbol{U}^{(N)}\right)^{\mathrm{T}}\right| - \lambda, 0\right\} \end{aligned} \tag{2-3-24}$$

令 $\mathrm{SI}=\left\{r\left|1-\dfrac{\sum\limits_{i}\boldsymbol{S}_{(n)}(r,i)}{\sum\limits_{t,i}\boldsymbol{S}_{(n)}(t,i)}<\rho\right.\right\}$, 其中 $\rho=[0,1]$, 则稀疏因子矩阵 $\boldsymbol{U}^{(i)}$ $(i=1,2,\cdots,N)$ 和稀疏核张量 $\mathcal{S}$ 分别如下

$$\boldsymbol{U}^{(i)}=\boldsymbol{U}^{(i)}(:,\mathrm{SI}) \tag{2-3-25}$$

$$\boldsymbol{S}_{(i)}=\boldsymbol{S}_{(i)}(\mathrm{SI},:) \tag{2-3-26}$$

2.4　张量奇异值分解

作为矩阵奇异值分解在高阶张量模式上的推广, 2011 年, Kilmer 和 Martin 提出了张量奇异值分解 (t-SVD)[4], 2013 年, Kilmer 对 t-SVD 从理论上进行了深入的研究, 并把它应用于图像处理领域[5]. 由于 t-SVD 良好的性能, 研究者相继把它应用于图像去噪[30-32] 和补全[33]. 在本节中, 我们主要基于[4,5] 的工作, 介绍 t-SVD 的基本概念和公式.

定义 2-3 (张量的循环矩阵)　设 $A^{(i)}\in R^{l\times m}$ 是三阶张量 $\mathcal{A}\in R^{l\times m\times n}$ 的第 i 个前切片 $(i=1,2,\cdots,n)$, 则张量 $\mathcal{A}$ 的循环矩阵 $\mathrm{bcirc}(\mathcal{A})\in\mathcal{R}^{ln\times mn}$ 为

$$\mathrm{bcirc}(\mathcal{A})=\begin{pmatrix} A^{(1)} & A^{(n)} & A^{(n-1)} & \cdots & A^{(2)} \\ A^{(2)} & A^{(1)} & A^{(n)} & \cdots & A^{(3)} \\ \vdots & \ddots & \ddots & \ddots & \vdots \\ A^{(n)} & A^{(n-1)} & \cdots & A^{(2)} & A^{(1)} \end{pmatrix} \tag{2-4-1}$$

定义 2-4 (unfold 和 fold 算子)　设 $A^{(i)}\in R^{l\times m}$ 是三阶张量 $\mathcal{A}\in R^{l\times m\times n}$ 的第 i 个前切片 $(i=1,2,\cdots,n)$, 张量 $\mathcal{A}$ 的 unfold 算子和矩阵的 fold 算子分别定义如下

$$\mathrm{unfold}(\mathcal{A})=\begin{pmatrix} A^{(1)} \\ A^{(2)} \\ \vdots \\ A^{(n)} \end{pmatrix},\quad \mathrm{fold}\left(\mathrm{unfold}\left(\mathcal{A}\right)\right)=\mathcal{A} \tag{2-4-2}$$

定义 2-5 (张量的 t-积)　设三阶张量 $\mathcal{A}\in R^{l\times p\times n},\mathcal{B}\in R^{p\times m\times n}$, 则 $\mathcal{A}$ 和 $\mathcal{B}$ 的 t-积 $\mathcal{A}*\mathcal{B}\in\mathcal{R}^{l\times m\times n}$ 为

$$A*B=\mathrm{fold}(\mathrm{bcirc}(\mathcal{A})\cdot\mathrm{unfold}(\mathcal{B})) \tag{2-4-3}$$

定义 2-6 (张量的转置) 设三阶张量 $\mathcal{A} \in R^{l\times m\times n}$, 则 $\mathcal{A}$ 的转置 $\mathcal{A}^{\mathrm{T}} \in R^{m\times l\times n}$ 通过下列过程得到: 首先对 $\mathcal{A}$ 的每一个前切片进行转置, 然后对转置后的前切片按照 $1, n, n-1, n-2, \cdots, 2$ 的顺序排列折成张量.

定义 2-7 (单位张量) 三阶单位张量 $\mathcal{I} \in R^{m\times m\times n}$ 是第一个前切片为单位矩阵, 其余的前切片全部为零矩阵的张量.

定义 2-8 (张量的逆) 设三阶张量 $\mathcal{A} \in R^{m\times m\times n}, \mathcal{B} \in R^{m\times m\times n}$, 如果 $\mathcal{A}*\mathcal{B} = \mathcal{B}*\mathcal{A} = \mathcal{I}$, 则称 $\mathcal{B}$ 是 $\mathcal{A}$ 的逆.

定义 2-9 (正交张量) 设三阶实值张量 $\mathcal{Q} \in R^{m\times m\times n}$, 如果 $\mathcal{Q}^{\mathrm{T}} * \mathcal{Q} = \mathcal{Q} * \mathcal{Q}^{\mathrm{T}} = \mathcal{I}$, 则称 $\mathcal{Q}$ 是一个正交张量.

定义 2-10 (张量的块对角矩阵) 对于三阶张量 $\mathcal{A} \in R^{l\times m\times n}$, 其在傅里叶域中的块对角矩阵 $\overline{\boldsymbol{A}} \in R^{ln\times mn}$ 定义如下

$$\overline{\boldsymbol{A}} = (\boldsymbol{F}_n \otimes \boldsymbol{I}_l)\,\mathrm{bcirc}\,(\mathcal{A})\,(\boldsymbol{F}_n^* \otimes \boldsymbol{I}_m) = \mathrm{blocdiag}(\hat{\mathcal{A}}) = \begin{pmatrix} \hat{\boldsymbol{A}}^{(1)} & & & \\ & \hat{\boldsymbol{A}}^{(2)} & & \\ & & \ddots & \\ & & & \hat{\boldsymbol{A}}^{(n)} \end{pmatrix} \tag{2-4-4}$$

其中 $\boldsymbol{F}_n \in R^{n\times n}$ 是离散傅里叶变换矩阵, $\boldsymbol{F}_n^*$ 是 $\boldsymbol{F}_n$ 的共轭转置矩阵, $\hat{\mathcal{A}} = \mathrm{fft}\,(\mathcal{A}, [\,], 3)$, $\hat{\boldsymbol{A}}^{(i)} = \hat{\boldsymbol{A}}\,(:, :, i)\,(i = 1, 2, \cdots, n)$.

定义 2-11 (f-对角张量) 对于三阶张量 $\mathcal{A} \in R^{l\times m\times n}$, 如果 $\boldsymbol{A}^{(i)} \in R^{l\times m}(i = 1, 2, \cdots, n)$ 均是对角矩阵, 则称 $\mathcal{A}$ 是 f-对角张量.

定义 2-12 (张量的奇异值分解 t-SVD) 三阶张量 $\mathcal{A} \in R^{l\times m\times n}$ 的奇异值分解形式如下

$$\mathcal{A} = \mathcal{U} * \mathcal{S} * \mathcal{V}^{\mathrm{T}} \tag{2-4-5}$$

其中张量 $\mathcal{U} \in R^{l\times l\times n}, \mathcal{V} \in R^{m\times m\times n}$ 是正交张量, $\mathcal{S} \in R^{l\times m\times n}$ 是一个 f-对角张量. 上边的可视化 (图 2-2) 可以直观地说明张量的 t-SVD 过程.

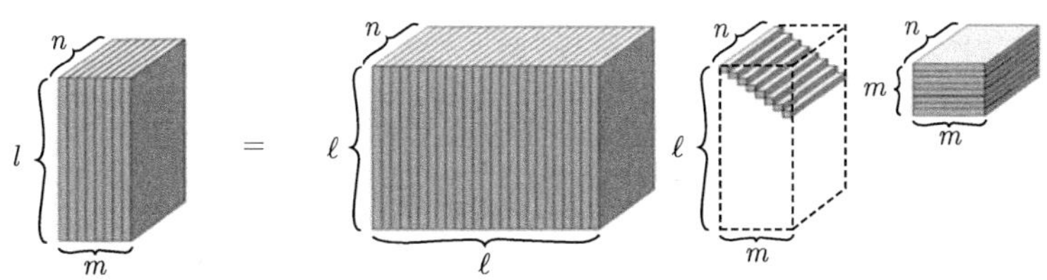

图 2-2 $l \times m \times n$ 张量的 t-SVD 分解

t-SVD 算法的 MATLAB 伪代码如算法 2-8 所示.

算法 2-8 t-SVD 算法

输入: 张量 $\mathcal{A} \in R^{l\times m\times n}$.

输出: $\mathcal{U},\mathcal{S},\mathcal{V}$.

$\mathcal{D} = \text{fft}(\mathcal{A},[\,],3)$.

For $i=1,2,\cdots,n$

$[\boldsymbol{U},\boldsymbol{S},\boldsymbol{V}] = \text{svd}(\mathcal{D}(:,:,i))$;

$\mathcal{U}(:,:,i) = \boldsymbol{U}$;

$\mathcal{S}(:,:,i) = \boldsymbol{S}$;

$\mathcal{V}(:,:,i) = \boldsymbol{V}$;

End For

$\mathcal{U} = \text{ifft}(\mathcal{U},[\,],3)$.

$\mathcal{V} = \text{ifft}(\mathcal{V},[\,],3)$.

$\mathcal{S} = \text{ifft}(\mathcal{S},[\,],3)$.

Return $\mathcal{U},\mathcal{S},\mathcal{V}$.

2.5 TT 分解

已有的理论研究表明: CP 分解的秩计算问题是一个 NP 难问题 [16,34]; Tucker 分解算法是稳定的, 但是对于高阶张量存在指数级计算复杂度 [2,26]. 为了高效地处理高阶张量, Oseledets 提出了 TT 分解 [6], 并从理论上详细讨论了核张量秩的计算问题和相关的代数运算. 目前, TT 分解被广泛应用于信号处理 [35-37]、机器学习 [38-42] 和数值分析 [43-45]. 在本节中, 我们简单地介绍一下 Oseledets 的工作.

定义 2-13 (TT 分解) 对于 N 阶张量 $\mathcal{A} \in R^{I_1\times I_2\times\cdots\times I_N}$, 我们用 N 阶张量 $\mathcal{B} \in R^{I_1\times I_2\times\cdots\times I_N}$ 对其进行近似, 其中

$$\boldsymbol{A}_k = \text{reshape}\left(\mathcal{A}, \prod_{s=1}^{k} I_s, \prod_{s=k+1}^{N} I_s\right) \in R^{\left(\prod\limits_{s=1}^{k} I_s\right)\times\left(\prod\limits_{s=k+1}^{N} I_s\right)} \tag{2-5-1}$$

$$r_k = \text{rank}(A_k), \quad k=1,2,\cdots,N-1 \tag{2-5-2}$$

$$\boldsymbol{G}_k(i_k) \in R^{r_{k-1}\times r_k}, \quad i_k = 1,2,\cdots,I_k,\ k=1,2,\cdots,N \tag{2-5-3}$$

$$\alpha_0 = \alpha_N = r_0 = r_N = 1 \tag{2-5-4}$$

$$\begin{aligned} B(i_1,i_2,\cdots,i_N) &= \boldsymbol{G}_1(i_1)\boldsymbol{G}_2(i_2)\cdots\boldsymbol{G}_N(i_N) \\ &= \sum_{\alpha_1=1}^{r_1}\cdots\sum_{\alpha_{N-1}=1}^{r_{N-1}} \boldsymbol{G}(\alpha_0,i_1,\alpha_1)\,\boldsymbol{G}(\alpha_1,i_2,\alpha_2)\cdots\boldsymbol{G}(\alpha_{N-1},i_N,\alpha_N) \end{aligned} \tag{2-5-5}$$

则称 $\mathcal{B} \in R^{I_1\times I_2\times\cdots\times I_N}$ 为 $\mathcal{A} \in R^{I_1\times I_2\times\cdots\times I_N}$ 的 TT 分解. 显然, 与 CP 分解相比, 张量的 TT 分解是秩为 1 的 CP 分解的块化推广.

定义 2-14 (加法运算) 设张量 $\mathcal{A} \in R^{I_1\times I_2\times\cdots\times I_N}$ 和 $\mathcal{B} \in R^{I_1\times I_2\times\cdots\times I_N}$ 的 TT 分解形式分别是 $A(i_1,i_2,\cdots,i_N) = \boldsymbol{A}_1(i_1)\boldsymbol{A}_2(i_2)\cdots\boldsymbol{A}_N(i_N)$ 和 $B(i_1,i_2,\cdots,i_N) = \boldsymbol{B}_1(i_1)\boldsymbol{B}_2(i_2)\cdots\boldsymbol{B}_N(i_N)$, 则它们的和张量 $\mathcal{C} = \mathcal{A}+\mathcal{B} \in R^{I_1\times I_2\times\cdots\times I_N}$ 的 TT 分解形式如下

$$C(i_1,i_2,\cdots,i_N) = \boldsymbol{C}_1(i_1)\boldsymbol{C}_2(i_2)\cdots\boldsymbol{C}_N(i_N) \tag{2-5-6}$$

其中

$$\boldsymbol{C}_1(i_1) = \begin{pmatrix} \boldsymbol{A}_1(i_1) & \boldsymbol{B}_1(i_1) \end{pmatrix} \tag{2-5-7}$$

$$\boldsymbol{C}_k(i_k) = \begin{pmatrix} \boldsymbol{A}_k(i_k) & \boldsymbol{0} \\ \boldsymbol{0} & \boldsymbol{B}_k(i_k) \end{pmatrix}, \quad k = 2,\cdots,N-1 \tag{2-5-8}$$

$$\boldsymbol{C}_N(i_N) = \begin{pmatrix} \boldsymbol{A}_N(i_N) \\ \boldsymbol{B}_N(i_N) \end{pmatrix} \tag{2-5-9}$$

定义 2-15 (张量的 Hadamard 积) 设张量 $\mathcal{A} \in R^{I_1\times I_2\times\cdots\times I_N}$ 和 $\mathcal{B} \in R^{I_1\times I_2\times\cdots\times I_N}$ 的 TT 分解形式分别是 $A(i_1,i_2,\cdots,i_N) = \boldsymbol{A}_1(i_1)\boldsymbol{A}_2(i_2)\cdots\boldsymbol{A}_N(i_N)$ 和 $B(i_1,i_2,\cdots,i_N) = \boldsymbol{B}_1(i_1)\boldsymbol{B}_2(i_2)\cdots\boldsymbol{B}_N(i_N)$, $\boldsymbol{C}_k(i_k) = \boldsymbol{A}_k(i_k)\otimes\boldsymbol{B}_k(i_k)$, 则它们的 Hadamard 积 $\mathcal{C} = \mathcal{A}*\mathcal{B} \in R^{I_1\times I_2\times\cdots\times I_N}$ 的 TT 分解形式如下

$$\begin{aligned} C(i_1,i_2,\cdots,i_N) &= A(i_1,i_2,\cdots,i_N)B(i_1,i_2,\cdots,i_N) \\ &= \boldsymbol{A}_1(i_1)\boldsymbol{A}_2(i_2)\cdots\boldsymbol{A}_N(i_N)\boldsymbol{B}_1(i_1)\boldsymbol{B}_2(i_2)\cdots\boldsymbol{B}_N(i_N) \\ &= (\boldsymbol{A}_1(i_1)\boldsymbol{A}_2(i_2)\cdots\boldsymbol{A}_N(i_N))\otimes(\boldsymbol{B}_1(i_1)\boldsymbol{B}_2(i_2)\cdots\boldsymbol{B}_N(i_N)) \\ &= (\boldsymbol{A}_1(i_1)\otimes\boldsymbol{B}_1(i_1))(\boldsymbol{A}_2(i_2)\otimes\boldsymbol{B}_2(i_2))\cdots(\boldsymbol{A}_N(i_N)\otimes\boldsymbol{B}_N(i_N)) \\ &= \boldsymbol{C}_1(i_1)\boldsymbol{C}_2(i_2)\cdots\boldsymbol{C}_N(i_N) \end{aligned} \tag{2-5-10}$$

显然, 张量的内积

$$\langle\mathcal{A},\mathcal{B}\rangle = \sum_{i_1,i_2,\cdots,i_N} A(i_1,i_2,\cdots,i_N)B(i_1,i_2,\cdots,i_N) = \sum_{i_1,i_2,\cdots,i_N} C(i_1,i_2,\cdots,i_N)$$

定义 2-16 (张量和向量的多线性积) 设张量 $\mathcal{A} \in R^{I_1\times I_2\times\cdots\times I_N}$ 的 TT 分解形式是 $A(i_1,i_2,\cdots,i_N) = \boldsymbol{A}_1(i_1)\boldsymbol{A}_2(i_2)\cdots\boldsymbol{A}_N(i_N)$, 向量 $\boldsymbol{u}_k \in R^{I_k}$, 则张量 $\mathcal{A}$ 和

向量 $\boldsymbol{u}_k$ 的多线性积定义如下

$$
\begin{aligned}
W &= \mathcal{A} \times_1 \boldsymbol{u}_1 \times_2 \cdots \times_N \boldsymbol{u}_N = \langle \mathcal{A}, \boldsymbol{u}_1 \circ \cdots \circ \boldsymbol{u}_N \rangle \\
&= \sum_{i_1=1}^{I_1} \cdots \sum_{i_N=1}^{I_N} A(i_1, i_2, \cdots, i_N) u_1(i_1) \cdots u_N(i_N) \\
&= \sum_{i_1=1}^{I_1} \cdots \sum_{i_N=1}^{I_N} \boldsymbol{A}_1(i_1) \boldsymbol{A}_2(i_2) \cdots \boldsymbol{A}_N(i_N) u_1(i_1) \cdots u_N(i_N) \\
&= \left(\sum_{i_1=1}^{I_1} \boldsymbol{A}_1(i_1) u_1(i_1) \right) \cdots \left(\sum_{i_N=1}^{I_N} \boldsymbol{A}_N(i_N) u_N(i_N) \right)
\end{aligned}
\tag{2-5-11}
$$

设张量 $\mathcal{A}$ 的第 k 个展开矩阵的分量为 $A_k(i_1, i_2, \cdots i_k; i_{k+1}, \cdots, i_N) = A(i_1, i_2, \cdots, i_N)$, 利用 MATLAB 中的函数 reshape, 我们很容易得到其矩阵形式为

$$
\boldsymbol{A}_k = \text{reshape}\left(\mathcal{A}, \prod_{s=1}^{k} I_s, \prod_{s=k+1}^{N} I_s \right) \tag{2-5-12}
$$

根据 [6] 中的定理 2.1、定理 2.2 的证明过程和相关分析, 基于 SVD 的 TT 分解算法 (TT-SVD 算法) 的详细步骤见算法 2-9.

算法 2-9 TT-SVD 算法

输入: 张量 $\mathcal{A} \in R^{I_1 \times I_2 \times \cdots \times I_N}$, 预先指定的精度 ε.

输出: $\mathcal{B}$.

$\delta = \dfrac{\varepsilon}{\sqrt{N-1}} \|\mathcal{A}\|_F$.

$\mathcal{C} = \mathcal{A}$.

$r_0 = 1$.

For $k = 1, 2, \cdots, N-1$

$\quad \boldsymbol{C} = \text{reshape}\left(\mathcal{C}, \left[r_{k-1} I_k, \dfrac{\text{numel}(\mathcal{C})}{r_{k-1} I_k} \right] \right)$;

$\quad$ 计算矩阵的 SVD: $\boldsymbol{C} = \boldsymbol{USV} + \boldsymbol{E}, \|\boldsymbol{E}\|_F \leqslant \delta, r_k = \text{rank}_\delta(\boldsymbol{C})$;

$\quad \mathcal{G}_k = \text{reshape}(\boldsymbol{U}, [r_{k-1}, I_k, r_k])$;

$\quad \boldsymbol{C} = \boldsymbol{SV}^{\mathrm{T}}$;

$\quad \mathcal{C} = \text{reshape}\left(\boldsymbol{\Sigma V}^{\mathrm{T}}, \left[r_k, \prod_{j=k+1}^{N} I_j, r_N \right] \right)$;

End For

$\boldsymbol{G}_N = \boldsymbol{C}$.

$B(i_1, i_2, \cdots, i_N) = \boldsymbol{G}_1(i_1) \boldsymbol{G}_2(i_2) \cdots \boldsymbol{G}_N(i_N) \, (i_1 = 1, \cdots, I_1; i_2 = 1, \cdots, I_2; i_N = 1, \cdots, I_N)$.

Return $\mathcal{B}$.

设张量 $\mathcal{A} \in R^{I_1\times I_2\times\cdots\times I_N}$ 已经存在 TT 分解:

$$A(i_1,i_2,\cdots,i_N) = \boldsymbol{G}_1(i_1)\boldsymbol{G}_2(i_2)\cdots\boldsymbol{G}_N(i_N)$$
$$= \sum_{\alpha_1=1}^{r_1}\cdots\sum_{\alpha_{N-1}=1}^{r_{N-1}} \boldsymbol{G}(\alpha_0,i_1,\alpha_1)\boldsymbol{G}(\alpha_1,i_2,\alpha_2)\cdots\boldsymbol{G}(\alpha_{N-1},i_N,\alpha_N) \tag{2-5-13}$$

$$\boldsymbol{A}_1 = \boldsymbol{U}\boldsymbol{V}^{\mathrm{T}} \tag{2-5-14}$$

其中 $U(i_1,\alpha_1) = G_1(i_1,\alpha_1)$, $V(i_2,i_3,\cdots,i_N;\alpha_1) = \boldsymbol{G}_2(\alpha_1,i_2)\boldsymbol{G}_3(i_3)\cdots\boldsymbol{G}_N(i_N)$.

对矩阵 $\boldsymbol{U}$ 和 $\boldsymbol{V}$ 做 QR 分解: $\boldsymbol{U} = \boldsymbol{Q}_u\boldsymbol{R}_u$, $\boldsymbol{V} = \boldsymbol{Q}_v\boldsymbol{R}_v$, 并令 $\boldsymbol{P} = \boldsymbol{R}_u\boldsymbol{R}_v^{\mathrm{T}}$, 然后对 $\boldsymbol{P}$ 做 SVD: $\boldsymbol{P} = \boldsymbol{X}\boldsymbol{D}\boldsymbol{Y}^{\mathrm{T}}$, 我们可以得到 $\overline{\boldsymbol{U}} = \boldsymbol{Q}_u\boldsymbol{X}$, $\overline{\boldsymbol{V}} = \boldsymbol{Q}_v\boldsymbol{Y}$.

考虑到矩阵 $\boldsymbol{V}$ 的 QR 分解具有很高的计算复杂度, 基于 [6] 中的引理 3.1, 仅仅利用 TT 分解中的核张量 $\boldsymbol{G}_k\,(k=1,2,\cdots,N)$, Oseledets 设计了一个快速的算法计算 $\boldsymbol{V}$ 的 QR 分解.

设矩阵 $\boldsymbol{V}$ 的分量形式为 $V(i_2,i_3,\cdots,i_N) = \boldsymbol{G}_2(i_2)\boldsymbol{G}_3(i_3)\cdots\boldsymbol{G}_N(i_N)$, 令 $\boldsymbol{G}_N(i_N) = \boldsymbol{R}_N\boldsymbol{Q}_N(i_N)$, 则有 $V(i_2,i_3,\cdots,i_N) = \boldsymbol{G}_2(i_2)\boldsymbol{G}_3(i_3)\cdots\boldsymbol{G}'_{N-1}(i_{N-1})\cdot\boldsymbol{Q}_N(i_N)$, 其中 $\boldsymbol{G}'_{N-1}(i_{N-1}) = \boldsymbol{G}_{N-1}(i_{N-1})\boldsymbol{R}_N$.

假设 $\boldsymbol{V}$ 的分量表示为 $V(i_2,i_3,\cdots,i_N) = \boldsymbol{G}_2(i_2)\boldsymbol{G}_3(i_3)\cdots\boldsymbol{G}'_k(i_k)\boldsymbol{Q}_{k+1}(i_{k+1})\cdots\boldsymbol{Q}_N(i_N)$, 其中 $\boldsymbol{G}'_k(i_k) = \boldsymbol{G}_k(i_k)\boldsymbol{R}_{k+1}$, 对 $(\boldsymbol{G}'_k(i_k))^{\mathrm{T}}$ 做 QR 分解, 我们得到 $\boldsymbol{G}'_k(i_k) = \boldsymbol{R}_k\boldsymbol{Q}_k(i_k)$.

由 $\sum\limits_{i_k=1}^{I_k}\boldsymbol{Q}_k(i_k)\left(\boldsymbol{Q}_k(i_k)\right)^{\mathrm{T}} = \boldsymbol{I}_{r_k}$, 我们可以得到

$$\boldsymbol{G}'_k(\alpha_{k-1},i_k,\alpha_k) = \sum_{\beta_k}\boldsymbol{R}(\alpha_k,\beta_k)\,\boldsymbol{Q}_k(\beta_{k-1},i_k,\alpha_k) \tag{2-5-15}$$

$$\sum_{i_k,\alpha_k}\boldsymbol{Q}_k(\beta_{k-1},i_k,\alpha_k)\,\boldsymbol{Q}_k\left(\overline{\beta}_{k-1},i_k,\alpha_k\right) = \delta\left(\beta_k,\overline{\beta}_k\right) \tag{2-5-16}$$

从而, $\boldsymbol{V}$ 可以表示为

$$V(i_2,i_3,\cdots,i_N) = \boldsymbol{Q}_2(i_2)\boldsymbol{Q}_3(i_3)\cdots\boldsymbol{Q}_k(i_k)\boldsymbol{Q}_{k+1}(i_{k+1})\cdots\boldsymbol{Q}_N(i_N) \tag{2-5-17}$$

得到正交分解之后, 利用截断 SVD 对核张量进行压缩, Oseledets 提出了基于 QR 分解的快速 TT 分解算法 (TT-rounding 算法), 其详细的计算过程见算法 2-10. 其中 $\mathcal{G}_k \in R^{r_k\times I_k\times r_{k+1}}$ 是三阶张量, $\boldsymbol{G}_k(i_k) \in R^{r_k\times r_{k+1}}$ 是张量 $\mathcal{G}_k$ 的第 i_k 个侧切片矩阵.

算法 2-10 TT-rounding 算法

输入: 张量 $\mathcal{A} \in R^{I_1 \times I_2 \times \cdots \times I_N}$ 的 TT 分解 $A(i_1, i_2, \cdots, i_N) = \boldsymbol{G}_1(i_1)\boldsymbol{G}_2(i_2)\cdots\boldsymbol{G}_N(i_N)$, 预先指定的精度 ε.

输出: $\mathcal{B}$.

$\delta = \dfrac{\varepsilon}{\sqrt{N-1}}\|\mathcal{A}\|_F$. // 计算截断参数 δ

//从右到左正交化

For $k = N, N-1, \cdots, 2$

$[\boldsymbol{G}_k(\beta_{k-1}; i_k\beta_k), \boldsymbol{R}(\alpha_{k-1}, \beta_{k-1})] = \mathrm{QR}(\boldsymbol{G}_k(\alpha_{k-1}; i_k\beta_k))$;

$\mathcal{G}_{k-1} = \mathcal{G}_k \times_3 \boldsymbol{R}$;

End For

//正交表示的压缩

For $k = 1, 2, \cdots, N-1$

$[\boldsymbol{G}_k(\beta_{k-1}i_k; \gamma_k), \boldsymbol{\Lambda}, \boldsymbol{V}(\beta_k, \gamma_k)] = \mathrm{SVD}_\delta(\boldsymbol{G}_k(\beta_{k-1}i_k; \beta_k))$ // 计算 δ-截断 SVD

$\mathcal{G}_{k+1} = \mathcal{G}_{k+1} \times_1 (\boldsymbol{V\Lambda})^{\mathrm{T}}$;

End For

$$B(i_1, i_2, \cdots, i_N) = \boldsymbol{G}_1(i_1)\boldsymbol{G}_2(i_2)\cdots\boldsymbol{G}_N(i_N)$$
$$(i_1 = 1, \cdots, I_1; i_2 = 1, \cdots, I_2; i_N = 1, \cdots, I_N).$$

Return $\mathcal{B}$.

2.6 TR 分解

TT 分解存在三个明显的不足: ①TT-秩的约束 $r_0 = r_N = 1$ 限制了 TT 分解的表示能力和灵活性; ②核张量遵循严格的排列顺序, 而找到这个最优排列是一个非常困难的任务; ③TT-秩遵循一个固定模式, 对于特定的张量数据, 它可能不是最优的. 为了克服这三个不足, 2016 年, Zhao[7] 对 TT 分解进行推广, 提出了 TR (tensor ring) 分解, 并研究了基于 TR 分解的代数运算. 最近, 一些研究者把 TR 分解应用于图像去噪[46]、图像补全[47,48] 和机器学习[49]. 在本节中, 我们详细介绍 [7] 的工作.

定义 2-17 (TR 分解) 对于 N 阶张量 $\mathcal{A} \in R^{I_1 \times I_2 \times \cdots \times I_N}$ 和三阶张量 $\mathcal{G}_k \in R^{r_k \times I_k \times r_{k+1}}$, 设 $\boldsymbol{G}_k(i_k) \in R^{r_k \times r_{k+1}}$ 是张量 $\mathcal{G}_k$ 的第 i_k 个侧切片矩阵, 若 $\mathcal{A}$ 的分量可以表示为下列形式:

$$\begin{aligned} A(i_1, i_2, \cdots, i_N) &= \mathrm{Tr}(\boldsymbol{G}_1(i_1)\boldsymbol{G}_2(i_2)\cdots\boldsymbol{G}_N(i_N)) \\ &= \sum_{\alpha_1=1}^{r_1}\cdots\sum_{\alpha_N=1}^{r_N} \boldsymbol{G}(\alpha_1, i_1, \alpha_2)\boldsymbol{G}(\alpha_2, i_2, \alpha_3)\cdots\boldsymbol{G}(\alpha_N, i_N, \alpha_1) \end{aligned} \tag{2-6-1}$$

则称 (2-6-1) 为 $\mathcal{A} \in R^{I_1 \times I_2 \times \cdots \times I_N}$ 的 TR 分解. 其实体表示为

$$\mathcal{A}=\sum_{\alpha_1=1}^{r_1}\cdots\sum_{\alpha_N=1}^{r_N}\boldsymbol{g}_1\left(\alpha_1,\alpha_2\right)\circ\boldsymbol{g}_2\left(\alpha_2,\alpha_3\right)\circ\cdots\circ\boldsymbol{g}_N\left(\alpha_N,\alpha_{N+1}\right) \tag{2-6-2}$$

其中 $\boldsymbol{g}_k\left(\alpha_k,\alpha_{k+1}\right)\in R^{I_k}$ 是向量, $\alpha_{N+1}=\alpha_1$. 从 (2-6-2) 可以看出, 张量 $\mathcal{A}$ 的 TR 分解是 $r_1r_2\cdots r_N$ 个秩-1 张量的和, 形式上是一个长度为 $r_1r_2\cdots r_N$ 的 CP 分解.

为了讨论方便, 令 $\mathcal{A}=\Re\left(\mathcal{G}_1,\mathcal{G}_2,\cdots,\mathcal{G}_N\right)$. 设 $\overleftarrow{\mathcal{A}}^k\in R^{I_{k+1}\times I_{k+2}\times\cdots\times I_N\times I_1\times I_2\times\cdots\times I_k}$, 利用 (2-6-2) 和向量外积的定义, 我们很容易得到

$$\begin{aligned}\overleftarrow{\mathcal{A}}^k=&\sum_{\alpha_1=1}^{r_1}\cdots\sum_{\alpha_N=1}^{r_N}\boldsymbol{g}_{k+1}\left(\alpha_{k+1},\alpha_{k+2}\right)\circ\cdots\circ\boldsymbol{g}_N\left(\alpha_N,\alpha_{N+1}\right)\circ\boldsymbol{g}_1\left(\alpha_1,\alpha_2\right)\\&\circ\cdots\circ\boldsymbol{g}_k\left(\alpha_k,\alpha_{k+1}\right)\\=&\Re\left(\mathcal{G}_{k+1},\cdots,\mathcal{G}_N,\mathcal{G}_1,\cdots,\mathcal{G}_k\right)\end{aligned} \tag{2-6-3}$$

定义 2-18 (张量的 k 展开) N 阶张量 $\mathcal{A}\in R^{I_1\times I_2\times\cdots\times I_N}$ 的 k 展开 $\boldsymbol{A}_{\langle k\rangle}$ 是一个 $\left(\prod_{s=1}^{k}I_s\right)\times\left(\prod_{s=k+1}^{N}I_s\right)$ 的矩阵, 该矩阵的分量表示如下

$$\boldsymbol{A}_{\langle k\rangle}\left(\overline{i_1i_2\cdots i_k},\overline{i_{k+1}i_{k+2}\cdots i_N}\right)=\boldsymbol{A}\left(i_1,i_2,\cdots,i_k,i_{k+1},\cdots,i_N\right) \tag{2-6-4}$$

定义 2-19 (张量的 k-模展开矩阵) N 阶张量 $\mathcal{A}\in R^{I_1\times I_2\times\cdots\times I_N}$ 的 k-模展开矩阵 $\boldsymbol{A}_{[k]}$ 是一个 $I_k\times\left(\prod_{s=1,s\neq k}^{N}I_s\right)$ 的矩阵, 该矩阵的分量表示如下

$$\boldsymbol{A}_{[k]}\left(i_k,\overline{i_{k+1}i_{k+2}\cdots i_Ni_1i_2\cdots i_{k-1}}\right)=\boldsymbol{A}\left(i_1,i_2,\cdots,i_k,i_{k+1},\cdots,i_N\right) \tag{2-6-5}$$

定义 2-20 (加法运算) 设张量 $\mathcal{T}_1\in R^{I_1\times I_2\times\cdots\times I_N}$ 和 $\mathcal{T}_2\in R^{I_1\times I_2\times\cdots\times I_N}$ 的 TR 分解形式分别是 $\mathcal{T}_1=\Re\left(\mathcal{Z}_1,\mathcal{Z}_2,\cdots,\mathcal{Z}_N\right)$ 和 $\mathcal{T}_2=\Re\left(\mathcal{Y}_1,\mathcal{Y}_2,\cdots,\mathcal{Y}_N\right)$, 其中 $\mathcal{Z}_k\in R^{r_k\times I_k\times r_{k+1}}$, $\mathcal{Y}_k\in R^{s_k\times I_k\times s_{k+1}}$, 则它们的和张量 $\mathcal{T}_3=\mathcal{T}_1+\mathcal{T}_2\in R^{I_1\times I_2\times\cdots\times I_N}$ 的 TR 分解为 $\mathcal{T}_3=\Re\left(\mathcal{X}_1,\mathcal{X}_2,\cdots,\mathcal{X}_N\right)$, 其中核张量 $\mathcal{X}_k\in R^{(r_k+s_k)\times I_k\times(r_{k+1}+s_{k+1})}$ 通过下列公式计算:

$$\boldsymbol{X}_k(i_k)=\begin{pmatrix}\boldsymbol{Z}_k(i_k)&\boldsymbol{0}\\\boldsymbol{0}&\boldsymbol{Y}_k(i_k)\end{pmatrix} \tag{2-6-6}$$

定义 2-21 (张量和向量的多线性积) 设张量 $\mathcal{T}\in R^{I_1\times I_2\times\cdots\times I_N}$ 的 TR 分解形式是 $\mathcal{T}=\Re\left(\mathcal{Z}_1,\mathcal{Z}_2,\cdots,\mathcal{Z}_N\right)$, 向量 $\boldsymbol{u}_k\in R^{I_k}$, 则张量 $\mathcal{T}_1$ 和向量 $\boldsymbol{u}_k$ 的多线性积定义如下

$$c=\mathcal{T}\times_1\boldsymbol{u}_1^{\mathrm{T}}\times_2\cdots\times_N\boldsymbol{u}_N^{\mathrm{T}}=\sum_{i_1=1}^{I_1}\cdots\sum_{i_N=1}^{I_N}T(i_1,i_2,\cdots,i_N)u_1(i_1)\cdots u_N(i_N)$$
$$=\sum_{\alpha_1=1}^{r_1}\cdots\sum_{\alpha_N=1}^{r_N}\left(\sum_{i_1=1}^{I_1}\boldsymbol{Z}_1(\alpha_1,i_1,\alpha_2)u_1(i_1)\right)\cdots\left(\sum_{i_N=1}^{I_N}\boldsymbol{Z}_N(\alpha_N,i_N,\alpha_1)u_N(i_N)\right) \tag{2-6-7}$$

定义 2-22 (张量的 Hadamard 积)　设张量 $\mathcal{T}_1\in R^{I_1\times I_2\times\cdots\times I_N}$ 和 $\mathcal{T}_2\in R^{I_1\times I_2\times\cdots\times I_N}$ 的 TR 分解形式分别是 $\mathcal{T}_1=\Re(\mathcal{Z}_1,\mathcal{Z}_2,\cdots,\mathcal{Z}_N)$ 和 $\mathcal{T}_2=\Re(\mathcal{Y}_1,\mathcal{Y}_2,\cdots,\mathcal{Y}_N)$, 其中 $\mathcal{Z}_k\in R^{r_k\times I_k\times r_{k+1}}$, $\mathcal{Y}_k\in R^{s_k\times I_k\times s_{k+1}}$, 则它们的 Hadamard 积 $\mathcal{T}_3=\mathcal{T}_1*\mathcal{T}_2\in R^{I_1\times I_2\times\cdots\times I_N}$ 的 TR 分解为 $\mathcal{T}_3=\Re(\mathcal{X}_1,\mathcal{X}_2,\cdots,\mathcal{X}_N)$, 其中核张量 $\mathcal{X}_k\in R^{(r_ks_k)\times I_k\times(r_{k+1}s_{k+1})}$ 通过下列公式计算:

$$\boldsymbol{X}_k(i_k)=\boldsymbol{Z}_k(i_k)\otimes\boldsymbol{Y}_k(i_k) \tag{2-6-8}$$

显然, 张量 $\mathcal{T}_1$ 和 $\mathcal{T}_2$ 的内积 $\langle\mathcal{T}_1,\mathcal{T}_2\rangle=\sum\limits_{i_1,i_2,\cdots,i_N}T_3(i_1,i_2,\cdots,i_N)$.

对于给定的 N 阶张量 $\mathcal{A}\in R^{I_1\times I_2\times\cdots\times I_N}$ 和相对误差 ε, 其 TR 分解通过解下列优化问题得到

$$\begin{aligned}&\min_{\mathcal{G}_1,\mathcal{G}_2,\cdots,\mathcal{G}_N}\ \boldsymbol{r}\\&\text{s.t.}\quad \|\mathcal{A}-\Re(\mathcal{G}_1,\mathcal{G}_2,\cdots,\mathcal{G}_N)\|_F\leqslant\varepsilon\|\mathcal{A}\|_F\end{aligned} \tag{2-6-9}$$

其中 $\boldsymbol{r}=(r_1,r_2,\cdots,r_N)$.

设 $\boldsymbol{G}^{<k}\left(\overline{i_1\cdots i_{k-1}}\right)=\boldsymbol{G}_1(i_1)\boldsymbol{G}_2(i_2)\cdots\boldsymbol{G}_{k-1}(i_{k-1})$, $\boldsymbol{G}^{>k}\left(\overline{i_{k+1}\cdots i_N}\right)=\boldsymbol{G}_{k+1}(i_{k+1})\boldsymbol{G}_{k+2}(i_{k+2})\cdots\boldsymbol{G}_N(i_N)$, $\delta_k=\begin{cases}\sqrt{2}\varepsilon_p\|\mathcal{A}\|_F/\sqrt{N}, & k=1,\\ \varepsilon_p\|\mathcal{A}\|_F/\sqrt{N}, & k>1,\end{cases}$ 其中 ε_p 是事先给定的相对误差, 解优化问题 (2-6-9) 的 TR-SVD 算法过程如算法 2-11 所示.

算法 2-11　TR-SVD 算法

输入: 张量 $\mathcal{A}\in R^{I_1\times I_2\times\cdots\times I_N}$, 预先指定的相对误差 ε_p.

输出: $\mathcal{G}_k$ 和 $\boldsymbol{r}=(r_1,r_2,\cdots,r_N)$.

根据公式 $\delta_k=\begin{cases}\sqrt{2}\varepsilon_p\|\mathcal{A}\|_F/\sqrt{N}, & k=1,\\ \varepsilon_p\|\mathcal{A}\|_F/\sqrt{N}, & k>1\end{cases}$ 计算截断阈值 δ_k.

选择一个模态作为开始点 (譬如第一个模态), 得到 $\boldsymbol{A}_{\langle 1\rangle}$.

对 $\boldsymbol{A}_{\langle 1\rangle}$ 做 δ_1-截断 SVD: $\boldsymbol{A}_{\langle 1\rangle}=\boldsymbol{U}\boldsymbol{\Sigma}\boldsymbol{V}^{\mathrm{T}}+\boldsymbol{E}_1$.

解优化问题: $\min\limits_{r_1,r_2}\|r_1-r_2\|$ s.t. $r_1r_2=\mathrm{rank}_{\delta_1}(\boldsymbol{A}_{\langle 1\rangle})$ 得到 r_1 和 r_2.

$\mathcal{G}_1=\mathrm{permute}\left(\mathrm{reshape}\left(\boldsymbol{U},[I_1,r_1,r_2]\right),[2,1,3]\right)$.

$$\mathcal{G}^{>1}=\mathrm{permute}\left(\mathrm{reshape}\left(\boldsymbol{\Sigma V}^{\mathrm{T}},\left[r_1,r_2,\prod_{j=2}^{N}I_j\right]\right),[2,3,1]\right).$$

For $k=2,\cdots,N-1$

$\boldsymbol{G}^{>k-1}=\mathrm{reshape}\left(\mathcal{G}^{>k-1},[r_kI_k,I_{k+1}\cdots I_Nr_1]\right)$;

计算矩阵 $\boldsymbol{G}^{>k-1}$ 的 δ_k-截断 SVD: $\boldsymbol{G}^{>k-1}=\boldsymbol{U\Sigma V}^{\mathrm{T}}+\boldsymbol{E}_k$;

$r_{k+1}=\mathrm{rank}_{\delta_k}(\boldsymbol{G}^{>k-1})$;

$\mathcal{G}_k=\mathrm{reshape}\left(\boldsymbol{U},[r_k,I_k,r_{k+1}]\right)$;

$$\mathcal{G}^{>k}=\mathrm{reshape}\left(\boldsymbol{\Sigma V}^{\mathrm{T}},\left[r_{k+1},\prod_{j=k+1}^{N}I_j,r_1\right]\right);$$

End For

Return $\mathcal{G}_k$, $\boldsymbol{r}=(r_1,r_2,\cdots,r_N)$.

一般来说, 选择不同的模态作为初始点可能导致不同的分解结果, 因此 TR-SVD 不能保证得到最优的秩 $\boldsymbol{r}=(r_1,r_2,\cdots,r_N)$.

设 $\mathcal{G}^{\neq k}(\overline{i_{k+1}\cdots i_Ni_1\cdots i_{k-1}})=\boldsymbol{G}_{k+1}(i_{k+1})\boldsymbol{G}_{k+2}(i_{k+2})\cdots\boldsymbol{G}_N(i_N)\boldsymbol{G}_1(i_1)\boldsymbol{G}_2(i_2)\cdots\boldsymbol{G}_{k-1}(i_{k-1})$, $\boldsymbol{A}_{(k)}(i_k,\overline{i_1i_2\cdots i_{k-1}i_{k+1}i_{k+2}\cdots i_N})=A(i_1,i_2,\cdots,i_k,i_{k+1},\cdots,i_N)$, 由 [7] 中的定理 3.5 可知: $\boldsymbol{A}_{[k]}=\boldsymbol{G}_{k(2)}(\boldsymbol{G}^{\neq k}_{[2]})^{\mathrm{T}}$, 基于这些表示和理论分析, 在 TR 秩给定的情况下, 解优化问题 (2-6-9) 的 TR-ALS 算法过程如算法 2-12 所示.

算法 2-12 TR-ALS 算法

输入: 张量 $\mathcal{A}\in R^{I_1\times I_2\times\cdots\times I_N}$, 预先指定的 TR 秩 $\boldsymbol{r}$, 预先指定的相对误差 ε_p.

输出: $\mathcal{G}_k\ (k=1,2,\cdots,N)$.

初始化核张量 $\mathcal{G}_k\in R^{r_k\times I_k\times r_{k+1}}\ (k=1,2,\cdots,N)$.

For $k=1,\cdots,N-1$

计算 $\mathcal{G}^{\neq k}$;

计算矩阵 $\boldsymbol{G}^{\neq k}_{[2]}$;

计算 $\boldsymbol{G}_{k(2)}=\arg\min\|\boldsymbol{A}_{[k]}-\boldsymbol{G}_{k(2)}(\boldsymbol{G}^{\neq k}_{[2]})^{\mathrm{T}}\|_F$;

如果 $k\neq N$, 对 $\boldsymbol{G}_{k(2)}$ 的列进行归一化;

$\mathcal{G}_k=\mathrm{permute}\left(\mathrm{reshape}\left(\boldsymbol{G}_{k(2)},[I_k,r_k,r_{k+1}]\right),[2,1,3]\right)$;

If $\dfrac{\|\mathcal{A}-\Re(\mathcal{G}_1,\mathcal{G}_2,\cdots,\mathcal{G}_N)\|_F}{\|\mathcal{A}\|_F}\leqslant\varepsilon_p$, **then break**;

End For

Return $\mathcal{G}_k\ (k=1,2,\cdots,N)$.

TR-ALS 算法的主要不足是其秩必须事先给定, 无法保证能够得到理想的近似精度. 为了解决这个问题, 作者给出下列自适应秩 TR 分解算法 TR-ALSAR (算法 2-13).

算法 2-13　TR-ALSAR 算法

输入: 张量 $\mathcal{A} \in R^{I_1 \times I_2 \times \cdots \times I_N}$, 预先指定的相对误差 ε_p.

输出: $\mathcal{G}_k\,(k=1,2,\cdots,N)$.

初始化 $r_k = 1\,(k=1,2,\cdots,N)$.

初始化核张量 $\mathcal{G}_k \in R^{r_k \times I_k \times r_{k+1}}\,(k=1,2,\cdots,N)$.

For $j=1,2,\cdots$

　For $k=1,\cdots,N-1$

　　For $i=1,2,\cdots$

　　　计算 $\boldsymbol{G}_{k(2)} = \arg\min \|\boldsymbol{A}_{[k]} - \boldsymbol{G}_{k(2)}(\boldsymbol{G}_{[2]}^{\neq k})^{\mathrm{T}}\|_F$;

　　　计算相对误差 $\varepsilon_{\mathrm{old}} = \dfrac{\|\mathcal{A} - \Re(\mathcal{G}_1, \mathcal{G}_2, \cdots, \mathcal{G}_N)\|_F}{\|\mathcal{A}\|_F}$;

　　　If $\varepsilon_{\mathrm{old}} \leqslant \varepsilon_p$, **then break**;

　　　$r_{k+1} = r_{k+1} + 1$;

　　　通过随机采样增加 $\mathcal{G}_{k+1}$ 的大小;

　　End For

　　如果 $k \neq N$, 对 $\boldsymbol{G}_{k(2)}$ 的列进行归一化;

　　$\mathcal{G}_k = \mathrm{permute}\left(\mathrm{reshape}\left(\boldsymbol{G}_{k(2)}, [I_k, r_k, r_{k+1}]\right), [2,1,3]\right)$;

　End For

　If $\dfrac{\|\mathcal{A} - \Re(\mathcal{G}_1, \mathcal{G}_2, \cdots, \mathcal{G}_N)\|_F}{\|\mathcal{A}\|_F} \leqslant \varepsilon_p$, **then break**;

End For

Return $\mathcal{G}_k\,(k=1,2,\cdots,N)$.

令 $\varepsilon = \|\mathcal{A} - \Re(\mathcal{G}_1, \mathcal{G}_2, \cdots, \mathcal{G}_N)\|_F / \|\mathcal{A}\|_F$, $\delta = \max\left\{\varepsilon \|\mathcal{A}\|_F / \sqrt{N}, \varepsilon_p \|\mathcal{A}\|_F / \sqrt{N}\right\}$, $\boldsymbol{G}^{(k,k+1)}\left(\overline{i_k i_{k+1}}\right) = \boldsymbol{G}_k(i_k)\boldsymbol{G}_{k+1}(i_{k+1})$, 基于这种块表示, 利用自适应秩 TR 分解算法 TR-ALSAR, 作者给出了快速的 TR 分解算法 TR-BALS (算法 2-14).

算法 2-14　TR-BALS 算法

输入: 张量 $\mathcal{A} \in R^{I_1 \times I_2 \times \cdots \times I_N}$, 预先指定的相对误差 ε_p.

输出: $\mathcal{G}_k\,(k=1,2,\cdots,N)$ 和 $\boldsymbol{r} = (r_1, r_2, \cdots, r_N)$.

初始化 $r_k = 1\,(k=1,2,\cdots,N)$.

初始化核张量 $\mathcal{G}_k \in R^{r_k \times I_k \times r_{k+1}}\,(k=1,2,\cdots,N)$.

For $j=1,2,\cdots$

　计算 $\mathcal{G}^{\neq(k,k+1)}$;

　计算矩阵 $\boldsymbol{G}_{[2]}^{\neq(k,k+1)}$;

计算 $\boldsymbol{G}_{(2)}^{(k,k+1)}=\arg\min\|\boldsymbol{A}_{[k]}-\boldsymbol{G}_{(2)}^{(k,k+1)}(\boldsymbol{G}_{[2]}^{\neq(k,k+1)})^{\mathrm{T}}\|_F$;

计算 $\mathcal{G}^{(k,k+1)}=\text{folding}(\boldsymbol{G}_{(2)}^{(k,k+1)})$;

计算 $\overline{\boldsymbol{G}}^{(k,k+1)}=\text{reshape}(\mathcal{G}^{(k,k+1)},[r_kI_k\times I_{k+1}r_{k+2}])$;

对矩阵 $\overline{\boldsymbol{G}}^{(k,k+1)}$ 进行 SVD: $\overline{\boldsymbol{G}}^{(k,k+1)}=\boldsymbol{U\Sigma V}^{\mathrm{T}}$;

计算 $\mathcal{G}_k=\text{reshape}\,(\boldsymbol{U},[r_k,I_k,r_{k+1}])$;

计算 $\mathcal{G}_{k+1}=\text{reshape}(\boldsymbol{\Sigma V}^{\mathrm{T}},[r_{k+1},I_{k+1},r_{k+2}])$;

计算 $r_{k+1}=\text{rank}_\delta(\overline{\boldsymbol{G}}^{(k,k+1)})$;

$k=k+1$;

If $\dfrac{\|\mathcal{A}-\Re\,(\mathcal{G}_1,\mathcal{G}_2,\cdots,\mathcal{G}_N)\|_F}{\|\mathcal{A}\|_F}\leqslant\varepsilon_p$, **then break**;

End For

Return $\mathcal{G}_k\ (k=1,2,\cdots,N)$, $\boldsymbol{r}=(r_1,r_2,\cdots,r_N)$.

参考文献

[1] Kiers H A L. Towards a standardized notation and terminology in multiway analysis. Journal of Chemometrics, 2000, 14: 105-122.

[2] De Lathauwer L, De Moor B, Vandewalle J. A multilinear singular value decomposition. SIAM Journal on Matrix Analysis and Applications, 2000, 21(4): 1253-1278.

[3] Kapteyn A, Neudecker H, Wansbeek T. An approach to n-mode components analysis. Psychometrika, 1986, 51: 269-275.

[4] Kilmer M E, Martin C D. Factorization strategies for third-order tensors. Linear Algebra and its Applications, 2011, 435(3): 641-658.

[5] Kilmer M E, Braman K, Hao N, et al. Third-order tensors as operators on matrices: A theoretical and computational framework with applications in imaging. SIAM Journal on Matrix Analysis and Applications, 2013, 34(1): 148-172.

[6] Oseledets I V. Tensor-train decomposition. SIAM Journal on Scientific Computing, 2011, 33(5): 2295-2317.

[7] Zhao Q B, Zhou G X, Xie S L, et al. Tensor ring decomposition. 2016, arXiv:1606. 05535v1.

[8] Hitchcock F L. The expression of a tensor or a polyadic as a sum of products. Journal of Mathematics and Physics, 1927, 6: 164-189.

[9] Cattell R B. Parallel proportional profiles and other principles for determining the choice of factors by rotation. Psychometrika, 1944, 9: 267-283.

[10] Carroll J D, Chang J J. Analysis of individual differences in multidimensional scaling via an N-way generalization of "Eckart-Young" decomposition. Psychometrika, 1970, 35: 283-319.

[11] Harshman R A. Foundations of the PARAFAC procedure: Models and conditions for an

"explanatory" multimodal factor analysis. UCLA Working Papers in Phonetics, 1970, 16: 1-84.

[12] Zhang T, Golub G H. Rank-one approximation to high order tensors. SIAM Journal on Matrix Analysis and Applications, 2001, 23(2): 534-550.

[13] Shashua A, Hazan T. Non-negative tensor factorization with applications to statistics and computer vision. International Conference on Machine Learning (ICML), 2005: 792-799.

[14] Papalexakis E E, Faloutsos C, Sidiropoulos N D. ParCube: Sparse parallelizable CANDECOMP-PARAFAC tensor decomposition. ACM Transactions on Knowledge Discovery from Data, 2015, 10(1): 1-25.

[15] Kolda T G, Bader B W. Tensor decompositions and applications. SIAM Review, 2009, 51(3): 455-500.

[16] Håstad J. Tensor rank is NP-complete. Journal of Algorithms, 1990, 11: 644-654.

[17] Kruskal J B. Three-way arrays: Rank and uniqueness of trilinear decompositions, with application to arithmetic complexity and statistics. Linear Algebra and its Applications, 1977, 18: 95-138.

[18] Kruskal J B. Rank, decomposition, and uniqueness for 3-way and N-way arrays// Coppi R, Bolasco S. Multiway Data Analysis. Amsterdam: Elsevier Science Publishers, 1989: 7-18.

[19] Sidiropoulos N D, Bro R. On the uniqueness of multilinear decomposition of N-way arrays. Journal of Chemometrics, 2000, 14: 229-239.

[20] Liu X Q, Sidiropoulos N D. Cramer-Rao lower bounds for low-rank decomposition of multidimensional arrays. IEEE Transactions on Signal Processing, 2001, 49(9): 2074-2086.

[21] Drineas P, Kannan R, Mahoney M W. Fast Monte Carlo algorithms for matrices III: Computing a compressed approximate matrix decomposition. SIAM Journal on Computing, 2006, 36(1): 184-206.

[22] Lee M, Choi C H. Incremental N-mode SVD for large-scale multilinear generative models. IEEE Transactions on Image Processing, 2014, 23(10): 4255-4269.

[23] Zou B Y, Li C P, Tan L W, et al. GPUTENSOR: Efficient tensor factorization for context-aware recommendations. Information Sciences, 2015, 299: 159-177.

[24] Kolda T G. Multilinear operators for higher-order decompositions. Tech. Report SAND 2006-2081. Sandia National Laboratories, Albuquerque, New Mexico and Livermore, California, 2006.

[25] Wang J, Barreto A, Rishe N, et al. A fast incremental multilinear principal component analysis algorithm. International Journal of Innovative Computing Information and Control, 2011, 7(10): 6019-6040.

[26] Tucker L R. Some mathematical notes on three-mode factor analysis. Psychometrika, 1966, 31(3): 279-311.

[27] Kroonenberg P M, De Leeuw J. Principal component analysis of three-mode data by means of alternating least squares algorithms. Psychometrika, 1980, 45: 69-97.

[28] De Lathauwer L, De Moor B, Vandewalle J. On the best rank-1 and rank-(R1, R2, : : :, RN) approximation of higher-order tensors. SIAM Journal on Matrix Analysis and Applications, 2000, 21: 1324-1342.

[29] Yokota T, Cichocki A. Multilinear tensor rank estimation via sparse tucker decomposition. 2014 Joint 7th International Conference on Soft Computing and Intelligent Systems(SCIS) and 15th International Symposium on Advanced Intelligent Systems(ISIS), 2014: 478-483.

[30] Kong Z M, Yang X W. Color image and multispectral image denoising using block diagonal representation. IEEE Transactions on Image Processing, 2019, 28(9): 4247-4259.

[31] Kong Z M, Han L, Liu X L, et al. A new 4-D nonlocal transform-domain filter for 3-D magnetic resonance images denoising. IEEE Transactions on Medical Imaging, 2018, 37(4): 941-954.

[32] Xie N B, Chen Y M, Liu H F. 3D tensor based nonlocal low rank approximation in dynamic PET reconstruction. Sensors, 2019, 19(23): 5299.

[33] Zhang Z M, Aeron S. Exact tensor completion using t-SVD. IEEE Transactions on Signal Processing, 2017, 65(6): 1511-1526.

[34] Hilar C J, Lim L H. Most tensor problems are NP-hard. Journal of the ACM, 2009, 60(6): 45.

[35] Cichocki A, Lee N, Oseledets I, et al. Tensor networks for dimensionality reduction and large-scale optimization: Part 2 applications and future perspectives. Foundations and Trends in Machine Learning, 2017, 9(6): 249-429.

[36] Bengua J A, Phien H N, Tuan H D, et al. Efficient tensor completion for color image and video recovery: Low-rank tensor train. IEEE Transactions on Image Processing, 2017, 26(5): 2466-2479.

[37] Wang W Q, Aggarwal V, Aeron S. Tensor train neighborhood preserving embedding. IEEE Transactions on Signal Processing, 2018, 66(10): 2724-2732.

[38] Novikov A, Podoprikhin D, Osokin A, et al. Tensorizing neural networks. The 28th International Conference on Neural Information Processing Systems (NIPS), 2015: 442-450.

[39] Stoudenmire E M, Schwab D J. Supervised learning with tensor networks. The 29th International Conference on Neural Information Processing Systems (NIPS), 2016: 4799-4807.

[40] Stoudenmire E M. Learning relevant features of data with multi-scale tensor networks. Quantum Science and Technology, 2018, 3: 034003.

[41] Chen Z, Batselier K, Suykens J A K, et al. Parallelized tensor train learning of polynomial classifiers. IEEE Transactions on Neural Networks and Learning Systems, 2018,

29(10): 4621-4632.

[42] Oseledets I V, Dolgov S V. Solution of linear systems and matrix inversion in the TT-format. SIAM Journal on Scientific Computing, 2012, 34(5): A2718-A2739.

[43] Lee N, Cichocki A. Estimating a few extreme singular values and vectors for large-scale matrices in tensor train format. SIAM Journal on Matrix Analysis and Applications, 2015, 36(3): 994-1014.

[44] Lee N, Cichocki A. Regularized computation of approximate pseudoinverse of large matrices using low-rank tensor train decompositions. SIAM Journal on Matrix Analysis and Applications, 2016, 37(2): 598-623.

[45] Daniele B, Engsig-Karup A P, Marzouk Y M. Spectral tensor-train decomposition. SIAM Journal on Scientific Computing, 2016, 38(4): A2405-A2439.

[46] Chen Y, He W, Yokoya N, et al. Nonlocal tensor-ring decomposition for hyperspectral image denoising. IEEE Transactions on Geoscience and Remote Sensing, 2020, 58(2): 1348-1362.

[47] Yuan L H, Li C, Mandic D, et al. Tensor ring decomposition with rank minimization on latent space: An efficient approach for tensor completion. AAAI Conference on Artificial Intelligence (AAAI), 2019: 9151-9158.

[48] Yu J S, Zhou G X, Li C, et al. Low tensor-ring rank completion by parallel matrix factorization. IEEE Transactions on Neural Networks and Learning Systems, 2021, 32(7): 3020-3033.

[49] Cheng Z Y, Li B P, Fan Y W,et al. A novel rank selection scheme in tensor ring decomposition based on reinforcement learning for deep neural networks. International Conference on Acoustics, Speech and Signal Processing (ICASSP), 2020: 3292-3296.

第 3 章　张量子空间学习

学习一个从高维输入空间到低维输出空间映射的过程称为子空间学习, 顾名思义, 其本质是特征抽取/特征选择技术. 传统的子空间学习算法包括主成分分析 (principal component analysis, PCA)[1]、独立主成分分析 (independent component analysis, ICA)[2,3]、线性判别分析 (linear discriminant analysis, LDA)[4]、典型相关分析 (canonical correlation analysis, CCA)[5]、偏最小二乘 (partial least squares, PLS) 分析[6] 等多元统计分析方法, 这些算法都是直接在向量数据上进行运算, 无法直接作用在张量数据上. 为了把这些传统的多元统计分析方法直接应用在张量数据上对高维数据进行分析, 在早期的研究中, 研究者常常首先把张量数据向量化, 然后再利用传统多元统计分析方法进行数据分析. 这种做法的明显不足包括: ①它会破坏张量数据的内在结构, 导致部分结构信息丢失; ②它常常会导致高维问题和小样本学习问题. 考虑到自然图像、高光谱图谱、医学图像、视频和社交网络数据本质上都是高维数据, 为了更加高效地处理这些高维数据, 最近十余年来, 基于传统多元统计分析方法在张量数据上的推广, 国内外研究人员在张量子空间学习算法方面开展了深入的研究, 取得了一批优秀的科研成果. 为了弄清楚张量子空间学习在高维数据分析方面的研究现状和困难, 在本章中, 我们从多线性主成分分析出发详细分析张量子空间学习的数学原理, 给出大规模张量子空间学习存在的困难和解决之道.

3.1　多线性主成分分析

为了对张量数据进行降维, 2008 年, Lu 把线性子空间学习算法 PCA 从向量模式扩展到张量模式, 提出了多线性主成分分析算法 (mutilinear principal component analysis, MPCA)[7]. 在本节中, 我们首先给出张量总散度的定义, 然后给出 MPCA 算法的优化模型和详细描述, 最后给出不相关多线性主成分分析 (uncorrelated multilinear principal component analysis, UMPCA) 算法的优化模型和详细描述[8].

定义 3-1 (张量的总散度)　设 $\{\mathcal{X}_1, \mathcal{X}_2, \cdots, \mathcal{X}_M\}$ 是 $R^{I_1 \times I_2 \times \cdots \times I_N}$ 空间中的 M 个张量样本, 这些张量的总散度 $\Psi_{\mathcal{X}}$ 定义如下[7]

$$\Psi_{\mathcal{X}} = \sum_{m=1}^{M} \left\| \mathcal{X}_m - \overline{\mathcal{X}} \right\|_F^2 \tag{3-1-1}$$

其中 $\overline{\mathcal{X}}=\frac{1}{M}\sum_{i=1}^{M}\mathcal{X}_i$.

对于 $R^{I_1\times I_2\times\cdots\times I_N}$ 空间中的 M 个张量样本 $\{\mathcal{X}_1,\mathcal{X}_2,\cdots,\mathcal{X}_M\}$ 和 $R^{I_n\times P_n}$ 空间中的 N 个列正交矩阵 $\{\boldsymbol{U}^{(1)},\boldsymbol{U}^{(2)},\cdots,\boldsymbol{U}^{(N)}\}$, 设 $\mathcal{Y}_m=\mathcal{X}_m\times_1\boldsymbol{U}^{(1)^{\mathrm{T}}}\times_2\boldsymbol{U}^{(2)^{\mathrm{T}}}\times_3\cdots\times_N\boldsymbol{U}^{(N)^{\mathrm{T}}}$ 是 $\mathcal{X}_m$ 在张量子空间 $R^{P_1\times P_2\times\cdots\times P_N}$ 上的投影, 其中 $I_n\geqslant P_n$, MPCA 的目标是通过解张量总散度最大化问题得到投影矩阵 $\boldsymbol{U}^{(n)}$[7]:

$$\begin{aligned}\max_{\boldsymbol{U}^{(1)},\boldsymbol{U}^{(2)},\cdots,\boldsymbol{U}^{(N)}}\quad&\Psi(\boldsymbol{U}^{(1)},\boldsymbol{U}^{(2)},\cdots,\boldsymbol{U}^{(N)})\\ \text{s.t.}\quad&\boldsymbol{U}^{(n)\mathrm{T}}\boldsymbol{U}^{(n)}=\boldsymbol{I}^{(n)},\quad n=1,2,\cdots,N\end{aligned}\tag{3-1-2}$$

其中 $\Psi(\boldsymbol{U}^{(1)},\boldsymbol{U}^{(2)},\cdots,\boldsymbol{U}^{(N)})=\sum_{m=1}^{M}\|(\mathcal{X}_m-\overline{\mathcal{X}})\times_1\boldsymbol{U}^{(1)\mathrm{T}}\times_2\boldsymbol{U}^{(2)^{\mathrm{T}}}\times_3\cdots\times_N\boldsymbol{U}^{(N)\mathrm{T}}\|_F^2$, $\boldsymbol{I}^{(n)}\in R^{P_n\times P_n}$ 是单位矩阵.

优化问题 (3-1-2) 是一个非凸优化, 找到它的全局最优解是一个非常困难的任务. 为了得到它的局部最优解, 人们常常采用迭代法进行求解. 设前次迭代的局部解是 $(\boldsymbol{U}_k^{(1)},\cdots,\boldsymbol{U}_k^{(N)})$, 则当前迭代的局部解 $(\boldsymbol{U}_{k+1}^{(1)},\cdots,\boldsymbol{U}_{k+1}^{(N)})$ 可以通过解下列优化问题得到

$$\begin{aligned}&\boldsymbol{U}_{k+1}^{(n)}=\arg\max_{\boldsymbol{U}^{(n)\mathrm{T}}\boldsymbol{U}^{(n)}=\boldsymbol{I}^{(n)}}\Psi(\boldsymbol{U}_{k+1}^{(1)},\cdots,\boldsymbol{U}_{k+1}^{(n-1)},\boldsymbol{U}^{(n)},\boldsymbol{U}_k^{(n+1)},\cdots,\boldsymbol{U}_k^{(N)}),\\ &n=1,\cdots,N\end{aligned}\tag{3-1-3}$$

令 $\Psi(\boldsymbol{U}_{k+1}^{(1)},\cdots,\boldsymbol{U}_{k+1}^{(n-1)},\boldsymbol{U}^{(n)},\boldsymbol{U}_k^{(n+1)},\cdots,\boldsymbol{U}_k^{(N)})=\langle\boldsymbol{U}^{(n)},\Phi_{M,k}^{(n)}\boldsymbol{U}^{(n)}\rangle$, 其中 $\Phi_{M,k}^{(n)}:=\sum_{m=1}^{M}(\boldsymbol{X}_{m(n)}-\overline{\boldsymbol{X}}_{(n)})\widehat{\boldsymbol{U}}_k^{(n)}\widehat{\boldsymbol{U}}_k^{(n)\mathrm{T}}(\boldsymbol{X}_{m(n)}-\overline{\boldsymbol{X}}_{(n)})^{\mathrm{T}}$, $\widehat{\boldsymbol{U}}_k^{(n)}:=\boldsymbol{U}_k^{(n+1)}\otimes\cdots\otimes\boldsymbol{U}_k^{(N)}\otimes\boldsymbol{U}_{k+1}^{(1)}\otimes\cdots\otimes\boldsymbol{U}_{k+1}^{(n-1)}$, 根据 [7] 中的定理 1, 我们可以通过求矩阵 $\Phi_{M,k}^{(n)}$ 的前 P_n 个最大特征值对应的特征向量得到优化问题 (3-1-3) 的最优解.

基于上述分析, MPCA 算法的详细流程如算法 3-1 所示 [7].

算法 3-1　MPCA 算法

输入: 数据集 $\{\mathcal{X}_1,\mathcal{X}_2,\cdots,\mathcal{X}_M\}$, 参数 η.

输出: 降维数据集 $\{\mathcal{Y}_1,\mathcal{Y}_2,\cdots,\mathcal{Y}_M\}$ 和因子矩阵 $\boldsymbol{U}^{(i)}(i=1,2,\cdots,N)$.

初始化: 对给定的数据集 $\{\mathcal{X}_1,\mathcal{X}_2,\cdots,\mathcal{X}_M\}$ 进行中心化, 得到初始因子矩阵 $(\boldsymbol{U}_0^{(1)},\cdots,\boldsymbol{U}_0^{(N)})$.

　For $k=0,1,2,\cdots$

　　For $n=1,2,\cdots,N$

利用 (3-1-3) 求 $\boldsymbol{U}_{k+1}^{(n)}$;

End For

If $\Psi(\boldsymbol{U}_{k+1}^{(1)},\cdots,\boldsymbol{U}_{k+1}^{(N)})-\Psi(\boldsymbol{U}_{k}^{(1)},\cdots,\boldsymbol{U}_{k}^{(N)})<\eta$, **then**

{

$\mathcal{Y}_m=\mathcal{X}_m\times_1(\boldsymbol{U}_{k+1}^{(1)})^{\mathrm{T}}\times_2(\boldsymbol{U}_{k+1}^{(2)})^{\mathrm{T}}\times_3\cdots\times_N(\boldsymbol{U}_{k+1}^{(N)})^{\mathrm{T}}\quad(m=1,2,\cdots,M)$;

终止算法;

}

End For

For $n=1,2,\cdots,N$

$\boldsymbol{U}^{(n)}=\boldsymbol{U}_{k+1}^{(n)}$;

End For

Return $\mathcal{Y}_m(m=1,2,\cdots,M)$ 和 $\boldsymbol{U}^{(i)}(i=1,2,\cdots,N)$.

2009 年, 为了抽取不相关的特征, Lu 提出了 UMPCA 算法[8]. 设 $\mathcal{X}_m$ 是中心化后的张量数据,

$$y_m^p=\mathcal{X}_m\times_1(\boldsymbol{u}_1^p)^{\mathrm{T}}\times_2(\boldsymbol{u}_2^p)^{\mathrm{T}}\times_3\cdots\times_N(\boldsymbol{u}_N^p)^{\mathrm{T}}\tag{3-1-4}$$

$$\boldsymbol{y}_p=(y_1^p,y_2^p,\cdots,y_M^p)\tag{3-1-5}$$

$$\mathcal{S}_{T_{y^p}}=\sum_{m=1}^{M}(y_m^p)^2\tag{3-1-6}$$

UMPCA 算法的数学模型如下

$$\begin{aligned}&\{\boldsymbol{u}_1^p,\boldsymbol{u}_2^p,\cdots,\boldsymbol{u}_N^p\}=\arg\max_{\boldsymbol{u}_1^p,\boldsymbol{u}_2^p,\cdots,\boldsymbol{u}_N^p}S_{T_{y^p}}\\&\text{s.t. }(\boldsymbol{u}_n^p)^{\mathrm{T}}\boldsymbol{u}_n^p=1,\quad n=1,2,\cdots,N\\&\frac{\boldsymbol{y}_p^{\mathrm{T}}\boldsymbol{y}_q}{\|\boldsymbol{y}_p\|\,\|\boldsymbol{y}_q\|}=\delta_{pq},\quad p,q=1,2,\cdots,P\end{aligned}\tag{3-1-7}$$

设

$$\begin{aligned}\boldsymbol{z}_{m(n)}^p=&\mathcal{X}_m\times_1(\boldsymbol{u}_1^p)^{\mathrm{T}}\times_2(\boldsymbol{u}_2^p)^{\mathrm{T}}\times_3\cdots\times_{n-1}(\boldsymbol{u}_{n-1}^p)^{\mathrm{T}}\\&\times_{n+1}(\boldsymbol{u}_{n+1}^p)^{\mathrm{T}}\times_{n+2}\cdots\times_N(\boldsymbol{u}_N^p)^{\mathrm{T}}\end{aligned}\tag{3-1-8}$$

$$\boldsymbol{S}_{T_p}^n=\sum_{m=1}^{M}\boldsymbol{z}_{m(n)}^p(\boldsymbol{z}_{m(n)}^p)^{\mathrm{T}}\tag{3-1-9}$$

$$\boldsymbol{Z}_n^p=(\boldsymbol{z}_{1(n)}^p,\boldsymbol{z}_{2(n)}^p,\cdots,\boldsymbol{z}_{M(n)}^p)\tag{3-1-10}$$

则 $\boldsymbol{u}_n^1\,(n=1,2,\cdots,N)$ 可以通过解下列优化问题得到

$$\begin{aligned}&\left\{\boldsymbol{u}_1^1, \boldsymbol{u}_2^1, \cdots, \boldsymbol{u}_N^1\right\} = \arg \max_{\boldsymbol{u}_1^1, \boldsymbol{u}_2^1, \cdots, \boldsymbol{u}_N^1} \left(\boldsymbol{u}_n^1\right)^{\mathrm{T}} \boldsymbol{S}_{T_1}^n \boldsymbol{u}_n^1 \\ &\text{s.t.} \ \left(\boldsymbol{u}_n^1\right)^{\mathrm{T}} \boldsymbol{u}_n^1 = 1, \quad n = 1, 2, \cdots, N\end{aligned} \tag{3-1-11}$$

假设前 $q = 1, 2, \cdots, p-1$ 个 $\boldsymbol{u}_n^q\,(n = 1, 2, \cdots, N)$ 都已经得到, 我们现在求 $\boldsymbol{u}_n^p\,(n = 1, 2, \cdots, N)$. 令 $\boldsymbol{g}_p = (\boldsymbol{Z}_n^p)^{\mathrm{T}} \boldsymbol{u}_n^p$, 由 $(\boldsymbol{g}_p)^{\mathrm{T}} \boldsymbol{g}_q = (\boldsymbol{u}_n^p)^{\mathrm{T}} \boldsymbol{Z}_n^p \boldsymbol{g}_q = 0$, 我们可以通过解下列优化问题求 $\boldsymbol{u}_n^p$:

$$\begin{aligned}&\left\{\boldsymbol{u}_1^p, \boldsymbol{u}_2^p, \cdots, \boldsymbol{u}_N^p\right\} = \arg \max_{\boldsymbol{u}_1^p, \boldsymbol{u}_2^p, \cdots, \boldsymbol{u}_N^p} \left(\boldsymbol{u}_n^p\right)^{\mathrm{T}} \boldsymbol{S}_{T_p}^n \boldsymbol{u}_n^p \\ &\text{s.t.} \ \left(\boldsymbol{u}_n^p\right)^{\mathrm{T}} \boldsymbol{u}_n^p = 1, \quad n = 1, 2, \cdots, N \\ &\qquad \left(\boldsymbol{u}_n^p\right)^{\mathrm{T}} \boldsymbol{Z}_n^p \boldsymbol{g}_q = 0, \quad q = 1, 2, \cdots, p-1\end{aligned} \tag{3-1-12}$$

令

$$\Upsilon_n^p = \boldsymbol{I}_{I_n} - \boldsymbol{Z}_n^p \boldsymbol{G}_{p-1} \boldsymbol{\varGamma}_p^{-1} \boldsymbol{G}_{p-1}^{\mathrm{T}} \left(\boldsymbol{Z}_n^p\right)^{\mathrm{T}} \tag{3-1-13}$$

$$\boldsymbol{\varGamma}_p = \boldsymbol{G}_{p-1}^{\mathrm{T}} \left(\boldsymbol{Z}_n^p\right)^{\mathrm{T}} \boldsymbol{Z}_n^p \boldsymbol{G}_{p-1} \tag{3-1-14}$$

$$\boldsymbol{G}_{p-1} = \left(\boldsymbol{g}_1 \ \boldsymbol{g}_2 \ \cdots \ \boldsymbol{g}_{p-1}\right) \in R^{M \times (p-1)} \tag{3-1-15}$$

由 [9] 中的定理 6.3 可知, $\boldsymbol{u}_n^p$ 是下列特征值问题的最大特征值对应的特征向量:

$$\Upsilon_n^p \boldsymbol{S}_{T_p}^n \boldsymbol{u} = \lambda \boldsymbol{u} \tag{3-1-16}$$

基于上述分析, UMPCA 算法的详细步骤如算法 3-2 所示.

算法 3-2　UMPCA 算法

输入: 数据集 $\{X_1, X_2, \cdots, X_M\}$, 参数 P, 最大迭代次数 K.
输出: $\boldsymbol{u}_n^p(n = 1, 2, \cdots, N; p = 1, 2, \cdots, P)$.
　For $p = 1, 2, \cdots, P$
　　初始化 $\boldsymbol{u}_n^p(0)\,(n = 1, 2, \cdots, N)$.
　　For $k = 1, 2, \cdots, K$
　　　For $n = 1, 2, \cdots, N$
　　　　利用 (3-1-4) 计算 $y_m^p\,(m = 1, 2, \cdots, M)$;
　　　　利用 (3-1-9) 和 (3-1-13) 分别计算 $\boldsymbol{S}_{T_p}^n$ 和 Υ_n^p;
　　　　利用 (3-1-16) 计算 $\boldsymbol{u}_n^p(k)\,(n = 1, 2, \cdots, N)$;
　　　End For
　　End For
　　令 $\boldsymbol{u}_n^p = \boldsymbol{u}_n^p(K)\,(n = 1, 2, \cdots, N)$, 利用 $\boldsymbol{g}_p = (\boldsymbol{Z}_n^p)^{\mathrm{T}} \boldsymbol{u}_n^p$ 计算 $\boldsymbol{g}_p$;
　End For
　Return $\boldsymbol{u}_n^p(n = 1, 2, \cdots, N; p = 1, 2, \cdots, P)$.

3.2 在线多线性主成分分析

在线学习算法的研究是机器学习、模式识别和数据挖掘等领域中的一个经典且重要的研究方向, 在实际中有着非常广泛的应用. 针对在线学习场景, 2018 年, Han 首次提出了在线多线性主成分分析 (online multilinear principle component analysis, OMPCA) 算法 [10], 解决张量数据的实时降维问题. 在本节中, 我们首先给出相关的理论分析, 然后给出算法的详细描述, 最后给出算法的收敛性分析和实验结果.

设初始训练数据集为 $\mathcal{X}_{\text{old}} = \{\mathcal{X}_1, \mathcal{X}_2, \cdots, \mathcal{X}_L\}$, 其均值为 $\overline{\mathcal{X}}_{\text{old}} = \dfrac{1}{L}\sum\limits_{i=1}^{L}\mathcal{X}_i$, 新增数据集为 $\mathcal{X}_{\text{new}} = \{\mathcal{X}_{L+1}, \mathcal{X}_{L+2}, \cdots, \mathcal{X}_{L+T}\}$, 其均值为 $\overline{\mathcal{X}}_{\text{new}} = \dfrac{1}{L+T}\sum\limits_{i=1}^{L+T}\mathcal{X}_i$, $\mathcal{X} = \{\mathcal{X}_{\text{old}}, \mathcal{X}_{\text{new}}\}$, $\boldsymbol{\Phi}_{L+T,k}^{(n)} := \sum\limits_{m=1}^{L+T}(\boldsymbol{X}_{m(n)} - \overline{\boldsymbol{X}}_{(n)})\widehat{\boldsymbol{U}}_k^{(n)}\widehat{\boldsymbol{U}}_k^{(n)\mathrm{T}}(\boldsymbol{X}_{m(n)} - \overline{\boldsymbol{X}}_{(n)})^{\mathrm{T}}$. 对于数据集 $\mathcal{X} = \{\mathcal{X}_{\text{old}}, \mathcal{X}_{\text{new}}\}$, 如果我们直接运行离线 MPCA 从初始点 $(\boldsymbol{U}_0^{(1)}, \cdots, \boldsymbol{U}_0^{(N)})$ 得到新点 $(\boldsymbol{U}_1^{(1)}, \cdots, \boldsymbol{U}_1^{(N)})$, 那么我们必须计算 $2(L+T)$ 次矩阵乘法计算 $\boldsymbol{\Phi}_{L+T,k}^{(n)}$ [10]. 在在线环境下, 这是不可能的. 为了处理在线降维问题, 在下边的定理 3-1 中, 我们讨论 $\boldsymbol{\Phi}_{L,k}^{(n)}$ 和 $\boldsymbol{\Phi}_{L+T,k}^{(n)}$ 之间的关系.

定理 3-1 对于 $n = 1, 2, \cdots, N$, 下面的等式成立:

$$\boldsymbol{\Phi}_{L+T,k}^{(n)} = \boldsymbol{\Phi}_{L,k}^{(n)} + \boldsymbol{\Phi}_{\text{new},k}^{(n)} + \frac{LT}{L+T}\left(\overline{\boldsymbol{X}}_{\text{new}(n)} - \overline{\boldsymbol{X}}_{\text{old}(n)}\right)\widehat{\boldsymbol{U}}_k^{(n)}\widehat{\boldsymbol{U}}_k^{(n)\mathrm{T}}\left(\overline{\boldsymbol{X}}_{\text{new}(n)} - \overline{\boldsymbol{X}}_{\text{old}(n)}\right)^{\mathrm{T}} \tag{3-2-1}$$

其中 $\boldsymbol{\Phi}_{\text{new},k}^{(n)} := \sum\limits_{m=L+1}^{L+T}(\boldsymbol{X}_{m(n)} - \overline{\boldsymbol{X}}_{\text{new}(n)})\widehat{\boldsymbol{U}}_k^{(n)}\widehat{\boldsymbol{U}}_k^{(n)\mathrm{T}}(\boldsymbol{X}_{m(n)} - \overline{\boldsymbol{X}}_{\text{new}(n)})^{\mathrm{T}}$, $\overline{\mathcal{X}}_{\text{new}} = \dfrac{1}{L+T}\sum\limits_{i=1}^{L+T}\mathcal{X}_i$.

证明 设 $\boldsymbol{X}_{m,k}^{(n)} := \boldsymbol{X}_{m(n)}\widehat{\boldsymbol{U}}_k^{(n)}, m = 1, \cdots, L+T$, $\overline{\boldsymbol{X}}_{\text{old},k}^{(n)} := \overline{\boldsymbol{X}}_{\text{old}(n)}\widehat{\boldsymbol{U}}_k^{(n)}$, $\overline{\boldsymbol{X}}_{\text{new},k}^{(n)} := \overline{\boldsymbol{X}}_{\text{new}(n)}\widehat{\boldsymbol{U}}_k^{(n)}$. 由

$$\begin{aligned}
&\sum_{m=1}^{L}(\boldsymbol{X}_{m,k}^{(n)} - \overline{\boldsymbol{X}}^{(n)})(\boldsymbol{X}_{m,k}^{(n)} - \overline{\boldsymbol{X}}^{(n)})^{\mathrm{T}} \\
=&\sum_{m=1}^{L}(\boldsymbol{X}_{m,k}^{(n)} - \overline{\boldsymbol{X}}_{\text{old},k}^{(n)} + \overline{\boldsymbol{X}}_{\text{old},k}^{(n)} - \overline{\boldsymbol{X}}^{(n)})(\boldsymbol{X}_{m,k}^{(n)} - \overline{\boldsymbol{X}}_{\text{old},k}^{(n)} + \overline{\boldsymbol{X}}_{\text{old},k}^{(n)} - \overline{\boldsymbol{X}}^{(n)})^{\mathrm{T}}
\end{aligned}$$

$$
\begin{aligned}
&= \boldsymbol{\varPhi}_{L,k}^{(n)} + \sum_{m=1}^{L} (\boldsymbol{X}_{m,k}^{(n)} - \overline{\boldsymbol{X}}_{\text{old},k}^{(n)})(\overline{\boldsymbol{X}}_{\text{old},k}^{(n)} - \overline{\boldsymbol{X}}^{(n)})^{\mathrm{T}} + \sum_{m=1}^{L}(\overline{\boldsymbol{X}}_{\text{old},k}^{(n)} - \overline{\boldsymbol{X}}^{(n)}) \\
&\quad \times (\boldsymbol{X}_{m,k}^{(n)} - \overline{\boldsymbol{X}}_{\text{old},k}^{(n)})^{\mathrm{T}} + \sum_{m=1}^{L} (\overline{\boldsymbol{X}}_{\text{old},k}^{(n)} - \overline{\boldsymbol{X}}^{(n)})(\overline{\boldsymbol{X}}_{\text{old},k}^{(n)} - \overline{\boldsymbol{X}}^{(n)})^{\mathrm{T}} \\
&= \boldsymbol{\varPhi}_{L,k}^{(n)} + L(\overline{\boldsymbol{X}}_{\text{old},k}^{(n)} - \overline{\boldsymbol{X}}^{(n)})(\overline{\boldsymbol{X}}_{\text{old},k}^{(n)} - \overline{\boldsymbol{X}}^{(n)})^{\mathrm{T}} \\
&= \boldsymbol{\varPhi}_{L,k}^{(n)} + L\left(\overline{\boldsymbol{X}}_{\text{old},k}^{(n)} - \frac{L\overline{\boldsymbol{X}}_{\text{old},k}^{(n)} + T\overline{\boldsymbol{X}}_{\text{new},k}^{(n)}}{L+T}\right)\left(\overline{\boldsymbol{X}}_{\text{old},k}^{(n)} - \frac{L\overline{\boldsymbol{X}}_{\text{old},k}^{(n)} + T\overline{\boldsymbol{X}}_{\text{new},k}^{(n)}}{L+T}\right)^{\mathrm{T}} \\
&= \boldsymbol{\varPhi}_{L,k}^{(n)} + \frac{LT^2}{(L+T)^2}(\overline{\boldsymbol{X}}_{\text{new},k}^{(n)} - \overline{\boldsymbol{X}}_{\text{old},k}^{(n)})(\overline{\boldsymbol{X}}_{\text{new},k}^{(n)} - \overline{\boldsymbol{X}}_{\text{old},k}^{(n)})^{\mathrm{T}}
\end{aligned} \tag{3-2-2}
$$

$$
\begin{aligned}
&\sum_{m=L+1}^{L+T} (\boldsymbol{X}_{m,k}^{(n)} - \overline{\boldsymbol{X}}^{(n)})(\boldsymbol{X}_{m,k}^{(n)} - \overline{\boldsymbol{X}}^{(n)})^{\mathrm{T}} \\
&= \boldsymbol{\varPhi}_{\text{new},k}^{(n)} + T(\overline{\boldsymbol{X}}_{\text{new},k}^{(n)} - \overline{\boldsymbol{X}}^{(n)})(\overline{\boldsymbol{X}}_{\text{new},k}^{(n)} - \overline{\boldsymbol{X}}^{(n)})^{\mathrm{T}} \\
&= \boldsymbol{\varPhi}_{\text{new},k}^{(n)} + T\left(\overline{\boldsymbol{X}}_{\text{new},k}^{(n)} - \frac{L\overline{\boldsymbol{X}}_{\text{old},k}^{(n)} + T\overline{\boldsymbol{X}}_{\text{new},k}^{(n)}}{L+T}\right)\left(\overline{\boldsymbol{X}}_{\text{new},k}^{(n)} - \frac{L\overline{\boldsymbol{X}}_{\text{old},k}^{(n)} + T\overline{\boldsymbol{X}}_{\text{new},k}^{(n)}}{L+T}\right)^{\mathrm{T}} \\
&= \boldsymbol{\varPhi}_{\text{new},k}^{(n)} + \frac{TL^2}{(L+T)^2}(\boldsymbol{X}_{\text{new},k}^{(n)} - \overline{\boldsymbol{X}}_{\text{old},k}^{(n)})(\boldsymbol{X}_{\text{new},k}^{(n)} - \overline{\boldsymbol{X}}_{\text{old},k}^{(n)})^{\mathrm{T}}
\end{aligned} \tag{3-2-3}
$$

我们可以得到

$$
\begin{aligned}
\boldsymbol{\varPhi}_{L+T,k}^{(n)} &= \sum_{m=1}^{L+T} (\boldsymbol{X}_{m(n)} - \overline{\boldsymbol{X}}_{(n)})\widehat{\boldsymbol{U}}_k^{(n)}\widehat{\boldsymbol{U}}_k^{(n)\mathrm{T}}(\boldsymbol{X}_{m(n)} - \overline{\boldsymbol{X}}_{(n)})^{\mathrm{T}} \\
&= \sum_{m=1}^{L} (\boldsymbol{X}_{m,k}^{(n)} - \overline{\boldsymbol{X}}^{(n)})(\boldsymbol{X}_{m,k}^{(n)} - \overline{\boldsymbol{X}}^{(n)})^{\mathrm{T}} \\
&\quad + \sum_{m=L+1}^{L+T} (\boldsymbol{X}_{m,k}^{(n)} - \overline{\boldsymbol{X}}^{(n)})(\boldsymbol{X}_{m,k}^{(n)} - \overline{\boldsymbol{X}}^{(n)})^{\mathrm{T}} \\
&= \boldsymbol{\varPhi}_{L,k}^{(n)} + \boldsymbol{\varPhi}_{\text{new},k}^{(n)} + \frac{LT}{L+T}(\boldsymbol{X}_{\text{new},k}^{(n)} - \overline{\boldsymbol{X}}_{\text{old},k}^{(n)})(\boldsymbol{X}_{\text{new},k}^{(n)} - \overline{\boldsymbol{X}}_{\text{old},k}^{(n)})^{\mathrm{T}}
\end{aligned} \tag{3-2-4}
$$

定理 3-1 表明: 如果 $\boldsymbol{\varPhi}_{L,k}^{(n)}$ 的计算与 L 无关的话, 那么我们将能快速地计

算 $\boldsymbol{\Phi}_{L+T,k}^{(n)}$. 基于这个观察, 我们用 $\boldsymbol{\Phi}_{L+T,k-1}^{(n)} \approx \sum_{i=1}^{P_n} \lambda_{i,k-1}^{(n)} \boldsymbol{u}_{i,k-1}^{(n)} (\boldsymbol{u}_{i,k-1}^{(n)})^{\mathrm{T}}$ 代替 $\boldsymbol{\Phi}_{L,k}^{(n)} \approx \sum_{i=1}^{P_n} \lambda_{i,k-1}^{(n)} \boldsymbol{u}_{i,k-1}^{(n)} (\boldsymbol{u}_{i,k-1}^{(n)})^{\mathrm{T}}$, 从而给出下面的 OMPCA 算法 (算法 3-3)[10].

算法 3-3 OMPCA 算法

输入: 新样本 $\mathcal{X}_{L+1}, \mathcal{X}_{L+2}, \cdots, \mathcal{X}_{L+T}$; $[\lambda_{1,0}^{(n)}, \lambda_{2,0}^{(n)}, \cdots, \lambda_{p_n,0}^{(n)}]$ 和 $[u_{1,0}^{(n)}, u_{2,0}^{(n)}, \cdots, u_{p_n,0}^{(n)}]$ 的初值.

For $k = 0, 1, 2, \cdots$

　For $n = 1, 2, \cdots, N$

　　$z_{i,k+1}^{(n)} = \sqrt{\lambda_{i,k}^{(n)}} u_{i,k}^{(n)}, i = 1, 2, \cdots, p_n$;

　　$\widehat{\boldsymbol{U}}_k^{(n)} = \boldsymbol{U}_k^{(n+1)} \otimes \cdots \otimes \boldsymbol{U}_k^{(N)} \otimes \boldsymbol{U}_{k+1}^{(1)} \otimes \cdots \otimes \boldsymbol{U}_{k+1}^{(n-1)}$;

$$\boldsymbol{Z}_{p_n+1,k+1}^{(n)} = \left[\boldsymbol{X}_{L+1(n)} - \overline{\boldsymbol{X}}_{\mathrm{new}(n)}, \cdots, \boldsymbol{X}_{L+T(n)} - \overline{\boldsymbol{X}}_{\mathrm{new}(n)}, \sqrt{\frac{LT}{L+T}} (\overline{\boldsymbol{X}}_{\mathrm{new}(n)} - \overline{\boldsymbol{X}}_{\mathrm{old}(n)})\right] \widehat{\boldsymbol{U}}_k^{(n)};$$

　　$\boldsymbol{A}_{k+1}^{(n)} = [\boldsymbol{Z}_{1,k+1}^{(n)}, \boldsymbol{Z}_{2,k+1}^{(n)}, \cdots, \boldsymbol{Z}_{p_n+1,k+1}^{(n)}]$;

　　$\boldsymbol{B}_{k+1}^{(n)} = \boldsymbol{A}_{k+1}^{(n)} (\boldsymbol{A}_{k+1}^{(n)})^{\mathrm{T}}$;

　　对 $\boldsymbol{B}_{k+1}^{(n)}$ 进行特征分解得到前 P_n 个最大的特征值 $\{\lambda_{i,k+1}^{(n)}\}_{i=1}^{P_n}$ 和相应的特征向量 $\{\boldsymbol{u}_{i,k+1}^{(n)}\}_{i=1}^{P_n}$, 从而得到新的因子矩阵 $\boldsymbol{U}_{k+1}^{(n)} = [\boldsymbol{u}_{1,k+1}^{(n)}, \boldsymbol{u}_{2,k+1}^{(n)}, \cdots, \boldsymbol{u}_{p_n,k+1}^{(n)}]$;

　End For

　If $\dfrac{\left|\Psi(\boldsymbol{U}_{k+1}^{(1)}, \cdots, \boldsymbol{U}_{k+1}^{(N)}) - \Psi(\boldsymbol{U}_k^{(1)}, \cdots, \boldsymbol{U}_k^{(N)})\right|}{\Psi(\boldsymbol{U}_k^{(1)}, \cdots, \boldsymbol{U}_k^{(N)})} < \eta$,

　then $\left\{\mathcal{Y}_m = \mathcal{X}_m \times_1 \boldsymbol{U}_{k+1}^{(1)\mathrm{T}} \times_2 \boldsymbol{U}_{k+1}^{(2)\mathrm{T}} \times_3 \cdots \times_N \boldsymbol{U}_{k+1}^{(N)\mathrm{T}}, m = 1, \cdots, L+T\right\}$;

End For

定理 3-2 设 $\{(\lambda_{1,k}^{(1)}, \cdots, \lambda_{p_n,k}^{(1)}, \cdots, \lambda_{1,k}^{(N)}, \cdots, \lambda_{p_n,k}^{(N)}, \boldsymbol{U}_k^{(1)}, \cdots, \boldsymbol{U}_k^{(N)})\}$是由 OMPCA 生成的序列, $\{(\lambda_{1,*}^{(1)}, \cdots, \lambda_{p_n,*}^{(1)}, \cdots, \lambda_{1,*}^{(N)}, \cdots, \lambda_{p_n,*}^{(N)}, \boldsymbol{U}_*^{(1)}, \cdots, \boldsymbol{U}_*^{(N)})\}$ 是该序列的极限. 对于 $n = 1, 2, \cdots, N$, 记

$$\widehat{\boldsymbol{U}}_*^{(n)} := \boldsymbol{U}_*^{(n+1)} \otimes \cdots \otimes \boldsymbol{U}_*^{(N)} \otimes \boldsymbol{U}_*^{(1)} \otimes \cdots \otimes \boldsymbol{U}_*^{(n-1)} \tag{3-2-5}$$

$$\boldsymbol{\Phi}_{\mathrm{new},*}^{(n)} := \sum_{m=L+1}^{L+T} (\boldsymbol{X}_{m(n)} - \overline{\boldsymbol{X}}_{\mathrm{new}(n)}) \widehat{\boldsymbol{U}}_*^{(n)} \cdot \widehat{\boldsymbol{U}}_*^{(n)\mathrm{T}} (\boldsymbol{X}_{m(n)} - \overline{\boldsymbol{X}}_{\mathrm{new}(n)})^{\mathrm{T}} \tag{3-2-6}$$

$$\boldsymbol{\Phi}_{L,*}^{(n)} := \sum_{m=1}^{L} (\boldsymbol{X}_{m(n)} - \overline{\boldsymbol{X}}_{\mathrm{new}(n)}) \widehat{\boldsymbol{U}}_*^{(n)} \cdot \widehat{\boldsymbol{U}}_*^{(n)\mathrm{T}} (\boldsymbol{X}_{m(n)} - \overline{\boldsymbol{X}}_{\mathrm{new}(n)})^{\mathrm{T}} \tag{3-2-7}$$

如果 $\boldsymbol{\Phi}_{L,*}^{(n)}=\sum_{i=1}^{p_n}\lambda_{i,*}^{(n)}\boldsymbol{u}_{i,*}^{(n)}(\boldsymbol{u}_{i,*}^{(n)})^{\mathrm{T}}$ 那么 $\left(\boldsymbol{U}_*^{(1)},\cdots,\boldsymbol{U}_*^{(N)}\right)$ 是规模为 $M=L+T$ 的优化问题 (3-1-2) 的稳定点.

证明 设 $\boldsymbol{U}_{k+1}^{(n)}$ 是优化问题 $\arg\max_{\boldsymbol{U}^{(n)\mathrm{T}}\boldsymbol{U}^{(n)}=\boldsymbol{I}^{(n)}}\left\langle\boldsymbol{U}^{(n)},\boldsymbol{B}_{k+1}^{(n)}\boldsymbol{U}^{(n)}\right\rangle$ 的最优解. 根据文献 [11] 我们知道: 存在拉格朗日乘子矩阵 $\boldsymbol{\Lambda}_{k+1}^{(n)}$, 使得下式成立

$$\boldsymbol{B}_{k+1}^{(n)}\boldsymbol{U}_{k+1}^{(n)}+\boldsymbol{U}_{k+1}^{(n)}\boldsymbol{\Lambda}_{k+1}^{(n)}=\boldsymbol{0},\quad \boldsymbol{U}_{k+1}^{(n)\mathrm{T}}\boldsymbol{U}_{k+1}^{(n)}=\boldsymbol{I}^{(n)} \tag{3-2-8}$$

当 $k\to\infty$ 时, 我们有

$$\boldsymbol{U}_*^{(n)}\left(\boldsymbol{\Lambda}_*^{(n)}\right)^{\mathrm{T}}+\boldsymbol{B}_*^{(n)}\boldsymbol{U}_*^{(n)}=\boldsymbol{0},\quad \left(\boldsymbol{U}_*^{(n)}\right)^{\mathrm{T}}\boldsymbol{U}_*^{(n)}=\boldsymbol{I}^{(n)} \tag{3-2-9}$$

由 $\boldsymbol{\Phi}_{L+T,*}^{(n)}=\boldsymbol{\Phi}_{L,*}^{(n)}+\boldsymbol{\Phi}_{\mathrm{new},*}^{(n)}+\dfrac{LT}{L+T}\left(\overline{\boldsymbol{X}}_{\mathrm{new}(n)}-\overline{\boldsymbol{X}}_{\mathrm{old}(n)}\right)\widehat{\boldsymbol{U}}_*^{(n)}\widehat{\boldsymbol{U}}_*^{(n)\mathrm{T}}\left(\overline{\boldsymbol{X}}_{\mathrm{new}(n)}-\overline{\boldsymbol{X}}_{\mathrm{old}(n)}\right)^{\mathrm{T}}$, $\boldsymbol{\Phi}_{L,*}^{(n)}=\sum_{i=1}^{p_n}\lambda_{i,*}^{(n)}\boldsymbol{u}_{i,*}^{(n)}(\boldsymbol{u}_{i,*}^{(n)})^{\mathrm{T}}$ 和 $\boldsymbol{B}_{k+1}^{(n)}$ 的定义, 我们知道 $\lim_{k\to\infty}\boldsymbol{B}_{k+1}^{(n)}=\boldsymbol{\Phi}_{L+T,*}^{(n)}$ 从而

$$\boldsymbol{U}_*^{(n)}\left(\boldsymbol{\Lambda}_*^{(n)}\right)^{\mathrm{T}}+\boldsymbol{\Phi}_{L+T,*}^{(n)}\boldsymbol{U}_*^{(n)}=\boldsymbol{0},\quad \left(\boldsymbol{U}_*^{(n)}\right)^{\mathrm{T}}\boldsymbol{U}_*^{(n)}=\boldsymbol{I}^{(n)},\quad n=1,\cdots,N \tag{3-2-10}$$

上式表明: $\left(\boldsymbol{U}_*^{(1)},\cdots,\boldsymbol{U}_*^{(N)}\right)$ 是优化问题 (3-1-2) 的稳定点.

为了验证 OMPCA 的有效性, 我们在四个数据库 Yale-B, ORL, CMU PIE 和 USF HumanID 上进行实验, 其中人脸数据分别来自网站 http://cvc.cs.yale.edu/cvc/projects/yalefaces/yalefaces.html, https://cam-orl.co.uk/facedatabase.html 和 https://www.ri.cmu.edu/publications/the-cmu-pose-illumination-and-expression-pie-database-of-human-faces/, 步态数据来自网站 http://www.eng.usf.edu/cvprg/, 数据集的详细信息列在表 3-1 中.

为了更好地理解实验数据的张量结构, 我们从四个数据库中分别抽取一个样本显示在图 3-1 和图 3-2 中.

为了说明 OMPCA 的性能, 我们在 12 个数据集上做了实验, 初始训练样本数、缩减维数、信息保留率和降维时间等信息列在表 3-2 中. 其中, 缩减维数、信息保留率和降维时间是 5 次实验的平均值.

从表 3-2 可以看出, 就缩减维数而言, OMPCA 与 MPCA 几乎是一样的. 这说明所提出的在线学习算法具有很好的降维性能. 就降维时间而言, OMPCA 明显超越了 MPCA. 对于高阶张量 (USFGait17_32×22×10, USFGait17_64×44×20, USFGait17_128×88×20), 这种优势更加明显.

表 3-1 实验数据集的信息

数据源	数据集	样本数	类别数	样本尺度
Yale-B	Yale32×32	165	15	32×32
	Yale64×64	165	15	64×64
ORL	ORL32×32	400	40	32×32
	ORL64×64	400	40	64×64
CMU PIE	C05	3332	68	64×64
	C07	1629	68	64×64
	C09	1632	68	64×64
	C27	1632	68	64×64
	C29	1632	68	64×64
USF HumanID	USFGait17_32×22×10	731	71	32×22×10
	USFGait17_64×44×20	731	71	64×44×20
	USFGait17_128×88×20	731	71	128×88×20

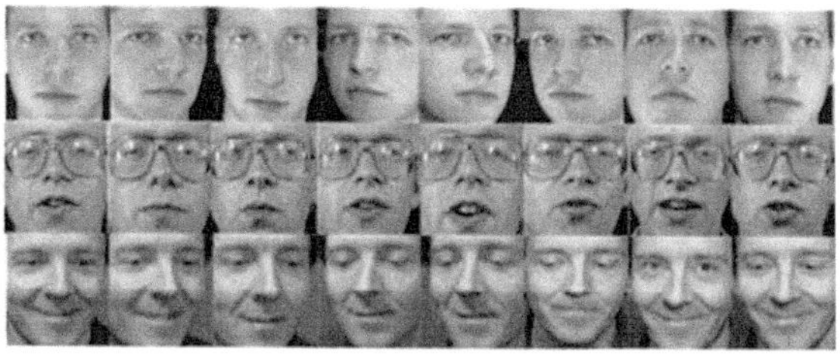

(a) ORL64×64样本

(b) CO7 样本

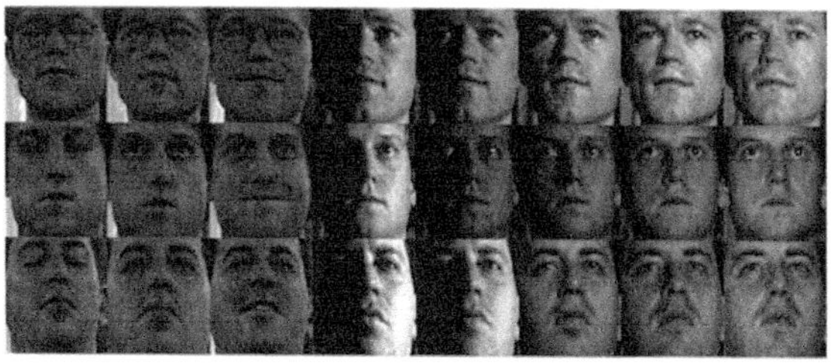

(c) Yale64×64样本

图 3-1 人脸识别数据

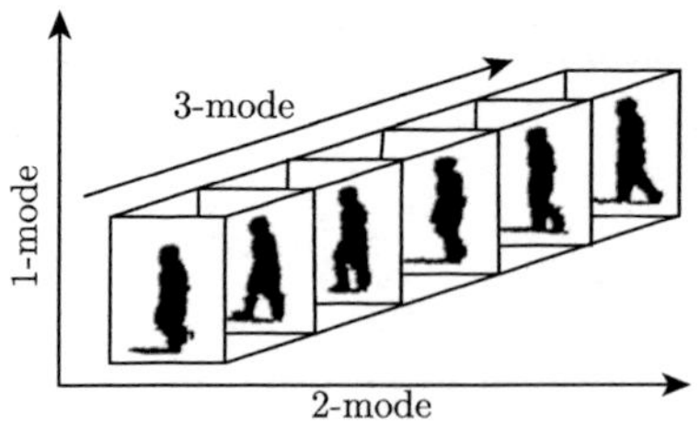

图 3-2　步态数据

表 3-2　OMPCA 和 MPCA 的实验结果比较

数据集 (初始训练样本数)	算法	缩减维数	信息保留率/%	降维时间/秒
Yale32×32(135)	MPCA	[21,20]	96.537	0.187
	OMPCA	[21,20]	96.536	**0.004**
Yale64×64(135)	MPCA	[24,23]	96.746	0.927
	OMPCA	[24,23]	96.744	**0.006**
ORL32×32(360)	MPCA	[23,23]	96.513	0.434
	OMPCA	[23,23]	96.511	**0.006**
ORL64×64(360)	MPCA	[26,30]	96.578	1.800
	OMPCA	[26,30]	96.577	**0.013**
C05(2992)	MPCA	[24,25]	96.690	13.354
	OMPCA	[24,26]	96.729	**0.088**
C07(1425)	MPCA	[22,23]	96.747	6.740
	OMPCA	[22,23]	96.747	**0.057**
C09(1428)	MPCA	[18,19]	96.850	6.707
	OMPCA	[18,19]	96.850	**0.045**
C27(1428)	MPCA	[20,20]	96.829	6.719
	OMPCA	[20,20]	96.829	**0.054**
C29(1428)	MPCA	[20,20]	96.829	6.770
	OMPCA	[20,20]	96.829	**0.054**
USFGait17_32×22×10(630)	MPCA	[25,14,10]	93.761	9.169
	OMPCA	[26,15,10]	95.024	**0.258**
USFGait17_64×44×20(630)	MPCA	[45,25,19]	93.248	103.069
	OMPCA	[45,26,18]	93.813	**1.885**
USFGait17_128×88×20(630)	MPCA	[69,41,19]	93.305	1075.429
	OMPCA	[71,42,19]	94.259	**13.001**

3.3　张量线性判别分析算法

基于张量的 Tucker 分解, 2004 年, Ye 把 LDA 从一阶张量推广到二阶张量, 提出了 2D-LDA 算法[12]. 2007 年, Yan 和 Tao 把 2D-LDA 推广到高阶张量, 分别提出了 MDA (multilinear discriminant analysis) 算法[13] 和 GTDA (general tensor discriminant analysis) 算法[14]. 基于张量的 CP 分解和 Tucker 分解, 利用 DSDC 准则 (differential scatter discriminant criterion), 2006 年, Wang 提出了 DTROD (discriminant tensor rank-one decomposition) 算法[15], 2008 年, Tao 提出了 TR1DA (tensor rank one discriminant analysis) 算法和 KTR1DA (kernel tensor rank one discriminant analysis) 算法[16]. 从数学表示中可以看出, DTROD 算法和 TR1DA 算法是同一个算法. 在本节中, 我们首先详细地介绍 MDA 算法, 然后以此为基础, 给出其他算法的优化模型.

设 $\overline{\mathcal{X}} = \frac{1}{M}\sum_{m=1}^{M}\mathcal{X}_m$, $\overline{\mathcal{X}}_c = \frac{1}{M_c}\sum_{m=1,y_m=c}^{M}\mathcal{X}_m$,

$$\begin{aligned}\mathcal{Z}_c = &\left(\overline{\mathcal{X}}_c - \overline{\mathcal{X}}\right) \times_1 \boldsymbol{U}_1^{\mathrm{T}} \times_2 \boldsymbol{U}_2^{\mathrm{T}} \times_3 \cdots \\ &\times_{k-1} \boldsymbol{U}_{k-1}^{\mathrm{T}} \times_{k+1} \boldsymbol{U}_{k+1}^{\mathrm{T}} \times_{k+2} \cdots \times_N \boldsymbol{U}_N^{\mathrm{T}}\end{aligned} \tag{3-3-1}$$

$$\begin{aligned}\mathcal{Z}_m = &\left(\mathcal{X}_m - \overline{\mathcal{X}}_{y_m}\right) \times_1 \boldsymbol{U}_1^{\mathrm{T}} \times_2 \boldsymbol{U}_2^{\mathrm{T}} \times_3 \cdots \\ &\times_{k-1} \boldsymbol{U}_{k-1}^{\mathrm{T}} \times_{k+1} \boldsymbol{U}_{k+1}^{\mathrm{T}} \times_{k+2} \cdots \times_N \boldsymbol{U}_N^{\mathrm{T}}\end{aligned} \tag{3-3-2}$$

$$\boldsymbol{H}_k = \sum_{c=1}^{C} M_c \left(\mathcal{Z}_{c(k)} \left(\mathcal{Z}_{c(k)}\right)^{\mathrm{T}}\right) \tag{3-3-3}$$

$$\boldsymbol{Q}_k = \sum_{m=1}^{M} \left(\mathcal{Z}_{m(k)} \left(\mathcal{Z}_{m(k)}\right)^{\mathrm{T}}\right) \tag{3-3-4}$$

MDA 通过解下列优化问题得到投影矩阵 $\boldsymbol{U}_n$[13]:

$$\{\boldsymbol{U}_1^*, \boldsymbol{U}_2^*, \cdots, \boldsymbol{U}_N^*\} = \arg\max_{\boldsymbol{U}_1,\boldsymbol{U}_2,\cdots,\boldsymbol{U}_N} \Psi(\boldsymbol{U}_1, \boldsymbol{U}_2, \cdots, \boldsymbol{U}_N) \tag{3-3-5}$$

其中 $$\Psi(\boldsymbol{U}_1, \boldsymbol{U}_2, \cdots, \boldsymbol{U}_N) = \frac{\sum_{c=1}^{C} M_c \left\|\left(\overline{\mathcal{X}}_c - \overline{\mathcal{X}}\right) \times_1 \boldsymbol{U}_1^{\mathrm{T}} \times_2 \boldsymbol{U}_2^{\mathrm{T}} \times_3 \cdots \times_N \boldsymbol{U}_N^{\mathrm{T}}\right\|_F^2}{\sum_{m=1}^{M} \left\|\left(\mathcal{X}_m - \overline{\mathcal{X}}_{y_m}\right) \times_1 \boldsymbol{U}_1^{\mathrm{T}} \times_2 \boldsymbol{U}_2^{\mathrm{T}} \times_3 \cdots \times_N \boldsymbol{U}_N^{\mathrm{T}}\right\|_F^2},$$

该表达式中的分子表示类间散度矩阵, 分母表示类内散度矩阵. 优化问题 (3-3-5) 通过类间散度最大化和类内散度最小化抽取最优特征, 从而达到数据尽量可分的目的.

由

$$\begin{aligned}&\sum_{c=1}^{C} M_c \left\|\left(\overline{\mathcal{X}}_c - \overline{\mathcal{X}}\right) \times_1 \boldsymbol{U}_1^{\mathrm{T}} \times_2 \boldsymbol{U}_2^{\mathrm{T}} \times_3 \cdots \times_N \boldsymbol{U}_N^{\mathrm{T}}\right\|_F^2 \\ =&\sum_{c=1}^{C} M_c \left\|\mathcal{Z}_c \times_k \boldsymbol{U}_k^{\mathrm{T}}\right\|_F^2\end{aligned}$$

$$=\sum_{c=1}^{C} M_c\left\|\boldsymbol{U}_k^{\mathrm{T}}\mathcal{Z}_{c(k)}\right\|_F^2=\sum_{c=1}^{C} M_c\operatorname{tr}\left(\boldsymbol{U}_k^{\mathrm{T}}\mathcal{Z}_{c(k)}\left(\mathcal{Z}_{c(k)}\right)^{\mathrm{T}}\boldsymbol{U}_k\right)$$

$$=\operatorname{tr}\left(\boldsymbol{U}_k^{\mathrm{T}}\sum_{c=1}^{C} M_c\left(\mathcal{Z}_{c(k)}\left(\mathcal{Z}_{c(k)}\right)^{\mathrm{T}}\right)\boldsymbol{U}_k\right)=\operatorname{tr}\left(\boldsymbol{U}_k^{\mathrm{T}}\boldsymbol{H}_k\boldsymbol{U}_k\right) \tag{3-3-6}$$

$$\begin{aligned}&\sum_{m=1}^{M}\left\|\left(\mathcal{X}_m-\overline{\mathcal{X}}_{y_m}\right)\times_1\boldsymbol{U}_1^{\mathrm{T}}\times_2\boldsymbol{U}_2^{\mathrm{T}}\times_3\cdots\times_N\boldsymbol{U}_N^{\mathrm{T}}\right\|_F^2\\&=\sum_{m=1}^{M}\left\|\mathcal{Z}_m\times_k\boldsymbol{U}_k^{\mathrm{T}}\right\|_F^2\\&=\sum_{m=1}^{M}\left\|\boldsymbol{U}_k^{\mathrm{T}}\mathcal{Z}_{m(k)}\right\|_F^2=\sum_{m=1}^{M}\operatorname{tr}\left(\boldsymbol{U}_k^{\mathrm{T}}\mathcal{Z}_{m(k)}\left(\mathcal{Z}_{m(k)}\right)^{\mathrm{T}}\boldsymbol{U}_k\right)\\&=\operatorname{tr}\left(\boldsymbol{U}_k^{\mathrm{T}}\sum_{m=1}^{M}\left(\mathcal{Z}_{m(k)}\left(\mathcal{Z}_{m(k)}\right)^{\mathrm{T}}\right)\boldsymbol{U}_k\right)=\operatorname{tr}\left(\boldsymbol{U}_k^{\mathrm{T}}\boldsymbol{Q}_k\boldsymbol{U}_k\right)\end{aligned} \tag{3-3-7}$$

可知, MDA 算法的数学模型可以写成下列形式:

$$\left\{\boldsymbol{U}_1^*,\boldsymbol{U}_2^*,\cdots,\boldsymbol{U}_N^*\right\}=\arg\max_{\boldsymbol{U}_1,\boldsymbol{U}_2,\cdots,\boldsymbol{U}_N} J\left(\boldsymbol{U}_1,\boldsymbol{U}_2,\cdots,\boldsymbol{U}_N\right)=\frac{\operatorname{tr}\left(\boldsymbol{U}_k^{\mathrm{T}}\boldsymbol{H}_k\boldsymbol{U}_k\right)}{\operatorname{tr}\left(\boldsymbol{U}_k^{\mathrm{T}}\boldsymbol{Q}_k\boldsymbol{U}_k\right)} \tag{3-3-8}$$

显然, 最优因子矩阵 $\boldsymbol{U}_k$ 通过求广义特征值问题 $\boldsymbol{H}_k\boldsymbol{u}=\lambda\boldsymbol{Q}_k\boldsymbol{u}$ 的前 P_k 个最大特征值对应的特征向量得到. 当 $\mathcal{X}_m$ 为二阶张量时, DATER 算法就退化到 2D-LDA 算法.

GTDA 算法通过解下列优化问题求因子矩阵 $\boldsymbol{U}_k$[14]:

$$\begin{aligned}\left\{\boldsymbol{U}_1^*,\boldsymbol{U}_2^*,\cdots,\boldsymbol{U}_N^*\right\}&=\arg\max_{\boldsymbol{U}_1,\boldsymbol{U}_2,\cdots,\boldsymbol{U}_N} J\left(\boldsymbol{U}_1,\boldsymbol{U}_2,\cdots,\boldsymbol{U}_N\right)\\&=\operatorname{tr}(\boldsymbol{U}_k^{\mathrm{T}}\left(\boldsymbol{H}_k-\zeta\boldsymbol{Q}_k\right)\boldsymbol{U}_k)\end{aligned} \tag{3-3-9}$$

令 $\overline{\mathcal{X}}^r=\dfrac{1}{M}\sum\limits_{m=1}^{M}\mathcal{X}_m^r,\ \overline{\mathcal{X}}_c^r=\dfrac{1}{M_c}\sum\limits_{m=1,y_m=c}^{M}\mathcal{X}_m^r,$

$$\mathcal{X}_m^r=\mathcal{X}_m^{r-1}-\lambda_{m,r-1}\boldsymbol{u}_{1,r-1}\circ\boldsymbol{u}_{2,r-1}\circ\cdots\circ\boldsymbol{u}_{N,r-1} \tag{3-3-10}$$

$$\lambda_{mr-1}=\mathcal{X}_m^{r-1}\times_1\boldsymbol{u}_{1,r-1}^{\mathrm{T}}\times_2\boldsymbol{u}_{2,r-1}^{\mathrm{T}}\times_3\cdots\times_N\boldsymbol{u}_{N,r-1}^{\mathrm{T}} \tag{3-3-11}$$

$$\begin{aligned}\mathcal{Z}_c^r =& (\overline{\mathcal{X}}_c^r - \overline{\mathcal{X}}^r) \times_1 \boldsymbol{u}_{1r}^{\mathrm{T}} \times_2 \boldsymbol{u}_{2r}^{\mathrm{T}} \times_3 \cdots \\ & \times_{k-1} \boldsymbol{u}_{k-1,r}^{\mathrm{T}} \times_{k+1} \boldsymbol{u}_{k+1,r}^{\mathrm{T}} \times_{k+2} \cdots \times_N \boldsymbol{u}_{Nr}^{\mathrm{T}}\end{aligned} \tag{3-3-12}$$

$$\begin{aligned}\mathcal{Z}_m^r =& (\mathcal{X}_m^r - \overline{\mathcal{X}}_{y_m}^r) \times_1 \boldsymbol{u}_{1r}^{\mathrm{T}} \times_2 \boldsymbol{u}_{2r}^{\mathrm{T}} \times_3 \cdots \\ & \times_{k-1} \boldsymbol{u}_{k-1,r}^{\mathrm{T}} \times_{k+1} \boldsymbol{u}_{k+1,r}^{\mathrm{T}} \times_{k+2} \cdots \times_N \boldsymbol{u}_{Nr}^{\mathrm{T}}\end{aligned} \tag{3-3-13}$$

$$\boldsymbol{H}_k^r = \sum_{c=1}^{C} M_c \left(\mathcal{Z}_{c(k)}^r \left(\mathcal{Z}_{c(k)}^r \right)^{\mathrm{T}} \right) \tag{3-3-14}$$

$$\boldsymbol{Q}_k^r = \sum_{m=1}^{M} \left(\mathcal{Z}_{m(k)}^r \left(\mathcal{Z}_{m(k)}^r \right)^{\mathrm{T}} \right) \tag{3-3-15}$$

基于 DSDC 准则, DTROD/TR1DA 算法通过解下列优化问题求 $\boldsymbol{u}_{kr}$[15,16]:

$$\boldsymbol{u}_{kr}^* = \arg\max_{\boldsymbol{u}_{kr}} J(\boldsymbol{u}_{kr}) = \mathrm{tr}\left(\boldsymbol{u}_{kr}^{\mathrm{T}} \left(\boldsymbol{H}_k^r - \zeta \boldsymbol{Q}_k^r \right) \boldsymbol{u}_{kr} \right) \tag{3-3-16}$$

基于同样的思想和核技巧, 该算法很容易推广到图嵌入情形和非线性情形, 具体的细节请参考文献 [16].

3.4 多线性非相关判别分析

2009 年, 为了抽取不相关的特征, Lu 提出了多线性非相关判别分析 UMLDA (uncorrelated multilinear discriminant analysis) 算法[17].

设 $\mathcal{X}_m$ 是中心化后的张量数据.

$$\begin{aligned}\boldsymbol{z}_c^p =& \overline{\mathcal{X}}_c \times_1 (\boldsymbol{u}_1^p)^{\mathrm{T}} \times_2 (\boldsymbol{u}_2^p)^{\mathrm{T}} \times_3 \cdots \times_{n-1} \left(\boldsymbol{u}_{n-1}^p\right)^{\mathrm{T}} \\ & \times_{n+1} \left(\boldsymbol{u}_{n+1}^p\right)^{\mathrm{T}} \times_{n+2} \cdots \times_N (\boldsymbol{u}_N^p)^{\mathrm{T}}\end{aligned} \tag{3-4-1}$$

$$\begin{aligned}\boldsymbol{z}_m^p =& \left(\mathcal{X}_m - \overline{\mathcal{X}}_{l_m} \right) \times_1 (\boldsymbol{u}_1^p)^{\mathrm{T}} \times_2 (\boldsymbol{u}_2^p)^{\mathrm{T}} \times_3 \cdots \\ & \times_{n-1} \left(\boldsymbol{u}_{n-1}^p\right)^{\mathrm{T}} \times_{n+1} \left(\boldsymbol{u}_{n+1}^p\right)^{\mathrm{T}} \times_{n+2} \cdots \times_N (\boldsymbol{u}_N^p)^{\mathrm{T}}\end{aligned} \tag{3-4-2}$$

$$\boldsymbol{H}_n^p = \sum_{c=1}^{C} M_c \left(\boldsymbol{z}_c^p \left(\boldsymbol{z}_c^p \right)^{\mathrm{T}} \right) \tag{3-4-3}$$

$$\boldsymbol{Q}_n^p = \sum_{m=1}^{M} \boldsymbol{z}_m^p \left(\boldsymbol{z}_m^p \right)^{\mathrm{T}} \tag{3-4-4}$$

$$y_m^p = \mathcal{X}_m \times_1 (\boldsymbol{u}_1^p)^{\mathrm{T}} \times_2 (\boldsymbol{u}_2^p)^{\mathrm{T}} \times_3 \cdots \times_N (\boldsymbol{u}_N^p)^{\mathrm{T}} \tag{3-4-5}$$

$$\boldsymbol{y}_p = (y_1^p, y_2^p, \cdots, y_M^p) \tag{3-4-6}$$

$$\overline{y}_c^p = \overline{\mathcal{X}}_c \times_1 (\boldsymbol{u}_1^p)^{\mathrm{T}} \times_2 (\boldsymbol{u}_2^p)^{\mathrm{T}} \times_3 \cdots \times_N (\boldsymbol{u}_N^p)^{\mathrm{T}} \tag{3-4-7}$$

$$\overline{y}_{l_m}^p = \overline{\mathcal{X}}_{l_m} \times_1 (\boldsymbol{u}_1^p)^{\mathrm{T}} \times_2 (\boldsymbol{u}_2^p)^{\mathrm{T}} \times_3 \cdots \times_N (\boldsymbol{u}_N^p)^{\mathrm{T}} \tag{3-4-8}$$

其中 $\overline{\mathcal{X}}_c = \dfrac{1}{M_c} \sum\limits_{m=1, y_m=c}^{M} \mathcal{X}_m$.

UMLDA 算法的数学模型如下

$$\{\boldsymbol{u}_1^p, \boldsymbol{u}_2^p, \cdots, \boldsymbol{u}_N^p\} = \arg \max_{\boldsymbol{u}_1^p, \boldsymbol{u}_2^p, \cdots, \boldsymbol{u}_N^p} \frac{\sum\limits_{c=1}^{C} M_c (\overline{y}_c^p)^2}{\sum\limits_{m=1}^{M} \left(y_m^p - \overline{y}_{l_m}^p\right)^2}$$

$$\text{s.t.} \quad \frac{\boldsymbol{y}_p^{\mathrm{T}} \boldsymbol{y}_q}{\|\boldsymbol{y}_p\| \, \|\boldsymbol{y}_q\|} = \delta_{pq}, \quad p, q = 1, 2, \cdots, P \tag{3-4-9}$$

由

$$\begin{aligned}
\frac{\sum\limits_{c=1}^{C} M_c (\overline{y}_c^p)^2}{\sum\limits_{m=1}^{M} \left(y_m^p - \overline{y}_{l_m}^p\right)^2} &= \frac{\sum\limits_{c=1}^{C} M_c \left(\overline{\mathcal{X}}_c \times_1 (\boldsymbol{u}_1^p)^{\mathrm{T}} \times_2 (\boldsymbol{u}_2^p)^{\mathrm{T}} \times_3 \cdots \times_N (\boldsymbol{u}_N^p)^{\mathrm{T}}\right)^2}{\sum\limits_{m=1}^{M} \left((\mathcal{X}_m - \overline{\mathcal{X}}_{l_m}) \times_1 (\boldsymbol{u}_1^p)^{\mathrm{T}} \times_2 (\boldsymbol{u}_2^p)^{\mathrm{T}} \times_3 \cdots \times_N (\boldsymbol{u}_N^p)^{\mathrm{T}}\right)^2} \\
&= \frac{\sum\limits_{c=1}^{C} M_c \left(\overline{\mathcal{X}}_c \times_1 (\boldsymbol{u}_1^p)^{\mathrm{T}} \times_2 (\boldsymbol{u}_2^p)^{\mathrm{T}} \times_3 \cdots \times_N (\boldsymbol{u}_N^p)^{\mathrm{T}}\right)^2}{\sum\limits_{m=1}^{M} \left((\mathcal{X}_m - \overline{\mathcal{X}}_{l_m}) \times_1 (\boldsymbol{u}_1^p)^{\mathrm{T}} \times_2 (\boldsymbol{u}_2^p)^{\mathrm{T}} \times_3 \cdots \times_N (\boldsymbol{u}_N^p)^{\mathrm{T}}\right)^2} \\
&= \frac{\sum\limits_{c=1}^{C} M_c \left(\boldsymbol{z}_c^p \times_n (\boldsymbol{u}_n^p)^{\mathrm{T}}\right)^2}{\sum\limits_{m=1}^{M} \left(\boldsymbol{z}_m^p \times_n (\boldsymbol{u}_n^p)^{\mathrm{T}}\right)^2} = \frac{\operatorname{tr}\left((\boldsymbol{u}_n^p)^{\mathrm{T}} \boldsymbol{H}_n^p \boldsymbol{u}_n^p\right)}{\operatorname{tr}\left((\boldsymbol{u}_n^p)^{\mathrm{T}} \boldsymbol{Q}_n^p \boldsymbol{u}_n^p\right)}
\end{aligned} \tag{3-4-10}$$

可知, 优化问题 (3-4-9) 可以表示为下列形式:

$$\{\boldsymbol{u}_1^p, \boldsymbol{u}_2^p, \cdots, \boldsymbol{u}_N^p\} = \arg \max_{\boldsymbol{u}_1^p, \boldsymbol{u}_2^p, \cdots, \boldsymbol{u}_N^p} \frac{\operatorname{tr}\left((\boldsymbol{u}_n^p)^{\mathrm{T}} \boldsymbol{H}_n^p \boldsymbol{u}_n^p\right)}{\operatorname{tr}\left((\boldsymbol{u}_n^p)^{\mathrm{T}} \boldsymbol{Q}_n^p \boldsymbol{u}_n^p\right)}$$

$$\text{s.t.} \quad \frac{\boldsymbol{y}_p^{\mathrm{T}} \boldsymbol{y}_q}{\|\boldsymbol{y}_p\| \, \|\boldsymbol{y}_q\|} = \delta_{pq}, \quad p, q = 1, 2, \cdots, P \tag{3-4-11}$$

对于高维小样本问题, 为了防止 $\boldsymbol{Q}_n^p \approx \mathbf{0}$, 把优化问题 (3-4-11) 转化为下列优化问题:

$$\left\{\boldsymbol{u}_1^p, \boldsymbol{u}_2^p, \cdots, \boldsymbol{u}_N^p\right\} = \arg \max_{\boldsymbol{u}_1^p, \boldsymbol{u}_2^p, \cdots, \boldsymbol{u}_N^p} \frac{\operatorname{tr}\left(\left(\boldsymbol{u}_n^p\right)^{\mathrm{T}} \boldsymbol{H}_n^p \boldsymbol{u}_n^p\right)}{\operatorname{tr}\left(\left(\boldsymbol{u}_n^p\right)^{\mathrm{T}}\left(\boldsymbol{Q}_n^p + \gamma \lambda_{\max}(\boldsymbol{S}) \boldsymbol{I}_{I_n}\right) \boldsymbol{u}_n^p\right)}$$

$$\text{s.t.} \quad \frac{\boldsymbol{y}_p^{\mathrm{T}} \boldsymbol{y}_q}{\left\|\boldsymbol{y}_p\right\|\left\|\boldsymbol{y}_q\right\|} = \delta_{pq}, \quad p, q = 1, 2, \cdots, P \tag{3-4-12}$$

其中 $\boldsymbol{S} = \sum_{m=1}^{M}\left(\boldsymbol{X}_{m(n)} - \overline{\boldsymbol{X}}_{l_m(n)}\right)\left(\boldsymbol{X}_{m(n)} - \overline{\boldsymbol{X}}_{l_m(n)}\right)^{\mathrm{T}}$. 则 $\boldsymbol{u}_n^1 \, (n = 1, 2, \cdots, N)$ 可以通过解下列优化问题得到

$$\left\{\boldsymbol{u}_1^1, \boldsymbol{u}_2^1, \cdots, \boldsymbol{u}_N^1\right\} = \arg \max_{\boldsymbol{u}_1^1, \boldsymbol{u}_2^1, \cdots, \boldsymbol{u}_N^1} \frac{\operatorname{tr}\left(\left(\boldsymbol{u}_n^1\right)^{\mathrm{T}} \boldsymbol{H}_n^1 \boldsymbol{u}_n^1\right)}{\operatorname{tr}\left(\left(\boldsymbol{u}_n^1\right)^{\mathrm{T}}\left(\boldsymbol{Q}_n^1 + \gamma \lambda_{\max}(\boldsymbol{S}) \boldsymbol{I}_{I_n}\right) \boldsymbol{u}_n^1\right)}$$

$$\text{s.t.} \quad \left(\boldsymbol{u}_n^1\right)^{\mathrm{T}} \boldsymbol{u}_n^1 = 1, \quad n = 1, 2, \cdots, N \tag{3-4-13}$$

假设前 $q = 1, 2, \cdots, p-1$ 个 $\boldsymbol{u}_n^q \, (n = 1, 2, \cdots, N)$ 都已经得到, 我们现在求 $\boldsymbol{u}_n^p \, (n = 1, 2, \cdots, N)$. 设

$$\begin{aligned} \boldsymbol{z}_{m(n)}^p = \mathcal{X}_m & \times_1 \left(\boldsymbol{u}_1^p\right)^{\mathrm{T}} \times_2 \left(\boldsymbol{u}_2^p\right)^{\mathrm{T}} \times_3 \cdots \times_{n-1} \left(\boldsymbol{u}_{n-1}^p\right)^{\mathrm{T}} \\ & \times_{n+1} \left(\boldsymbol{u}_{n+1}^p\right)^{\mathrm{T}} \times_{n+2} \cdots \times_N \left(\boldsymbol{u}_N^p\right)^{\mathrm{T}} \end{aligned} \tag{3-4-14}$$

$$\boldsymbol{Z}_n^p = \left(\boldsymbol{z}_{1(n)}^p, \boldsymbol{z}_{2(n)}^p, \cdots, \boldsymbol{z}_{M(n)}^p\right) \tag{3-4-15}$$

令 $\boldsymbol{y}_p = \left(\boldsymbol{Z}_n^p\right)^{\mathrm{T}} \boldsymbol{u}_n^p$, 由 $\left(\boldsymbol{y}_p\right)^{\mathrm{T}} \boldsymbol{y}_q = \left(\boldsymbol{u}_n^p\right)^{\mathrm{T}} \boldsymbol{Z}_n^p \boldsymbol{y}_q = \mathbf{0}$, 我们可以通过解下列优化问题求 $\boldsymbol{u}_n^p$:

$$\begin{aligned} & \left\{\boldsymbol{u}_1^p, \boldsymbol{u}_2^p, \cdots, \boldsymbol{u}_N^p\right\} = \arg \max_{\boldsymbol{u}_1^p, \boldsymbol{u}_2^p, \cdots, \boldsymbol{u}_N^p} \frac{\operatorname{tr}\left(\left(\boldsymbol{u}_n^p\right)^{\mathrm{T}} \boldsymbol{H}_n^p \boldsymbol{u}_n^p\right)}{\operatorname{tr}\left(\left(\boldsymbol{u}_n^p\right)^{\mathrm{T}}\left(\boldsymbol{Q}_n^p + \gamma \lambda_{\max}(\boldsymbol{S}) \boldsymbol{I}_{I_n}\right) \boldsymbol{u}_n^p\right)} \\ & \text{s.t.} \quad \left(\boldsymbol{u}_n^p\right)^{\mathrm{T}} \boldsymbol{u}_n^p = 1, \quad n = 1, 2, \cdots, N \\ & \qquad \left(\boldsymbol{u}_n^p\right)^{\mathrm{T}} \boldsymbol{Z}_n^p \boldsymbol{y}_q = 0, \quad q = 1, 2, \cdots, p-1 \end{aligned} \tag{3-4-16}$$

令

$$\boldsymbol{R}_n^p = \boldsymbol{I}_{I_n} - \boldsymbol{Z}_n^p \boldsymbol{G}_{p-1} \boldsymbol{\Gamma}_p^{-1} \boldsymbol{G}_{p-1}^{\mathrm{T}} \left(\boldsymbol{Z}_n^p\right)^{\mathrm{T}} \left(\boldsymbol{Q}_n^p + \gamma \lambda_{\max}(\boldsymbol{S}) \boldsymbol{I}_{I_n}\right)^{-1} \tag{3-4-17}$$

$$\boldsymbol{\Gamma}_p = \boldsymbol{G}_{p-1}^{\mathrm{T}} \left(\boldsymbol{Z}_n^p\right)^{\mathrm{T}} \left(\boldsymbol{Q}_n^p + \gamma \lambda_{\max}\left(\boldsymbol{S}\right) \boldsymbol{I}_{I_n}\right)^{-1} \boldsymbol{Z}_n^p \boldsymbol{G}_{p-1} \tag{3-4-18}$$

$$\boldsymbol{G}_{p-1} = \left(\boldsymbol{y}_1, \boldsymbol{y}_2, \cdots, \boldsymbol{y}_{p-1}\right) \in R^{M \times (p-1)} \tag{3-4-19}$$

由 [17] 中的定理 1 可知, $\boldsymbol{u}_n^p$ 是下列广义特征值问题的最大特征值对应的特征向量:

$$\boldsymbol{R}_n^p \boldsymbol{H}_n^p \boldsymbol{u} = \lambda \left(\boldsymbol{Q}_n^p + \gamma \lambda_{\max}\left(\boldsymbol{S}\right) \boldsymbol{I}_{I_n}\right) \boldsymbol{u} \tag{3-4-20}$$

基于上述分析, R-UMLDA 算法的详细步骤如算法 3-4 所示[17].

算法 3-4 R-UMLDA 算法

输入: 数据集 $\{\mathcal{X}_1, \mathcal{X}_2, \cdots, \mathcal{X}_M\}$, 参数 P, 参数 γ, 最大迭代次数 K.

输出: $\boldsymbol{u}_n^p$.

For $p = 1, 2, \cdots, P$
 初始化 $\boldsymbol{u}_n^p(0)\,(n = 1, 2, \cdots, N)$;
 For $k = 1, 2, \cdots, K$
  For $n = 1, 2, \cdots, N$
   利用 (3-4-14) 计算 $\boldsymbol{z}_{m(n)}^p\,(m = 1, 2, \cdots, M)$;
   利用 (3-4-3), (3-4-4), $\boldsymbol{S} = \sum_{m=1}^{M} \left(\boldsymbol{X}_{m(n)} - \overline{\boldsymbol{X}}_{l_m(n)}\right)\left(\boldsymbol{X}_{m(n)} - \overline{\boldsymbol{X}}_{l_m(n)}\right)^{\mathrm{T}}$ 和 (3-4-17)
    分别计算 $\boldsymbol{H}_n^p$, $\boldsymbol{Q}_n^p$, $\boldsymbol{S}$ 和 $\boldsymbol{R}_n^p$;
   利用 (3-4-20) 计算 $\boldsymbol{u}_n^p(k)\,(n = 1, 2, \cdots, N)$;
  End For
 End For
 令 $\boldsymbol{u}_n^p = \boldsymbol{u}_n^p(K)\,(n = 1, 2, \cdots, N)$, 利用 $\boldsymbol{y}_p = \left(\boldsymbol{Z}_n^p\right)^{\mathrm{T}} \boldsymbol{u}_n^p$ 计算 $\boldsymbol{y}_p$;
End For
Return $\boldsymbol{u}_n^p$.

3.5 基于流形学习的张量子空间学习算法

假设数据是均匀采样于一个高维欧氏空间中的低维流形, 流形学习的目标是从高维采样数据中恢复低维流形结构, 并求出相应的嵌入映射, 以实现维数约简或者可视化. 在前边的章节中, 我们已经介绍了线性流形学习算法 PCA 和 LDA 在张量数据上的扩展, 在本节中, 我们详细介绍非线性流形学习算法 LLE (locally linear embedding)[18]、ISOMAP (isometric mapping)[19]、NPE (neighborhood preserving embedding)[20]、LPP (locality preserving projections)[21]、LDE (local discriminant embedding)[22]、LE (Laplacian eigenmap)[23] 在张量数据上的扩展.

3.5.1 张量判别式局部线性嵌入算法

设

$$\mathcal{Z}_i=\mathcal{X}_i\times_1\boldsymbol{U}_1^{\mathrm{T}}\times_2\boldsymbol{U}_2^{\mathrm{T}}\times_3\cdots\times_{k-1}\boldsymbol{U}_{k-1}^{\mathrm{T}}\times_{k+1}\boldsymbol{U}_{k+1}^{\mathrm{T}}\times_{k+2}\cdots\times_N\boldsymbol{U}_N^{\mathrm{T}} \tag{3-5-1}$$

$$s_{ij}=\begin{cases}\left(\boldsymbol{T}+\boldsymbol{T}^{\mathrm{T}}-\boldsymbol{T}^{\mathrm{T}}\boldsymbol{T}\right)_{ij}, & i\neq j,\\ 0, & i=j\end{cases} \tag{3-5-2}$$

$$s_{ij}^p=\frac{1}{K_2} \tag{3-5-3}$$

$$\boldsymbol{H}_k^{\text{T-DLLE}}=-\sum_{i=1}^{M}\sum_{j=1}^{M}(\boldsymbol{Z}_{i(k)}-\boldsymbol{Z}_{j(k)})(\boldsymbol{Z}_{i(k)}-\boldsymbol{Z}_{j(k)})^{\mathrm{T}}s_{ij} \tag{3-5-4}$$

$$\boldsymbol{Q}_k^{\text{T-DLLE}}=\sum_{i=1}^{M}\sum_{j=1}^{M}(\boldsymbol{Z}_{i(k)}-\boldsymbol{Z}_{j(k)})(\boldsymbol{Z}_{i(k)}-\boldsymbol{Z}_{j(k)})^{\mathrm{T}}s_{ij}^p \tag{3-5-5}$$

其中, 参数 K_2 是度量某一类样本到其他类样本最短距离的数量, 矩阵 $\boldsymbol{T}=(\boldsymbol{t}_1,\boldsymbol{t}_2,\cdots,\boldsymbol{t}_M)$ 的列向量通过解下列优化问题得到

$$\begin{aligned}&\arg\min_{\boldsymbol{t}_i}J(\boldsymbol{t}_i)=\sum_{j\in N_{K_1}(i)}\left\|\mathcal{X}_i-t_{ij}\mathcal{X}_j\right\|_F^2\\ &\text{s.t.}\quad \sum_{j\in N_{K_1}(i)}t_{ij}=1\end{aligned} \tag{3-5-6}$$

其中 $N_{K_1}(i)$ 是 i 的 K_1 近邻.

张量判别式局部线性嵌入 (tensor discriminant locally linear embedding, TDLLE) 算法的数学模型如下[24]:

$$\begin{aligned}&\arg\min_{\boldsymbol{U}_1,\boldsymbol{U}_2,\cdots,\boldsymbol{U}_N}J(\boldsymbol{U}_1,\boldsymbol{U}_2,\cdots,\boldsymbol{U}_N)\\ &=\sum_{i=1}^{M}\sum_{j=1}^{M}\left\|\mathcal{X}_i\times_1\boldsymbol{U}_1^{\mathrm{T}}\times_2\boldsymbol{U}_2^{\mathrm{T}}\times_3\cdots\times_N\boldsymbol{U}_N^{\mathrm{T}}-\mathcal{X}_j\times_1\boldsymbol{U}_1^{\mathrm{T}}\times_2\boldsymbol{U}_2^{\mathrm{T}}\times_3\cdots\times_N\boldsymbol{U}_N^{\mathrm{T}}\right\|_F^2s_{ij}\\ &\text{s.t.}\sum_{i=1}^{M}\sum_{j=1}^{M}\left\|\mathcal{X}_i\times_1\boldsymbol{U}_1^{\mathrm{T}}\times_2\boldsymbol{U}_2^{\mathrm{T}}\times_3\cdots\times_N\boldsymbol{U}_N^{\mathrm{T}}-\mathcal{X}_j\times_1\boldsymbol{U}_1^{\mathrm{T}}\times_2\boldsymbol{U}_2^{\mathrm{T}}\times_3\cdots\times_N\boldsymbol{U}_N^{\mathrm{T}}\right\|_F^2s_{ij}^p\\ &=1\end{aligned} \tag{3-5-7}$$

由

$$
\begin{aligned}
&J\left(\boldsymbol{U}_1, \boldsymbol{U}_2, \cdots, \boldsymbol{U}_N\right) \\
=&\sum_{i=1}^{M} \sum_{j=1}^{M}\|\mathcal{X}_i \times_1 \boldsymbol{U}_1^{\mathrm{T}} \times_2 \boldsymbol{U}_2^{\mathrm{T}} \times_3 \cdots \times_N \boldsymbol{U}_N^{\mathrm{T}}-\chi_j \times_1 \boldsymbol{U}_1^{\mathrm{T}} \\
&\times_2 \boldsymbol{U}_2^{\mathrm{T}} \times_3 \cdots \times_N \boldsymbol{U}_N^{\mathrm{T}}\|_F^2 s_{ij} \\
=&\sum_{i=1}^{M} \sum_{j=1}^{M}\|\mathcal{X}_i \times_1 \boldsymbol{U}_1^{\mathrm{T}} \times_2 \boldsymbol{U}_2^{\mathrm{T}} \times_3 \cdots \times_{k-1} \boldsymbol{U}_{k-1}^{\mathrm{T}} \times_{k+1} \boldsymbol{U}_{k+1}^{\mathrm{T}} \\
&\times_{k+2} \cdots \times_N \boldsymbol{U}_N^{\mathrm{T}} \times_k \boldsymbol{U}_k^{\mathrm{T}}-\chi_j \times_1 \boldsymbol{U}_1^{\mathrm{T}} \times_2 \boldsymbol{U}_2^{\mathrm{T}} \times_3 \cdots \\
&\times_{k-1} \boldsymbol{U}_{k-1}^{\mathrm{T}} \times_{k+1} \boldsymbol{U}_{k+1}^{\mathrm{T}} \times_{k+2} \cdots \times_N \boldsymbol{U}_N^{\mathrm{T}} \times_k \boldsymbol{U}_k^{\mathrm{T}}\|_F^2 s_{ij} \\
=&\sum_{i=1}^{M} \sum_{j=1}^{M}\left\|\mathcal{Z}_i \times_k \boldsymbol{U}_k^{\mathrm{T}}-\mathcal{Z}_j \times_k \boldsymbol{U}_k^{\mathrm{T}}\right\|_F^2 s_{ij} \\
=&\sum_{i=1}^{M} \sum_{j=1}^{M}\left\|\boldsymbol{U}_k^{\mathrm{T}} \boldsymbol{Z}_{i(k)}-\boldsymbol{U}_k^{\mathrm{T}} \boldsymbol{Z}_{j(k)}\right\|_F^2 s_{ij} \\
=&\sum_{i=1}^{M} \sum_{j=1}^{M} \operatorname{tr}\left(\left(\boldsymbol{U}_k^{\mathrm{T}} \boldsymbol{Z}_{i(k)}-\boldsymbol{U}_k^{\mathrm{T}} \boldsymbol{Z}_{j(k)}\right)\left(\boldsymbol{U}_k^{\mathrm{T}} \boldsymbol{Z}_{i(k)}-\boldsymbol{U}_k^{\mathrm{T}} \boldsymbol{Z}_{j(k)}\right)^{\mathrm{T}}\right) s_{ij} \\
=&\operatorname{tr}\left(\boldsymbol{U}_k^{\mathrm{T}}\left(\sum_{i=1}^{M} \sum_{j=1}^{M}\left(\boldsymbol{Z}_{i(k)}-\boldsymbol{Z}_{j(k)}\right)\left(\boldsymbol{Z}_{i(k)}-\boldsymbol{Z}_{j(k)}\right)^{\mathrm{T}} s_{ij}\right) \boldsymbol{U}_k\right) \\
=&-\operatorname{tr}\left(\boldsymbol{U}_k^{\mathrm{T}} \boldsymbol{H}_k^{\text{T-DLLE}} \boldsymbol{U}_k\right)
\end{aligned} \tag{3-5-8}
$$

$$
\begin{aligned}
&J\left(\boldsymbol{U}_1, \boldsymbol{U}_2, \cdots, \boldsymbol{U}_N\right) \\
=&\sum_{i=1}^{M} \sum_{j=1}^{M}\left\|\mathcal{X}_i \times_1 \boldsymbol{U}_1^{\mathrm{T}} \times_2 \boldsymbol{U}_2^{\mathrm{T}} \times_3 \cdots \times_N \boldsymbol{U}_N^{\mathrm{T}}-\mathcal{X}_j \times_1 \boldsymbol{U}_1^{\mathrm{T}} \times_2 \boldsymbol{U}_2^{\mathrm{T}} \times_3 \cdots \times_N \boldsymbol{U}_N^{\mathrm{T}}\right\|_F^2 s_{ij}^p \\
=&\operatorname{tr}\left(\boldsymbol{U}_k^{\mathrm{T}} \boldsymbol{Q}_k^{\text{T-DLLE}} \boldsymbol{U}_k\right)
\end{aligned} \tag{3-5-9}
$$

可知, T-DLLE 算法的数学模型可以表示如下

$$
\begin{aligned}
&\arg \max_{\boldsymbol{U}_1, \boldsymbol{U}_2, \cdots, \boldsymbol{U}_N} && J\left(\boldsymbol{U}_1, \boldsymbol{U}_2, \cdots, \boldsymbol{U}_N\right)=\operatorname{tr}\left(\boldsymbol{U}_k^{\mathrm{T}} \boldsymbol{H}_k^{\text{T-DLLE}} \boldsymbol{U}_k\right) \\
&\text{s.t.} && \operatorname{tr}\left(\boldsymbol{U}_k^{\mathrm{T}} \boldsymbol{Q}_k^{\text{T-DLLE}} \boldsymbol{U}_k\right)=1
\end{aligned} \tag{3-5-10}
$$

因子矩阵 $\boldsymbol{U}_k$ 可以通过解广义特征值问题 $\boldsymbol{H}_k^{\text{T-DLLE}}\boldsymbol{u} = \lambda \boldsymbol{Q}_k^{\text{T-DLLE}}\boldsymbol{u}$ 的前 P_k 个最大特征值对应的特征向量得到.

3.5.2 张量等距特征映射算法

设 $D_G(i,j)$ 是 $\mathcal{X}_i$ 和 $\mathcal{X}_j$ 在图 G 上的最短路径长度, $\boldsymbol{e} = (1,1,\cdots,1)^{\mathrm{T}} \in R^{M\times 1}$,

$$\mathcal{Y}_j = \mathcal{X}_j \times_1 \boldsymbol{U}_1^{\mathrm{T}} \times_2 \boldsymbol{U}_2^{\mathrm{T}} \times_3 \cdots \times_N \boldsymbol{U}_N^{\mathrm{T}} \tag{3-5-11}$$

$$\tau(D_G) = -\boldsymbol{HSH}/2, \quad \boldsymbol{H} = \mathrm{I} - \frac{1}{M}\boldsymbol{ee}^{\mathrm{T}}, \quad S_{ij} = D_G^2(i,j) \tag{3-5-12}$$

$$\mathcal{Z}_i = \mathcal{X}_i \times_1 \boldsymbol{U}_1^{\mathrm{T}} \times_2 \boldsymbol{U}_2^{\mathrm{T}} \times_3 \cdots \times_{k-1} \boldsymbol{U}_{k-1}^{\mathrm{T}} \times_{k+1} \boldsymbol{U}_{k+1}^{\mathrm{T}} \times_{k+2} \cdots \times_N \boldsymbol{U}_N^{\mathrm{T}} \tag{3-5-13}$$

$$\boldsymbol{H}_k^{\text{T-ISOMAP}} = -\sum_{i=1}^{M}\sum_{j=1}^{M}(\boldsymbol{Z}_{i(k)} - \boldsymbol{Z}_{j(k)})(\boldsymbol{Z}_{i(k)} - \boldsymbol{Z}_{j(k)})^{\mathrm{T}}\tau(D_G)_{ij} \tag{3-5-14}$$

由 [19, 25], 我们可以得到张量等距特征映射 (tensor isometric mapping, T-ISOMAP) 算法的数学模型如下

$$\arg\min_{\boldsymbol{U}_1,\boldsymbol{U}_2,\cdots,\boldsymbol{U}_N} J(\boldsymbol{U}_1,\boldsymbol{U}_2,\cdots,\boldsymbol{U}_N) = \sum_{i=1}^{M}\sum_{j=1}^{M}\|\mathcal{Y}_i - \mathcal{Y}_j\|_F^2\,\tau(D_G)_{ij} \tag{3-5-15}$$

由

$$\begin{aligned}
& J(\boldsymbol{U}_1,\boldsymbol{U}_2,\cdots,\boldsymbol{U}_N) \\
&= \sum_{i=1}^{M}\sum_{j=1}^{M}\|\mathcal{Y}_i - \mathcal{Y}_j\|_F^2\,\tau(D_G)_{ij} \\
&= \sum_{i=1}^{M}\sum_{j=1}^{M}\left\|\mathcal{Z}_i \times_k \boldsymbol{U}_k^{\mathrm{T}} - \mathcal{Z}_j \times_k \boldsymbol{U}_k^{\mathrm{T}}\right\|_F^2\tau(D_G)_{ij} \\
&= \sum_{i=1}^{M}\sum_{j=1}^{M}\left\|\boldsymbol{U}_k^{\mathrm{T}}\boldsymbol{Z}_{i(k)} - \boldsymbol{U}_k^{\mathrm{T}}\boldsymbol{Z}_{j(k)}\right\|_F^2\tau(D_G)_{ij} \\
&= \sum_{i=1}^{M}\sum_{j=1}^{M}\mathrm{tr}\left((\boldsymbol{U}_k^{\mathrm{T}}\boldsymbol{Z}_{i(k)} - \boldsymbol{U}_k^{\mathrm{T}}\boldsymbol{Z}_{j(k)})(\boldsymbol{U}_k^{\mathrm{T}}\boldsymbol{Z}_{i(k)} - \boldsymbol{U}_k^{\mathrm{T}}\boldsymbol{Z}_{j(k)})^{\mathrm{T}}\right)\tau(D_G)_{ij} \\
&= \mathrm{tr}\left(\boldsymbol{U}_k^{\mathrm{T}}\sum_{i=1}^{M}\sum_{j=1}^{M}(\boldsymbol{Z}_{i(k)} - \boldsymbol{Z}_{j(k)})(\boldsymbol{Z}_{i(k)} - \boldsymbol{Z}_{j(k)})^{\mathrm{T}}\tau(D_G)_{ij}\boldsymbol{U}_k\right)
\end{aligned}$$

$$= -\mathrm{tr}\left(\boldsymbol{U}_k^{\mathrm{T}} \boldsymbol{H}_k^{\text{T-ISOMAP}} \boldsymbol{U}_k\right) \tag{3-5-16}$$

可知, T-ISOMAP 算法的数学模型可以表示为如下优化问题[26]

$$\min_{\boldsymbol{U}_1,\boldsymbol{U}_2,\cdots,\boldsymbol{U}_N} J\left(\boldsymbol{U}_1,\boldsymbol{U}_2,\cdots,\boldsymbol{U}_N\right) = \max_{\boldsymbol{U}_1,\boldsymbol{U}_2,\cdots,\boldsymbol{U}_N} \mathrm{tr}\left(\boldsymbol{U}_k^{\mathrm{T}} \boldsymbol{H}_k^{\text{T-ISOMAP}} \boldsymbol{U}_k\right) \tag{3-5-17}$$

这等价于求矩阵 $\boldsymbol{H}_k^{\text{T-ISOMAP}}$ 的前 P_k 个最大特征值对应的特征向量.

3.5.3 张量邻域保留嵌入算法

设邻接矩阵 $\boldsymbol{W} = (\boldsymbol{w}_1, \boldsymbol{w}_2, \cdots, \boldsymbol{w}_M)$, $\boldsymbol{w}_i = \dfrac{\boldsymbol{G}^{-1}\boldsymbol{e}}{\boldsymbol{e}^{\mathrm{T}}\boldsymbol{G}^{-1}\boldsymbol{e}}$ 或者

$$w_{ij} = \exp\left(\frac{-\left\|\mathcal{X}_i - \mathcal{X}_j\right\|_F^2}{\sigma}\right)$$

($\mathcal{X}_j$ 是 $\mathcal{X}_i$ 的 K 近邻), $\boldsymbol{e} = (1,1,\cdots,1)^{\mathrm{T}} \in R^{1\times K}$, $\boldsymbol{s}_i \in R^{(I_1 I_2\cdots I_N)\times 1}$ 是张量 $\mathcal{X}_i$ 的向量化结果, 矩阵 $\boldsymbol{G}$ 的元素为 $g_{uv} = (\boldsymbol{s}_i - \boldsymbol{s}_u)^{\mathrm{T}}(\boldsymbol{s}_i - \boldsymbol{s}_v)$. 张量邻域保留嵌入 (tensor neighborhood preserving embedding, TNPE) 算法的数学模型如下[27]

$$\begin{aligned}
&\arg\min_{\boldsymbol{U}_1,\boldsymbol{U}_2,\cdots,\boldsymbol{U}_N} J\left(\boldsymbol{U}_1,\boldsymbol{U}_2,\cdots,\boldsymbol{U}_N\right)\\
&= \sum_{i=1}^{M}\left\|\mathcal{X}_i \times_1 \boldsymbol{U}_1^{\mathrm{T}} \times_2 \boldsymbol{U}_2^{\mathrm{T}} \times_3 \cdots \times_N \boldsymbol{U}_N^{\mathrm{T}} - \sum_{j=1}^{K} w_{ij}\mathcal{X}_j \times_1 \boldsymbol{U}_1^{\mathrm{T}} \times_2 \boldsymbol{U}_2^{\mathrm{T}} \times_3 \cdots \times_N \boldsymbol{U}_N^{\mathrm{T}}\right\|_F^2\\
&\text{s.t.}\quad \sum_{i=1}^{M}\left\|\mathcal{X}_i \times_1 \boldsymbol{U}_1^{\mathrm{T}} \times_2 \boldsymbol{U}_2^{\mathrm{T}} \times_3 \cdots \times_N \boldsymbol{U}_N^{\mathrm{T}}\right\|_F^2 = 1
\end{aligned} \tag{3-5-18}$$

令 $\boldsymbol{H}_k^{\mathrm{TNPE}} = -\sum\limits_{i=1}^{M}\left(\boldsymbol{Z}_{i(k)} - \sum\limits_{j=1}^{K} w_{ij}\boldsymbol{Z}_{j(k)}\right)\left(\boldsymbol{Z}_{i(k)} - \sum\limits_{j=1}^{K} w_{ij}\boldsymbol{Z}_{j(k)}\right)^{\mathrm{T}}$, $\boldsymbol{Q}_k^{\mathrm{TNPE}} = \sum\limits_{i=1}^{M}(\boldsymbol{Z}_{i(k)})(\boldsymbol{Z}_{i(k)})^{\mathrm{T}}$, 其中 $\mathcal{Z}_i = \mathcal{X}_i \times_1 \boldsymbol{U}_1^{\mathrm{T}} \times_2 \boldsymbol{U}_2^{\mathrm{T}} \times_3 \cdots \times_{k-1} \boldsymbol{U}_{k-1}^{\mathrm{T}} \times_{k+1} \boldsymbol{U}_{k+1}^{\mathrm{T}} \times_{k+2} \cdots \times_N \boldsymbol{U}_N^{\mathrm{T}}$, 由

$$\begin{aligned}
&J\left(\boldsymbol{U}_1,\boldsymbol{U}_2,\cdots,\boldsymbol{U}_N\right)\\
&= \sum_{i=1}^{M}\left\|\mathcal{X}_i \times_1 \boldsymbol{U}_1^{\mathrm{T}} \times_2 \boldsymbol{U}_2^{\mathrm{T}} \times_3 \cdots \times_N \boldsymbol{U}_N^{\mathrm{T}} - \sum_{j=1}^{K} w_{ij}\mathcal{X}_j \times_1 \boldsymbol{U}_1^{\mathrm{T}} \times_2 \boldsymbol{U}_2^{\mathrm{T}} \times_3 \cdots \times_N \boldsymbol{U}_N^{\mathrm{T}}\right\|_F^2
\end{aligned}$$

$$
\begin{aligned}
&= \sum_{i=1}^{M} \left\| \mathcal{Z}_i \times_k \boldsymbol{U}_k^{\mathrm{T}} - \sum_{j=1}^{K} w_{ij} \mathcal{Z}_j \times_k \boldsymbol{U}_k^{\mathrm{T}} \right\|_F^2 \\
&= \sum_{i=1}^{M} \left\| \boldsymbol{U}_k^{\mathrm{T}} \boldsymbol{Z}_{i(k)} - \boldsymbol{U}_k^{\mathrm{T}} \sum_{j=1}^{K} w_{ij} \boldsymbol{Z}_{j(k)} \right\|_F^2 \\
&= \sum_{i=1}^{M} \operatorname{tr}\left(\left(\boldsymbol{U}_k^{\mathrm{T}} \boldsymbol{Z}_{i(k)} - \boldsymbol{U}_k^{\mathrm{T}} \sum_{j=1}^{K} w_{ij} \boldsymbol{Z}_{j(k)} \right) \left(\boldsymbol{U}_k^{\mathrm{T}} \boldsymbol{Z}_{i(k)} - \boldsymbol{U}_k^{\mathrm{T}} \sum_{j=1}^{K} w_{ij} \boldsymbol{Z}_{j(k)} \right)^{\mathrm{T}} \right) \\
&= \operatorname{tr}\left(\boldsymbol{U}_k^{\mathrm{T}} \sum_{i=1}^{M} \left(\boldsymbol{Z}_{i(k)} - \sum_{j=1}^{K} w_{ij} \boldsymbol{Z}_{j(k)} \right) \left(\boldsymbol{Z}_{i(k)} - \sum_{j=1}^{K} w_{ij} \boldsymbol{Z}_{j(k)} \right)^{\mathrm{T}} \boldsymbol{U}_k \right) \\
&= -\operatorname{tr}\left(\boldsymbol{U}_k^{\mathrm{T}} \boldsymbol{H}_k^{\mathrm{TNPE}} \boldsymbol{U}_k \right)
\end{aligned}
\tag{3-5-19}
$$

$$
\begin{aligned}
&\sum_{i=1}^{M} \left\| \mathcal{X}_i \times_1 \boldsymbol{U}_1^{\mathrm{T}} \times_2 \boldsymbol{U}_2^{\mathrm{T}} \times_3 \cdots \times_N \boldsymbol{U}_N^{\mathrm{T}} \right\|_F^2 \\
&= \sum_{i=1}^{M} \left\| \mathcal{Z}_i \times_k \boldsymbol{U}_k^{\mathrm{T}} \right\|_F^2 = \sum_{i=1}^{M} \left\| \boldsymbol{U}_k^{\mathrm{T}} \boldsymbol{Z}_{i(k)} \right\|_F^2 \\
&= \sum_{i=1}^{M} \operatorname{tr}\left((\boldsymbol{U}_k^{\mathrm{T}} \boldsymbol{Z}_{i(k)}) (\boldsymbol{U}_k^{\mathrm{T}} \boldsymbol{Z}_{i(k)})^{\mathrm{T}} \right) = \operatorname{tr}\left(\boldsymbol{U}_k^{\mathrm{T}} \boldsymbol{Q}_k^{\mathrm{TNPE}} \boldsymbol{U}_k \right)
\end{aligned}
\tag{3-5-20}
$$

可知, TNPE 算法的数学模型可以表示成下列优化问题

$$
\begin{aligned}
&\arg \max_{\boldsymbol{U}_1, \boldsymbol{U}_2, \cdots, \boldsymbol{U}_N} J(\boldsymbol{U}_1, \boldsymbol{U}_2, \cdots, \boldsymbol{U}_N) = \operatorname{tr}\left(\boldsymbol{U}_k^{\mathrm{T}} \boldsymbol{H}_k^{\mathrm{TNPE}} \boldsymbol{U}_k \right) \\
&\text{s.t.} \quad \operatorname{tr}\left(\boldsymbol{U}_k^{\mathrm{T}} \boldsymbol{Q}_k^{\mathrm{TNPE}} \boldsymbol{U}_k \right) = 1
\end{aligned}
\tag{3-5-21}
$$

显然, 因子矩阵 $\boldsymbol{U}_k$ 通过解广义特征值问题 $\boldsymbol{H}_k^{\mathrm{TNPE}} \boldsymbol{u} = \lambda \boldsymbol{Q}_k^{\mathrm{TNPE}} \boldsymbol{u}$ 的前 P_k 个最大特征值对应的特征向量得到.

最近, 基于 TT 分解, Wang 提出了 TTNPE (tensor train neighborhood preserving embedding) 算法[28].

3.5.4 张量局部保留投影算法

由文献 [29], 我们可以很容易地得到张量局部保留投影 (tensor locality preserving projections, TLPP) 算法的数学模型[27]:

$$
\arg \min_{\boldsymbol{U}_1, \boldsymbol{U}_2, \cdots, \boldsymbol{U}_N} J(\boldsymbol{U}_1, \boldsymbol{U}_2, \cdots, \boldsymbol{U}_N)
$$

$$= \sum_{i=1}^{M}\sum_{j=1}^{M}\left\|\mathcal{X}_i \times_1 \boldsymbol{U}_1^{\mathrm{T}} \times_2 \boldsymbol{U}_2^{\mathrm{T}} \times_3 \cdots \times_N \boldsymbol{U}_N^{\mathrm{T}} - \mathcal{X}_j \times_1 \boldsymbol{U}_1^{\mathrm{T}} \times_2 \boldsymbol{U}_2^{\mathrm{T}} \times_3 \cdots \times_N \boldsymbol{U}_N^{\mathrm{T}}\right\|_F^2 w_{ij}$$

$$\text{s.t.} \quad \sum_{i=1}^{M}\left\|\mathcal{X}_i \times_1 \boldsymbol{U}_1^{\mathrm{T}} \times_2 \boldsymbol{U}_2^{\mathrm{T}} \times_3 \cdots \times_N \boldsymbol{U}_N^{\mathrm{T}}\right\|_F^2 d_{ii} = 1 \tag{3-5-22}$$

其中

$$w_{ij} = \exp\left(\frac{-\|\mathcal{X}_i - \mathcal{X}_j\|_F^2}{\sigma}\right), \quad \mathcal{X}_i \text{ 和 } \mathcal{X}_j \text{ 互为 } K \text{ 近邻} \tag{3-5-23}$$

$$d_{ii} = \sum_{j=1}^{M} w_{ij} \tag{3-5-24}$$

设

$$\mathcal{Z}_i = \mathcal{X}_i \times_1 \boldsymbol{U}_1^{\mathrm{T}} \times_2 \boldsymbol{U}_2^{\mathrm{T}} \times_3 \cdots \times_{k-1} \boldsymbol{U}_{k-1}^{\mathrm{T}} \times_{k+1} \boldsymbol{U}_{k+1}^{\mathrm{T}} \times_{k+2} \cdots \times_N \boldsymbol{U}_N^{\mathrm{T}} \tag{3-5-25}$$

$$\boldsymbol{H}_k^{\mathrm{TLPP}} = -\sum_{i=1}^{M}\sum_{j=1}^{M}(\boldsymbol{Z}_{i(k)} - \boldsymbol{Z}_{j(k)})(\boldsymbol{Z}_{i(k)} - \boldsymbol{Z}_{j(k)})^{\mathrm{T}} w_{ij} \tag{3-5-26}$$

$$\boldsymbol{Q}_k^{\mathrm{TLPP}} = \sum_{i=1}^{M}(\boldsymbol{Z}_{i(k)})(\boldsymbol{Z}_{i(k)})^{\mathrm{T}} d_{ii} \tag{3-5-27}$$

由

$$\begin{aligned}
& J(\boldsymbol{U}_1, \boldsymbol{U}_2, \cdots, \boldsymbol{U}_N) \\
&= \sum_{i=1}^{M}\sum_{j=1}^{M}\left\|\mathcal{X}_i \times_1 \boldsymbol{U}_1^{\mathrm{T}} \times_2 \boldsymbol{U}_2^{\mathrm{T}} \times_3 \cdots \times_N \boldsymbol{U}_N^{\mathrm{T}} - \mathcal{X}_j \times_1 \boldsymbol{U}_1^{\mathrm{T}} \times_2 \boldsymbol{U}_2^{\mathrm{T}} \times_3 \cdots \times_N \boldsymbol{U}_N^{\mathrm{T}}\right\|_F^2 w_{ij} \\
&= \sum_{i=1}^{M}\sum_{j=1}^{M}\|(\mathcal{X}_i \times_1 \boldsymbol{U}_1^{\mathrm{T}} \times_2 \boldsymbol{U}_2^{\mathrm{T}} \times_3 \cdots \times_{k-1} \boldsymbol{U}_{k-1}^{\mathrm{T}} \times_{k+1} \boldsymbol{U}_{k+1}^{\mathrm{T}} \times_{k+2} \times_3 \cdots \times_N \boldsymbol{U}_N^{\mathrm{T}} \\
&\quad \times_k \boldsymbol{U}_k^{\mathrm{T}} - \mathcal{X}_j \times_1 \boldsymbol{U}_1^{\mathrm{T}} \times_2 \boldsymbol{U}_2^{\mathrm{T}} \times_3 \cdots \times_{k-1} \boldsymbol{U}_{k-1}^{\mathrm{T}} \times_{k+1} \boldsymbol{U}_{k+1}^{\mathrm{T}} \times_{k+2} \cdots \\
&\quad \times_N \boldsymbol{U}_N^{\mathrm{T}} \times_k \boldsymbol{U}_k^{\mathrm{T}})\|_F^2 w_{ij} \\
&= \sum_{i=1}^{M}\sum_{j=1}^{M}\left\|\mathcal{Z}_i \times_k \boldsymbol{U}_k^{\mathrm{T}} - \mathcal{Z}_j \times_k \boldsymbol{U}_k^{\mathrm{T}}\right\|_F^2 w_{ij} \\
&= \sum_{i=1}^{M}\sum_{j=1}^{M}\left\|\boldsymbol{U}_k^{\mathrm{T}} \boldsymbol{Z}_{i(k)} - \boldsymbol{U}_k^{\mathrm{T}} \boldsymbol{Z}_{j(k)}\right\|_F^2 w_{ij}
\end{aligned}$$

$$
\begin{aligned}
&= \sum_{i=1}^{M}\sum_{j=1}^{M} \operatorname{tr}\left((\boldsymbol{U}_k^{\mathrm{T}}\boldsymbol{Z}_{i(k)} - \boldsymbol{U}_k^{\mathrm{T}}\boldsymbol{Z}_{j(k)})(\boldsymbol{U}_k^{\mathrm{T}}\boldsymbol{Z}_{i(k)} - \boldsymbol{U}_k^{\mathrm{T}}\boldsymbol{Z}_{j(k)})^{\mathrm{T}}\right) w_{ij} \\
&= \operatorname{tr}\left(\boldsymbol{U}_k^{\mathrm{T}}\left(\sum_{i=1}^{M}\sum_{j=1}^{M}(\boldsymbol{Z}_{i(k)} - \boldsymbol{Z}_{j(k)})(\boldsymbol{Z}_{i(k)} - \boldsymbol{Z}_{j(k)})^{\mathrm{T}} w_{ij}\right)\boldsymbol{U}_k\right) \\
&= -\operatorname{tr}\left(\boldsymbol{U}_k^{\mathrm{T}}\boldsymbol{H}_k^{\mathrm{TLPP}}\boldsymbol{U}_k\right)
\end{aligned}
\tag{3-5-28}
$$

$$
\begin{aligned}
&\sum_{i=1}^{M}\left\|\mathcal{X}_i \times_1 \boldsymbol{U}_1^{\mathrm{T}} \times_2 \boldsymbol{U}_2^{\mathrm{T}} \times_3 \cdots \times_N \boldsymbol{U}_N^{\mathrm{T}}\right\|_F^2 d_{ii} \\
&= \sum_{i=1}^{M}\left\|\mathcal{Z}_i \times_k \boldsymbol{U}_k^{\mathrm{T}}\right\|_F^2 d_{ii} = \sum_{i=1}^{M}\left\|\boldsymbol{U}_k^{\mathrm{T}}\boldsymbol{Z}_{i(k)}\right\|_F^2 d_{ii} \\
&= \sum_{i=1}^{M}\operatorname{tr}\left((\boldsymbol{U}_k^{\mathrm{T}}\boldsymbol{Z}_{i(k)})(\boldsymbol{U}_k^{\mathrm{T}}\boldsymbol{Z}_{i(k)})^{\mathrm{T}}\right) d_{ii} \\
&= \operatorname{tr}\left(\boldsymbol{U}_k^{\mathrm{T}}\left(\sum_{i=1}^{M}(\boldsymbol{Z}_{i(k)})(\boldsymbol{Z}_{i(k)})^{\mathrm{T}} d_{ii}\right)\boldsymbol{U}_k\right) \\
&= \operatorname{tr}\left(\boldsymbol{U}_k^{\mathrm{T}}\boldsymbol{Q}_k^{\mathrm{TLPP}}\boldsymbol{U}_k\right)
\end{aligned}
\tag{3-5-29}
$$

可知, TLPP 算法的数学模型可以写成下列优化问题

$$
\begin{aligned}
&\arg\max_{\boldsymbol{U}_1,\boldsymbol{U}_2,\cdots,\boldsymbol{U}_N} J(\boldsymbol{U}_1,\boldsymbol{U}_2,\cdots,\boldsymbol{U}_N) = \operatorname{tr}\left(\boldsymbol{U}_k^{\mathrm{T}}\boldsymbol{H}_k^{\mathrm{TLPP}}\boldsymbol{U}_k\right) \\
&\text{s.t.} \quad \operatorname{tr}\left(\boldsymbol{U}_k^{\mathrm{T}}\boldsymbol{Q}_k^{\mathrm{TLPP}}\boldsymbol{U}_k\right) = 1
\end{aligned}
\tag{3-5-30}
$$

因子矩阵 $\boldsymbol{U}_k$ 通过解广义特征值问题 $\boldsymbol{H}_k^{\mathrm{TLPP}}\boldsymbol{u} = \lambda\boldsymbol{Q}_k^{\mathrm{TLPP}}\boldsymbol{u}$ 的前 P_k 个最大特征值对应的特征向量得到.

3.5.5 张量局部判别嵌入算法

对于 $R^{I_1\times I_2\times\cdots\times I_N}$ 空间中的 M 个张量样本 $\{\mathcal{X}_1,\mathcal{X}_2,\cdots,\mathcal{X}_M\}$, 设其类标为 $l_i\in\{1,2,\cdots,C\}$. 张量局部判别嵌入 (tensor local discriminant embedding, TLDE) 算法的数学模型如下[27]

$$
\begin{aligned}
&\arg\min_{\boldsymbol{U}_1,\boldsymbol{U}_2,\cdots,\boldsymbol{U}_N} J(\boldsymbol{U}_1,\boldsymbol{U}_2,\cdots,\boldsymbol{U}_N) \\
&= \sum_{i=1}^{M}\sum_{j=1}^{M}\left\|\mathcal{X}_i\times_1\boldsymbol{U}_1^{\mathrm{T}}\times_2\boldsymbol{U}_2^{\mathrm{T}}\times_3\cdots\times_N\boldsymbol{U}_N^{\mathrm{T}} - \mathcal{X}_j\times_1\boldsymbol{U}_1^{\mathrm{T}}\times_2\boldsymbol{U}_2^{\mathrm{T}}\times_3\cdots\times_N\boldsymbol{U}_N^{\mathrm{T}}\right\|_F^2 w_{ij}
\end{aligned}
$$

$$\text{s.t.}\quad \sum_{i=1}^{M}\sum_{j=1}^{M}\left\|\mathcal{X}_i\times_1\boldsymbol{U}_1^{\mathrm{T}}\times_2\boldsymbol{U}_2^{\mathrm{T}}\times_3\cdots\times_N\boldsymbol{U}_N^{\mathrm{T}}-\mathcal{X}_j\times_1\boldsymbol{U}_1^{\mathrm{T}}\times_2\boldsymbol{U}_2^{\mathrm{T}}\times_3\cdots\times_N\boldsymbol{U}_N^{\mathrm{T}}\right\|_F^2 s_{ij}=1 \tag{3-5-31}$$

其中

$$w_{ij}=\exp\left(\frac{-\|\mathcal{X}_i-\mathcal{X}_j\|_F^2}{\sigma}\right),\quad \mathcal{X}_i \text{ 和 } \mathcal{X}_j \text{ 互为 } K \text{ 近邻, } l_i=l_j \tag{3-5-32}$$

$$s_{ij}=\exp\left(\frac{-\|\mathcal{X}_i-\mathcal{X}_j\|_F^2}{\sigma}\right),\quad \mathcal{X}_i \text{ 和 } \mathcal{X}_j \text{ 互为 } K \text{ 近邻, } l_i\neq l_j \tag{3-5-33}$$

令

$$\mathcal{Z}_i=\mathcal{X}_i\times_1\boldsymbol{U}_1^{\mathrm{T}}\times_2\boldsymbol{U}_2^{\mathrm{T}}\times_3\cdots\times_{k-1}\boldsymbol{U}_{k-1}^{\mathrm{T}}\times_{k+1}\boldsymbol{U}_{k+1}^{\mathrm{T}}\times_{k+2}\cdots\times_N\boldsymbol{U}_N^{\mathrm{T}} \tag{3-5-34}$$

$$\boldsymbol{H}_k^{\mathrm{TLDE}}=-\sum_{i=1}^{M}\sum_{j=1}^{M}(\boldsymbol{Z}_{i(k)}-\boldsymbol{Z}_{j(k)})(\boldsymbol{Z}_{i(k)}-\boldsymbol{Z}_{j(k)})^{\mathrm{T}}w_{ij} \tag{3-5-35}$$

$$\boldsymbol{Q}_k^{\mathrm{TLDE}}=\sum_{i=1}^{M}\sum_{j=1}^{M}(\boldsymbol{Z}_{i(k)}-\boldsymbol{Z}_{j(k)})(\boldsymbol{Z}_{i(k)}-\boldsymbol{Z}_{j(k)})^{\mathrm{T}}s_{ij} \tag{3-5-36}$$

由

$$\begin{aligned}&J(\boldsymbol{U}_1,\boldsymbol{U}_2,\cdots,\boldsymbol{U}_N)\\&=\sum_{i=1}^{M}\sum_{j=1}^{M}\left\|\mathcal{X}_i\times_1\boldsymbol{U}_1^{\mathrm{T}}\times_2\boldsymbol{U}_2^{\mathrm{T}}\times_3\cdots\times_N\boldsymbol{U}_N^{\mathrm{T}}-\mathcal{X}_j\times_1\boldsymbol{U}_1^{\mathrm{T}}\times_2\boldsymbol{U}_2^{\mathrm{T}}\times_3\cdots\times_N\boldsymbol{U}_N^{\mathrm{T}}\right\|_F^2 w_{ij}\\&=-\mathrm{tr}\left(\boldsymbol{U}_k^{\mathrm{T}}\boldsymbol{H}_k^{\mathrm{TLDE}}\boldsymbol{U}_k\right)\end{aligned} \tag{3-5-37}$$

$$\begin{aligned}&\sum_{i=1}^{M}\sum_{j=1}^{M}\left\|\mathcal{X}_i\times_1\boldsymbol{U}_1^{\mathrm{T}}\times_2\boldsymbol{U}_2^{\mathrm{T}}\times_3\cdots\times_N\boldsymbol{U}_N^{\mathrm{T}}-\mathcal{X}_j\times_1\boldsymbol{U}_1^{\mathrm{T}}\times_2\boldsymbol{U}_2^{\mathrm{T}}\times_3\cdots\times_N\boldsymbol{U}_N^{\mathrm{T}}\right\|_F^2 s_{ij}\\&=\mathrm{tr}\left(\boldsymbol{U}_k^{\mathrm{T}}\boldsymbol{Q}_k^{\mathrm{TLDE}}\boldsymbol{U}_k\right)\end{aligned} \tag{3-5-38}$$

可知, TLDE 算法的数学模型可以表示为

$$\begin{aligned}&\arg\max_{\boldsymbol{U}_1,\boldsymbol{U}_2,\cdots,\boldsymbol{U}_N} J(\boldsymbol{U}_1,\boldsymbol{U}_2,\cdots,\boldsymbol{U}_N)=\mathrm{tr}\left(\boldsymbol{U}_k^{\mathrm{T}}\boldsymbol{H}_k^{\mathrm{TLDE}}\boldsymbol{U}_k\right)\\&\text{s.t.}\quad \mathrm{tr}\left(\boldsymbol{U}_k^{\mathrm{T}}\boldsymbol{Q}_k^{\mathrm{TLDE}}\boldsymbol{U}_k\right)=1\end{aligned} \tag{3-5-39}$$

因子矩阵 $\boldsymbol{U}_k$ 通过解广义特征值问题 $\boldsymbol{H}_k^{\mathrm{TLDE}}\boldsymbol{u} = \lambda \boldsymbol{Q}_k^{\mathrm{TLDE}}\boldsymbol{u}$ 的前 P_k 个最大特征值对应的特征向量得到.

3.5.6 张量拉普拉斯特征映射算法

通过把文献 [23] 中的算法从向量模式推广到张量模式, 我们可以很容易给出张量拉普拉斯特征映射 (tensor Laplacian eigenmap, TLE) 算法的数学模型如下

$$\begin{aligned}&\arg\min_{\boldsymbol{U}_1,\boldsymbol{U}_2,\cdots,\boldsymbol{U}_N} J(\boldsymbol{U}_1,\boldsymbol{U}_2,\cdots,\boldsymbol{U}_N)\\ &=\frac{\displaystyle\sum_{i=1}^{M}\sum_{j=1}^{M}\left\|\mathcal{X}_i\times_1\boldsymbol{U}_1^{\mathrm{T}}\times_2\boldsymbol{U}_2^{\mathrm{T}}\times_3\cdots\times_N\boldsymbol{U}_N^{\mathrm{T}}-\mathcal{X}_j\times_1\boldsymbol{U}_1^{\mathrm{T}}\times_2\boldsymbol{U}_2^{\mathrm{T}}\times_3\cdots\times_N\boldsymbol{U}_N^{\mathrm{T}}\right\|_F^2 w_{ij}}{\displaystyle\sum_{i=1}^{M}\sum_{j=1}^{M}\left\|\mathcal{X}_i\times_1\boldsymbol{U}_1^{\mathrm{T}}\times_2\boldsymbol{U}_2^{\mathrm{T}}\times_3\cdots\times_N\boldsymbol{U}_N^{\mathrm{T}}\right\|_F^2 d_{ii}}\end{aligned} \tag{3-5-40}$$

其中

$$w_{ij}=\exp\left(\frac{-\left\|\mathcal{X}_i-\mathcal{X}_j\right\|_F^2}{\sigma}\right),\quad \mathcal{X}_i \text{ 和 } \mathcal{X}_j \text{ 互为 } K \text{ 近邻, 或者 } \left\|\mathcal{X}_i-\mathcal{X}_j\right\|_F^2<\varepsilon \tag{3-5-41}$$

$$d_{ii}=\sum_{j=1}^{M} w_{ij} \tag{3-5-42}$$

设

$$\mathcal{Z}_i=\mathcal{X}_i\times_1\boldsymbol{U}_1^{\mathrm{T}}\times_2\boldsymbol{U}_2^{\mathrm{T}}\times_3\cdots\times_{k-1}\boldsymbol{U}_{k-1}^{\mathrm{T}}\times_{k+1}\boldsymbol{U}_{k+1}^{\mathrm{T}}\times_{k+2}\cdots\times_N\boldsymbol{U}_N^{\mathrm{T}} \tag{3-5-43}$$

$$\boldsymbol{H}_k^{\mathrm{TLE}}=-\sum_{i=1}^{M}\sum_{j=1}^{M}(\boldsymbol{Z}_{i(k)}-\boldsymbol{Z}_{j(k)})(\boldsymbol{Z}_{i(k)}-\boldsymbol{Z}_{j(k)})^{\mathrm{T}} w_{ij} \tag{3-5-44}$$

$$\boldsymbol{Q}_k^{\mathrm{TLE}}=\sum_{i=1}^{M}(\boldsymbol{Z}_{i(k)})(\boldsymbol{Z}_{i(k)})^{\mathrm{T}} d_{ii} \tag{3-5-45}$$

由

$$\begin{aligned}&J(\boldsymbol{U}_1,\boldsymbol{U}_2,\cdots,\boldsymbol{U}_N)\\ &=\sum_{i=1}^{M}\sum_{j=1}^{M}\left\|\mathcal{X}_i\times_1\boldsymbol{U}_1^{\mathrm{T}}\times_2\boldsymbol{U}_2^{\mathrm{T}}\times_3\cdots\times_N\boldsymbol{U}_N^{\mathrm{T}}-\mathcal{X}_j\times_1\boldsymbol{U}_1^{\mathrm{T}}\times_2\boldsymbol{U}_2^{\mathrm{T}}\times_3\cdots\times_N\boldsymbol{U}_N^{\mathrm{T}}\right\|_F^2 w_{ij}\\ &=-\mathrm{tr}\left(\boldsymbol{U}_k^{\mathrm{T}}\boldsymbol{H}_k^{\mathrm{TLE}}\boldsymbol{U}_k\right)\end{aligned} \tag{3-5-46}$$

$$\sum_{i=1}^{M}\left\|\mathcal{X}_i\times_1 \boldsymbol{U}_1^{\mathrm{T}}\times_2 \boldsymbol{U}_2^{\mathrm{T}}\times_3\cdots\times_N \boldsymbol{U}_N^{\mathrm{T}}\right\|_F^2 d_{ii}=\operatorname{tr}\left(\boldsymbol{U}_k^{\mathrm{T}}\boldsymbol{Q}_k^{\mathrm{TLE}}\boldsymbol{U}_k\right) \tag{3-5-47}$$

优化问题 (3-5-40) 可以表示成下列形式:

$$\arg\max_{\boldsymbol{U}_1,\boldsymbol{U}_2,\cdots,\boldsymbol{U}_N} J\left(\boldsymbol{U}_1,\boldsymbol{U}_2,\cdots,\boldsymbol{U}_N\right)=\frac{\operatorname{tr}\left(\boldsymbol{U}_k^{\mathrm{T}}\boldsymbol{H}_k^{\mathrm{TLE}}\boldsymbol{U}_k\right)}{\operatorname{tr}\left(\boldsymbol{U}_k^{\mathrm{T}}\boldsymbol{Q}_k^{\mathrm{TLE}}\boldsymbol{U}_k\right)} \tag{3-5-48}$$

因子矩阵 $\boldsymbol{U}_k$ 通过解广义特征值问题 $\boldsymbol{H}_k^{\mathrm{TLE}}\boldsymbol{u}=\lambda\boldsymbol{Q}_k^{\mathrm{TLE}}\boldsymbol{u}$ 的前 P_k 个最大特征值对应的特征向量得到. 在实际的计算中, 当 $\mathcal{X}_i$ 和 $\mathcal{X}_j$ 互为 K 近邻, 或者 $\|\mathcal{X}_i-\mathcal{X}_j\|_F^2<\varepsilon$ 时, 我们也可以令 $w_{ij}=1$; 否则, $w_{ij}=0$.

基于上述的讨论, 我们给出基于流形学习的张量子空间学习算法的统一框架 (算法 3-5), 其中 $\boldsymbol{H}_1$ 和 $\boldsymbol{H}_2$ 的具体取值见表 3-3.

算法 3-5 基于流形学习的张量子空间学习

输入: 数据集 $\{\mathcal{X}_1,\mathcal{X}_2,,\mathcal{X}_M\}$, 最大迭代次数 $T_{\max}$, 程序终止参数 ε, 参数 $J_1,J_2,\cdots,J_N$.

输出: $\boldsymbol{U}_n(n=1,2,\cdots,N)$.

初始化 $\boldsymbol{U}_n(0)=\boldsymbol{I}_{I_n}(n=1,2,\cdots,N)$.

For $t=1,2,\cdots,T_{\max}$

  For $k=1,2,\cdots,N$

    计算 $\boldsymbol{H}_1$;

    计算 $\boldsymbol{H}_2$;

    解广义特征值问题 $\boldsymbol{H}_1\boldsymbol{u}=\lambda\boldsymbol{H}_2\boldsymbol{u}$ 求前 P_k 个最大特征值对应的特征向量得到 $\boldsymbol{U}_k(t)$;

  End For

  If $\|\boldsymbol{U}_k(t)-\boldsymbol{U}_k(t-1)\|_F<\varepsilon\,(k=1,2,\cdots,N)$, **then** $\boldsymbol{U}_k=\boldsymbol{U}_k(t)\,(k=1,2,\cdots,N)$, **break**;

End For

Return $\boldsymbol{U}_n\,(n=1,2,\cdots,N)$.

表 3-3 矩阵 $\boldsymbol{H}_1$ 和 $\boldsymbol{H}_2$ 的取值情况

	T-DLLE	T-ISOMAP	TNPE	TLPP	TLDE	TLE
$\boldsymbol{H}_1$	$\boldsymbol{H}_k^{\text{T-DLLE}}$	$\boldsymbol{H}_k^{\text{T-ISOMAP}}$	$\boldsymbol{H}_k^{\mathrm{TNPE}}$	$\boldsymbol{H}_k^{\mathrm{TLPP}}$	$\boldsymbol{H}_k^{\mathrm{TLDE}}$	$\boldsymbol{H}_k^{\mathrm{TLE}}$
$\boldsymbol{H}_2$	$\boldsymbol{Q}_k^{\text{T-DLLE}}$	$\boldsymbol{I}$	$\boldsymbol{Q}_k^{\mathrm{TNPE}}$	$\boldsymbol{Q}_k^{\mathrm{TLPP}}$	$\boldsymbol{Q}_k^{\mathrm{TLDE}}$	$\boldsymbol{Q}_k^{\mathrm{TLE}}$

3.6 基于图嵌入的张量子空间学习

设 $G=\{X,\boldsymbol{W}\}$ 是一个加权无向图, $X=\{\boldsymbol{x}_1,\boldsymbol{x}_2,\cdots,\boldsymbol{x}_M\}$ 是顶点集, $\boldsymbol{W}\in R^{M\times M}$ 是顶点之间的相似度矩阵, $\boldsymbol{x}_i\in R^l$ 是图中的顶点, 图 G 的对角矩阵 $\boldsymbol{D}$ 和拉普拉斯矩阵 $\boldsymbol{L}$ 定义如下

$$(\boldsymbol{D})_{ii}=\sum_{j=1,j\neq i}^{M} w_{ij} \tag{3-6-1}$$

$$\boldsymbol{L}=\boldsymbol{D}-\boldsymbol{W} \tag{3-6-2}$$

另设 $G^p=\{X,\boldsymbol{W}^p\}$ 是相对于 G 的加权无向惩罚图, 顶点集 $X=\{\boldsymbol{x}_1,\boldsymbol{x}_2,\cdots,\boldsymbol{x}_M\}$ 的低维表示为 $\boldsymbol{Y}=(\boldsymbol{y}_1,\boldsymbol{y}_2,\cdots,\boldsymbol{y}_M)^{\mathrm{T}}$, $\boldsymbol{W}^p\in R^{M\times M}$ 是低维空间中顶点之间的相似度矩阵, 图 G^p 的对角矩阵 $\boldsymbol{D}^p$ 和拉普拉斯矩阵 $\boldsymbol{L}^p$ 分别定义如下

$$(\boldsymbol{D}^p)_{ii}=\sum_{j=1,j\neq i}^{M} w_{ij}^p \tag{3-6-3}$$

$$\boldsymbol{L}^p=\boldsymbol{D}^p-\boldsymbol{W}^p \tag{3-6-4}$$

图 G 的图嵌入是一个寻找图 G 顶点的理想低维向量表示关系的算法, 该低维表示关系能够很好地刻画图顶点对之间的相似关系, 其数学模型如下

$$\begin{aligned}
&\arg\min_{\boldsymbol{y}_1,\boldsymbol{y}_2,\cdots,\boldsymbol{y}_M} J(\boldsymbol{y}_1,\boldsymbol{y}_2,\cdots,\boldsymbol{y}_M)=\sum_{i=1}^{M}\sum_{j=1,j\neq i}^{M}\|\boldsymbol{y}_i-\boldsymbol{y}_j\|_F^2 w_{ij}\\
&\text{s.t.}\quad \sum_{i=1}^{M}\sum_{j=1,j\neq i}^{M}\|\boldsymbol{y}_i-\boldsymbol{y}_j\|_F^2 w_{ij}^p=d
\end{aligned} \tag{3-6-5}$$

设 $\boldsymbol{y}_i=\boldsymbol{U}^{\mathrm{T}}\boldsymbol{x}_i$, 其中 $\boldsymbol{U}=(\boldsymbol{u}_1,\boldsymbol{u}_2,\cdots,\boldsymbol{u}_s)\in R^{l\times s}$, 则优化问题 (3-6-5) 可以写成下列形式

$$\begin{aligned}
&\arg\min_{\boldsymbol{U}}\quad J(\boldsymbol{U})=\sum_{i=1}^{M}\sum_{j=1,j\neq i}^{M}\left\|\boldsymbol{U}^{\mathrm{T}}\boldsymbol{x}_i-\boldsymbol{U}^{\mathrm{T}}\boldsymbol{x}_j\right\|_F^2 w_{ij}\\
&\text{s.t.}\quad \sum_{i=1}^{M}\sum_{j=1,j\neq i}^{M}\left\|\boldsymbol{U}^{\mathrm{T}}\boldsymbol{x}_i-\boldsymbol{U}^{\mathrm{T}}\boldsymbol{x}_j\right\|_F^2 w_{ij}^p=d
\end{aligned} \tag{3-6-6}$$

令 $\boldsymbol{H}=-\sum_{i=1}^{M}\sum_{j=1,j\neq i}^{M}(\boldsymbol{x}_i-\boldsymbol{x}_j)(\boldsymbol{x}_i-\boldsymbol{x}_j)^{\mathrm{T}}w_{ij}$, $\boldsymbol{Q}=\sum_{i=1}^{M}\sum_{j=1,j\neq i}^{M}(\boldsymbol{x}_i-\boldsymbol{x}_j)(\boldsymbol{x}_i-\boldsymbol{x}_j)^{\mathrm{T}}w_{ij}^p$, 由于

$$\begin{aligned}
J(\boldsymbol{U})&=\sum_{i=1}^{M}\sum_{j=1,j\neq i}^{M}\left\|\boldsymbol{U}^{\mathrm{T}}\boldsymbol{x}_i-\boldsymbol{U}^{\mathrm{T}}\boldsymbol{x}_j\right\|_F^2 w_{ij}\\
&=\sum_{i=1}^{M}\sum_{j=1,j\neq i}^{M}\mathrm{tr}\left((\boldsymbol{U}^{\mathrm{T}}\boldsymbol{x}_i-\boldsymbol{U}^{\mathrm{T}}\boldsymbol{x}_j)(\boldsymbol{U}^{\mathrm{T}}\boldsymbol{x}_i-\boldsymbol{U}^{\mathrm{T}}\boldsymbol{x}_j)^{\mathrm{T}}\right)w_{ij}
\end{aligned}$$

$$
= \operatorname{tr}\left(\boldsymbol{U}^{\mathrm{T}}\left(\sum_{i=1}^{M}\sum_{j=1,j\neq i}^{M}(\boldsymbol{x}_i-\boldsymbol{x}_j)(\boldsymbol{x}_i-\boldsymbol{x}_j)^{\mathrm{T}}w_{ij}\right)\boldsymbol{U}\right)
$$

$$
= -\operatorname{tr}\left(\boldsymbol{U}^{\mathrm{T}}\boldsymbol{H}\boldsymbol{U}\right) \tag{3-6-7}
$$

$$
\sum_{i=1}^{M}\sum_{j=1,j\neq i}^{M}\left\|\boldsymbol{U}^{\mathrm{T}}\boldsymbol{x}_i-\boldsymbol{U}^{\mathrm{T}}\boldsymbol{x}_j\right\|_F^2 w_{ij}^p
$$

$$
=\sum_{i=1}^{M}\sum_{j=1,j\neq i}^{M}\operatorname{tr}\left((\boldsymbol{U}^{\mathrm{T}}\boldsymbol{x}_i-\boldsymbol{U}^{\mathrm{T}}\boldsymbol{x}_j)(\boldsymbol{U}^{\mathrm{T}}\boldsymbol{x}_i-\boldsymbol{U}^{\mathrm{T}}\boldsymbol{x}_j)^{\mathrm{T}}\right)w_{ij}^p
$$

$$
= \operatorname{tr}\left(\boldsymbol{U}^{\mathrm{T}}\left(\sum_{i=1}^{M}\sum_{j=1,j\neq i}^{M}(\boldsymbol{x}_i-\boldsymbol{x}_j)(\boldsymbol{x}_i-\boldsymbol{x}_j)^{\mathrm{T}}w_{ij}^p\right)\boldsymbol{U}\right)
$$

$$
= \operatorname{tr}\left(\boldsymbol{U}^{\mathrm{T}}\boldsymbol{Q}\boldsymbol{U}\right) \tag{3-6-8}
$$

则优化问题 (3-6-6) 可以表示为

$$
\arg\max_{\boldsymbol{U}} J(\boldsymbol{U}) = \frac{\operatorname{tr}\left(\boldsymbol{U}^{\mathrm{T}}\boldsymbol{H}\boldsymbol{U}\right)}{\operatorname{tr}\left(\boldsymbol{U}^{\mathrm{T}}\boldsymbol{Q}\boldsymbol{U}\right)} \tag{3-6-9}
$$

如果样本是张量, 低维表示是标量, 设

$$
w_{ij} = w_{ji} = 1,\quad \mathcal{X}_i \text{ 是 } \mathcal{X}_j \text{ 的 } K_1 \text{ 近邻}, l_i = l_j \tag{3-6-10}
$$

$$
w_{ij}^p = 1,\quad \mathcal{X}_j \text{ 是 } \mathcal{X}_i \text{ 的 } K_2 \text{ 近邻}, l_i \neq l_j \tag{3-6-11}
$$

基于图嵌入的线性化, 我们很容易给出张量间隔 Fisher 分析算法 TMFA (tensor marginal Fisher analysis) 的数学模型[25]:

$$
\arg\min_{\boldsymbol{u}_1,\boldsymbol{u}_2,\cdots,\boldsymbol{u}_N} J(\boldsymbol{u}_1,\boldsymbol{u}_2,\cdots,\boldsymbol{u}_N)
$$

$$
= \frac{\displaystyle\sum_{i=1}^{M}\sum_{j=1}^{M}\left\|\mathcal{X}_i\times_1\boldsymbol{u}_1\times_2\boldsymbol{u}_2\times_3\cdots\times_N\boldsymbol{u}_N-\mathcal{X}_j\times_1\boldsymbol{u}_1\times_2\boldsymbol{u}_2\times_3\cdots\times_N\boldsymbol{u}_N\right\|_F^2 w_{ij}}{\displaystyle\sum_{i=1}^{M}\sum_{j=1}^{M}\left\|\mathcal{X}_i\times_1\boldsymbol{u}_1\times_2\boldsymbol{u}_2\times_3\cdots\times_N\boldsymbol{u}_N-\mathcal{X}_j\times_1\boldsymbol{u}_1\times_2\boldsymbol{u}_2\times_3\cdots\times_N\boldsymbol{u}_N\right\|_F^2 w_{ij}^p} \tag{3-6-12}
$$

如果原始数据的低维表示仍然是张量, 则相应的 TMFA 数学模型为

$$
\arg\min_{\boldsymbol{U}_1,\boldsymbol{U}_2,\cdots,\boldsymbol{U}_N} J(\boldsymbol{U}_1,\boldsymbol{U}_2,\cdots,\boldsymbol{U}_N)
$$

$$= \frac{\sum_{i=1}^{M}\sum_{j=1}^{M}\left\|\mathcal{X}_i\times_1 \boldsymbol{U}_1^{\mathrm{T}}\times_2 \boldsymbol{U}_2^{\mathrm{T}}\times_3\cdots\times_N \boldsymbol{U}_N^{\mathrm{T}}-\mathcal{X}_j\times_1 \boldsymbol{U}_1^{\mathrm{T}}\times_2 \boldsymbol{U}_2^{\mathrm{T}}\times_3\cdots\times_N \boldsymbol{U}_N^{\mathrm{T}}\right\|_F^2 w_{ij}}{\sum_{i=1}^{M}\sum_{j=1}^{M}\left\|\mathcal{X}_i\times_1 \boldsymbol{U}_1^{\mathrm{T}}\times_2 \boldsymbol{U}_2^{\mathrm{T}}\times_3\cdots\times_N \boldsymbol{U}_N^{\mathrm{T}}-\mathcal{X}_j\times_1 \boldsymbol{U}_1^{\mathrm{T}}\times_2 \boldsymbol{U}_2^{\mathrm{T}}\times_3\cdots\times_N \boldsymbol{U}_N^{\mathrm{T}}\right\|_F^2 w_{ij}^p} \tag{3-6-13}$$

令

$$\mathcal{Z}_i = \mathcal{X}_i \times_1 \boldsymbol{U}_1^{\mathrm{T}} \times_2 \boldsymbol{U}_2^{\mathrm{T}} \times_3 \cdots \times_{k-1} \boldsymbol{U}_{k-1}^{\mathrm{T}} \times_{k+1} \boldsymbol{U}_{k+1}^{\mathrm{T}} \times_{k+2} \cdots \times_N \boldsymbol{U}_N^{\mathrm{T}} \tag{3-6-14}$$

$$\boldsymbol{H}_k = -\sum_{i=1}^{M}\sum_{j=1}^{M}(\boldsymbol{Z}_{i(k)} - \boldsymbol{Z}_{j(k)})(\boldsymbol{Z}_{i(k)} - \boldsymbol{Z}_{j(k)})^{\mathrm{T}} w_{ij} \tag{3-6-15}$$

$$\boldsymbol{Q}_k = \sum_{i=1}^{M}\sum_{j=1}^{M}(\boldsymbol{Z}_{i(k)} - \boldsymbol{Z}_{j(k)})(\boldsymbol{Z}_{i(k)} - \boldsymbol{Z}_{j(k)})^{\mathrm{T}} w_{ij}^p \tag{3-6-16}$$

则优化问题 (3-6-13) 可以表示为

$$\arg\max_{\boldsymbol{U}_1,\boldsymbol{U}_2,\cdots,\boldsymbol{U}_N} J(\boldsymbol{U}_1,\boldsymbol{U}_2,\cdots,\boldsymbol{U}_N) = \frac{\mathrm{tr}\left(\boldsymbol{U}_k^{\mathrm{T}}\boldsymbol{H}_k\boldsymbol{U}_k\right)}{\mathrm{tr}\left(\boldsymbol{U}_k^{\mathrm{T}}\boldsymbol{Q}_k\boldsymbol{U}_k\right)} \tag{3-6-17}$$

从而, 因子矩阵 $\boldsymbol{U}_k$ 通过解广义特征值问题 $\boldsymbol{H}_k\boldsymbol{u} = \lambda\boldsymbol{Q}_k\boldsymbol{u}$ 的前 P_k 个最大特征值对应的特征向量得到.

基于上述分析, 基于图嵌入的张量子空间学习算法的详细步骤如算法 3-6 所示.

算法 3-6　基于图嵌入的张量子空间学习算法

输入: 数据集 $\{\mathcal{X}_1,\mathcal{X}_2,\cdots,\mathcal{X}_M\}$, 最大迭代次数 $T_{\max}$, 程序终止参数 ε, 参数 $J_1,J_2,\cdots,J_N$.
输出: $\boldsymbol{U}_n\,(n=1,2,\cdots,N)$.
　初始化 $\boldsymbol{U}_n(0) = \boldsymbol{I}_{I_n}\,(n=1,2,\cdots,N)$.
　For $t=1,2,\cdots,T_{\max}$
　　For $k=1,2,\cdots,N$
　　　计算 $\boldsymbol{H}_k$;
　　　计算 $\boldsymbol{Q}_k$;
　　　解广义特征值问题 $\boldsymbol{H}_k\boldsymbol{u}=\lambda\boldsymbol{Q}_k\boldsymbol{u}$ 求 $\boldsymbol{U}_k(t)$;
　　End For
　　If $\|\boldsymbol{U}_k(t)-\boldsymbol{U}_k(t-1)\|_F < \varepsilon\,(k=1,2,\cdots,N)$, **then** $\boldsymbol{U}_k = \boldsymbol{U}_k(t)\,(k=1,2,\cdots,N)$, **break**;
　End For
　Return $\boldsymbol{U}_n\,(n=1,2,\cdots,N)$.

3.7　基于回归的大规模 TLPP 算法

从 3.5 节和 3.6 节中, 我们发现: 基于流形学习的张量子空间学习算法和基于图嵌入的张量子空间学习算法均以 Tucker 分解框架为基础, 常常涉及广义特征值的计算问题. 当张量的每一个模态空间维数都不很高时, 例如维数不超过 4000, 那么上述算法不存在计算和存储的困难. 无论如何, 当张量的某一个模态空间维数很高时, 上述算法均会遇到计算和存储的困难. 为了解决这个问题, 2010 年, 利用多元统计分析中的线性回归分析方法, Guan 提出了基于张量子空间回归的大规模 TLPP 算法[30], 高效地处理人脸识别问题. 接下来, 我们详细地介绍这个算法.

设数据集 $X = \{\mathcal{X}_1, \mathcal{X}_2, \cdots, \mathcal{X}_M\}$ 的低维表示为 $\boldsymbol{Y} = (\mathcal{Y}_1, \mathcal{Y}_2, \cdots, \mathcal{Y}_M)^{\mathrm{T}}$, $\mathcal{Y}_i = \mathcal{X}_i \times_1 \boldsymbol{U}_1^{\mathrm{T}} \times_2 \boldsymbol{U}_2^{\mathrm{T}} \times_3 \cdots \times_k \boldsymbol{U}_k^{\mathrm{T}} \times_{k+1} \boldsymbol{U}_{k+1}^{\mathrm{T}} \times_{k+2} \cdots \times_N \boldsymbol{U}_N^{\mathrm{T}} \in R^{J_1 \times J_2 \times \cdots \times J_N}$, TLPP 的数学模型为

$$\min_{\mathcal{Y}_1, \mathcal{Y}_2, \cdots, \mathcal{Y}_M} J(\mathcal{Y}_1, \mathcal{Y}_2, \cdots, \mathcal{Y}_M) = \frac{\sum\limits_{i=1}^{M} \sum\limits_{j=1}^{M} \|\mathcal{Y}_i - \mathcal{Y}_j\|_F^2 w_{ij}}{\sum\limits_{i=1}^{M} \|\mathcal{Y}_i\|_F^2 d_{ii}} \tag{3-7-1}$$

其中

$$w_{ij} = \begin{cases} e^{-\frac{\|\mathcal{X}_i - \mathcal{X}_j\|}{\sigma}}, & l_i = l_j, \\ 0, & l_i \neq l_j \end{cases} \tag{3-7-2}$$

$$d_{ii} = \sum_{j=1}^{M} w_{ij}, \quad d_{ij} = 0 \quad (i \neq j) \tag{3-7-3}$$

令 $\boldsymbol{H} = (\mathrm{vec}(\mathcal{Y}_1), \mathrm{vec}(\mathcal{Y}_2), \cdots, \mathrm{vec}(\mathcal{Y}_M))^{\mathrm{T}} \in R^{M \times (J_1 \times J_2 \times \cdots \times J_N)}$, 则 (3-7-1) 的矩阵形式可以表示如下

$$\min_{\mathcal{Y}_1, \mathcal{Y}_2, \cdots, \mathcal{Y}_M} J(\mathcal{Y}_1, \mathcal{Y}_2, \cdots, \mathcal{Y}_M) = \frac{\mathrm{tr}\left(\boldsymbol{H}^{\mathrm{T}} \boldsymbol{L} \boldsymbol{H}\right)}{\mathrm{tr}\left(\boldsymbol{H}^{\mathrm{T}} \boldsymbol{D} \boldsymbol{H}\right)} \tag{3-7-4}$$

其中 $\boldsymbol{L} = \boldsymbol{D} - \boldsymbol{W}$.

当 $M \geqslant J_1 J_2 \cdots J_N$ 时, 优化问题 (3-7-4) 的最优解可以通过求下列广义特征值问题的前 $J_1 J_2 \cdots J_N$ 个最小特征值所对应的特征向量得到

$$\boldsymbol{L}\boldsymbol{h} = \lambda \boldsymbol{D}\boldsymbol{h} \tag{3-7-5}$$

利用 $\boldsymbol{L}=\boldsymbol{D}-\boldsymbol{W}$, 上述广义特征值问题可以转化为下列广义特征值问题:

$$\boldsymbol{W}\boldsymbol{h}=(1-\lambda)\,\boldsymbol{D}\boldsymbol{h} \tag{3-7-6}$$

通过把同类的数据进行重新排列, $\boldsymbol{W}$ 和 $\boldsymbol{D}$ 可以表示为下列分块矩阵的形式:

$$\boldsymbol{W}=\begin{pmatrix}\boldsymbol{W}^{(1)} & 0 & \cdots & 0\\ 0 & \boldsymbol{W}^{(2)} & \ddots & \vdots\\ \vdots & \ddots & \ddots & 0\\ 0 & \cdots & 0 & \boldsymbol{W}^{(C)}\end{pmatrix} \tag{3-7-7}$$

$$\boldsymbol{D}=\begin{pmatrix}\boldsymbol{D}^{(1)} & 0 & \cdots & 0\\ 0 & \boldsymbol{D}^{(2)} & \ddots & \vdots\\ \vdots & \ddots & \ddots & 0\\ 0 & \cdots & 0 & \boldsymbol{D}^{(C)}\end{pmatrix} \tag{3-7-8}$$

这样一来, 我们可以通过解下列 C 个广义特征值问题得到原始问题的解:

$$\boldsymbol{W}^{(k)}\boldsymbol{h}^{(k)}=(1-\lambda)\,\boldsymbol{D}^{(k)}\boldsymbol{h}^{(k)} \tag{3-7-9}$$

令 $\boldsymbol{h}_k=\left(\underbrace{0,0,\cdots,0,}_{\sum_{i=1}^{k-1}m_i}\ \underbrace{1,1,\cdots,1,}_{m_k}\ \underbrace{0,0,\cdots,0}_{\sum_{i=k+1}^{C}m_i}\right)^{\mathrm{T}}$, $\boldsymbol{e}=(1,1,\cdots,1)^{\mathrm{T}}\in R^M$, 把 $\boldsymbol{e}$ 作为第一个特征向量, 利用 Schmidt 正交化过程[31], 我们可以很容易得到正交化的其余 $C-1$ 个向量, 并形成矩阵 $\boldsymbol{H}=\left(\overline{\boldsymbol{h}}_1,\overline{\boldsymbol{h}}_2,\cdots,\overline{\boldsymbol{h}}_{C-1}\right)$. 利用 $\boldsymbol{H}$ 得到 $\mathcal{Y}_i$ 之后, 我们可以通过解下列优化问题得到因子矩阵 $\boldsymbol{U}_k$:

$$\boldsymbol{U}_k=\arg\min_{\boldsymbol{U}_k}\sum_{j=1}^{M}\left\|\boldsymbol{U}_k^{\mathrm{T}}\boldsymbol{Z}_{j(k)}-\boldsymbol{Y}_{j(k)}\right\|_F^2+\alpha_k\left\|\boldsymbol{U}_k\right\|_F^2 \tag{3-7-10}$$

由

$$\begin{aligned}&\frac{\partial\left(\sum_{j=1}^{M}\left\|\boldsymbol{U}_k^{\mathrm{T}}\boldsymbol{Z}_{j(k)}-\boldsymbol{Y}_{j(k)}\right\|_F^2+\alpha_k\left\|\boldsymbol{U}_k\right\|_F^2\right)}{\partial\boldsymbol{U}_k}\\&=2\left(\left(\left(\sum_{j=1}^{M}\boldsymbol{Z}_{j(k)}\left(\boldsymbol{Z}_{j(k)}\right)^{\mathrm{T}}\right)+\alpha_k\right)\boldsymbol{U}_k-\sum_{j=1}^{M}\boldsymbol{Z}_{j(k)}\left(\boldsymbol{Y}_{j(k)}\right)^{\mathrm{T}}\right)\\&=0\end{aligned} \tag{3-7-11}$$

我们知道, 最优 $\boldsymbol{U}_k$ 满足下列方程组:

$$\left(\left(\sum_{j=1}^{M} \boldsymbol{Z}_{j(k)} \left(\boldsymbol{Z}_{j(k)}\right)^{\mathrm{T}}\right) + \alpha_k \boldsymbol{I}_k\right) \boldsymbol{U}_k = \sum_{j=1}^{M} \boldsymbol{Z}_{j(k)} \left(\boldsymbol{Y}_{j(k)}\right)^{\mathrm{T}} \tag{3-7-12}$$

其矩阵形式如下

$$\left(\boldsymbol{Z}^{(k)} \left(\boldsymbol{Z}^{(k)}\right)^{\mathrm{T}} + \alpha_k \boldsymbol{I}_k\right) \boldsymbol{U}_k = \boldsymbol{Z}^{(k)} \left(\boldsymbol{Y}^{(k)}\right)^{\mathrm{T}} \tag{3-7-13}$$

其中 $\boldsymbol{Z}^{(k)} = \left(\boldsymbol{Z}_{1(k)}, \boldsymbol{Z}_{2(k)}, \cdots, \boldsymbol{Z}_{M(k)}\right)$, $\boldsymbol{Y}^{(k)} = \left(\boldsymbol{Y}_{1(k)}, \boldsymbol{Y}_{2(k)}, \cdots, \boldsymbol{Y}_{M(k)}\right)$.

基于上述分析, 基于回归的大规模 TLPP 算法的详细步骤如算法 3-7 所示.

算法 3-7 基于回归的大规模 TLPP 算法

输入: 数据集 $\{\mathcal{X}_1, \mathcal{X}_2, \cdots, \mathcal{X}_M\}$, 最大迭代次数 $T_{\max}$, 参数 $J_1, J_2, \cdots, J_N$.

输出: $\boldsymbol{U}_n\,(n = 1, 2, \cdots, N)$

//解特征值问题求 $\mathcal{Y}_i\,(i = 1, 2, \cdots, M)$

令 $\boldsymbol{h}_k = \left(\underbrace{0, 0, \cdots, 0,}_{\sum_{i=1}^{k-1} m_i} \quad \underbrace{1, 1, \cdots, 1,}_{m_k} \quad \underbrace{0, 0, \cdots, 0}_{\sum_{i=k+1}^{C} m_i}\right)^{\mathrm{T}} (k = 1, 2, \cdots, C)$, $\boldsymbol{e} = (1,\ 1,\ \cdots,\ 1)^{\mathrm{T}} \in R^M$, 利用 Schmidt 正交化过程得到特征向量矩阵 $\boldsymbol{H} = (\overline{\boldsymbol{h}}_1,\ \overline{\boldsymbol{h}}_2,\ \cdots,\ \overline{\boldsymbol{h}}_{C-1})$, 计算 $\mathcal{Y}_i\,(i = 1, 2, \cdots, M)$.

//解回归问题求 $\boldsymbol{U}_k\,(k = 1, 2, \cdots, N)$

初始化 $\boldsymbol{U}_n\,(0) = \boldsymbol{I}_{I_n}\,(n = 1, 2, \cdots, N)$.

For $t = 1, 2, \cdots, T_{\max}$

  For $k = 1, 2, \cdots, N$

    For $i = 1, 2, \cdots, M$

      计算 $\mathcal{Z}_i = \mathcal{X}_i \times_1 \boldsymbol{U}_1^{\mathrm{T}} \times_2 \boldsymbol{U}_2^{\mathrm{T}} \times_3 \cdots \times_{k-1} \boldsymbol{U}_{k-1}^{\mathrm{T}} \times_{k+1} \boldsymbol{U}_{k+1}^{\mathrm{T}} \times_{k+2} \cdots \times_N \boldsymbol{U}_N^{\mathrm{T}}$;

    End For

    解线性代数方程组 (3-7-13) 得到 $\boldsymbol{U}_k(t)$;

  End For

  If $\|\boldsymbol{U}_k(t) - \boldsymbol{U}_k\,(t-1)\|_F < \varepsilon\,(k = 1, 2, \cdots, N)$, **then** $\boldsymbol{U}_k = \boldsymbol{U}_k(t)\,(k = 1, 2, \cdots, N)$, **break**;

End For

Return $\boldsymbol{U}_n\,(n = 1, 2, \cdots, N)$.

无论如何, 当 $M < J_1 J_2 \cdots J_N$ 或者某一类的数据特别多时, 上述方法不能使用.

参考文献

[1] Jolliffe I T. Principal Component Analysis. 2nd ed. NewYork: Springer Series in Statistics, 2002.

[2] Hyvärinen A. Fast and robust fixed-point algorithms for independent component analysis. IEEE Transactions on Neural Networks, 1999, 10(3): 626-634.

[3] Hyvärinen A, Oja E. Independent component analysis: Algorithms and applications. Neural Networks, 2000, 13: 411-430.

[4] Duda R O, Hart P E, Stork D G. Pattern classification. 2nd ed. New York: Wiley Interscience, 2001.

[5] Hotelling H. Relations between two sets of variates. Biometrika, 1936, 28(7): 321-377.

[6] Wold S, Sjöström M, Eriksson L. PLS-regression: A basic tool of chemometrics. Chemometrics and Intelligent Laboratory Systems, 2001, 58(2): 109-130.

[7] Lu H P, Plataniotis K N, Venetsanopoulis A N. MPCA: Multilinear principal component analysis of tensor objects. IEEE Transactions on Neural Networks, 2008, 19(1): 18-39.

[8] Lu H P, Plataniotis K N, Venetsanopoulos A N. Uncorrelated multilinear principal component analysis for unsupervised multilinear subspace learning. IEEE Transactions on Neural Networks, 2009, 20(11): 1820-1836.

[9] Lu H P, Plataniotis K N, Venetsanopoulos A N. Multilinear Subspace Learning-Dimensionality Reduction of Multidimensional Data. Boca Raton: CRC Press, 2014.

[10] Han L, Wu Z, Zeng K, et al. Online multilinear principal component analysis. Neurocomputing, 2018, 275: 888-896.

[11] Wen Z, Yin W. A feasible method for optimization with orthogonality constraints. Mathematical Programming, 2013, 142: 397-434.

[12] Ye J P, Janardan R, Li Q. Two-dimensional linear discriminant analysis. The 17th International Conference on Neural Information Processing Systems (NIPS), 2004: 1569-1576.

[13] Yan S C, Xu D, Yang Q, et al. Multilinear discriminant analysis for face recognition. IEEE Transactions on Image Processing, 2007, 16(1): 212-220.

[14] Tao D C, Li X L, Wu X D, et al. General tensor discriminant analysis and gabor features for gait recognition. IEEE Transactions on Pattern Analysis and Machine Intelligence, 2007, 29(10): 1700-1715.

[15] Wang Y, Gong S G. Tensor discriminant analysis for view-based object recognition. Proceedings of International Conference on Pattern Recognition (ICPR), 2006: 33-36.

[16] Tao D C, Li X L, Wu X D, et al. Tensor rank one discriminant analysis: A convergent method for discriminative multilinear subspace selection. Neurocomputing, 2008, 71(10-12): 1866-1882.

[17] Lu H P, Plataniotis K N K, Venetsanopoulos A N. Uncorrelated multilinear discriminant analysis with regularization and aggregation for tensor object recognition. IEEE Transactions on Neural Networks, 2009, 20(1): 103-123.

[18] Roweis S T, Saul L K. Nonlinear dimensionality reduction by locally linear embedding. Science, 2000, 290(5500): 2323-2326.

[19] Tenenbaum J B, de Silva V, Langford J C. A global geometric framework for nonlinear dimensionality reduction. Science, 2000, 290(5500): 2319-2323.

[20] He X F, Cai D, Yan S C, et al. Neighborhood preserving embedding. Tenth IEEE International Conference on Computer Vision(ICCV), 2005: 1208-1213.

[21] He X F, Niyogi P. Locality preserving projections. Advances in Neural Information Processing Systems, 2003: 153-156.

[22] Chen H T, Chang H W, Liu T L. Local discriminant embedding and its variants. The IEEE Computer Society Conference on Computer Vision and Pattern Recognition (CVPR), 2005: 846-853.

[23] Belkin M, Niyogi P. Laplacian eigenmaps and spectral techniques for embedding and clustering. Neural Information Processing System (NIPS), 2001: 585-591.

[24] Li X, Lin S, Yan S C, et al. Discriminant locally linear embedding with high-order tensor data. IEEE Transactions on Systems, Man, and Cybernetics-Part B: Cybernetics, 2008, 38(2): 342-352.

[25] Yan S C, Xu D, Zhang B Y, et al. Graph embedding and extensions: A general framework for dimensionality reduction. IEEE Transactions on Pattern Analysis and Machine Intelligence, 2007, 29(1): 40-51.

[26] Liu Y, Liu Y, Zhong S H, et al. Tensor distance based multilinear globality preserving embedding: A unified tensor based dimensionality reduction framework for image and video classification. Expert Systems with Applications, 2012, 39 (12): 10500-10511.

[27] Dai G, Yeung D Y. Tensor embedding methods. AAAI'06: Proceedings of the 21st National Conference on Artificial Intelligence (AAAI), 2006: 330-335.

[28] Wang W Q, Aggarwal V, Aeron S. Tensor train neighborhood preserving embedding. IEEE Transactions on Signal Processing, 2018, 66(10): 2724-2732.

[29] He X F, Yan S C, Hu Y X, et al. Face recognition using Laplacianfaces. IEEE Transactions on Pattern Analysis and Machine Intelligence, 2005, 27(3): 328-340.

[30] Guan Z Y, Wang C, Chen Z G, et al. Efficient face recognition using tensor subspace regression. Neurocomputing, 2010, 73: 2744-2753.

[31] Björck A. Numerics of Gram-Schmidt orthogonalization. Linear Algebra and its Applications, 1994, 197(198): 297-316.

第 4 章　有监督张量学习

统计学习理论 (statistical learning theory) 是由 Vapnik 提出的一种小样本学习理论, 着重研究在小样本情况下的统计规律和学习方法性质, 为以数据为中心的机器学习问题建立了一个很好的理论框架[1,2]. 作为统计学习理论的通用学习算法——支持向量机[3], 自提出以来, 引起了国内外研究者的极大兴趣, 被广泛应用于机器学习、模式识别、图像处理、计算机视觉、数据挖掘、社交网络分析、自然语言处理等领域. 最近十余年来, 在机器学习领域, 受支持向量机理论的启发, 基于张量子空间学习, 研究者提出了三种类型的有监督张量学习模型: 一是基于权张量的秩-1 分解/CP 分解/Tucker 分解/TT 分解在每个模态空间中构造的张量分类模型[4-8]; 二是基于权张量的秩-1 分解/Tucker 分解/CP 分解构造的张量回归模型[9-12]; 三是基于张量的 CP 分解/核 CP 分解[13-15]/因子分解[16-19] 构造的张量分类模型. 前两类模型不存在闭式解, 需要交替计算投影向量或因子矩阵; 第三类模型是支持向量机模型在张量数据上的推广, 具有闭式解. 在本章中, 我们将详细地从数学原理上介绍这方面的工作.

4.1　有监督张量学习机

设二分类问题的训练集为 $\{(\mathcal{X}_i, y_i)\}_i^M$, 其中 $y_i \in \{-1, +1\}$ 是训练样本 $\mathcal{X}_i \in R^{I_1\times I_2\times\cdots\times I_N}$ 的类标, M 是训练样本的数量. 2007 年, 基于权张量的长度为 1 的 CP 分解, Tao 分别把 C-SVM、ν-SVM[20] 和最小二乘支持向量机 (LS-SVM)[21,22] 从向量模式推广到张量模式, 提出了 C-STM, ν-STM 和 LS-STM 模型[4]:

$$\begin{aligned}
&\min_{\{\boldsymbol{w}_i\}_{i=1}^N,\boldsymbol{\xi},b} \ \frac{1}{2}\left\|\boldsymbol{w}_1\circ\boldsymbol{w}_2\circ\cdots\circ\boldsymbol{w}_N\right\|_F^2 + C\sum_{i=1}^M \xi_i \\
&\text{s.t.} \quad y_i\left(\mathcal{X}_i\times_1\boldsymbol{w}_1\times_2\boldsymbol{w}_2\times_3\cdots\times_N\boldsymbol{w}_N + b\right)\geqslant 1-\xi_i,\ i=1,2,\cdots,M \\
&\qquad\ \ \xi_i\geqslant 0,\ i=1,2,\cdots,M
\end{aligned} \tag{4-1-1}$$

$$\begin{aligned}
&\min_{\{\boldsymbol{w}_i\}_{i=1}^N,\boldsymbol{\xi},b,\rho} \ \frac{1}{2}\left\|\boldsymbol{w}_1\circ\boldsymbol{w}_2\circ\cdots\circ\boldsymbol{w}_N\right\|_F^2 + \frac{1}{M}\sum_{i=1}^M \xi_i - \nu\rho \\
&\text{s.t.} \quad y_i\left(\mathcal{X}_i\times_1\boldsymbol{w}_1\times_2\boldsymbol{w}_2\times_3\cdots\times_N\boldsymbol{w}_N + b\right)\geqslant \rho-\xi_i,\ i=1,2,\cdots,M \\
&\qquad\ \ \xi_i\geqslant 0,\ i=1,2,\cdots,M \\
&\qquad\ \ \rho\geqslant 0
\end{aligned} \tag{4-1-2}$$

$$\begin{aligned}\min_{\{\boldsymbol{w}_i\}_{i=1}^N,\boldsymbol{\xi},b} \quad & \frac{1}{2}\left\|\boldsymbol{w}_1\circ\boldsymbol{w}_2\circ\cdots\circ\boldsymbol{w}_N\right\|_F^2+\frac{\gamma}{2}\sum_{i=1}^M(\xi_i)^2\\ \text{s.t.} \quad & y_i\left(\mathcal{X}_i\times_1\boldsymbol{w}_1\times_2\boldsymbol{w}_2\times_3\cdots\times_N\boldsymbol{w}_N+b\right)=1-\xi_i,\ i=1,2,\cdots,M\end{aligned} \tag{4-1-3}$$

其中 C, γ 分别是平衡分类间隔和误差的折中参数, ν 是控制支持向量数量和间隔误差的参数, ρ 是控制超平面间隔的参数, b 是偏量, ξ_i 是松弛变量, $\boldsymbol{\xi}=(\xi_1,\xi_2,\cdots,\xi_M)$.

优化模型 (4-1-1)—(4-1-3) 可以写成下列统一的形式:

$$\begin{aligned}\min_{\{\boldsymbol{w}_i\}_{i=1}^N,\boldsymbol{\xi},b} \quad & f\left(\boldsymbol{w}_1,\boldsymbol{w}_2,\cdots,\boldsymbol{w}_N,b,\boldsymbol{\xi}\right)\\ \text{s.t.} \quad & y_ic_i\left(\mathcal{X}_i\times_1\boldsymbol{w}_1\times_2\boldsymbol{w}_2\times_3\cdots\times_N\boldsymbol{w}_N+b\right)\geqslant-\xi_i,\ i=1,2,\cdots,M\\ & g_i\left(\xi_1,\xi_2,\cdots,\xi_M\right)\geqslant 0,\ i=1,2,\cdots,M\end{aligned} \tag{4-1-4}$$

其中 c_i, g_i 是约束凸函数.

优化问题 (4-1-4) 是一个非凸优化, 没有闭式解. 为了得到权重因子向量, 常常采用交替迭代法进行求解. 由 $\left\|\boldsymbol{w}_1\circ\boldsymbol{w}_2\circ\cdots\circ\boldsymbol{w}_N\right\|_F^2=\left\|\boldsymbol{w}_1\right\|_F^2\left\|\boldsymbol{w}_2\right\|_F^2\cdots\left\|\boldsymbol{w}_N\right\|_F^2$ 和张量运算, 我们可以得到求第 k 个因子向量 $\boldsymbol{w}_k$ 的优化模型如下

$$\begin{aligned}\min_{\boldsymbol{w}_k,\boldsymbol{\xi},b} \quad & f\left(\boldsymbol{w}_k,b,\boldsymbol{\xi}\right)\\ \text{s.t.} \quad & y_ic_i\left(\left\langle\boldsymbol{X}_i^k,\boldsymbol{w}_k\right\rangle+b\right)\geqslant-\xi_i\\ & g_i\left(\xi_1,\xi_2,\cdots,\xi_M\right)\geqslant 0,\ i=1,2,\cdots,M\end{aligned} \tag{4-1-5}$$

其中 $\boldsymbol{X}_i^k=\mathcal{X}_i\times_1\boldsymbol{w}_1\times_2\boldsymbol{w}_2\times_3\cdots\times_{k-1}\boldsymbol{w}_{k-1}\times_{k+1}\boldsymbol{w}_{k+1}\times_{k+2}\cdots\times_N\boldsymbol{w}_N$.

优化模型 (4-1-5) 本质上是支持向量机模型, 因此, 我们可以用支持向量机中的高效算法进行求解. 基于上述分析, 有监督张量学习的统一算法[4] 如算法 4-1 所示.

算法 4-1 有监督张量学习算法

输入: 数据集 $\{(\mathcal{X}_1,y_1),(\mathcal{X}_2,y_2),\cdots,(\mathcal{X}_M,y_M)\}$, 最大迭代次数 $T_{\max}$, 算法收敛控制参数 ε.

输出: $\boldsymbol{w}_k\,(k=1,2,\cdots,N),b$.

$\boldsymbol{w}_k(0)=\boldsymbol{I}_{I_k}\,(k=1,2,\cdots,N)$.

For $t=1,2,\cdots,T_{\max}$

  For $k=1,2,\cdots,N$

    解优化问题 (4-1-5) 得到 $\boldsymbol{w}_k(t)$;

  End For

  If $\sum_{k=1}^N\frac{\left\|\boldsymbol{w}_k(t)-\boldsymbol{w}_k(t-1)\right\|_F}{\left\|\boldsymbol{w}_k(t)\right\|_F}\leqslant\varepsilon$, **then break**;

End For

输出 $\boldsymbol{w}_k=\boldsymbol{w}_k(t)\,(k=1,2,\cdots,N)$, b.

基于同样的思想, Zhang[23] 把孪生支持向量机从向量模式推广到张量模式, 提出了孪生支持张量机; 基于 TT 分解, Chen[8] 提出了支持张量列机. 后来, 一些研究者把该思想应用于半监督学习[5,24,25] 和张量回归[9] 等问题. 需要注意的是, 在上述计算框架中, 我们无法从理论上保证: 在不同的模态空间中, 偏量 b 或松弛变量 ξ_i 是同一个值. 因此, 即使得到优化问题 (4-1-5) 的解, 我们也需要认真地考虑如何选择合理的偏量 b. 对于基于该思想的其他支持张量机, 该问题同样存在.

4.2 基于因子分解的最小二乘支持张量机

为了克服 [4] 没有闭式解的不足, 2011 年, 通过对张量的展开矩阵进行奇异值分解, Signoretto 把最小二乘支持向量机从向量模式推广到张量模式, 提出了基于因子分解的最小二乘支持张量机模型[16]:

$$\begin{aligned}\min_{\boldsymbol{w}_i} \quad & \frac{1}{2}\|\mathcal{W}\|_F^2 + C\sum_{i=1}^{M}\xi_i^2 \\ \text{s.t.} \quad & y_i\left(\langle \mathcal{W}, \varphi\left(\mathcal{X}_i\right)\rangle + b\right) = 1 - \xi_i \\ & \xi_i \geqslant 0,\ i = 1, 2, \cdots, M\end{aligned} \tag{4-2-1}$$

其对偶优化问题为

$$\begin{pmatrix} \mathbf{0} & \boldsymbol{Y}^{\mathrm{T}} \\ \boldsymbol{Y} & \boldsymbol{\Omega} + \dfrac{1}{C}\boldsymbol{I}_M \end{pmatrix}\begin{pmatrix} b \\ \boldsymbol{\alpha} \end{pmatrix} = \begin{pmatrix} \mathbf{0} \\ \mathbf{1}_M \end{pmatrix} \tag{4-2-2}$$

其中 $\mathbf{1}_M = (1, 1, \cdots, 1)^{\mathrm{T}} \in R^M$, $\boldsymbol{I}_M$ 是单位矩阵, $(\Omega)_{ij} = y_i y_j k(\mathcal{X}_i, \mathcal{X}_j)$, $\boldsymbol{Y} = (y_1, y_2, \cdots, y_M)$.

令 $\varphi(\mathcal{X}_i) = \boldsymbol{k}_{\mathcal{X}_i}^1 \circ \boldsymbol{k}_{\mathcal{X}_i}^2 \circ \cdots \circ \boldsymbol{k}_{\mathcal{X}_i}^N$, $\varphi(\mathcal{X}_j) = \boldsymbol{k}_{\mathcal{X}_j}^1 \circ \boldsymbol{k}_{\mathcal{X}_j}^2 \circ \cdots \circ \boldsymbol{k}_{\mathcal{X}_j}^N$, 由 $\boldsymbol{k}_{\mathcal{X}}^s = \boldsymbol{k}^s(\cdot, \mathcal{X})$ 和 $k^s(\mathcal{X}_i, \mathcal{X}_j) = \langle \boldsymbol{k}_{\mathcal{X}_i}^s, \boldsymbol{k}_{\mathcal{X}_j}^s \rangle$, 我们可以得到

$$\begin{aligned} k(\mathcal{X}_i, \mathcal{X}_j) &= \langle \varphi(\mathcal{X}_i), \varphi(\mathcal{X}_j) \rangle = \langle \Psi_{\boldsymbol{k}_{\mathcal{X}_i}^1, \boldsymbol{k}_{\mathcal{X}_i}^2, \cdots, \boldsymbol{k}_{\mathcal{X}_i}^N}, \Psi_{\boldsymbol{k}_{\mathcal{X}_j}^1, \boldsymbol{k}_{\mathcal{X}_j}^2, \cdots, \boldsymbol{k}_{\mathcal{X}_j}^N} \rangle \\ &= \langle \boldsymbol{k}_{\mathcal{X}_i}^1, \boldsymbol{k}_{\mathcal{X}_j}^1 \rangle \langle \boldsymbol{k}_{\mathcal{X}_i}^2, \boldsymbol{k}_{\mathcal{X}_j}^2 \rangle \cdots \langle \boldsymbol{k}_{\mathcal{X}_i}^N, \boldsymbol{k}_{\mathcal{X}_j}^N \rangle \\ &= k^1(\mathcal{X}_i, \mathcal{X}_j) k^2(\mathcal{X}_i, \mathcal{X}_j) \cdots k^N(\mathcal{X}_i, \mathcal{X}_j) \end{aligned} \tag{4-2-3}$$

设 $R(\boldsymbol{W})=\boldsymbol{W}^{\mathrm{T}}\boldsymbol{A}$ 是矩阵 $\boldsymbol{W}$ 在矩阵 $\boldsymbol{A}$ 上的投影. 对于 $\sigma>0$, 定义张量 $\mathcal{X}_i$ 和 $\mathcal{X}_j$ 在第 n 个模态空间上的因子核函数

$$k^n(\mathcal{X}_i,\mathcal{X}_j)=\exp\left(-\frac{1}{2\sigma^2}\left(d\left(\boldsymbol{X}_{i(n)},\boldsymbol{X}_{j(n)}\right)\right)^2\right) \tag{4-2-4}$$

其中 $d\left(\boldsymbol{X}_{i(n)},\boldsymbol{X}_{j(n)}\right)=\left\|\Pi_{R\left(\boldsymbol{X}_{i(n)}\right)}-\Pi_{R\left(\boldsymbol{X}_{j(n)}\right)}\right\|_F$ 是 $R\left(\boldsymbol{X}_{i(n)}\right)$ 和 $R\left(\boldsymbol{X}_{j(n)}\right)$ 在对应第 n 个模态空间的 Grassmann 流形上的距离, Π_η 是子空间 η 上的正交投影. 由

$$\boldsymbol{X}_{i(n)}=\left(\boldsymbol{U}^n_{\mathcal{X}_i,1},\boldsymbol{U}^n_{\mathcal{X}_i,2}\right)\begin{pmatrix}\boldsymbol{S}^n_{\mathcal{X}_i,1} & \boldsymbol{0}\\ \boldsymbol{0} & \boldsymbol{0}\end{pmatrix}\begin{pmatrix}\left(\boldsymbol{V}^n_{\mathcal{X}_i,1}\right)^{\mathrm{T}}\\ \left(\boldsymbol{V}^n_{\mathcal{X}_i,2}\right)^{\mathrm{T}}\end{pmatrix} \tag{4-2-5}$$

$$\boldsymbol{X}_{j(n)}=\left(\boldsymbol{U}^n_{\mathcal{X}_j,1},\boldsymbol{U}^n_{\mathcal{X}_j,2}\right)\begin{pmatrix}\boldsymbol{S}^n_{\mathcal{X}_j,1} & \boldsymbol{0}\\ \boldsymbol{0} & \boldsymbol{0}\end{pmatrix}\begin{pmatrix}\left(\boldsymbol{V}^n_{\mathcal{X}_j,1}\right)^{\mathrm{T}}\\ \left(\boldsymbol{V}^n_{\mathcal{X}_j,2}\right)^{\mathrm{T}}\end{pmatrix} \tag{4-2-6}$$

$$\Pi_{R\left(\boldsymbol{X}_{(n)}\right)}=\boldsymbol{V}^n_{X,1}\left(\boldsymbol{V}^n_{X,1}\right)^{\mathrm{T}} \tag{4-2-7}$$

和公式 (4-2-3), (4-2-4), 我们可以得到

$$\begin{aligned}k\left(\mathcal{X}_i,\mathcal{X}_j\right)=\prod_{n=1}^{N}\exp\Bigg(&-\frac{1}{2\sigma^2}\Big\|\boldsymbol{V}^n_{\mathcal{X}_i,1}\left(\boldsymbol{V}^n_{\mathcal{X}_i,1}\right)^{\mathrm{T}}\\ &-\boldsymbol{V}^n_{\mathcal{X}_j,1}(\boldsymbol{V}^n_{\mathcal{X}_j,1})^{\mathrm{T}}\Big\|_F^2\Bigg)\end{aligned} \tag{4-2-8}$$

由 (4-2-8) 可知: 当输入数据为一阶张量时, (4-2-2) 退化为标准的最小二乘支持向量机. 当张量的模态空间维度高时, 该模型将会遇到 SVD 计算的困难.

基于上述分析, 基于因子分解的最小二乘支持张量机算法的详细步骤如算法 4-2 所示.

最近, 基于 (4-2-8), Zhao 提出了核张量偏最小二乘算法和核典型相关分析算法[17,19].

算法 4-2 基于因子分解的最小二乘支持张量机算法

输入: 数据集 $\{(\mathcal{X}_1, y_1), (\mathcal{X}_2, y_2), \cdots, (\mathcal{X}_M, y_M)\}$, 最大迭代次数 $T_{\max}$, 算法收敛控制参数 ε.

输出: b 和 $\boldsymbol{\alpha}$.

For $i = 1, 2, \cdots, M$

  For $j = 1, 2, \cdots, M$

    For $n = 1, 2, \cdots, N$

      //奇异值分解

      根据 (4-2-5) 计算 $\boldsymbol{X}_{i(n)} = \left(\boldsymbol{U}^n_{\mathcal{X}_i,1}, \boldsymbol{U}^n_{\mathcal{X}_i,2}\right)\begin{pmatrix} \boldsymbol{S}^n_{\mathcal{X}_i,1} & \boldsymbol{0} \\ \boldsymbol{0} & \boldsymbol{0} \end{pmatrix}\begin{pmatrix} \left(\boldsymbol{V}^n_{\mathcal{X}_i,1}\right)^{\mathrm{T}} \\ \left(\boldsymbol{V}^n_{\mathcal{X}_i,2}\right)^{\mathrm{T}} \end{pmatrix}$;

      根据 (4-2-6) 计算 $\boldsymbol{X}_{j(n)} = \left(\boldsymbol{U}^n_{\mathcal{X}_j,1}, \boldsymbol{U}^n_{\mathcal{X}_j,2}\right)\begin{pmatrix} \boldsymbol{S}^n_{\mathcal{X}_j,1} & \boldsymbol{0} \\ \boldsymbol{0} & \boldsymbol{0} \end{pmatrix}\begin{pmatrix} \left(\boldsymbol{V}^n_{\mathcal{X}_j,1}\right)^{\mathrm{T}} \\ \left(\boldsymbol{V}^n_{\mathcal{X}_j,2}\right)^{\mathrm{T}} \end{pmatrix}$;

    End For

    根据 (4-2-8) 计算 $k(\mathcal{X}_i, \mathcal{X}_j)$;

  End For

End For

//解线性代数方程组

  根据 (4-2-2) 计算 b 和 $\boldsymbol{\alpha}$.

4.3 线性支持高阶张量机

为了解决有监督张量学习模型 (4-1-4) 没有闭式解的问题, 受 [16] 的启发, 2013 年, 利用张量的 CP 分解, Hao[13] 把标准的支持向量机分类模型从向量模式推广到张量模式, 提出了线性支持高阶张量机分类算法, 解决高阶张量的分类问题. 接下来, 我们首先详细给出新模型的推导过程, 然后给出新算法的时间复杂度分析, 最后给出实验结果和分析.

令 $\mathcal{W} = \boldsymbol{w}_1 \circ \boldsymbol{w}_2 \circ \cdots \circ \boldsymbol{w}_N$, 根据张量外积和张量 Frobenius 范数的定义, 我们可以得到

$$
\begin{aligned}
\|\mathcal{W}\|_F^2 &= \sum_{i_1=1}^{I_1}\sum_{i_2=1}^{I_2}\cdots\sum_{i_N=1}^{I_N} \mathcal{W}^2_{i_1,i_2,\cdots,i_N} \\
&= \sum_{i_1=1}^{I_1}\sum_{i_2=1}^{I_2}\cdots\sum_{i_N=1}^{I_N} \left(w_1^{i_1} w_2^{i_2} \cdots w_N^{i_N}\right)^2 \\
&= \sum_{i_1=1}^{I_1}\sum_{i_2=1}^{I_2}\cdots\sum_{i_N=1}^{I_N} \left(w_1^{i_1}\right)^2 \left(w_2^{i_2}\right)^2 \cdots \left(w_N^{i_N}\right)^2 \\
&= \|\boldsymbol{w}_1\|_F^2 \|\boldsymbol{w}_2\|_F^2 \cdots \|\boldsymbol{w}_N\|_F^2
\end{aligned} \tag{4-3-1}
$$

由张量的 n-模积和内积的定义, 我们可以得到

$$
\begin{aligned}
& \mathcal{X}_i \times_1 \boldsymbol{w}_1 \times_2 \boldsymbol{w}_2 \times_3 \cdots \times_N \boldsymbol{w}_N \\
= & \sum_{i_1=1}^{I_1} \sum_{i_2=1}^{I_2} \cdots \sum_{i_N=1}^{I_N} X_i\left(i_1, i_2, \cdots, i_N\right) w_1^{i_1} w_2^{i_2} \cdots w_N^{i_N} \\
= & \sum_{i_1=1}^{I_1} \sum_{i_2=1}^{I_2} \cdots \sum_{i_N=1}^{I_N} X_i\left(i_1, i_2, \cdots, i_N\right) W_{i_1, i_2, \cdots, i_N} \\
= & \left\langle \mathcal{W}, \mathcal{X}_i \right\rangle
\end{aligned} \tag{4-3-2}
$$

基于 (4-3-1) 和 (4-3-2), 优化模型 (4-1-1) 可以写成下列优化问题:

$$
\begin{aligned}
\min_{\boldsymbol{w}_i} \quad & \frac{1}{2}\|\mathcal{W}\|_F^2 + C \sum_{i=1}^{M} \xi_i \\
\text{s.t.} \quad & y_i\left(\left\langle \mathcal{W}, \mathcal{X}_i \right\rangle + b\right) \geqslant 1 - \xi_i \\
& \xi_i \geqslant 0,\ i = 1, 2, \cdots, M
\end{aligned} \tag{4-3-3}
$$

优化问题 (4-3-3) 的对偶问题为

$$
\begin{aligned}
\min_{\alpha_i} \quad & \frac{1}{2} \sum_{i,j=1}^{M} \alpha_i \alpha_j y_i y_j \left\langle \mathcal{X}_i, \mathcal{X}_j \right\rangle - \sum_{i=1}^{M} \alpha_i \\
\text{s.t.} \quad & \sum_{i=1}^{M} \left(\alpha_i y_i\right) = 0 \\
& 0 \leqslant \alpha_i \leqslant C,\ i = 1, 2, \cdots, M
\end{aligned} \tag{4-3-4}
$$

令 $\mathcal{X}_i \approx \sum_{r=1}^{R} \boldsymbol{x}_{i1}^r \circ \boldsymbol{x}_{i2}^r \circ \cdots \circ \boldsymbol{x}_{iN}^r$, $\mathcal{X}_j \approx \sum_{r=1}^{R} \boldsymbol{x}_{j1}^r \circ \boldsymbol{x}_{j2}^r \circ \cdots \circ \boldsymbol{x}_{jN}^r$, 则

$$
\begin{aligned}
\left\langle \mathcal{X}_i, \mathcal{X}_j \right\rangle & \approx \left\langle \sum_{r=1}^{R} \boldsymbol{x}_{i1}^r \circ \boldsymbol{x}_{i2}^r \circ \cdots \circ \boldsymbol{x}_{iN}^r, \sum_{r=1}^{R} \boldsymbol{x}_{j1}^r \circ \boldsymbol{x}_{j2}^r \circ \cdots \circ \boldsymbol{x}_{jN}^r \right\rangle \\
& = \sum_{p=1}^{R} \sum_{q=1}^{R} \left\langle \boldsymbol{x}_{i1}^p, \boldsymbol{x}_{j1}^q \right\rangle \left\langle \boldsymbol{x}_{i2}^p, \boldsymbol{x}_{j2}^q \right\rangle \cdots \left\langle \boldsymbol{x}_{iN}^p, \boldsymbol{x}_{jN}^q \right\rangle \\
& = \sum_{p=1}^{R} \sum_{q=1}^{R} \prod_{n=1}^{N} \left\langle \boldsymbol{x}_{in}^p, \boldsymbol{x}_{jn}^q \right\rangle
\end{aligned} \tag{4-3-5}
$$

把 (4-3-5) 代入 (4-3-4), 我们得到线性支持高阶张量机分类模型[13]:

$$\begin{aligned}\min_{\alpha_i}\quad & \frac{1}{2}\sum_{i,j=1}^{M}\alpha_i\alpha_j y_i y_j \sum_{p=1}^{R}\sum_{q=1}^{R}\prod_{n=1}^{N}\left\langle \boldsymbol{x}_{in}^{p}, \boldsymbol{x}_{jn}^{q}\right\rangle - \sum_{i=1}^{M}\alpha_i \\ \text{s.t.}\quad & \sum_{i=1}^{M}(\alpha_i y_i) = 0 \\ & 0 \leqslant \alpha_i \leqslant C,\ i = 1, 2, \cdots, M\end{aligned} \tag{4-3-6}$$

当输入数据为一阶张量时, (4-3-6) 退化为标准的支持向量机. 因此, 标准支持向量机是 (4-3-6) 的一个特例. 由于大规模张量的 CP 分解可以采用并行化技术进行计算, 因此, 模型 (4-3-6) 比采用因子分解的 (4-2-8) 应用范围更加广泛.

下面, 我们将线性支持高阶张量机 (SHTM) 与经典的支持张量机 (STM)[4] 以及支持向量机 (C-SVM)[26] 进行对比分析.

(1) STM 是一个多线性高阶支持张量机, 在 N 个模态空间中构造 N 个不同的超平面. C-SVM 可以视作一阶支持张量机, 在向量空间中构造一个超平面, 而 SHTM 是一个线性支持高阶张量机, 它在张量空间中构造一个超平面.

(2) STM 模型的优化问题需要重复迭代求解且有可能陷入局部极值, 而 SHTM 与 C-SVM 的优化模型相同且只需要一次求解得到全局最优解.

(3) 对于同一个训练样本, STM 模型在不同的模态空间中常常会得到不同的松弛变量和偏量, 而 SHTM 模型和 C-SVM 模型仅仅得到一个松弛变量和偏量.

(4) 对于权张量, STM 模型仅仅获得的是它的长度为 1 的秩 1 张量, 而 SHTM 模型获得的是一个更精确的表示, 从而使得 SHTM 比 STM 具有更好的泛化能力.

(5) 对于一个高阶张量, STM 直接将高阶张量数据作为输入, C-SVM 将高阶张量转换为向量, 而 SHTM 采用的是更精简、更紧凑的秩 R 逼近表示, 这使得 SHTM 比 SVM 和 STM 拥有更高的学习效率.

(6) 对于一个样本集 $\{(\mathcal{X}_i, y_i)\}_i^M$, C-SVM, STM 和 SHTM 的空间复杂度分别为 $O\left((M+1)\prod_{j=1}^{N} I_j\right)$, $O\left(M\prod_{j=1}^{N} I_j + \sum_{j=1}^{N} I_j\right)$, $O\left((M+1)R\sum_{j=1}^{N} I_j\right)$; 时间复杂度分别为 $O\left(M^2\prod_{j=1}^{N} I_j\right)$, $O\left(M^2 Nt\prod_{j=1}^{N} I_j\right)$ (其中 t 为循环次数), $O\left(M^2R^2\sum_{j=1}^{N} I_j\right)$. 对于高阶张量, SHTM 常常拥有更低的空间复杂度和时间复杂度.

为了说明 SHTM 算法的高效性, 接下来, 我们在 3 个人脸识别数据库 (Yale-B, ORL, CMU PIE) 和 1 个步态识别数据库 (USF HumanID) 上进行实验, 并和 C-SVM, STM 的结果进行比较. 其中, 人脸识别数据分别来自网站 http://cvc.cs.yale.

edu/cvc/projects/yalefaces/yalefaces.html, https://cam-orl.co.uk/facedatabase.html 和 https://www.ri.cmu.edu/publications/the-cmu-pose-illumination-and-expression-pie-database-of-human-faces/, 步态识别数据来自网站 http://www.eng.usf.edu/cvprg/, 它们的详细信息见表 4-1. 所有算法均采用 C++ 平台实现, 运行环境为 CPU: Intel Core(TM) 2 4300K 1.80GHz; 内存为 3.5GB; 系统为 Windows XP.

表 4-1 实验数据信息

数据源	数据集	样本数	类别数	样本的大小
Yale-B	Yale32×32	165	15	32×32
	Yale64×64	165	15	64×64
ORL	ORL32×32	400	40	32×32
	ORL64×64	400	40	64×64
CMU PIE	C05	3332	68	64×64
	C07	1629	68	64×64
	C09	1632	68	64×64
	C27	3329	68	64×64
	C29	1632	68	64×64
USF HumanID	USFGait17_32×22×10	731	71	32×22×10
	USFGait17_64×44×20	731	71	64×44×20
	USFGait17_128×88×20	731	71	128×88×20

所有算法的平衡因子参数选择范围为 $C = \{2^0, 2^1, \cdots, 2^9\}$. C-SVM 中高斯径向基核函数的参数设置为 $\sigma = \{2^{-4}, 2^{-3}, \cdots, 2^9\}$. 在 SHTM 算法中, 我们采用 ALS 算法[27,28] 作为张量数据的 CP 分解策略, 由于张量秩 R 的确定是一个 NP-难问题[29], 我们使用网格搜索法确定秩 R 和参数 C 的最优值, 其中 $R = \{2, 3, \cdots, 8\}$. 在 STM 算法中, 迭代阈值参数 $\varepsilon = 10^{-3}$. 为了得到具有统计意义的结果, 所有算法均采用十折交叉验证策略去寻找最优平均测试精度, 并记录相应的最优参数和平均训练时间. 在处理多分类问题时, 所有算法均选择一对一策略. 实验结果如表 4-2 所示.

从表 4-2, 我们可以观察到如下结论:

(1) 就测试精度而言, STM 只在一个数据集上优于 C-SVM, 而 SHTM 在所有数据集上都明显优于 C-SVM 和 STM, 对于三阶张量数据集, 这种优势会更加明显. 例如, 在 USFGait17_64×44×20 数据集上, SHTM 的测试精度相对 C-SVM 高了约 4%, 相对 STM 高了 5%.

(2) 就训练时间而言, C-SVM 在所有数据集上都比 STM 快, 而 SHTM 在所有数据集上都显著地比 C-SVM 快, 对于三阶张量数据集, 这种优势会更加明显. 例如, 在 USFGait17_64×44×20 数据集上, SHTM 的速度比 SVM 快了将近 99 倍.

表 4-2 C-SVM, STM 和 SHTM 在 12 个数据集上的结果比较

学习机	数据集	R	C	σ	测试精度 (%)	训练时间 (秒)	学习机	数据集	R	C	σ	测试精度 (%)	训练时间 (秒)
C-SVM	Yale32×32	—	128	16	77.33	0.642	C-SVM	C09	—	512	8	97.40	584.664
STM		—	2	—	74.00	1.383	STM		—	64	—	96.23	655.519
SHTM		4	16	—	**79.00**	**0.078**	SHTM		6	1	—	**97.45**	**49.128**
C-SVM	Yale64×64	—	256	32	84.33	1.708	C-SVM	C27	—	128	32	96.69	348.773
STM		—	128	—	82.33	6.466	STM		—	2	—	95.10	653.308
SHTM		8	512	—	**85.33**	**0.544**	SHTM		7	2	—	**96.72**	**68.924**
C-SVM	ORL32×32	—	512	8	97.75	5.311	C-SVM	C29	—	128	32	96.62	298.991
STM		—	512	—	97.00	7.314	STM		—	64	—	94.75	631.321
SHTM		3	1	—	**98.00**	**0.413**	SHTM		8	2	—	**96.64**	**90.223**
C-SVM	ORL64×64	—	512	32	97.75	17.997	C-SVM	USFGait17_32×22×10	—	512	64	76.39	265.730
STM		—	8	—	96.50	34.299	STM		—	32	—	78.79	834.333
SHTM		6	256	—	**98.50**	**3.208**	SHTM		8	32	—	**79.60**	**19.294**
C-SVM	C05	—	64	8	98.59	2398.530	C-SVM	USFGait17_64×44×20	—	512	512	77.53	2896.670
STM		—	1	—	98.06	3129.298	STM		—	—	—	—	—
SHTM		7	8	—	**98.76**	**203.475**	SHTM		7	8	—	**81.55**	**28.980**
C-SVM	C07	—	512	32	96.47	324.912	C-SVM	USFGait17_128×88×20	—	256	512	77.53	8940.456
STM		—	1	—	95.44	648.103	STM		—	—	—	—	—
SHTM		5	1	—	**96.74**	**34.158**	SHTM		7	128	-	**82.60**	**55.298**

4.4 基于特征选择的线性支持高阶张量机

线性支持高阶张量机是基于 CP 分解的学习机, CP 分解本质上是一种张量低秩近似技术, 从某种程度上可以看作对张量的降维. 因此, 线性支持高阶张量机可以看作对张量降维之后的学习机. 由于张量是高维数据, 尽管 CP 分解能够去除掉一部分冗余信息, 但是仍有冗余信息存在的可能性. 为了验证这种可能性, 2014 年, Guo[30] 利用遗传算法选择张量特征和模型参数, 进一步提高线性支持高阶张量机的学习能力.

为了详细地说明所提出的算法, 下面, 我们对算法中所涉及的染色体编码、适应度函数、选择算子、交叉算子和变异算子分别进行说明.

(1) 染色体编码: SHTM 使用 CP 分解计算张量的内积, 为了得到最优的特征子集, 对同一个模态空间中的 R 个向量使用同一个特征掩码是合理的. 受这个想法的启发, 染色体由 $N+1$ 部分组成, 其二进制编码见表 4-3. 其中 G_C 是模型参数 C 的二进制编码, 其长度由参数 C 的值决定; GF_i 是第 $i \in \{1,2,\cdots,N\}$ 个模态空间的特征掩码, 其长度为 I_i.

表 4-3 GA 中的染色体编码

G_C	GF_l	$\cdots\cdots$	GF_i	$\cdots\cdots$	GF_N

(2) 适应度函数: 我们使用分类精度和选择特征的数量设计适应度函数. 一般来说, 高分类精度、低特征数的染色体对应高的适应度值.

(3) 选择算子: 我们使用轮盘赌策略对 K 对染色体进行选择操作[31-33].

(4) 交叉算子: 对于染色体的每一个部分, 基于交叉概率, 我们使用均匀交叉操作进行染色体的交叉运算[34,35], 产生新的染色体.

(5) 变异算子: 对于染色体的每一个部分, 基于变异概率, 我们使用均匀变异操作进行染色体的变异运算[36,37], 产生新的染色体.

基于上述分析, 所提出的遗传算法如算法 4-3 所示.

我们采用网格法寻找参数 $C=\left\{2^0,2^1,\cdots,2^9\right\}$ 和 $R=\{2,3,\cdots,8\}$ 的最优值. 在所提出的算法中, 群体规模 $P=4+\sum\limits_{i=1}^{N} I_i$; 选择概率 $P_s=0.1$; 交叉概率 $P_c=0.9$; 变异概率 $P_m=0.1$; $K=P$. 为了得到具有统计意义的结果, 所有算法均采用十折交叉验证策略去寻找最优平均测试精度, 并记录相应的最优参数和平均训练时间. 在处理多分类问题时, 所有算法均选择一对一策略. 所有算法均采用 C++ 编写, 用 Visual Studio 2008 编译器编译. 运行环境为 CPU: Intel (R) Core (TM) i7-3770 3.40GHz; 内存: 16GB; 系统: Windows 7. 实验结果列在表 4-4 中.

算法 4-3 遗传算法

输入: 数据集 $\{(\mathcal{X}_1, y_1), (\mathcal{X}_2, y_2), \cdots, (\mathcal{X}_M, y_M)\}$, 算法收敛控制参数 ε, 参数 K, 最大迭代次数 $T_{\max}$, 种群参数 P, 选择概率 P_s, 交叉概率 P_c, 变异概率 P_m.

输出: 最优精度、最优模型参数、最优特征子集.

步骤 1: 对张量 $\chi_1, \chi_2, \cdots, \chi_m$ 进行 CP 分解.

步骤 2: 随机生成染色体的初始种群.

步骤 3: 对种群中的每一条染色体, 使用解码的模型参数和特征子集解优化问题 (4-3-6), 基于精度计算每一条染色体的适应度值.

步骤 4: 执行下列遗传操作.

For $t = 1, 2, \cdots, T_{\max}$

执行选择操作;

执行交叉操作;

执行变异操作;

对每一条新的染色体, 使用解码的模型参数和特征子集解优化问题 (4-3-6);

基于精度计算每一条新染色体的适应度值;

保留适应度最高的前 P 条染色体, 去掉其他的染色体;

If $\|F_{\text{best}}(t) - F_{\text{best}}(t-1)\|_F \leqslant \varepsilon$, **then break**; // $F_{\text{best}}(t)$ 是第 t 次迭代所得到的最好适应度值, $F_{\text{best}}(t-1)$ 是第 $t-1$ 次迭代所得到的最好适应度值.

End For

步骤 5: 输出最优精度、最优模型参数和最优特征子集.

表 4-4 SHTM 和 TFS-SHTM 的结果比较

数据集	R	C	测试精度 (%)	训练时间 (秒)	学习机
Yale32×32	7	1024	**84.00**	0.06	TFS-SHTM
	4	1024	79.33	0.03	SHTM
Yale64×64	7	1	**89.00**	0.12	TFS-SHTM
	4	16	85.00	0.06	SHTM
ORL32×32	5	16	**99.00**	0.29	TFS-SHTM
	3	1	98.00	0.17	SHTM
ORL64×64	3	16348	**98.75**	**0.22**	TFS-SHTM
	3	16	98.25	0.32	SHTM
C05	7	8	**99.04**	**59.38**	TFS-SHTM
	6	2	98.51	67.85	SHTM
C07	7	512	**97.42**	18.16	TFS-SHTM
	5	128	96.39	13.84	SHTM
C09	7	8	**98.16**	17.46	TFS-SHTM
	5	256	97.11	14.08	SHTM
C27	8	16	**97.23**	24.72	TFS-SHTM
	6	128	96.32	20.00	SHTM
C29	5	2	**97.42**	**9.58**	TFS-SHTM
	8	2	96.40	41.57	SHTM

续表

数据集	R	C	测试精度 (%)	训练时间 (秒)	学习机
USFGait17_32×22×10	7	512	**80.99**	**6.15**	TFS-SHTM
	8	1	79.48	10.71	SHTM
USFGait17_64×44×20	8	16	**83.84**	**12.03**	TFS-SHTM
	8	1	82.00	19.71	SHTM
USFGait17_128×88×20	5	256	**82.86**	**7.27**	TFS-SHTM
	7	1	82.49	26.76	SHTM

从表 4-4 可以看到:

(1) 就分类精度而言, TFS-SHTM (tensor feature selection based support higher-order tensor machine) 在所有数据集上超越了 SHTM. 这说明 TFS-SHTM 能够移去张量中的冗余信息, 提高 SHTM 的泛化能力.

(2) 就训练时间而言, TFS-SHTM 在二阶张量数据集 (ORL64×64, C05, C29) 和三阶张量数据集上比 SHTM 快. 在其他的数据集上, TFS-SHTM 比 SHTM 慢. 主要原因在于: TFS-SHTM 在这些数据集上的最优秩比 SHTM 的高.

为了更加清楚地说明 TFS-SHTM 去除冗余信息的能力, 我们把 TFS-SHTM 在不同模态空间中所选择的特征结果列在表 4-5 中, 同时在图 4-1 和图 4-2 中分别可视化 TFS-SHTM 在人脸数据集和步态数据集上的特征选择结果. 从表 4-5、图 4-1 和图 4-2 可以看出: TFS-SHTM 移去了张量数据的大部分冗余信息, 保留了最重要的分类信息.

在机器学习领域, Wilcoxon 符号秩检验常常用于比较两个学习机的显著性差异[38,39]. 为了说明 TFS-SHTM 的统计显著性, 我们用下边的 Wilcoxon 符号秩检验公式进行统计检验:

$$z(a,b)=\frac{T(a,b)-(N(N+1)/4)}{\sqrt{(1/24)N(N+1)(2N+1)}} \tag{4-4-1}$$

其中

$$T(a,b)=\min\left\{R^{+}(a,b),R^{-}(a,b)\right\} \tag{4-4-2}$$

$$R^{+}(a,b)=\sum_{d_i>0}\operatorname{rank}(d_i)+\frac{1}{2}\sum_{d_i=0}\operatorname{rank}(d_i) \tag{4-4-3}$$

$$R^{-}(a,b)=\sum_{d_i<0}\operatorname{rank}(d_i)+\frac{1}{2}\sum_{d_i=0}\operatorname{rank}(d_i) \tag{4-4-4}$$

d_i 是两个学习机在第 i 个数据集上的性能差, $\operatorname{rank}(d_i)$ 是对 $|d_i|$ 的排序值.

表 4-5 TFS-SHTM 在 12 个数据集上所得到的特征子集

数据集	模态空间	选择的特征子集
Yale32×32	1	10011011010010110010100110000111
	2	01011100001011011100110001010001
Yale64×64	1	1111011011101011001001100010000100000010111010100011010011001101
	2	1010111100111011000100001111111100001011101001010010000101001101
ORL32×32	1	11011111101011001000110000001010
	2	10011111001101001100011010110110
ORL64×64	1	0110001110110101001111000100000111100111101101101000001100111000
	2	1110000100001101000001101100101110010110111000111001100001000110
C05	1	11101110010000000101100011001001100010010000000010000111100000101
	2	00100011011001010110000101110111000101000000010101000101000001110
C07	1	1001111101100100111111100111011110011110000011100010010000001110
	2	10000011011110101011010000101000010101000000001001111001101001010
C09	1	1101000100111100001101110100111000100000001000001000110000101010
	2	0101000011111111101111111100000100100001111111001110111001010001
C27	1	1111101011010000111100111010011010001010001000011000101000111110
	2	0000100010000001110110010010110110010101001100110110111010001111
C29	1	1110011010101011110000111010100010010000000000000000110000000100
	2	0010000010010110100111001111101110110001101110010110010111101110
USFGait17_32×22×10	1	11111000111001101100000101101111
	2	01011111111011111101001
	3	1110110111
USFGait17_64×44×20	1	1111001111100001011011101000100110101101100100001011000101111010
	2	11000100011101011010000011111110110100000011
	3	01000010110110110111
USFGait17_128×88×20	1	10011001101111101110101110001100011001110011011110100000010011011
	2	0000100011001 101011010010000100001010111010100001000010011111000 1110001001100011010000011000101010011111101010110010110111010101 000000001100101110011110
	3	11100111011110110011

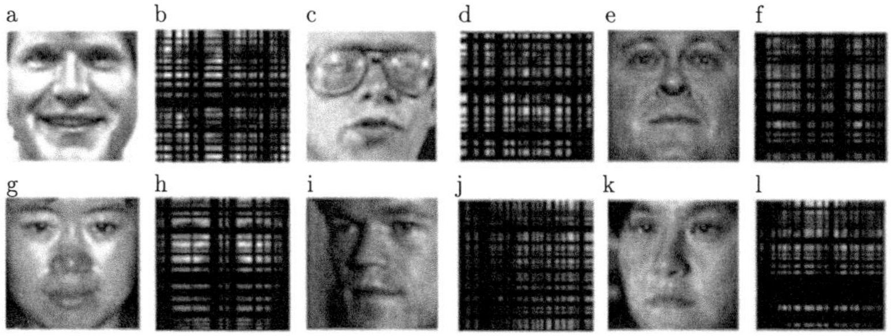

图 4-1 TFS-SHTM 在人脸数据集上所选择特征的可视化结果: (a), (c), (e), (g), (i) 和 (k) 分别是数据集 Yale64×64, ORL64×64, C07, C09, C27 和 C29 上的原始图像; (b), (d), (f), (h), (j) 和 (l) 分别是特征选择之后数据集 Yale64×64, ORL64×64, C07, C09, C27 和 C29 上的图像, 其中黑色像素点表示对应的特征没有被选择

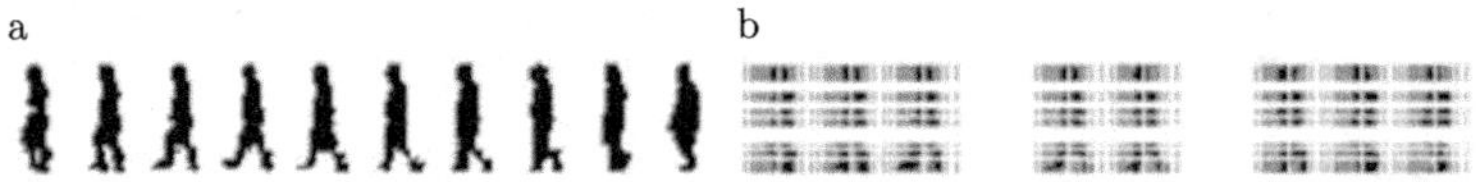

图 4-2　TFS-SHTM 在步态数据集 USFGait17_32×22×10 上所选择特征的可视化结果: (a) 为原始图像, (b) 为特征选择之后的图像, 其中 (b) 中的白色像素点表示对应的特征没有被选择

两个学习机在数据集上的性能差 d_i 和排序值 rank (d_i) 列在表 4-6 中. 基于表 4-6, 我们可以得到 $z(\text{SHTM, TFS-SHTM}) = -3.06 < -1.96$. 这说明在 0.05 的显著性水平上, TFS-SHTM 的泛化能力明显地比 SHTM 好.

表 4-6　TFS-SHTM 和 SHTM 在 12 个数据集上的性能差 d_i 和排序值 rank(d_i)

数据集	SHTM	TFS-SHTM	d_i	rank(d_i)
Yale32×32	79.33	**84.00**	4.67	12
Yale64×64	85.00	**89.00**	4.00	11
ORL32×32	98.00	**99.00**	1.00	5
ORL64×64	98.25	**98.75**	0.50	2
C05	98.51	**99.04**	0.53	3
C07	96.39	**97.42**	1.03	7
C09	97.11	**98.16**	1.05	8
C27	96.32	**97.23**	0.91	4
C29	96.40	**97.42**	1.02	6
USFGait17_32×22×10	79.48	**80.99**	1.51	9
USFGait17_64×44×20	82.00	**83.84**	1.84	10
USFGait17_128×88×20	82.49	**82.86**	0.37	1

4.5　半监督支持高阶张量机

设二分类半监督问题的训练集为 $\{(\boldsymbol{x}_i, y_i)\}_{i=1}^{l} \cup \{\boldsymbol{x}_j\}_{j=l+1}^{l+u}$, 其中 $\boldsymbol{x}_i \in R^n (1 \leqslant i \leqslant l+u)$ 是输入数据, $y_i \in \{-1, +1\}\ (1 \leqslant i \leqslant l)$ 是已标注样本的类标, l 是标注样本的数量, u 是未标注样本的数量. 转导支持向量机模型 (TSVM) 如下[40]

$$
\begin{aligned}
\min_{\boldsymbol{\theta}, \boldsymbol{\xi}} \quad & J(\boldsymbol{\theta}, \boldsymbol{\xi}) = \frac{1}{2}\|\boldsymbol{w}\|_F^2 + C\sum_{i=1}^{l}\xi_i + C^*\sum_{i=l+1}^{l+u}\xi_i \\
\text{s.t.} \quad & y_i f_{\boldsymbol{\theta}}(\boldsymbol{x}_i) \geqslant 1 - \xi_i,\ 1 \leqslant i \leqslant l \\
& |f_{\boldsymbol{\theta}}(\boldsymbol{x}_i)| \geqslant 1 - \xi_i,\ l+1 \leqslant i \leqslant l+u \\
& \xi_i \geqslant 0,\ 1 \leqslant i \leqslant l+u
\end{aligned} \tag{4-5-1}
$$

其中 $\boldsymbol{\theta} = (\boldsymbol{w}, b)$ 是模型参数向量, $f_{\boldsymbol{\theta}}(\boldsymbol{x}_i) = \langle \boldsymbol{w}, \varphi(\boldsymbol{x}_i)\rangle + b$, $\boldsymbol{w}$ 是超平面的法向量, $\varphi(\cdot)$ 是从低维特征空间向高维特征空间的映射, b 是偏量, $\boldsymbol{\xi} = (\xi_1, \xi_2, \cdots, \xi_{l+u})$ 是松弛向量, C 和 C^* 是平衡分类间隔和误分类误差的折中参数.

优化问题 (4-5-1) 是一个组合优化问题. 为了克服 [40] 中算法计算复杂度高的不足, 通过迭代地解下面的凸优化问题, Collobert 和 Sinz[41] 提出了 CCCP-TSVM (concave-convex procedure for transductive support vector machine) 算法:

$$\begin{aligned}\min_{\boldsymbol{\theta},\boldsymbol{\xi}} \quad & J(\boldsymbol{\theta},\boldsymbol{\xi}) = \frac{1}{2}\|\boldsymbol{w}\|_F^2 + C\sum_{i=1}^{l}\xi_i + C^*\sum_{i=l+1}^{l+2u}\xi_i + \sum_{i=l+1}^{l+2u}\beta_i y_i f_{\boldsymbol{\theta}}(\boldsymbol{x}_i) \\ \text{s.t.} \quad & \frac{1}{u}\sum_{i=l+1}^{l+u} f_{\boldsymbol{\theta}}(\boldsymbol{x}_i) = \frac{1}{l}\sum_{i=1}^{l} y_i \\ & y_i f_{\boldsymbol{\theta}}(\boldsymbol{x}_i) \geqslant 1-\xi_i,\ 1\leqslant i\leqslant l+2u \\ & \xi_i \geqslant 0,\ 1\leqslant i\leqslant l+2u\end{aligned} \tag{4-5-2}$$

其中

$$\beta_i = \begin{cases} C^*, & y_i f_{\boldsymbol{\theta}}(\boldsymbol{x}_i) < s, l+1\leqslant i\leqslant l+2u, \\ 0, & \text{其他} \end{cases} \tag{4-5-3}$$

$$y_i = +1, \quad l+1\leqslant i\leqslant l+u \tag{4-5-4}$$

$$y_i = -1, \quad l+u+1\leqslant i\leqslant l+2u \tag{4-5-5}$$

$$\boldsymbol{x}_i = \boldsymbol{x}_{i-u}, \quad l+u+1\leqslant i\leqslant l+2u \tag{4-5-6}$$

$-1 < s \leqslant 0$ 是一个可选的超参数.

受 TSVM[40] 和 STL[42] 模型的启发, Wu[24] 提出了 TSTM (transductive support tensor machine) 模型, 解决半监督张量学习问题:

$$\begin{aligned}\min_{\boldsymbol{w}_i} \quad & \frac{1}{2}\|\boldsymbol{w}_k\|_F^2 \prod_{j=1,j\neq k}^{N}\|\boldsymbol{w}_j\|_F^2 + C\sum_{i=1}^{l}\xi_i + C_+^*\sum_{\substack{i=l+1\\ y_i=+1}}^{l+u}\xi_i + C_-^*\sum_{\substack{i=l+1\\ y_i=-1}}^{l+u}\xi_i \\ \text{s.t.} \quad & y_i\left(\left\langle \boldsymbol{X}_i^k, \boldsymbol{w}_k\right\rangle + b\right) \geqslant 1-\xi_i,\ 1\leqslant i\leqslant l+u \\ & \xi_i\geqslant 0,\ 1\leqslant i\leqslant l+u\end{aligned} \tag{4-5-7}$$

其中 $\boldsymbol{X}_i^k = \mathcal{X}_i \times_1 \boldsymbol{w}_1 \times_2 \boldsymbol{w}_2 \times_3 \cdots \times_{k-1} \boldsymbol{w}_{k-1} \times_{k+1} \boldsymbol{w}_{k+1} \times_{k+2} \cdots \times_N \boldsymbol{w}_N$.

2015 年, 受 TSTM[24] 和 SHTM[13] 的启发, Liu 把 CCCP-TSVM 从向量模式推广到下列张量模式, 提出了 CCCP-TSTM 算法[14]:

$$\begin{aligned}\min_{\mathcal{W},b,\boldsymbol{\xi}} \quad & J(\mathcal{W},b,\boldsymbol{\xi}) = \frac{1}{2}\|\mathcal{W}\|_F^2 + C\sum_{i=1}^{l}\xi_i + C^*\sum_{i=l+1}^{l+2u}\xi_i + \sum_{i=l+1}^{l+2u}\beta_i y_i f_{\mathcal{W},b}(\mathcal{X}_i) \\ \text{s.t.} \quad & \frac{1}{u}\sum_{i=l+1}^{l+u} f_{\mathcal{W},b}(\mathcal{X}_i) = \frac{1}{l}\sum_{i=1}^{l} y_i \\ & y_i f_{\mathcal{W},b}(\mathcal{X}_i) \geqslant 1-\xi_i,\ 1\leqslant i\leqslant l+2u \\ & \xi_i\geqslant 0,\ 1\leqslant i\leqslant l+2u\end{aligned} \tag{4-5-8}$$

其中 $f_{\mathcal{W},b}(\mathcal{X}) = \langle \mathcal{W}, X \rangle + b$,

$$\beta_i = \begin{cases} C^*, & y_i f_{\mathcal{W},b}(\mathcal{X}_i) < s, l+1 \leqslant i \leqslant l+2u, \\ 0, & \text{其他} \end{cases} \tag{4-5-9}$$

$$\mathcal{X}_i = \mathcal{X}_{i-u}, \quad l+u+1 \leqslant i \leqslant l+2u \tag{4-5-10}$$

设 $y_0 = 1$, $\mathcal{X}_0 = \dfrac{1}{u}\sum_{i=l+1}^{l+u} \mathcal{X}_i$, 则优化问题 (4-5-8) 的对偶问题为

$$\begin{aligned} \min_{\alpha_i} \quad & \frac{1}{2}\sum_{i=0}^{l+2u}\sum_{j=0}^{l+2u} y_i y_j (\alpha_i - \beta_i)(\alpha_j - \beta_j)\langle \mathcal{X}_i, \mathcal{X}_j \rangle - \sum_{i=1}^{l+2u}\alpha_i - \frac{\alpha_0}{l}\sum_{i=1}^{l} y_i \\ \text{s.t.} \quad & \sum_{i=0}^{l+2u} y_i(\alpha_i - \beta_i) = 0 \\ & 0 \leqslant \alpha_i \leqslant C,\ 1 \leqslant i \leqslant l \\ & 0 \leqslant \alpha_i \leqslant C^*,\ l+1 \leqslant i \leqslant l+2u \end{aligned} \tag{4-5-11}$$

设 $\gamma_0 = \dfrac{1}{l}\sum_{i=1}^{l} y_i$, $\gamma_i = 1(1 \leqslant i \leqslant l+2u)$. 如果我们固定 $\beta_i(0 \leqslant i \leqslant l+2u)$, 则优化问题 (4-5-11) 可以写成下列形式

$$\begin{aligned} \min_{\alpha_i} \quad & \frac{1}{2}\sum_{i=0}^{l+2u}\sum_{j=0}^{l+2u} y_i y_j (\alpha_i - \beta_i)(\alpha_j - \beta_j)\langle \mathcal{X}_i, \mathcal{X}_j \rangle - \sum_{i=1}^{l+2u}\gamma_i(\alpha_i - \beta_i) \\ \text{s.t.} \quad & \sum_{i=0}^{l+2u} y_i(\alpha_i - \beta_i) = 0 \\ & 0 \leqslant \alpha_i \leqslant C,\ 1 \leqslant i \leqslant l \\ & 0 \leqslant \alpha_i \leqslant C^*,\ l+1 \leqslant i \leqslant l+2u \end{aligned} \tag{4-5-12}$$

基于张量的 CP 分解, 利用 (4-3-5), 我们得到 CCCP-TSTM 模型如下

$$\begin{aligned} \min_{\alpha_i} \quad & \frac{1}{2}\sum_{i=0}^{l+2u}\sum_{j=0}^{l+2u} y_i y_j (\alpha_i - \beta_i)(\alpha_j - \beta_j)\sum_{p=1}^{R}\sum_{q=1}^{R}\prod_{n=1}^{N}\langle \boldsymbol{x}_{in}^p, \boldsymbol{x}_{jn}^q \rangle - \sum_{i=1}^{l+2u}\gamma_i(\alpha_i - \beta_i) \\ \text{s.t.} \quad & \sum_{i=0}^{l+2u} y_i(\alpha_i - \beta_i) = 0 \\ & 0 \leqslant \alpha_i \leqslant C,\ 1 \leqslant i \leqslant l \\ & 0 \leqslant \alpha_i \leqslant C^*,\ l+1 \leqslant i \leqslant l+2u \end{aligned} \tag{4-5-13}$$

从 CCCP-TSTM, TSTM 和 CCCP-TSVM 的数学模型来看, 它们之间存在明显的不同:

(1) TSTM 是一个多线性转导支持向量机, 在 N 个模态空间中构造了 N 个不同的超平面; CCCP-TSTM 是一个线性转导支持张量机, 在张量空间中构造了一个超平面.

(2) TSTM 需要迭代求解; CCCP-TSTM 仅需要解一次.

(3) 对于权张量, TSTM 仅仅得到了长度为 1 的秩-1 张量; CCCP-TSTM 得到了完整的张量模式, 导致它比 TSTM 具有更好的性能.

(4) 从算法角度来看, TSTM 使用张量作为输入; CCCP-TSVM 把张量转化为向量; CCCP-TSTM 使用张量的秩-1 分解作为输入. 一般来说, CCCP-TSTM 在计算和存储方面比 TSTM 和 CCCP-TSVM 更加高效.

(5) TSTM 和 CCCP-TSVM 的空间复杂度分别为

$$O\left((l+u+1)\prod_{j=1}^{N} I_j+\sum_{i=1}^{N} I_i+l\right)$$

和 $O\left((l+u+1)\prod_{j=1}^{N} I_j+l\right)$; CCCP-TSTM 的空间复杂度为

$$O\left((l+u+1)R\sum_{i=1}^{N} I_i+l\right)$$

(6) 在考虑维数缩减的情况下, TSTM 和 CCCP-TSVM 的时间复杂度分别为 $O\left(N(l+u)^2\prod_{j=1}^{N} I_j\right)$ 和 $O\left((l+2u)^2\prod_{j=1}^{N} I_j\right)$; CCCP-TSTM 的时间复杂度为

$$O\left((l+2u)^2 R^2\sum_{i=1}^{N} I_i\right)$$

基于上述分析, CCCP-TSTM 算法的详细流程如算法 4-4.

为了验证算法 CCCP-TSTM 的有效性, 我们在人脸识别数据集、步态识别数据集、产品图像数据集和 HIV 数据集上进行实验, 并把它和 CCCP-LTSVM (线性转导支持向量机)、CCCP-NLTSVM (非线性转导支持向量机) 和 TSTM 进行比较. 数据集的详细信息列在表 4-7 中, 其中产品图像数据集来自 http://research.microsoft.com/en-us/people/xingx/pi100.aspx, HIV 数据集来自 [43]. 步态识别数据集、人脸识别数据集、产品图像数据集和 HIV 数据集上的实验结果分别列在表 4-8—表 4-10 中.

算法 4-4　CCCP-TSTM 算法

输入: 带标签的数据集 $\{(\mathcal{X}_1,y_1),(\mathcal{X}_2,y_2),\cdots,(X_l,y_l)\}$, 无带标签的数据集 $\{\mathcal{X}_{l+1}, \mathcal{X}_{l+2}, \cdots, \mathcal{X}_{l+u}\}$, 算法收敛控制参数 ε, 秩参数 R, 参数 C, C^*, s.

输出: 数据集 $\{\mathcal{X}_{l+1},\mathcal{X}_{l+2},\cdots,\mathcal{X}_{l+u}\}$ 的标签集 $\{y_{l+1},y_{l+2},\cdots,y_{l+u}\}$.

步骤 1: 执行下列操作计算 $\langle\mathcal{X}_i,\mathcal{X}_j\rangle$.

For $i=1,2,\cdots,M$

　For $j=1,2,\cdots,M$

　　根据 (4-3-5) 计算 $\langle\mathcal{X}_i,\mathcal{X}_j\rangle$;

　End For

End For

步骤 2: 利用带标签的数据集 $\{(\mathcal{X}_1,y_1),(\mathcal{X}_2,y_2),\cdots,(\mathcal{X}_l,y_l)\}$ 训练 SVM 得到初始的 $\mathcal{W}^{(0)},b^{(0)}$.

步骤 3: 计算 $\beta_i^0=\begin{cases} C^*, & y_i f_{\mathcal{W}^{(0)},b^{(0)}}(\mathcal{X}_i)<s, l+1\leqslant i\leqslant l+2u,\\ 0, & \text{其他}.\end{cases}$

步骤 4: 计算 $\gamma_i=1\,(1\leqslant i\leqslant l+2u)\,,\gamma_0=\dfrac{1}{l}\sum\limits_{i=1}^{l}y_i$.

步骤 5: 执行下列操作

For $t=1,2,\cdots$

　解优化问题 (4-5-13) 得到 $\mathcal{W}^{(t)},b^{(t)}$;

　计算 $\beta_i^t=\begin{cases} C^*, & y_i f_{\mathcal{W}^{(t)},b^{(t)}}(\mathcal{X}_i)<s, l+1\leqslant i\leqslant l+2u,\\ 0, & \text{其他};\end{cases}$

　If $\left\|\beta_i^t-\beta_i^{t-1}\right\|_F\leqslant\varepsilon\,(i=1,2,\cdots,N)$, **then break**;

End For

步骤 6: 输出数据集 $\{\mathcal{X}_{l+1},\mathcal{X}_{l+2},\cdots,\mathcal{X}_{l+u}\}$ 的标签集 $\{y_{l+1},y_{l+2},\cdots,y_{l+u}\}$.

表 4-7　实验数据集信息

数据源	数据集	半监督分类数据集	标注样本数	未标注样本数	样本总数	类别数	样本尺寸
Yale-B	Yale32×32	Yale32×32_3	45	120	165	15	32×32
		Yale32×32_4	60	105	165	15	32×32
	Yale64×64	Yale64×64_3	45	120	165	15	64×64
		Yale64×64_4	60	105	165	15	64×64
ORL	ORL32×32	ORL32×32_3	120	280	400	40	32×32
		ORL32×32_4	160	240	400	40	32×32
	ORL64×64	ORL64×64_3	120	280	400	40	64×64
		ORL64×64_4	160	240	400	40	64×64
CMU PIE	C07	C07_3	475	1154	1629	68	64×64
		C07_4	611	1018	1629	68	64×64
	C09	C09_3	476	1156	1632	68	64×64
		C09_4	612	1020	1632	68	64×64
	C27	C27_3	476	1156	1632	68	64×64
		C27_4	612	1020	1632	68	64×64

续表

数据源	数据集	半监督分类数据集	标注样本数	未标注样本数	样本总数	类别数	样本尺寸
USF HumanID	USFGait17_32×22×10	USFGait17_32×22×10_3	191	540	731	71	32×22×10
		USFGait17_32×22×10_4	264	467	731	71	32×22×10
	USFGait17_64×44×20	USFGait17_64×44×20_3	191	540	731	71	64×44×20
		USFGait17_64×44×20_4	264	467	731	71	64×44×20
	USFGait17_128×88×20	USFGait17_128×88×20_3	191	540	731	71	128×88×20
		USFGait17_128×88×20_4	264	467	731	71	128×88×20
Product Image	Product Image_100×100×3	Product Image_100×100×3_3	60	240	300	3	100×100×3
		Product Image_100×100×3_4	75	225	300	3	100×100×3
HIV	HIV_61×73×61	HIV_61×73×61_3	16	67	83	2	61×73×61

表 4-8 CCCP-TSTM, CCCP-LTSVM, CCCP-NLTSVM 和 TSTM 在步态识别数据集上的结果比较

算法	数据集	R	σ	C	C^*	s	测试精度 (%)	训练时间 (秒)
CCCP_TSTM	USFGait17_32×22×10_3	4	—	512	256	0	**29.22**	**68.82**
CCCP_NLTSVM		—	16	32768	4	−0.6	5.41	8768.84
CCCP_LTSVM				256	1024	0.8	5.48	1243.39
TSTM		—	—	—	—	—	—	—
CCCP_TSTM	USFGait17_32×22×10_4	3	—	1	128	0	**36.87**	**37.28**
CCCP_NLTSVM		—	32	128	8	0.1	6.21	5890.22
CCCP_LTSVM				256	16384	0.1	8.95	1139.35
TSTM		—	—	—	—	—	—	—
CCCP_TSTM	USFGait17_64×44×20_3	3	—	256	4096	0	**34.70**	**103.16**
CCCP_NLTSVM		—	—	—	—	—	—	—
CCCP_LTSVM		—	—	—	—	—	—	—
TSTM		—	—	—	—	—	—	—
CCCP_TSTM	USFGait17_64×44×20_4	4	—	512	8192	0	**41.20**	**155.82**
CCCP_NLTSVM		—	—	—	—	—	—	—
CCCP_LTSVM		—	—	—	—	—	—	—
TSTM		—	—	—	—	—	—	—
CCCP_TSTM	USFGait17_128×88×20_3	4	—	512	256	0	**33.18**	**399.84**
CCCP_NLTSVM		—	—	—	—	—	—	—
CCCP_LTSVM		—	—	—	—	—	—	—

续表

算法	数据集	R	σ	C	C^*	s	测试精度 (%)	训练时间 (秒)
TSTM		—	—	—	—	—	—	—
CCCP_TSTM	USFGait17_128×88×20_4	4	—	8	2	0	**41.84**	**393.80**
CCCP_NLTSVM		—	—	—	—	—	—	—
CCCP_LTSVM		—	—	—	—	—	—	—
TSTM		—	—	—	—	—	—	—

表 4-9　CCCP-TSTM, CCCP-LTSVM, CCCP-NLTSVM 和 TSTM 在人脸识别数据集上的结果比较

算法	数据集	R	σ	C	C^*	s	测试精度 (%)	训练时间 (秒)
CCCP_TSTM	Yale32×32_3	2	—	32768	4	0	**54.67**	**0.34**
CCCP_NLTSVM		—	64	4096	4	0.6	49.33	34.10
CCCP_LTSVM				1	128	0.3	46.00	2.03
TSTM		—	—	8	128	—	48.00	150.07
CCCP_TSTM	Yale32×32_4	4	—	32768	2048	0.1	**56.76**	**0.69**
CCCP_NLTSVM		—	128	16384	64	0.8	51.05	31.87
CCCP_LTSVM				4096	2	0	50.29	1.87
TSTM		—	—	1	512	—	51.05	182.85
CCCP_TSTM	Yale64×64_3	5	—	32768	8192	0.2	**65.17**	**2.45**
CCCP_NLTSVM		—	64	16384	2	−0.1	63.33	133.91
CCCP_LTSVM				32	8	0.2	63.17	9.07
TSTM		—	—	2	8	—	57.33	532.02
CCCP_TSTM	Yale64×64_4	6	—	2	16	0.5	**76.00**	**3.07**
CCCP_NLTSVM		—	32	4096	32	0	72.19	125.33
CCCP_LTSVM				2048	2048	0.5	73.52	8.13
TSTM		—	—	1	2	—	63.43	555.33
CCCP_TSTM	ORL32×32_3	3	—	2	16384	0	**78.07**	**4.84**
CCCP_NLTSVM		—	64	8192	16384	0	76.50	507.11
CCCP_LTSVM				1	128	0.3	76.14	28.87
TSTM		—	—	1	1	—	78.00	2506.90
CCCP_TSTM	ORL32×32_4	5	—	128	32768	0.2	**86.25**	**11.18**
CCCP_NLTSVM		—	128	8192	2048	0.2	84.17	465.52
CCCP_LTSVM				8	1024	0.2	83.92	25.83
TSTM		—	—	8	1	—	80.75	1461.17
CCCP_TSTM	ORL64×64_3	3	—	2048	4	0.4	**76.36**	**10.81**
CCCP_NLTSVM		—	64	512	1	0.6	73.07	1978.35
CCCP_LTSVM				1	8	0.3	73.71	131.47
TSTM		—	—	1	16	—	75.36	11882.60
CCCP_TSTM	ORL64×64_4	3	—	8	128	0.3	**86.42**	**9.44**
CCCP_NLTSVM		—	16	8	32768	0	79.92	1825.99
CCCP_LTSVM				1	4	0.2	85.08	122.21
TSTM		—	—	4	2	—	82.00	10257.20
CCCP_TSTM	C07_3	7	—	1024	32	0	**86.92**	**1774.42**
CCCP_NLTSVM		—	—	—	—	—	—	—
CCCP_LTSVM				4	4	0.4	25.60	3727.40

续表

算法	数据集	R	σ	C	C^*	s	测试精度 (%)	训练时间 (秒)
TSTM		—	—	—	—	—	—	—
CCCP_TSTM	C07_4	7	—	2048	32768	0	89.55	**1744.58**
CCCP_NLTSVM		—	—	—	—	—	—	—
CCCP_LTSVM				1	8	0	**89.74**	3777.72
TSTM		—	—	—	—	—	—	—
CCCP_TSTM	C09_3	7	—	1	4	0	**86.61**	**1943.66**
CCCP_NLTSVM		—	—	—	—	—	—	—
CCCP_LTSVM				1	4	0.2	**14.71**	3719.52
TSTM		—	—	—	—	—	—	—
CCCP_TSTM	C09_4	5	—	256	64	0	88.49	**839.36**
CCCP_NLTSVM		—	—	—	—	—	—	—
CCCP_LTSVM				64	1024	0	**89.25**	3445.51
TSTM		—	—	—	—	—	—	—
CCCP_TSTM	C27_3	6	—	1024	64	0	**83.39**	**1236.94**
CCCP_NLTSVM		—	—	—	—	—	—	—
CCCP_LTSVM				256	64	0.1	41.92	3725.11
TSTM		—	—	—	—	—	—	—
CCCP_TSTM	C27_4	8	—	4	1024	0	**87.29**	**1753.51**
CCCP_NLTSVM		—	—	—	—	—	—	—
CCCP_LTSVM				8	1	0.1	61.84	3800.37
TSTM		—	—	—	—	—	—	—

表 4-10 CCCP-TSTM, CCCP-LTSVM, CCCP-NLTSVM 和 TSTM 在产品图像数据集上的结果比较

算法	数据集	R	σ	C	C^*	s	测试精度 (%)	训练时间 (秒)
CCCP_TSTM	Product lmage_100 ×100×3_3	3	—	1	128	0.3	**99.33**	**20.18**
CCCP_NLTSVM		—	32	128	1	0.1	98.67	382.19
CCCP_LTSVM		—	—	256	2048	0.7	**99.33**	33.59
TSTM		—	—	1	8	—	61.08	25038.70
CCCP_TSTM	Product lmage_100 ×100×3_4	3	—	8	8192	0.6	98.67	**20.44**
CCCP_NLTSVM		—	64	128	8192	−0.1	**99.33**	350.10
CCCP_LTSVM		—	—	8	128	0.6	98.67	34.49
TSTM		—	—	1	1	—	62.04	25428.60
CCCP_TSTM	HIV_61 ×73×61_3	7	—	2	8	−0.1	**72.94**	53.26
CCCP_NLTSVM		—	1	1	1024	0.2	70.59	222.21
CCCP_LTSVM		—	—	8192	128	0.1	64.71	**16.09**
TSTM		—	—	1	1	—	62.42	8147.98

从表 4-8, 我们可以发现:

(1) 就测试精度而言, CCCP-TSTM 在 6 个数据集上都取得了最好的结果. 例如: 在数据集 USFGait17_32×22×10_4 上, CCCP-TSTM 的精度分别比 CCCP-NLTSVM 和 CCCP-LTSVM 的精度高了 30.66%和 27.92%, 而 TSTM 算法运行了一个月的时间也没有得到结果.

(2) 就训练时间而言, 在 6 个数据集上, CCCP-TSTM 明显地比 TSTM, CCCP-LTSVM 和 CCCP-NLTSVM 快. 例如, 在数据集 USFGait17_32×22×10_4 上, CCCP-TSTM 比 CCCP-NLTSVM 和 CCCP-LTSVM 分别快了大约 157 倍和 30 倍.

从表 4-9 我们发现:

(1) 就测试精度而言, CCCP-TSTM 在 12 个数据集上优于 TSTM, CCCP-LTSVM 和 CCCP-NLTSVM; 在剩余的两个数据集上 (C07_4, C09_4), CCCP-TSTM 的精度与 CCCP-LTSVM 是可比的. 在数据集 C09_3 上, CCCP-TSTM 的精度比 CCCP-LTSVM 高了 71.90%.

(2) 就训练时间而言, 在全部 14 个数据集上, CCCP-TSTM 都比 TSTM, CCCP-LTSVM 和 CCCP-NLTSVM 快. 在数据集 ORL64×64_3 上, 这种优势更加明显. 例如: 在这个数据集上, CCCP-TSTM 分别比 TSTM, CCCP-NLTSVM 和 CCCP-LTSVM 快了大约 1098 倍、182 倍和 11 倍.

从表 4-10 我们可以发现:

(1) 就测试精度而言, 在数据集 Product Image 上, CCCP-TSTM 优于 TSTM 和 CCCP-LTSVM, 与 CCCP-NLTSVM 是可比的. 在数据集 HIV_61×73×61_3 上, CCCP-TSTM 取得了最好的结果.

(2) 就训练时间而言, 在数据集 Product Image 上, CCCP-TSTM 的时间最短. 在数据集 HIV_61×73×61_3 上, CCCP-TSTM 比 TSTM 和 CCCP-NLTSVM 快, 但比 CCCP-LTSVM 慢.

4.6　弹球支持高阶张量机

为了解决标准支持向量机对噪声敏感和对样本重采样不稳定的问题, 2014 年, Huang 提出了弹球支持向量机模型[44]. 在这一节中, 我们首先简要地介绍一下弹球支持向量机模型, 然后把它推广到张量模式, 并设计求解新模型的算法, 最后给出新算法的实验结果和分析.

4.6.1　弹球支持向量机

给定由 l 个训练样本 $\{\boldsymbol{x}_i, y_i\}_{i=1}^{l}$ 组成的二分类问题, 其中 $\boldsymbol{x}_i \in R^m\,(1 \leqslant i \leqslant l)$ 是输入数据, $y_i \in \{-1, 1\}\,(1 \leqslant i \leqslant l)$ 是 $\boldsymbol{x}_i$ 的类标. 弹球支持向量机的数学模型如下[44]

$$\min_{\boldsymbol{w}, b, \boldsymbol{\xi}} \quad \frac{1}{2}\boldsymbol{w}^{\mathrm{T}}\boldsymbol{w} + C\sum_{p=1}^{l}\xi_p \tag{4-6-1}$$

$$\text{s.t.} \quad y_p\left(\boldsymbol{w}^{\mathrm{T}}\phi\left(\boldsymbol{x}_p\right)+b\right) \geqslant 1-\xi_p,\ p=1,2,\cdots,l \tag{4-6-2}$$

$$y_p\left(\boldsymbol{w}^{\mathrm{T}}\phi\left(\boldsymbol{x}_p\right)+b\right) \leqslant 1+\frac{1}{\tau}\xi_p,\ p=1,2,\cdots,l \tag{4-6-3}$$

式中 $\boldsymbol{w}$ 是超平面的法向量, $\phi\left(\boldsymbol{x}_p\right)$ 是把输入空间中的数据 $\boldsymbol{x}_p$ 映射到高维特征空间中的非线性映射, b 是偏量, ξ_p 是第 p 个数据的松弛变量, $\tau \geqslant 0$ 是损失函数的控制参数, C 为惩罚参数.

从上述模型中, 我们知道 pin-SVM 的损失函数如下

$$L_\tau(u)=\begin{cases} u, & u \geqslant 0, \\ -\tau u, & u<0 \end{cases} \tag{4-6-4}$$

比较铰链损失函数和弹球损失函数, 我们发现: 标准 SVM 只对错分样本进行惩罚, 而 pin-SVM 则惩罚所有样本. pin-SVM 对正确分类样本进行惩罚的目的是使边界超平面出现在两类样本中样本比较密集的地方, 降低噪声数据成为支持向量的可能性, 使得分类超平面更加稳定.

为了解释 pin-SVM 中参数 τ 的意义, 我们在图 4-3 中给出服从正态分布的两类 1 维样本, 其中正类样本 $\boldsymbol{x}_i,\ i \in \boldsymbol{I} \sim N(3.5,1)$, 负类样本 $\boldsymbol{x}_i,\ i \in \boldsymbol{I} \sim N(-3.5,1)$, A 和 B 分别是正类和负类样本点密集处的中心. 理论上, 两类样本的分类超平面是 $x=0$. 图 4-3(a) 显示, SVM 训练所得的超平面受噪声支持向量影

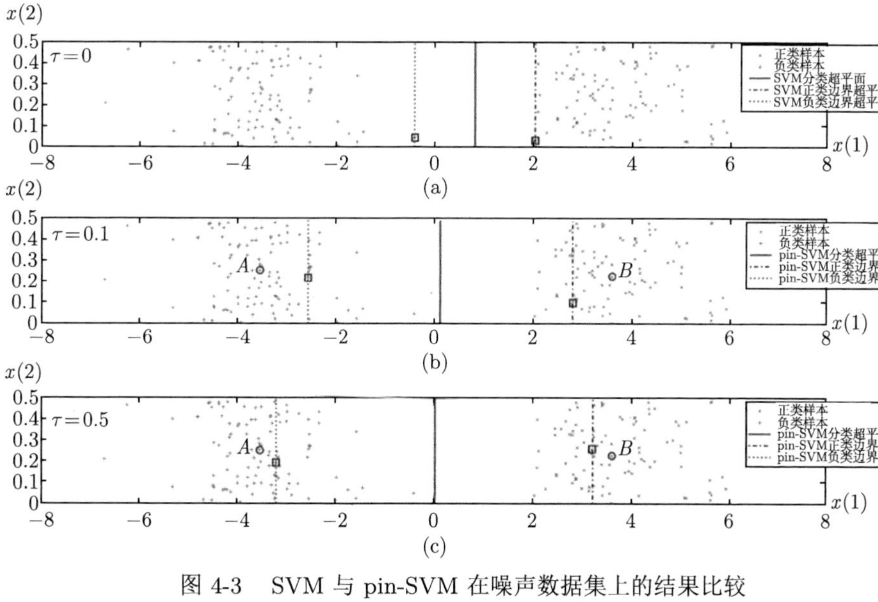

图 4-3 SVM 与 pin-SVM 在噪声数据集上的结果比较

响产生较大偏离. 图 4-3(b), (c) 显示, pin-SVM ($\tau=0.1$, $\tau=0.5$) 训练所得的超平面稳定在 $x=0$ 附近.

对于 $\tau=0.5$ 的情况, 由下侧分位数 $q=\tau/(1+\tau)$ 可知, $q=0.33$. 图 4-3(c) 显示出 pin-SVM 两边界平面之间的样本占所有样本 33%左右, 并且两边界超平面位于样本比较密集的地方. 所以, 参数 τ 控制了 pin-SVM 两类样本之间的分位数距离. 从图 4-3(b), (c) 可以看出: $\tau=0.5$ 时, pin-SVM 训练所得到的超平面比 $\tau=0.1$ 更接近理论超平面, 这是因为 $\tau=0.5$ 时边界分类超平面更接近 A 和 B. 在实际应用中, 我们事先并不知道参数 τ 的具体值, 为了得到好的分类效果, 必须对它进行寻优. 一旦给定 τ 参数后, 下侧分位数 q 也给定, 此时 pin-SVM 以两边界超平面之间的样本占所有样本比例是 q 为前提, 最大化两类样本之间的分位数距离.

4.6.2 弹球支持张量机

考虑一个含 l 个样本 $\{\mathcal{X}_i, y_i\}_{i=1}^{l}$ 的张量二分类问题, 其中 $\mathcal{X}_i \in R^{I_1\times I_2\times\cdots\times I_N}$ 为输入样本, $y_i\in\{-1,+1\}$ 为样本 $\mathcal{X}_i$ 对应的类别. 受交替投影支持向量机的影响[4], 我们在 N 个模态空间中构造 N 个线性弹球支持向量机模型, 第 n 个模态空间中的二次规划如下

$$\min_{\boldsymbol{w}^{(n)},b^{(n)},\boldsymbol{\xi}^{(n)}} \quad \frac{1}{2}\left\|\boldsymbol{w}^{(n)}\right\|_F^2 \prod_{1\leqslant j\leqslant N}^{j\neq n}\left\|\boldsymbol{w}^{(n)}\right\|_F^2 + C\sum_{p=1}^{l}\xi_p^{(n)} \tag{4-6-5}$$

$$\text{s.t.} \quad y_p\left(\left(\boldsymbol{w}^{(n)}\right)^{\mathrm{T}}\left(\mathcal{X}_p\prod_{1\leqslant j\leqslant N}^{j\neq n}\times_j \boldsymbol{w}^{(j)}\right)+b^{(n)}\right)+\xi_p^{(n)}\geqslant 1,\ p=1,2,\cdots,l \tag{4-6-6}$$

$$y_p\left(\left(\boldsymbol{w}^{(n)}\right)^{\mathrm{T}}\left(\mathcal{X}_p\prod_{1\leqslant j\leqslant N}^{j\neq n}\times_j \boldsymbol{w}^{(j)}\right)+b^{(n)}\right)-\frac{\xi_p^{(n)}}{\tau}\leqslant 1,\ p=1,2,\cdots,l \tag{4-6-7}$$

其中 $\boldsymbol{w}^{(n)}$ 是第 n 个超平面的法向量, 其对应的松弛变量 $\xi_p^{(n)}$ 用于衡量第 p 个训练样本被错分的程度, $b^{(n)}$ 是偏量.

受线性支持高阶张量机的启发[13], 利用张量的外积、内积、n-模积和 Frobenius 范数的定义, 余可鸣[45] 把上述的 N 个向量空间中的优化模型 (4-6-5)—(4-6-7) 转化成一个张量空间中的优化模型:

$$\min_{\mathcal{W},b,\boldsymbol{\xi}} \quad \frac{1}{2}\|\mathcal{W}\|_F^2 + C\sum_{p=1}^{l}\xi_p \tag{4-6-8}$$

$$\text{s.t.} \quad y_p\left(\langle \mathcal{W}, \mathcal{X}_p \rangle + b\right) + \xi_p \geqslant 1,\ p = 1, 2, \cdots, l \tag{4-6-9}$$

$$y_p\left(\langle \mathcal{W}, \mathcal{X}_p \rangle + b\right) - \frac{\xi_p}{\tau} \leqslant 1,\ p = 1, 2, \cdots, l \tag{4-6-10}$$

其中权重参数 $\mathcal{W}$ 是张量空间中超平面的法张量, b 是偏量, ξ_p 是第 p 个训练样本的松弛变量. 该模型是线性弹球支持向量机在张量模式上的推广, 当输入模式是向量时, 它可以退化到线性弹球支持向量机模型.

优化问题 (4-6-8)—(4-6-10) 的对偶形式为

$$\min_{\boldsymbol{\alpha},\boldsymbol{\beta}} \quad \frac{1}{2}\sum_{p=1}^{l}\sum_{q=1}^{l} y_p y_q \left(\alpha_p - \beta_p\right)\langle \mathcal{X}_p, \mathcal{X}_q \rangle \left(\alpha_q - \beta_q\right) - \sum_{p=1}^{l}\left(\alpha_p - \beta_p\right) \tag{4-6-11}$$

$$\text{s.t.} \quad \sum_{p=1}^{l}\left(\alpha_p - \beta_p\right) y_p = 0 \tag{4-6-12}$$

$$\alpha_p + \frac{1}{\tau}\beta_p = C,\ p = 1, 2, \cdots, l \tag{4-6-13}$$

$$\alpha_p \geqslant 0, \beta_p \geqslant 0,\ p = 1, 2, \cdots, l \tag{4-6-14}$$

这是一个含 $2l$ 个变量的凸二次规划问题. 当训练样本数量比较多时, 用传统的优化算法 (如积极集法、Newton 内点算法等) 进行求解会遇到困难.

4.6.3 求解弹球支持张量机的 SMO 算法

考虑到 SMO 算法在支持向量机中的广泛应用[46-48], 在本节中, 我们设计求解对偶问题 (4-6-11)—(4-6-14) 的 SMO 算法. 下面, 我们从两个方面讨论 SMO 算法: 一是在每次优化时选择哪两个样本进入工作集; 二是对四个变量如何解析求解.

4.6.3.1 选择两个样本进入工作集

对偶优化问题 (4-6-11)—(4-6-14) 的拉格朗日函数为

$$\begin{aligned} L\left(\boldsymbol{\alpha}, \boldsymbol{\beta}\right) = & \frac{1}{2}\sum_{p=1}^{l}\sum_{q=1}^{l} y_p y_q \left(\alpha_p - \beta_p\right)\langle \mathcal{X}_p, \mathcal{X}_q \rangle \left(\alpha_q - \beta_q\right) - \sum_{p=1}^{l}\left(\alpha_p - \beta_p\right) \\ & + \gamma \sum_{p=1}^{l}\left(\alpha_p - \beta_p\right) y_p - \sum_{p=1}^{l}\pi_p \alpha_p - \sum_{p=1}^{l}\psi_p \beta_p + \sum_{p=1}^{l}\delta_p\left(\alpha_p + \frac{1}{\tau}\beta_p - C\right) \end{aligned} \tag{4-6-15}$$

令 $F_P = y_p - \sum_{q=1}^{l} y_q (\alpha_q - \beta_q) \langle \mathcal{X}_p, \mathcal{X}_q \rangle$, 由

$$\frac{\partial L(\boldsymbol{\alpha}, \boldsymbol{\beta})}{\partial \alpha_p} = \sum_{q=1}^{l} y_p y_q (\alpha_q - \beta_q) \langle \mathcal{X}_p, \mathcal{X}_q \rangle - 1 + \gamma y_p - \pi_p + \delta_p = 0 \tag{4-6-16}$$

$$\frac{\partial L(\boldsymbol{\alpha}, \boldsymbol{\beta})}{\partial \beta_p} = -\sum_{q=1}^{l} y_p y_q (\alpha_q - \beta_q) \langle \mathcal{X}_p, \mathcal{X}_q \rangle - 1 + \gamma y_p - \psi_p + \frac{\delta_p}{\tau} = 0 \tag{4-6-17}$$

我们可以分别得到

$$y_p (F_p - \gamma) = \delta_p - \pi_p \tag{4-6-18}$$

$$y_p (F_p - \gamma) = \psi_p - \frac{\delta_p}{\tau} \tag{4-6-19}$$

由正交互补条件

$$\pi_p \alpha_p = 0, \quad \pi_p \geqslant 0,\ \alpha_p \geqslant 0 \tag{4-6-20}$$

$$\psi_p \beta_p = 0, \quad \psi_p \geqslant 0,\ \beta_p \geqslant 0 \tag{4-6-21}$$

和约束条件 (4-6-12)—(4-6-14), 我们知道最优解必须满足下列三个条件:

(1) 当 $\alpha_p = 0, \beta_p = \tau C$ 时, $y_p (F_p - \gamma) \leqslant 0$;

(2) 当 $\alpha_p = C, \beta_p = 0$ 时, $y_p (F_p - \gamma) \geqslant 0$;

(3) 当 $\alpha_p \neq 0, \beta_p \neq 0$ 时, $y_p (F_p - \gamma) = 0$.

我们取样本

$$\begin{aligned} i = \arg\max(&\{y_p F_p | y_p = +1, \beta_p > 0, \alpha_p < C\} \\ &\cup \{y_p F_p | y_p = -1, \alpha_p > 0, \beta_p < \tau C\}) \end{aligned} \tag{4-6-22}$$

和

$$\begin{aligned} j = \arg\max(&\{y_p F_p | y_p = -1, \beta_p > 0, \alpha_p < C\} \\ &\cup \{y_p F_p | y_p = +1, \alpha_p > 0, \beta_p < \tau C\}) \end{aligned} \tag{4-6-23}$$

进入工作集进行优化, 能够使目标函数下降最快.

4.6.3.2 四个变量的解析求解

令 $\eta = 2\langle \mathcal{X}_i, \mathcal{X}_j \rangle - \langle \mathcal{X}_i, \mathcal{X}_i \rangle - \langle \mathcal{X}_j, \mathcal{X}_j \rangle$, 则优化问题 (4-6-11)—(4-6-14) 中的目标函数可表示为

$$L(\boldsymbol{\lambda}) = \frac{1}{2}\sum_{p=1}^{l}\sum_{q=1}^{l} y_p y_q \lambda_p \langle \mathcal{X}_p, \mathcal{X}_q \rangle \lambda_q - \sum_{p=1}^{l} \lambda_p \tag{4-6-24}$$

由 $\dfrac{\partial L(\boldsymbol{\lambda})}{\partial \lambda_j} = -\eta\left(\lambda_j - \lambda_j^{\text{old}}\right) - y_j\left(F_i^{\text{old}} - F_j^{\text{old}}\right) = 0$ 可得

$$\lambda_j = \lambda_j^{\text{old}} + \frac{y_j\left(F_j^{\text{old}} - F_i^{\text{old}}\right)}{\eta} \tag{4-6-25}$$

令 $s = y_i y_j$, 则由约束表达式 (4-6-12) 可得

$$\lambda_i + \lambda_j s = \lambda_i^{\text{old}} + \lambda_j^{\text{old}} s. \tag{4-6-26}$$

由约束表达式 (4-6-13), (4-6-14) 可得 $0 \leqslant \alpha_p \leqslant C$, $0 \leqslant \beta_p \leqslant \tau C$, 则 λ_p 的取值范围如下

$$-\tau C \leqslant \lambda_p \leqslant C \tag{4-6-27}$$

由于 λ_p 必须满足约束条件 (4-6-26) 和 (4-6-27), 接下来, 我们分两种情况讨论在优化的过程中 λ_j 所能取到的最大值和最小值, 并对 (4-6-25) 中的 λ_j 进行修正.

(1) $s = 1$. 此时 $\lambda_i + \lambda_j = \lambda_i^{\text{old}} + \lambda_j^{\text{old}}$, λ_j 所能取到的最大值和最小值分别为 $L = \max\left\{-\tau C, \lambda_i^{\text{old}} + \lambda_j^{\text{old}} - C\right\}$ 和 $H = \min\left\{C, \lambda_i^{\text{old}} + \lambda_j^{\text{old}} + \tau C\right\}$.

(2) $s = -1$. 此时 $\lambda_i - \lambda_j = \lambda_i^{\text{old}} - \lambda_j^{\text{old}}$, λ_j 所能取到的最大值和最小值分别为 $L = \max\left\{-\tau C, -\tau C - \left(\lambda_i^{\text{old}} - \lambda_j^{\text{old}}\right)\right\}$ 和 $H = \min\left\{C, \tau C + \left(\lambda_i^{\text{old}} - \lambda_j^{\text{old}}\right)\right\}$.

鉴于上述分析, λ_j 的修正公式为

$$\lambda_j^{\text{new}} = \begin{cases} H, & H \leqslant \lambda_j, \\ \lambda_j, & L < \lambda_j < H, \\ L, & \lambda_j \leqslant L \end{cases} \tag{4-6-28}$$

从而 λ_i 的计算公式为

$$\lambda_i^{\text{new}} = \lambda_i^{\text{old}} - s\left(\lambda_j^{\text{new}} - \lambda_j^{\text{old}}\right) \tag{4-6-29}$$

由 $\lambda_p=\alpha_p-\beta_p$ 和 (4-6-13), 我们可以得到 $\alpha_i,\beta_i,\alpha_j,\beta_j$ 的解析表达式如下

$$\beta_i^{\text{new}}=\frac{\tau\left(C-\lambda_i^{\text{new}}\right)}{\tau+1} \tag{4-6-30}$$

$$\alpha_i^{\text{new}}=C-\frac{\beta_i^{\text{new}}}{\tau} \tag{4-6-31}$$

$$\beta_j^{\text{new}}=\frac{\tau\left(C-\lambda_j^{\text{new}}\right)}{\tau+1} \tag{4-6-32}$$

$$\alpha_j^{\text{new}}=C-\frac{\beta_j^{\text{new}}}{\tau} \tag{4-6-33}$$

在优化的过程中, 由 $F_p=y_p-\sum\limits_{q=1}^{l}y_q\left(\alpha_q-\beta_q\right)\langle\mathcal{X}_p,\mathcal{X}_q\rangle$ 可得 F_p 的更新公式如下

$$F_p^{\text{new}}=F_p^{\text{old}}+y_i\left(\lambda_i^{\text{old}}-\lambda_i^{\text{new}}\right)\langle\mathcal{X}_i,\mathcal{X}_p\rangle+y_j\left(\lambda_j^{\text{old}}-\lambda_j^{\text{new}}\right)\langle\mathcal{X}_j,\mathcal{X}_p\rangle \tag{4-6-34}$$

其中张量的内积根据 (4-3-5) 进行计算.

基于上述分析, 弹球支持张量机 (pin-STM) 算法的详细过程如算法 4-5 所示.

算法 4-5　pin-STM 算法

输入: 数据集 $\{(\mathcal{X}_1,y_1),(\mathcal{X}_2,y_2),\cdots,(\mathcal{X}_M,y_M)\}$, 参数 C, 秩参数 R.

输出: $\alpha_i\,(i=1,2,\cdots,M),b$.

步骤 1: 执行下列操作计算 $\langle\mathcal{X}_i,\mathcal{X}_j\rangle$.

For $i=1,2,\cdots,M$

　For $j=1,2,\cdots,M$

　　根据 (4-3-5) 计算 $\langle\mathcal{X}_i,\mathcal{X}_j\rangle$;

　End For

End For

步骤 2: 解优化问题 (4-6-11)—(4-6-14) 得到 $\alpha_i\,(i=1,2,\cdots,M),b$.

4.6.4 算法时间复杂度分析

对于向量数据, 经典二次规划算法的时间复杂度为 $O\left(8l^3\right)$[49], SMO 算法的时间复杂度为 $O\left(4.9l^{2.3}\right)$. 显然, 在这种情况下, SMO 算法的计算速度比经典的二次规划要快. 在考虑数据维数的情况下, 对于张量数据, 当把张量拉伸成向量时, SMO 算法的计算复杂度为 $O\left(4.9l^{2.3}\prod\limits_{i=1}^{N}I_i\right)$; 当用张量的秩-1 分解代替原始

张量时, 由于交替最小二乘 (alternating least squares, ALS) 算法的计算复杂度为 $O\left(4rRl\prod_{i=1}^{N}I_i\right)$[50], 其中 r 为交替最小二乘算法的迭代次数, 所以用 SMO 算法解优化问题 (4-6-11)—(4-6-14) 的计算复杂度为 $O\left(4rRl\prod_{i=1}^{N}I_i+4.9l^{2.3}R^2\sum_{i=1}^{N}I_i\right)$.

4.6.5 实验结果与分析

接下来, 我们在 9 个向量数据集和 6 个张量数据集上做实验来说明 SMO 算法和弹球支持张量机的性能. 为了达到这个目的, 我们首先在向量数据集上进行试验, 说明 SMO 算法比经典的优化算法快; 然后在张量数据集上进行试验, 比较弹球支持张量机、线性支持高阶张量机、弹球支持向量机和基于 PCA 的弹球支持向量机的计算速度和测试精度. 在我们的实验中, 经典的优化算法选用积极集法. 向量数据集的试验是在 MATLAB R2014a 平台上进行的, 张量数据集的试验是在 Microsoft Visual Studio 2008 平台上进行的. 我们所使用的计算机 CPU 是 Intel (R) Core (TM) i7-3770 3.40GHz, 内存为 16GB, 操作系统为 Windows XP.

实验中使用的向量数据集 Ripley 来自 [51], Banana, Glass, Heartstatlog, PIMA 和 Vehicle 来自网站 https://download.csdn.net/download/jodie123. 二阶人脸识别数据集 Yale32×32 和 Yale64×64 来自 Yale-B 数据库, ORL32×32 和 ORL64×64 来自 ORL 数据库, 可以从网站 http://cvc.cs.yale.edu/cvc/projects/yalefaces/yalefaces.html 和 https://cam-orl.co.uk/facedatabase.html 上下载, 三阶步态识别数据集来自数据库 USF HumanID, 可以从网站 https://www.eng.usf.edu/cvprg/上下载. 向量和张量数据集的详细信息分别如表 4-11 和表 4-12 所示. 作为一个预处理过程, 我们把数据集随机分成近似相等的 10 份, 同时保持每个类有相同的比例, 并使用 9 份作为训练集, 剩下的 1 份作为测试集. 为了获得无偏统计结果, 所有的最优参数、最优测试精度和训练时间均采用十折交叉验证策略得到.

表 4-11 向量数据集

数据集	数据规模	类别数	维数	数据集	数据规模	类别数	维数
Banana	400	2	2	Monk	122	2	6
Cleveland heart	303	5	13	PIMA	768	2	8
Glass	211	6	9	Ripley	250	2	2
Heartstatlog	270	2	13	Vehicle	846	4	18
Liver_disorder	345	2	6				

表 4-12 张量数据集

数据集	数据集规模	类别数	维数
Yale32×32	165	15	32×32
Yale64×64	165	15	64×64
ORL32×32	400	40	32×32
ORL64×64	400	40	64×64
USFGait17_32×22×10	731	71	32×22×10
USFGait17_64×44×20	731	71	64×44×20

对于弹球支持向量机, 核函数选用 RBF (radial basis function) 函数, 参数 $\sigma \in \left\{2^{-4}, 2^{-3}, \cdots, 2^{5}\right\}$. 对于弹球支持张量机, 我们采用交替最小二乘算法作张量的长度为 R 的秩-1 分解, 秩 $R \in \{2, 3, \cdots, 8\}$, 参数 $C \in \left\{2^{0}, 2^{1}, \cdots, 2^{9}\right\}$, $\tau \in \{0.1, 0.2, 0.5, 1.0\}$.

评估算法性能的指标采用 "测试精度" 和 "训练时间". 在我们的实验中, 积极集法和 SMO 算法求解的模型均是原优化问题的对偶模型. 积极集法的终止条件是 $\lambda_i^* \geqslant 0$, $\forall i \in W_k \cap I$; SMO 算法的终止条件是 $(y_p F_p)_{\mathrm{up}} - (y_p F_p)_{\mathrm{low}} < 2 \times 10^{-8}$. 从文献 [49] 和 [52], 我们知道: 满足上述终止条件的两个算法得到的均是全局最优解. 为了比较积极集法和 SMO 算法的性能, 在向量数据集的实验中, 我们首先用十折交叉策略得到 SMO 算法的最优参数及相应的计算时间和测试精度, 然后在上述最优参数下得到积极集法的计算时间和测试精度. 表 4-13 列出 SMO 算法在 9 个向量数据集上的最优参数以及 SMO 算法和积极集法在最优参数下的测试精度和训练时间. 弹球支持向量机、基于 PCA 的弹球支持向量机、线性支持高阶张量机和弹球支持张量机在 6 个张量数据集上的最优参数列在表 4-14 中, 弹球支持向量机、基于 PCA 的弹球支持向量机和弹球支持张量机在最优参数下的测试精度和训练时间列在表 4-15 中, 线性支持高阶张量机和弹球支持张量机在最优参数下的测试精度和训练时间列在表 4-16 中. 其中测试精度和训练时间分别是 10 次训练的平均测试精度和平均学习时间, 最优测试精度和训练时间用粗体显示. 另外, 为了公平比较, 基于 PCA 的弹球支持向量机 (pin-PSVM) 和弹球支持张量机的学习时间分别包含向量的降维时间和张量的分解时间.

从表 4-13 可以看出, 对于弹球支持向量机模型, 除了小数据集 Monk, SMO 算法总是比经典的积极集法要快. 对于大的数据集 PIMA 和 Vehicle, SMO 算法的优势更加明显.

从表 4-15 可以看出, 对于易分类的张量数据集 ORL32×32 和 ORL64×64, 在测试精度可比的情况下, 弹球支持张量机的训练速度比基于 PCA 的弹球支持向量机和原始的弹球支持向量机都快; 对于难分类的其他张量数据集, 弹球支持张量机具有更好的测试精度. 产生这种结果的主要原因在于: 我们所提出的弹球支持张量机利用张量的秩-1 分解代替了原始张量, 能够节省存贮空间和计算时间,同时也保持了原始张量的自然结构信息. 而弹球支持向量机在处理张量数据时, 需要把张量拉伸成向量, 破坏了原始张量的结构信息, 导致了小样本问题.

表 4-13　SMO 算法和积极集法在向量数据集上的结果比较

数据集	最优参数	测试精度 (%)		训练时间 (秒)	
	(τ, C, σ)	SMO	积极集法	SMO	积极集法
Banana	0.1, 512, 0.25	88.25	88.25	**2.84**	102.80
Cleveland heart	0.1, 32, 8	55.67	55.67	**0.33**	12.21
Glass	0.5, 128, 0.5	70.00	70.00	**1.09**	2.54
Heartstatlog	0.2, 512, 32	84.07	84.07	**0.19**	10.98
Liver_disorder	0.2, 128, 4	77.06	77.06	**0.32**	24.53
Monk	0.5, 64, 2	90.83	90.83	0.21	**0.13**
PIMA	0.5, 2, 2	78.03	78.03	**1.36**	365.90
Ripley	0.2, 1, 2	88.80	88.80	**0.14**	2.65
Vehicle	0.1, 256, 4	86.07	86.07	**4.70**	192.79

表 4-14　张量数据集上的最优参数

数据集	最优参数			
	弹球支持向量机	基于 PCA 的弹球支持向量机	线性支持高阶张量机	弹球支持张量机
	(τ, σ, C)	$\lambda = 0.9, (\tau, \sigma, C)$	(R, C)	(τ, R, C)
Yale32×32	0.1, 16, 32	1.0, 16, 4	4, 16	0.1, 4, 512
Yale64×64	0.1, 32, 32	0.1, 32, 32	8, 512	0.1, 8, 512
ORL32×32	0.1, 8, 8	0.1, 32, 64	3, 1	0.1, 3, 1
ORL64×64	0.1, 32, 512	1.0, 32, 16	6, 256	0.1, 8, 512
USFGait17_32×22×10	0.1, 32, 512	0.1, 32, 512	8, 32	0.1, 8, 512
USFGait17_64×44×20	0.5, 32, 512	0.1, 32, 512	7, 8	0.1, 3, 512

表 4-15　弹球支持向量机、基于 PCA 的弹球支持向量机和弹球支持张量机在张量数据集上的结果比较

数据集	测试精度 (%)			训练时间 (秒)		
	弹球支持向量机	基于 PCA 的弹球支持向量机	弹球支持张量机	弹球支持向量机	基于 PCA 的弹球支持向量机	弹球支持张量机
Yale32×32	77.67	77.00	**78.33**	**0.15**	1.02	0.22
Yale64×64	84.67	84.00	**85.33**	**0.84**	2.05	1.29
ORL32×32	**98.00**	98.00	97.75	2.48	7.64	**0.77**
ORL64×64	98.00	**98.25**	97.75	10.22	17.27	**6.99**
USFGait17_32×22×10	74.05	76.07	**84.44**	90.74	149.83	**17.80**
USFGait17_64×44×20	55.04	64.79	**88.89**	622.40	720.05	**42.19**

从表 4-16 可以看出, 弹球支持张量机在二阶张量数据集上的测试精度和训练速度与线性支持高阶张量机是可比的. 对于步态识别的三阶张量数据集 USFGait17_32×22×10 和 USFGait17_64×44×20, 弹球支持张量机表现出了更好的测试精度和更快的训练速度. 产生这种结果的可能原因是: 线性支持高阶张量机是标准支持向量机的张量推广, 弹球支持张量机是 pin-SVM 的张量推广. 当数据集服从正态分布或者分布不均匀 (数据集中心处较密集) 时, 弹球支持张量机的训练结果更显优势; 而当数据集服从均匀分布时, 线性支持高阶张量机的训练结果更显优势.

表 4-16 线性支持高阶张量机和弹球支持张量机在张量数据集上的结果比较

数据集	测试精度 (%)		训练时间 (秒)	
	线性支持高阶张量机	弹球支持张量机	线性支持高阶张量机	弹球支持张量机
Yale32×32	**79.00**	78.33	0.26	**0.22**
Yale64×64	**85.33**	**85.33**	1.46	**1.29**
ORL32×32	**98.00**	97.75	0.886	**0.77**
ORL64×64	**98.50**	97.75	**5.36**	6.99
USFGait17_32×22×10	79.60	**84.44**	29.23	**17.80**
USFGait17_64×44×20	81.55	**88.89**	87.85	**42.19**

4.7 模糊非平行支持张量机

不同于构造一对平行支撑超平面的传统支持向量机模型, 非平行支持向量机构造了两个互不平行的超平面[53]. 相关研究表明: 与早期的软间隔支持向量机[28]和孪生支持向量机[54,55] 相比, 非平行支持向量机展现出了更好的学习能力.

考虑到非平行支持向量机和模糊支持向量机在向量空间中优越的学习性能, 针对非平行支持向量机易受噪声和孤立点影响的问题, 陈学鹏首先提出了一种新型的张量学习模型——模糊非平行支持张量机, 然后设计求解该模型的序贯最小优化算法[56]. 接下来, 我们详细介绍这项工作.

4.7.1 模糊非平行支持张量机模型

设二分类问题的训练样本集合 $T=\{(\mathcal{X}_1,y_1),\cdots,(\mathcal{X}_p,y_p),(\mathcal{X}_{p+1},y_{p+1}),\cdots,(\mathcal{X}_{p+q},y_{p+q})\}$, 其中 $\mathcal{X}_i\in R^{I_1\times I_2\times\cdots\times I_N}$ 是样本特征, $y_i\in\{+1,-1\}$ 是 $\mathcal{X}_i$ 的标签, $(\mathcal{X}_i,y_i),i=1,2,\cdots,p$ 为正类样本, $(\mathcal{X}_j,y_j),j=p+1,p+2,\cdots,p+q$ 为负类样本. 受 [13] 和 [57] 的启发, 陈学鹏在张量空间中直接建立正、负两个分类超平面的模糊数学模型:

$$\begin{aligned}
\min_{\mathcal{W}_+,\eta_i,\eta_i^*,\xi_j,b_+} \quad & \frac{1}{2}\left\|\mathcal{W}_+\right\|_F^2 + C_1\sum_{i=1}^{p} s_i\left(\eta_i+\eta_i^*\right) + C_2\sum_{j=p+1}^{p+q} s_j\xi_j \\
\text{s.t.} \quad & \langle\mathcal{W}_+,\mathcal{X}_i\rangle + b_+ \leqslant \varepsilon_1+\eta_i,\ i=1,2,\cdots,p \\
& -\langle\mathcal{W}_+,\mathcal{X}_i\rangle - b_+ \leqslant \varepsilon_1+\eta_i^*,\ i=1,2,\cdots,p \\
& \langle\mathcal{W}_+,\mathcal{X}_j\rangle + b_+ \leqslant -1+\xi_j,\ j=p+1,p+2,\cdots,p+q \\
& \eta_i,\eta_i^* \geqslant 0,\ i=1,2,\cdots,p \\
& \xi_j \geqslant 0,\ j=p+1,p+2,\cdots,p+q
\end{aligned} \tag{4-7-1}$$

$$\begin{aligned}
\min_{\mathcal{W}_-,\eta_i,\eta_i^*,\xi_j,b_-} \quad & \frac{1}{2}\left\|\mathcal{W}_-\right\|_F^2 + C_3\sum_{i=p+1}^{p+q} s_i\left(\eta_i+\eta_i^*\right) + C_4\sum_{j=1}^{p} s_j\xi_j \\
\text{s.t.} \quad & \langle\mathcal{W}_-,\mathcal{X}_i\rangle + b_- \leqslant \varepsilon_1+\eta_i,\ i=p+1,p+2,\cdots,p+q \\
& -\langle\mathcal{W}_-,\mathcal{X}_i\rangle - b_- \leqslant \varepsilon_1+\eta_i^*,\ i=p+1,p+2,\cdots,p+q \\
& \langle\mathcal{W}_-,\mathcal{X}_j\rangle + b_- \geqslant 1-\xi_j,\ j=1,2,\cdots,p \\
& \eta_i,\eta_i^* \geqslant 0,\ i=p+1,p+2,\cdots,p+q \\
& \xi_j \geqslant 0,\ j=1,2,\cdots,p
\end{aligned} \tag{4-7-2}$$

其中 $\mathcal{W}_+$ 和 $\mathcal{W}_-$ 分别为张量空间中正、负分类超平面的法向张量, b_+ 和 b_- 分别为正、负分类超平面的偏置值, η_i, η_i^* 和 ξ_j 是松弛变量, s_i 是样本的模糊隶属度.

当输入样本是向量时, (4-7-1) 和 (4-7-2) 可退化为模糊非平行支持向量机[58]; 进一步, 当模糊隶属度 $s_1=s_2=\cdots=s_p=s_{p+1}=s_{p+2}=\cdots=s_{p+q}=1$ 时, 它可退化为非平行支持向量机. 这意味着非平行支持向量机模型和模糊非平行支持向量机模型均是模糊非平行支持张量机模型的特例.

优化问题 (4-7-1) 的拉格朗日函数为

$$\begin{aligned}
L =& \frac{1}{2}\left\|\mathcal{W}_+\right\|_F^2 + C_1\sum_{i=1}^{p} s_i\left(\eta_i+\eta_i^*\right) + C_2\sum_{j=p+1}^{p+q} s_j\xi_j \\
&+ \sum_{i=1}^{p}\alpha_i\left(\langle\mathcal{W}_+,\mathcal{X}_i\rangle + b_+ - \varepsilon_1 - \eta_i\right) \\
&+ \sum_{i=1}^{p}\alpha_i^*\left(-\langle\mathcal{W}_+,\mathcal{X}_i\rangle - b_+ - \varepsilon_1 - \eta_i^*\right) + \sum_{j=p+1}^{p+q}\beta_j\left(\langle\mathcal{W}_+,\mathcal{X}_j\rangle + b_+ + 1 - \xi_j\right) \\
&- \sum_{i=1}^{p}\gamma_i\eta_i - \sum_{i=1}^{p}\gamma_i^*\eta_i^* - \sum_{j=p+1}^{p+q}\psi_j\xi_j
\end{aligned} \tag{4-7-3}$$

其中 α_i, α_i^*, γ_i, γ_i^*, β_j 和 ψ_j 为非负的拉格朗日乘子.

优化问题 (4-7-1) 的 KKT 条件为

$$\nabla_{\mathcal{W}_+} L = 0 \Rightarrow \mathcal{W}_+ = \sum_{i=1}^{p} \left(\alpha_i^* - \alpha_i\right) \mathcal{X}_i + \sum_{j=p+1}^{p+q} \beta_j \mathcal{X}_j \tag{4-7-4}$$

$$\nabla_{b_+} L = 0 \Rightarrow \sum_{i=1}^{p} \left(\alpha_i - \alpha_i^*\right)_i + \sum_{j=p+1}^{p+q} \beta_j = 0 \tag{4-7-5}$$

$$\nabla_{\eta_i} L = 0 \Rightarrow C_1 s_i - \alpha_i - \gamma_i = 0, \quad i = 1, 2, \cdots, p \tag{4-7-6}$$

$$\nabla_{\eta_i^*} L = 0 \Rightarrow C_1 s_i - \alpha_i^* - \gamma_i^* = 0, \quad i = 1, 2, \cdots, p \tag{4-7-7}$$

$$\nabla_{\xi_j} L = 0 \Rightarrow C_2 s_j - \beta_j - \psi_j = 0, \quad j = p+1, p+2, \cdots, p+q \tag{4-7-8}$$

将 (4-7-4)—(4-7-8) 代入 (4-7-3), 我们可以得到优化问题 (4-7-1) 的对偶问题:

$$\begin{aligned}
\max_{\boldsymbol{\alpha}_+, \boldsymbol{\alpha}_+^*, \boldsymbol{\beta}_-} \quad & \frac{1}{2} \sum_{i=1}^{p} \sum_{j=1}^{p} \left(\alpha_i^* - \alpha_i\right) \left(\alpha_j^* - \alpha_j\right) \langle \mathcal{X}_i, \mathcal{X}_j \rangle \\
& - \sum_{i=1}^{p} \sum_{j=p+1}^{p+q} \left(\alpha_j^* - \alpha_j\right) \beta_j \langle \mathcal{X}_i, \mathcal{X}_j \rangle \\
& + \frac{1}{2} \sum_{i=p+1}^{p+q} \sum_{j=p+1}^{p+q} \beta_i \beta_j \langle \mathcal{X}_i, \mathcal{X}_j \rangle + \varepsilon_1 \sum_{i=1}^{p} \left(\alpha_i^* + \alpha_i\right) - \sum_{i=p+1}^{p+q} \beta_i \\
\text{s.t.} \quad & \sum_{i=1}^{p} \left(\alpha_i - \alpha_i^*\right) + \sum_{j=p+1}^{p+q} \beta_j = 0 \\
& 0 \leqslant \alpha_i^*, \alpha_i \leqslant C_1 s_i, \quad i = 1, 2, \cdots, p \\
& 0 \leqslant \beta_j \leqslant C_2 s_j, \quad j = p+1, p+2, \cdots, p+q
\end{aligned} \tag{4-7-9}$$

其中 $\boldsymbol{\alpha}_+ = (\alpha_1, \alpha_2, \cdots, \alpha_p)^{\mathrm{T}}$, $\boldsymbol{\alpha}_+^* = \left(\alpha_1^*, \alpha_2^*, \cdots, \alpha_p^*\right)^{\mathrm{T}}$, $\boldsymbol{\beta}_- = (\beta_{p+1}, \beta_{p+2}, \cdots, \beta_{p+q})^{\mathrm{T}}$.

同理, 优化问题 (4-7-2) 的对偶问题为

$$\begin{aligned}
\max_{\boldsymbol{\alpha}_-, \boldsymbol{\alpha}_-^*, \boldsymbol{\beta}_+} \quad & \frac{1}{2} \sum_{i=p+1}^{p+q} \sum_{j=p+1}^{p+q} \left(\alpha_i^* - \alpha_i\right) \left(\alpha_j^* - \alpha_j\right) \langle \mathcal{X}_i, \mathcal{X}_j \rangle \\
& + \sum_{i=p+1}^{p+q} \sum_{j=1}^{p} \left(\alpha_i^* - \alpha_i\right) \beta_j \langle \mathcal{X}_i, \mathcal{X}_j \rangle \\
& + \frac{1}{2} \sum_{i=1}^{p} \sum_{j=1}^{p} \beta_i \beta_j \langle \mathcal{X}_i, \mathcal{X}_j \rangle + \varepsilon_1 \sum_{i=p+1}^{p+q} \left(\alpha_i^* + \alpha_i\right) - \sum_{i=1}^{p} \beta_i
\end{aligned}$$

$$
\begin{aligned}
\text{s.t.}\ & \sum_{i=p+1}^{p+q}\left(\alpha_i-\alpha_i^*\right)-\sum_{j=1}^{p}\beta_j=0 \\
& 0\leqslant \alpha_i^*,\alpha_i\leqslant C_3 s_i,\quad i=p+1,p+2,\cdots,p+q \\
& 0\leqslant \beta_j\leqslant C_4 s_j,\quad j=1,2,\cdots,p
\end{aligned}\tag{4-7-10}
$$

其中 $\boldsymbol{\alpha}_-=(\alpha_{p+1},\alpha_{p+2},\cdots,\alpha_{p+q})^{\mathrm{T}}$, $\boldsymbol{\alpha}_-^*=\left(\alpha_{p+1}^*,\alpha_{p+2}^*,\cdots,\alpha_{p+q}^*\right)^{\mathrm{T}}$, $\boldsymbol{\beta}_+=(\beta_1,\beta_2,\cdots,\beta_p)^{\mathrm{T}}$.

针对带等式约束的凸二次规划问题 (4-7-9) 和 (4-7-10), 由于它们是同一个类型的问题, 因此, 接下来, 我们仅仅给出求解优化问题 (4-7-9) 的序贯最小优化算法.

4.7.2 工作集选择

参考非平行支持向量机中的结论[55], 不难证明: $\alpha_i^*\alpha_i=0, i=1,2,\cdots,p$ 成立. 令 $\lambda_i=\alpha_i^*-\alpha_i$, 则 $|\lambda_i|=\alpha_i^*+\alpha_i$. 为了简化符号与推导过程, 下文记 $K_{ij}=\langle\mathcal{X}_i,\mathcal{X}_j\rangle$.

优化问题 (4-7-9) 的拉格朗日函数为

$$
\begin{aligned}
F=&\frac{1}{2}\sum_{i=1}^{p}\sum_{j=1}^{p}\left(\alpha_i^*-\alpha_i\right)\left(\alpha_j^*-\alpha_j\right)K_{ij} \\
&-\sum_{i=1}^{p}\sum_{j=p+1}^{p+q}\left(\alpha_j^*-\alpha_j\right)\beta_j K_{ij}+\frac{1}{2}\sum_{i=p+1}^{p+q}\sum_{j=p+1}^{p+q}\beta_i\beta_j K_{ij} \\
&+\varepsilon_1\sum_{i=1}^{p}\left(\alpha_i^*+\alpha_i\right)-\sum_{i=p+1}^{p+q}\beta_i+\vartheta\left(\sum_{i=1}^{p}\left(\alpha_i-\alpha_i^*\right)+\sum_{j=p+1}^{p+q}\beta_j\right)-\sum_{i=1}^{p}\pi_i\alpha_i \\
&-\sum_{i=1}^{p}\left(\upsilon_i\left(C_1 s_i-\alpha_i\right)+\zeta_i\left(C_1 s_i-\alpha_i^*\right)\right) \\
&-\sum_{j=p+1}^{p+q}\left(\rho_j\beta_j+\varsigma_j\left(C_2 s_j-\beta_j\right)\right)
\end{aligned}\tag{4-7-11}
$$

令 $A_i=-\sum_{j=1}^{p}\lambda_j K_{ij}+\sum_{j=p+1}^{p+q}\beta_j K_{ij}$, $Q_i=-\sum_{j=1}^{p}\lambda_j K_{ij}+\sum_{j=p+1}^{p+q}\beta_j K_{ij}-1$, 则优化问题 (4-7-9) 的 KKT 条件为

$$
\frac{\partial F}{\partial\alpha_i^*}=-A_i+\varepsilon_1-\vartheta-\varpi_i+\zeta_i=0\tag{4-7-12}
$$

$$\frac{\partial F}{\partial \alpha_i}=A_i+\varepsilon_1+\vartheta-\pi_i+\nu_i=0 \tag{4-7-13}$$

$$\frac{\partial F}{\partial \beta_i}=Q_i+\vartheta-\rho_i+\varsigma_i=0 \tag{4-7-14}$$

$$\rho_i\beta_i=\varsigma_i\left(C_2 s_i-\beta_i\right)=0 \tag{4-7-15}$$

$$\pi_i\alpha_i=\varpi_i\alpha_i^*=\upsilon_i\left(C_1 s_i-\alpha_i\right)=\zeta_i\left(C_1 s_i-\alpha_i^*\right)=0 \tag{4-7-16}$$

令

$$A_i^{\text{low}}=\begin{cases}A_i-\varepsilon_1, & i\in\{k|0\leqslant\lambda_k<C_1 s_k, s_k\neq 0\}\\ A_i+\varepsilon_1, & i\in\{k|-C_1 s_k\leqslant\lambda_k<0, s_k\neq 0\}\end{cases} \tag{4-7-17}$$

$$A_i^{\text{up}}=\begin{cases}A_i-\varepsilon_1, & i\in\{k|0<\lambda_k\leqslant C_1 s_k, s_k\neq 0\}\\ A_i+\varepsilon_1, & i\in\{k|-C_1 s_k<\lambda_k\leqslant 0, s_k\neq 0\}\end{cases} \tag{4-7-18}$$

$$Q_i^{\text{low}}=Q_i,\quad i\in\{k|0<\beta_k\leqslant C_2 s_k, s_k\neq 0\} \tag{4-7-19}$$

$$Q_i^{\text{up}}=Q_i,\quad i\in\{k|0\leqslant\beta_k<C_2 s_k, s_k\neq 0\} \tag{4-7-20}$$

则优化问题 (4-7-9) 的最优解满足下列条件:

$$A_i^{\text{low}}\leqslant-\vartheta\leqslant A_i^{\text{up}} \tag{4-7-21}$$

$$Q_i^{\text{low}}\leqslant-\vartheta\leqslant Q_i^{\text{up}} \tag{4-7-22}$$

把下标为 $k=\arg\max\left\{\max\left\{A_i^{\text{low}}\right\},\max\left\{Q_i^{\text{low}}\right\}\right\}$ 和 $l=\arg\min\{\min\left\{A_i^{\text{up}}\right\},\min\left\{Q_i^{\text{up}}\right\}\}$ 的样本放入工作集进行优化, 可以确保 (4-7-9) 的优化目标以最快速度下降.

4.7.3　子问题求解与终止条件

确定工作集之后, 训练样本 $\mathcal{X}_k$ 和 $\mathcal{X}_l$ 有三种可能出现的情况: ① 都是正类样本, $1\leqslant k,l\leqslant p$; ② 一个是正类样本, 另一个是负类样本, 不失一般性, 我们假设 $1\leqslant k\leqslant p, p+1\leqslant l\leqslant p+q$; ③ 都是负类样本, $p+1\leqslant k,l\leqslant p+q$. 接下来, 我们分别讨论这三种情况下的子问题求解. 为了讨论方便, 在下文中, 我们设 $\Lambda=K_{kk}+K_{ll}-2K_{kl}$.

(1) 第一种情况.

优化问题 (4-7-9) 可以转化为下列优化问题:

$$\begin{aligned}\min_{\lambda_k,\lambda_l}\quad & f_1(\lambda_k,\lambda_l)\\ \text{s.t.}\quad & \lambda_k+\lambda_l=g,\ -C_1 s_k\leqslant\lambda_k\leqslant C_1 s_k, -C_1 s_l\leqslant\lambda_l\leqslant C_1 s_l\end{aligned} \tag{4-7-23}$$

其中

$$f_1(\lambda_k, \lambda_l) = \frac{1}{2}(\lambda_k)^2 K_{kk} + \frac{1}{2}(\lambda_l)^2 K_{ll} + \lambda_k \lambda_l K_{kl} + \lambda_k u_k^t + \lambda_l u_l^t - \lambda_k v_k^t - \lambda_l v_l^t + \varepsilon_1 (|\lambda_k| + |\lambda_l|) \tag{4-7-24}$$

$$u_k^t = \sum_{m=1}^{p} \lambda_m^t K_{km} - \lambda_k^t K_{kk} - \lambda_l^t K_{kl} \tag{4-7-25}$$

$$u_l^t = \sum_{m=1}^{p} \lambda_m^t K_{lm} - \lambda_k^t K_{lk} - \lambda_l^t K_{ll} \tag{4-7-26}$$

$$v_k^t = \sum_{m=p+1}^{p+q} \beta_m^t K_{km} \tag{4-7-27}$$

$$v_l^t = \sum_{m=p+1}^{p+q} \beta_m^t K_{lm} \tag{4-7-28}$$

$$g = \lambda_k^t + \lambda_l^t \tag{4-7-29}$$

利用等式约束 $\lambda_k + \lambda_l = g$, 优化问题 (4-7-23) 可以转化为下列优化问题:

$$\begin{aligned} \min_{\lambda_l} \quad & f(\lambda_l) \\ \text{s.t.} \quad & L \leqslant \lambda_l \leqslant H \end{aligned} \tag{4-7-30}$$

其中

$$f(\lambda_l) = \frac{1}{2}(g - \lambda_l)^2 K_{kk} + \frac{1}{2}(\lambda_l)^2 K_{ll} + (g - \lambda_l)\lambda_l K_{kl} - \lambda_l u_k^t + \lambda_l u_l^t + \lambda_l v_k^t - \lambda_l v_l^t + \varepsilon_1 (|g - \lambda_l| + |\lambda_l|) \tag{4-7-31}$$

$$L = \max\{-C_1 s_l, g - C_1 s_k\}, \quad H = \min\{C_1 s_l, g + C_1 s_k\} \tag{4-7-32}$$

当 $\Lambda = 0$ 时, f 是一个分段线性函数, 最小值仅有可能在取值范围的左右端点 (L 和 H) 和两个分段点 (g 和 0) 之一处取得

$$\lambda_l^{t+1} = \arg\min\{f(L), f(H), f(0), f(g)\} \tag{4-7-33}$$

当 $\Lambda \neq 0$ 时, 由 $f'(\lambda_l) = \Lambda\lambda_l - \Lambda\lambda_l^t + v_k^t - v_l^t - \varepsilon_1 \mathrm{sgn}(g - \lambda_l) + \varepsilon_1 \mathrm{sgn}(\lambda_l) - \sum_{i=1}^{p} \lambda_i^t (K_{ki} - K_{li}) = 0$ 可得 λ_l^{t+1} 的更新公式为

$$\lambda_l^{t+1} = \lambda_l^t + \frac{1}{\Lambda}\left(v_l^t - v_k^t + \varepsilon_1 \mathrm{sgn}\left(g - \lambda_l^{t+1}\right) - \varepsilon_1 \mathrm{sgn}\left(\lambda_l^{t+1}\right) + \sum_{i=1}^{p} \lambda_i^t (K_{ki} - K_{li})\right) \tag{4-7-34}$$

受文献 [59] 的启发, 我们用算法 4-6 计算 λ_l^{t+1} 和 λ_k^{t+1}.

算法 4-6 第 $t+1$ 轮迭代中 $\boldsymbol{\lambda}_l$ 和 $\boldsymbol{\lambda}_k$ 的更新步骤

输入: ε_1.

输出: λ_l^{t+1} 和 λ_k^{t+1}.

步骤 1: 根据 (4-7-27) 和 (4-7-28) 计算 v_k^t 和 v_l^t; 根据 (4-7-29) 计算 g.

步骤 2: 根据 (4-7-32) 计算 L 和 H.

步骤 3: 根据 $\lambda_l^{t+1} = \lambda_l^t + \frac{1}{\Lambda}\left(v_l^t - v_k^t + \sum_{i=1}^{p} \lambda_i^t (K_{ki} - K_{li})\right)$ 计算 λ_l^{t+1}.

步骤 4: 执行下列操作

If $\lambda_l^{t+1}\left(g - \lambda_l^{t+1}\right) < 0$, **then**

  If $\left(\left|\lambda_l^{t+1}\right| \geqslant \frac{2\varepsilon_1}{\Lambda}\right) \& \left(\left|g - \lambda_l^{t+1}\right| \geqslant \frac{2\varepsilon_1}{\Lambda}\right)$, **then**

    $\lambda_l^{t+1} = \lambda_l^{t+1} - \mathrm{sgn}\left(\lambda_l^{t+1}\right) \frac{2\varepsilon_1}{\Lambda}$;

  Else

    $\lambda_l^{t+1} = \arg\min \{f(0), f(g)\}$;

  End If

End If

步骤 5: $\lambda_l^{t+1} = \min\left\{H, \max\left(L, \lambda_l^{t+1}\right)\right\}$, $\lambda_k^{t+1} = g - \lambda_l^{t+1}$.

(2) 第二种情况.

优化问题 (4-7-9) 可以转化为下列优化问题:

$$\begin{aligned} \min_{\lambda_k, \beta_l} \quad & f_2(\lambda_k, \beta_l) \\ \text{s.t.} \quad & \lambda_k - \beta_l = g, \quad -C_1 s_k \leqslant \lambda_k \leqslant C_1 s_k, 0 \leqslant \beta_l \leqslant C_2 s_l \end{aligned} \tag{4-7-35}$$

其中

$$\begin{aligned} f_2(\lambda_k, \lambda_l) = & \frac{1}{2}(\lambda_k)^2 K_{kk} + \frac{1}{2}(\beta_l)^2 K_{ll} - \lambda_k \beta_l K_{kl} \\ & + \lambda_k u_k^t - \beta_l u_l^t - \lambda_k v_k^t + \beta_l v_l^t + \varepsilon_1 (|\lambda_k|) - \beta_l \end{aligned} \tag{4-7-36}$$

$$u_k^t = \sum_{m=1}^{p} \lambda_m^t K_{km} - \lambda_k^t K_{kk} \tag{4-7-37}$$

$$u_l^t = \sum_{m=1}^{p} \lambda_m^t K_{lm} - \lambda_k^t K_{lk} \tag{4-7-38}$$

$$v_k^t = \sum_{m=p+1}^{p+q} \beta_m^t K_{km} - \beta_l^t K_{kl} \tag{4-7-39}$$

$$v_l^t = \sum_{m=p+1}^{p+q} \beta_m^t K_{lm} - \beta_l^t K_{ll} \tag{4-7-40}$$

$$g = \lambda_k^t - \beta_l^t \tag{4-7-41}$$

利用等式约束 $\lambda_k - \beta_l = g$, 我们可以将 (4-7-35) 转化为下列优化问题:

$$\begin{aligned} &\min_{\beta_l} f(\beta_l) \\ &\text{s.t. } L \leqslant \beta_l \leqslant H \end{aligned} \tag{4-7-42}$$

其中

$$\begin{aligned} f(\beta_l) = &\frac{1}{2}(g+\beta_l)^2 K_{kk} + \frac{1}{2}(\beta_l)^2 K_{ll} - (g+\beta_l)\lambda_l K_{kl} \\ &+ \beta_l u_k^t - \beta_l u_l^t - \beta_l v_k^t + \beta_l v_l^t + \varepsilon_1(|g+\beta_l|) - \beta_l \end{aligned} \tag{4-7-43}$$

$$L = \max\{0, -g - C_1 s_k\}, \quad H = \min\{C_2 s_l, -g + C_1 s_k\} \tag{4-7-44}$$

与第一种情况类似, 当 $\Lambda = 0$ 时,

$$\beta_l^{t+1} = \arg\min\{f(L), f(H), f(-g)\} \tag{4-7-45}$$

否则, 由 $f'(\beta_l) = \Lambda\beta_l - \Lambda\beta_l^t - 1 + \varepsilon_1 \text{sgn}(g+\beta_l) + \sum_{i=1}^{p} \lambda_i^t (K_{ki} - K_{li}) - \sum_{i=p+1}^{p+q} \beta_i^t (K_{ki} - K_{li}) = 0$ 可得 β_l^{t+1} 的更新公式:

$$\beta_l^{t+1} = \beta_l^t - \frac{1}{\Lambda}\left(1 - \varepsilon_1 \text{sgn}\left(g + \beta_l^{t+1}\right) - \sum_{i=1}^{p} \lambda_i^t (K_{ki} - K_{li}) + \sum_{i=p+1}^{p+q} \beta_i^t (K_{ki} - K_{li})\right) \tag{4-7-46}$$

(3) 第三种情况.

优化问题 (4-7-9) 可以转化为下列优化问题:

$$
\begin{aligned}
\min_{\beta_k,\beta_l} \quad & f_3\left(\beta_k,\beta_l\right) \\
\text{s.t.} \quad & \beta_k+\beta_l=g,\ 0\leqslant\beta_k\leqslant C_2 s_k, 0\leqslant\beta_l\leqslant C_2 s_l
\end{aligned}
\tag{4-7-47}
$$

其中

$$
\begin{aligned}
f_3(\beta_k,\beta_l)=&\frac{1}{2}\left(\beta_k\right)^2 K_{kk}+\frac{1}{2}\left(\beta_l\right)^2 K_{ll}-\beta_k\beta_l K_{kl}\\
&-\beta_k u_k^t-\beta_l u_l^t+\beta_k v_k^t+\beta_l v_l^t-\beta_k-\beta_l
\end{aligned}
\tag{4-7-48}
$$

$$
u_k^t=\sum_{m=1}^{p}\lambda_m^t K_{km} \tag{4-7-49}
$$

$$
u_l^t=\sum_{m=1}^{p}\beta_m^t K_{lm} \tag{4-7-50}
$$

$$
v_k^t=\sum_{m=p+1}^{p+q}\beta_m^t K_{km}-\beta_k^t K_{kk}-\beta_l^t K_{kl} \tag{4-7-51}
$$

$$
v_l^t=\sum_{m=p+1}^{p+q}\beta_m^t K_{lm}-\beta_k^t K_{lk}-\beta_l^t K_{ll} \tag{4-7-52}
$$

$$
g=\beta_k^t+\beta_l^t \tag{4-7-53}
$$

利用等式约束 $\beta_k+\beta_l=g$, 我们可以将 (4-7-47) 转化为下列优化问题:

$$
\begin{aligned}
\min_{\beta_l} \quad & f\left(\beta_l\right) \\
\text{s.t.} \quad & L\leqslant\beta_l\leqslant H
\end{aligned}
\tag{4-7-54}
$$

其中

$$
\begin{aligned}
f(\beta_l)=&\frac{1}{2}\left(g-\beta_l\right)^2 K_{kk}+\frac{1}{2}\left(\beta_l\right)^2 K_{ll}-\left(g-\beta_l\right)\lambda_l K_{kl}\\
&+\beta_l u_k^t-\beta_l u_l^t-\beta_l v_k^t+\beta_l v_l^t
\end{aligned}
\tag{4-7-55}
$$

$$
L=\max\left\{0,g-C_2 s_k\right\},\quad H=\min\left\{C_2 s_l,g\right\} \tag{4-7-56}
$$

当 $\Lambda=0$ 时,

$$
\beta_l^{t+1}=\arg\min\left\{f(L),f(H)\right\} \tag{4-7-57}
$$

否则, β_l^{t+1} 按照下式进行更新:

$$\beta_l^{t+1} = \beta_l^t - \frac{1}{\Lambda}\left(u_l^t - u_k^t + \sum_{i=p+1}^{p+q} \beta_i^t \left(K_{ki} - K_{li}\right)\right) \tag{4-7-58}$$

每轮迭代完成后, 由 $A_i = -\sum_{j=1}^{p} \lambda_j K_{ij} + \sum_{j=p+1}^{p+q} \beta_j K_{ij}$, $Q_i = -\sum_{j=1}^{p} \lambda_j K_{ij} + \sum_{j=p+1}^{p+q} \beta_j K_{ij} - 1$, 我们很容易得到 A_i^{t+1} 和 Q_i^{t+1} 的更新公式如下:

(1) 第一种情况

$$A_i^{t+1} = A_i^t - \left(\lambda_k^{t+1} - \lambda_k^t\right) K_{ki} - \left(\lambda_l^{t+1} - \lambda_l^t\right) K_{li} \tag{4-7-59}$$

$$Q_i^{t+1} = Q_i^t - \left(\lambda_k^{t+1} - \lambda_k^t\right) K_{ki} - \left(\lambda_l^{t+1} - \lambda_l^t\right) K_{li} \tag{4-7-60}$$

(2) 第二种情况

$$A_i^{t+1} = A_i^t - \left(\lambda_k^{t+1} - \lambda_k^t\right) K_{ki} + \left(\beta_l^{t+1} - \beta_l^t\right) K_{li} \tag{4-7-61}$$

$$Q_i^{t+1} = Q_i^t - \left(\lambda_k^{t+1} - \lambda_k^t\right) K_{ki} + \left(\beta_l^{t+1} - \beta_l^t\right) K_{li} \tag{4-7-62}$$

(3) 第三种情况

$$A_i^{t+1} = A_i^t + \left(\beta_k^{t+1} - \beta_k^t\right) K_{ki} + \left(\beta_l^{t+1} - \beta_l^t\right) K_{li} \tag{4-7-63}$$

$$Q_i^{t+1} = Q_i^t + \left(\beta_k^{t+1} - \beta_k^t\right) K_{ki} + \left(\beta_l^{t+1} - \beta_l^t\right) K_{li} \tag{4-7-64}$$

序贯最小优化算法的终止条件为

$$\max\left\{\max\left\{A_i^{\mathrm{low}}\right\}, \max\left\{Q_i^{\mathrm{low}}\right\}\right\} \leqslant \min\left\{\min\left\{A_i^{\mathrm{up}}\right\}, \min\left\{Q_i^{\mathrm{up}}\right\}\right\} + 2\tau \tag{4-7-65}$$

其中 $\tau > 0$ 代表算法的允许误差[41].

在文献 [56] 中, 作者利用 CP 分解和 TT 分解计算张量的内积. 至于模糊隶属度, 读者可以参考 [57, 60-62].

4.8 非线性支持高阶张量机

4.8.1 非线性支持高阶张量机模型

基于核技巧, 利用 (4-3-3), He 给出了非线性支持高阶张量机模型[63]:

$$
\begin{aligned}
\min_{\boldsymbol{w}_i} \quad & \frac{1}{2}\|\mathcal{W}\|_F^2 + C\sum_{i=1}^{M}\xi_i \\
\text{s.t.} \quad & y_i\left(\langle \mathcal{W}, \varphi(\mathcal{X}_i)\rangle + b\right) \geqslant 1 - \xi_i \\
& \xi_i \geqslant 0, i = 1, 2, \cdots, M
\end{aligned}
\tag{4-8-1}
$$

其中权重参数 $\mathcal{W}$ 是张量空间中超平面的法张量, b 是偏量, ξ_i 是第 i 个训练样本的松弛变量 $\varphi(\mathcal{X}_i)$ 是从低维特征空间到高维特征空间的映射, C 是平衡分类间隔和误分类误差的折中参数.

优化问题 (4-8-1) 的对偶问题为

$$
\begin{aligned}
\min_{\alpha_i} \quad & \frac{1}{2}\sum_{i,j=1}^{M}\alpha_i\alpha_j y_i y_j k(\mathcal{X}_i, \mathcal{X}_j) - \sum_{i=1}^{M}\alpha_i \\
\text{s.t.} \quad & \sum_{i=1}^{M}(\alpha_i y_i) = 0 \\
& 0 \leqslant \alpha_i \leqslant C, \ i = 1, 2, \cdots, M
\end{aligned}
\tag{4-8-2}
$$

其中 $k(\mathcal{X}_i, \mathcal{X}_j) = \langle \varphi(\mathcal{X}_i), \varphi(\mathcal{X}_j)\rangle$.

设 $\mathcal{X}_i$ 和 $\mathcal{X}_j$ 的 CP 分解分别为 $\mathcal{X}_i \approx \sum_{r=1}^{R}\boldsymbol{x}_{i1}^r \circ \boldsymbol{x}_{i2}^r \circ \cdots \circ \boldsymbol{x}_{iN}^r$ 和 $\mathcal{X}_j \approx \sum_{r=1}^{R}\boldsymbol{x}_{j1}^r \circ \boldsymbol{x}_{j2}^r \circ \cdots \circ \boldsymbol{x}_{jN}^r$, 为了把数据从原始低维特征空间映射到高维特征空间后仍然保持数据的结构信息, He 利用 $\varphi(\mathcal{X}_i) \approx \sum_{r=1}^{R}\varphi(\boldsymbol{x}_{i1}^r) \circ \varphi(\boldsymbol{x}_{i2}^r) \circ \cdots \circ \varphi(\boldsymbol{x}_{iN}^r)$, $\varphi(\mathcal{X}_j) \approx \sum_{r=1}^{R}\varphi\left(\boldsymbol{x}_{j1}^r\right) \circ \varphi\left(\boldsymbol{x}_{j2}^r\right) \circ \cdots \circ \varphi\left(\boldsymbol{x}_{jN}^r\right)$, $\left\langle \varphi\left(\boldsymbol{x}_{in}^p\right), \varphi\left(\boldsymbol{x}_{jn}^q\right)\right\rangle = k_*\left(\boldsymbol{x}_{in}^p, \boldsymbol{x}_{jn}^q\right)$ 得到下列对偶结构保距核 (dual structure-preserving kernel, DuSK) 函数[63]:

$$
\begin{aligned}
& k(\mathcal{X}_i, \mathcal{X}_j) \\
= & \langle \varphi(\mathcal{X}_i), \varphi(\mathcal{X}_j)\rangle \\
\approx & \left\langle \sum_{r=1}^{R}\varphi(\boldsymbol{x}_{i1}^r) \circ \varphi(\boldsymbol{x}_{i2}^r) \circ \cdots \circ \varphi(\boldsymbol{x}_{iN}^r), \sum_{r=1}^{R}\varphi\left(\boldsymbol{x}_{j1}^r\right) \circ \varphi(\boldsymbol{x}_{j2}^r) \circ \cdots \circ \varphi(\boldsymbol{x}_{jN}^r)\right\rangle \\
= & \sum_{p=1}^{R}\sum_{q=1}^{R}\left\langle \varphi\left(\boldsymbol{x}_{i1}^p\right), \varphi(\boldsymbol{x}_{j1}^q)\right\rangle \left\langle \varphi\left(\boldsymbol{x}_{i2}^p\right), \varphi(\boldsymbol{x}_{j2}^q)\right\rangle \cdots \left\langle \varphi(\boldsymbol{x}_{iN}^p), \varphi(\boldsymbol{x}_{jN}^q)\right\rangle
\end{aligned}
$$

$$= \sum_{p=1}^{R}\sum_{q=1}^{R}\prod_{n=1}^{N}\left\langle \varphi\left(\boldsymbol{x}_{in}^{p}\right), \varphi(\boldsymbol{x}_{jn}^{q})\right\rangle$$

$$= \sum_{p=1}^{R}\sum_{q=1}^{R}\prod_{n=1}^{N} k_*(\boldsymbol{x}_{in}^{p}, \boldsymbol{x}_{jn}^{q}) \tag{4-8-3}$$

显然, 当输入数据为向量时, 模型 (4-8-1) 退化为标准的非线性支持向量机模型. 因此, 我们可以没有任何困难地使用求解 SVM 模型的优化方法求解优化问题 (4-8-1). 得到最优解之后, 对于测试样本 $\mathcal{X}$, 我们首先对其进行 CP 分解 $\mathcal{X} \approx \sum_{r=1}^{R} \boldsymbol{x}_1^r \circ \boldsymbol{x}_2^r \circ \cdots \circ \boldsymbol{x}_N^r$, 然后利用分类决策函数

$$f\left(\mathcal{X}\right) = \operatorname{sgn}\left(\sum_{i=1}^{M}\left(\alpha_i y_i \sum_{p=1}^{R}\sum_{q=1}^{R}\prod_{n=1}^{N} k_*\left(\boldsymbol{x}_{in}^{p}, \boldsymbol{x}_{n}^{q}\right)\right) + b\right)$$

对其进行分类.

基于上述分析, 非线性支持高阶张量机算法的详细过程如算法 4-7 所示.

算法 4-7 DuSK

输入: 数据集 $\{(\mathcal{X}_1, y_1), (\mathcal{X}_2, y_2), \cdots, (\mathcal{X}_M, y_M)\}$, 参数 C, 秩参数 R.
输出: $\alpha_i\,(i = 1, 2, \cdots, M), b$.
步骤 1: 执行下列操作计算 $k\left(\mathcal{X}_i, \mathcal{X}_j\right)$.
For $i = 1, 2, \cdots, M$
  For $j = 1, 2, \cdots, M$
    根据 (4-8-3) 计算 $k\left(\mathcal{X}_i, \mathcal{X}_j\right)$;
  End For
End For
步骤 2: 解优化问题 (4-8-2) 得到 $\alpha_i\,(i = 1, 2, \cdots, M), b$.

4.8.2 实验数据集

我们使用三个真实的功能磁共振成像 (functional magnetic resonance imaging, fMRI) 数据集进行实验评估, 数据集的详细情况如下.

(1) ADNI 数据集: 该数据集来源于阿尔茨海默病神经学行动中心 (Alzheimer's Disease Neuroimaging Initiative, ADNI; http://adni.loni.usc.edu/), 由阿尔茨海默病 (Alzheimer's disease, AD) 患者、轻度认知功能障碍 (mild cognitive impairment, MCI) 患者和正常者的 fMRI 脑部图像组成. 此数据集共有 33 个样本, 每

个样本对应的 fMRI 图像的时间序列长度不相等, 且不同 fMRI 图像中体积 (volume) 的大小也不完全一样. 我们将脑部正常者对应的数据标记为负类, 将 AD 患者和 MCI 患者对应的数据标记为正类, 并对数据做了如下的预处理.

首先使用统计参数图 (Statistical Parametric Mapping 8, SPM8; http://www.fil.ion.ucl.ac.uk/spm/) 软件包对数据进行了如下步骤的处理:

(i) 删除每个 fMRI 图像中在不稳定时间段采集的前 10 个 volume 图;

(ii) 对 fMRI 图像中的每个 volume 进行时间层间时间校正;

(iii) 对每个 fMRI 图像按照它的第一个 volume 图进行头动校正;

(iv) 将 fMRI 图像标准化到蒙特利尔神经科学研究所 (Montreal Neurological Institute, MNI) 标准模板脑图像 (处理后 fMRI 图像中 volume 的大小均为 $61 \times 73 \times 61$);

(v) 对每个 fMRI 图像使用各向同性 8mm 半高全宽的高斯核进行空间平滑处理.

接着使用静息态功能磁共振成像数据处理工具包 (RESTing-state fMRI data analysis toolkit, REST; https://www.onworks.net/software/windowsoolkit/app-resting-state-fmri-data-analysis-t) 做了如下预处理:

(i) 去除每个 fMRI 图像时间序列的线性变化;

(ii) 使用带宽为 0.01—0.08Hz 的带通滤波进行消噪处理.

最后将每个 fMRI 图像的时间序列平均值作为实验样本数据, 并用归一化公式对每个样本进行 [0, 1] 归一化. 值得注意的是: 由于每个个体的脑部是不同的, 故在处理这类数据时按样本进行特征标准化是一个非常重要的过程.

(2) ADHD 数据集: 该数据集为 ADHD-200 全球竞赛数据 (http://neurobureau.projects.nitrc.org/ADHD200/), 由注意缺陷多动障碍 (attention deficit hyperactivity disorder, ADHD) 患者和正常者的 fMRI 脑部图像组成. 此数据已经过预处理, 共有 776 个样本, 每个 fMRI 图像中 volume 的大小均为 $58 \times 49 \times 47$. 我们将脑部正常者对应的数据标记为负类, 将 ADHD 患者对应的数据标记为正类. 由于数据是不平衡的, 我们从中随机选取 100 个 ADHD 患者和 100 个正常者的 fMRI 图像, 将它们的时间序列平均值作为实验样本数据. 值得注意的是: 该数据集非常特殊, 所有实验算法在归一化后的数据上性能都很差, 因此我们使用未归一化的数据.

(3) HIV 数据集: 该数据集来源于美国西北大学医院放射科[43], 由早期人类免疫缺陷病毒感染 (human immunodeficiency virus infection, HIV) 患者和正常者的 fMRI 脑部图像组成. 此数据共有 83 个样本, 我们将脑部正常者对应的数据作为负类, 将 HIV 患者对应的数据作为正类, 该数据的预处理过程与 ADNI 数据一样.

表 4-17 是对以上三个实验数据集信息的基本概括. 为了更好地理解实验数据的张量结构, 我们选取 ADNI 数据集的一个样本进行可视化, 如图 4-4 所示.

表 4-17 实验数据集信息

数据集	样本数	类别数	维度
ADNI	33	2	61×73×61
ADHD	200	2	58×49×47
HIV	83	2	61×73×61

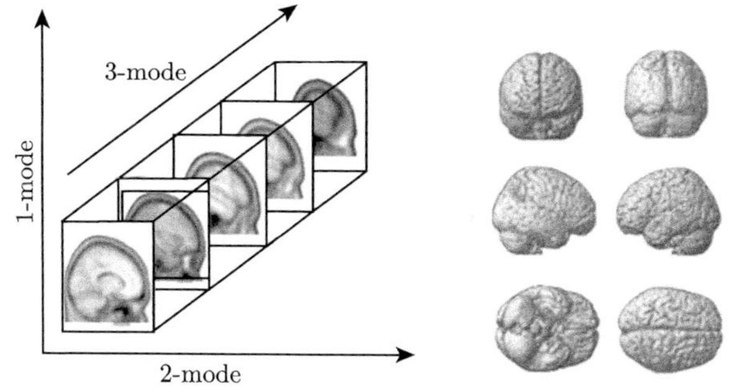

(a) fMRI 中 volume 的三阶张量图解 (b) fMRI 数据的可视化

图 4-4 fMRI 脑部图像数据样例

4.8.3 比较的算法

为了说明 DuSK 函数的有效性和高效性, 我们取 $k_*(\cdot,\cdot)$ 为 RBF 核函数, 并把基于 DuSK 的非线性支持高阶张量机 (简称 DuSK_{RBF}) 与下列 7 种算法进行性能比较.

(1) RBF: 该方法表示首先将张量数据向量化, 然后在向量空间中用基于高斯径向基 RBF 核函数的 SVM 进行学习.

(2) Factor[16]: 该方法是将张量数据首先进行矩阵展开, 然后集成到基于矩阵展开的 Factor 核函数中与 SVM 结合进行学习. Factor 核方法是现有张量核函数学习的主要策略.

(3) K_{3rd}[64]: 该方法是将张量数据首先 n-模向量化, 然后集成到基于 n-模向量化的 K_{3rd} 核函数中与 SVM 结合进行学习.

(4) SHTM[13]: 该方法是将基于 CP 分解的线性内积算子集成到 SVM 中进行学习, 可视为 DuSK 核函数的线性形式.

(5) $\text{SVM}_{\text{linear}}$: 该方法表示将张量数据首先向量化, 然后集成到向量空间的线性内积算子中与 SVM 结合进行学习.

(6) PCA + SVM_{RBF}：该方法首先将张量数据向量化，然后用主成分分析 (PCA) 进行降维，并把降维后的数据集成到基于 RBF 核函数的 SVM 中进行学习. 它是数据蕴含冗余信息时，向量空间常用的算法.

(7) MPCA + SVM_{RBF}：该方法首先利用多线性主成分分析 (MPCA)[65] 对张量数据进行降维，然后把降维后的数据向量化，并输入到基于 RBF 核函数的 SVM 中进行学习.

4.8.4 实验设置和环境

所有算法的平衡因子参数选择范围为 $C = \{2^{-5}, 2^{-3}, \cdots, 2^9\}$. SVM 中高斯径向基核函数的参数设置为 $\sigma = \{2^{-4}, 2^{-3}, \cdots, 2^9\}$. 在 DuSK_{RBF} 和 SHTM 算法中，我们采用 ALS 算法[26,27,49] 作为张量数据的 CP 分解策略，由于张量秩 R 的确定是一个 NP-难问题[66,67]，我们使用网格搜索法确定秩 R 和参数 C 的最优值，其中 $R = \{1, 2, \cdots, 12\}$.

为了度量算法的有效性和高效性，本节使用测试精度作为有效性的衡量指标，即正确分类样本数与测试样本总数的比值，使用分类器的 CPU 训练时间作为算法效率的衡量指标. 为了得到具有统计意义的结果，我们首先从整体样本中随机抽取 80%作为训练集，剩下的 20%作为测试集，然后对所有算法都重复该随机抽样过程 50 次，求取平均性能.

所有算法均采用 MATLAB 平台实现，运行环境为 CPU: Intel Core (TM) 2 4300K 1.80GHz; 内存: 3.5GB; 系统: Windows XP.

4.8.5 实验结果与分析

实验比较分两组，第一组为不同核函数策略下的测试精度和训练/测试时间的比较，实验结果分别如表 4-18 和表 4-19 所示. 第二组为与线性分类器及不同的降维方法下的测试精度比较，实验结果如表 4-20 所示. 表中的测试精度和训练/测试时间均为最优参数下所对应的 50 次实验的平均结果，其中最高精度和最少训练时间的结果用黑体突出显示. 需要说明的是：表 4-19 中记录的训练/测试时间不包括数据预处理以及数据的读写操作所用时间.

从表 4-18 和表 4-19 中我们可以观察到如下结论:

(1) 根据测试精度，DuSK_{RBF} 在所有数据集上都优于 RBF 核、Factor 核和 K_{3rd} 核. 尤其是在样本数比较少时. 例如，在 ADNI 数据集上，DuSK_{RBF} 的测试精度相对 RBF 核高了 26%，相对 Factor 核高了 24%，相对 K_{3rd} 核高了 20%.

(2) 根据训练时间，DuSK_{RBF} 在所有数据集上都比 RBF 核、Factor 核和 K_{3rd} 核快，RBF 核次优，而基于矩阵展开的 Factor 核和基于 n-模向量化的 K_{3rd} 核学习时间都相对比较长. 例如，在包含 200 个样本的 ADHD 数据集上，DuSK_{RBF} 的训练速度比 Factor 核快了 478 倍，比 K_{3rd} 核快了 288 倍.

表 4-18 与不同核函数的测试精度比较

数据集	平均测试精度 (%): 均值 ± 标准差			
	$\mathrm{DuSK_{RBF}}$	RBF	Factor	$\mathrm{K_{3rd}}$
ADNI	**0.75±0.18**	0.49±0.23	0.51±0.21	0.55±0.14
ADHD	**0.65±0.01**	0.58±0.00	0.50±0.00	0.55±0.00
HIV	**0.74±0.00**	0.70±0.00	0.70±0.01	0.75±0.02

表 4-19 与不同核函数的训练 (测试) 时间比较

数据集	平均学习时间 (秒): 训练 (测试)			
	$\mathrm{DuSK_{RBF}}$	RBF	Factor	$\mathrm{K_{3rd}}$
ADNI	**0.10 (0.05)**	2.22 (1.09)	58.44 (28.21)	25.18 (12.15)
ADHD	**2.20 (1.09)**	57.16 (27.61)	1054.66 (519.71)	635.19 (315.23)
HIV	**0.45 (0.22)**	16.12 (7.81)	226.32 (113.07)	190.21 (94.32)

表 4-20 与线性分类器和不同降维方法的测试精度比较

数据集	平均测试精度 (%): 均值 ± 标准差				
	$\mathrm{DuSK_{RBF}}$	SHTM	$\mathrm{SVM_{linear}}$	$\mathrm{PCA{+}SVM_{RBF}}$	$\mathrm{MPCA{+}SVM_{RBF}}$
ADNI	**0.75±0.18**	0.52±0.31	0.42±0.27	0.50±0.02	0.51±0.02
ADHD	**0.65±0.01**	0.51±0.03	0.51±0.01	0.63±0.01	0.64±0.01
HIV	**0.74±0.00**	0.70±0.01	0.74±0.01	0.73±0.25	0.72±0.02

上述实验结果表明, 在处理张量分类问题时, 充分利用张量数据的多线性结构信息可改进分类性能的有效性和高效性.

从表 4-20 中我们可以看到, $\mathrm{DuSK_{RBF}}$ 的测试精度在所有数据集上都优于 SHTM、$\mathrm{SVM_{linear}}$、$\mathrm{PCA + SVM_{RBF}}$ 和 $\mathrm{MPCA + SVM_{RBF}}$. 在 ADHD 和 HIV 数据集上, $\mathrm{PCA + SVM_{RBF}}$ 和 $\mathrm{MPCA + SVM_{RBF}}$ 的测试精度比 SHTM 高. 此结果表明, 在处理 fMRI 脑部数据分类问题时, 非线性方法要比线性方法好; fMRI 脑部数据包含了大量的冗余信息, 使用降维处理可改进分类性能的有效性.

2017 年, 为了抽取张量的非线性特征, 利用同一个模态空间中特征变量之间的非线性关系, He 提出了基于核 CP 分解的非线性支持张量机[15]. 设 $\mathcal{X}_i$ 和 $\mathcal{X}_j$ 的 CP 分解分别为 $\mathcal{X}_i \approx \sum\limits_{r=1}^{R} \boldsymbol{x}_{i1}^r \circ \boldsymbol{x}_{i2}^r \circ \cdots \circ \boldsymbol{x}_{iN}^r$ 和 $\mathcal{X}_j \approx \sum\limits_{r=1}^{R} \boldsymbol{x}_{j1}^r \circ \boldsymbol{x}_{j2}^r \circ \cdots \circ \boldsymbol{x}_{jN}^r$, 则 $\mathcal{X}_i$ 和 $\mathcal{X}_j$ 的核 CP 分解分别为 $\mathcal{X}_i = \left[\boldsymbol{K}_{i1}^{-1}\boldsymbol{X}_{i1}, \boldsymbol{K}_{i2}^{-1}\boldsymbol{X}_{i2}, \cdots, \boldsymbol{K}_{iN}^{-1}\boldsymbol{X}_{iN}\right]$ 和 $\mathcal{X}_j = \left[\boldsymbol{K}_{j1}^{-1}\boldsymbol{X}_{j1}, \boldsymbol{K}_{j2}^{-1}\boldsymbol{X}_{j2}, \cdots, \boldsymbol{K}_{jN}^{-1}\boldsymbol{X}_{jN}\right]$, 其中 $\boldsymbol{X}_{it} = \left(\boldsymbol{x}_{it}^1, \boldsymbol{x}_{it}^2, \cdots, \boldsymbol{x}_{it}^R\right) \in R^{I_t \times R}$, $\boldsymbol{X}_{jt} = \left(\boldsymbol{x}_{jt}^1, \boldsymbol{x}_{jt}^2, \cdots, \boldsymbol{x}_{jt}^R\right) \in R^{I_t \times R}$, $\boldsymbol{K}_{it} = \left(\boldsymbol{\kappa}_{it}(x_1), \boldsymbol{\kappa}_{it}(x_2), \cdots, \boldsymbol{\kappa}_{it}(x_{I_t})\right) \in R^{I_t \times I_t}$, $\boldsymbol{\kappa}_{it}(x) = \left(\boldsymbol{\kappa}_t(x_1, x), \boldsymbol{\kappa}_t(x_2, x), \cdots, \boldsymbol{\kappa}_t(x_{I_t}, x)\right)^{\mathrm{T}}$. 利用对偶结构保距核函数, 我们可以得到

$$k\left(\mathcal{X}_i, \mathcal{X}_j\right) = \left\langle \varphi\left(\mathcal{X}_i\right), \varphi\left(\mathcal{X}_j\right)\right\rangle$$

$$
\begin{aligned}
&\approx \left\langle \sum_{r=1}^{R} \varphi\left(\boldsymbol{K}_{i1}^{-1}\boldsymbol{x}_{i1}^{r}\right) \circ \varphi\left(\boldsymbol{K}_{i2}^{-1}\boldsymbol{x}_{i2}^{r}\right) \circ \cdots \circ \varphi\left(\boldsymbol{K}_{iN}^{-1}\boldsymbol{x}_{iN}^{r}\right), \right.\\
&\qquad \left. \sum_{r=1}^{R} \varphi\left(\boldsymbol{K}_{j1}^{-1}\boldsymbol{x}_{j1}^{r}\right) \circ \varphi\left(\boldsymbol{K}_{j2}^{-1}\boldsymbol{x}_{j2}^{r}\right) \circ \cdots \circ \varphi\left(\boldsymbol{K}_{jN}^{-1}\boldsymbol{x}_{jN}^{r}\right) \right\rangle\\
&= \sum_{p=1}^{R}\sum_{q=1}^{R}\prod_{n=1}^{N} \left\langle \varphi\left(\boldsymbol{K}_{in}^{-1}\boldsymbol{x}_{in}^{p}\right), \varphi\left(\boldsymbol{K}_{jn}^{-1}\boldsymbol{x}_{jn}^{q}\right)\right\rangle\\
&= \sum_{p=1}^{R}\sum_{q=1}^{R}\prod_{n=1}^{N} k_{*}\left(\boldsymbol{K}_{in}^{-1}\boldsymbol{x}_{in}^{p}, \boldsymbol{K}_{jn}^{-1}\boldsymbol{x}_{jn}^{q}\right) \qquad (4\text{-}8\text{-}4)
\end{aligned}
$$

4.9 联合特征抽取和机器学习的非线性支持张量机

在文献 [15] 中, 核 CP 分解中的核函数是事先给定的, CP 分解中的因子矩阵与样本的类别无关. 针对有监督学习, 为了得到最优的 CP 分解因子矩阵和核函数, He[68] 提出了联合特征抽取和机器学习的核化支持张量机 (kernelized support tensor machine, KSTM). 后来, 受 [68] 的启发, Chen 提出了基于核 TT 分解的非线性支持张量列机[69]. 在本节中, 我们详细介绍 [68] 的工作.

联合特征抽取和机器学习的非线性支持张量机模型如下

$$
\begin{aligned}
\min_{\boldsymbol{U}_i^{(n)}, \boldsymbol{K}^{(n)}, \mathcal{W}, b} \ & \gamma \sum_{i=1}^{M} \left\| \mathcal{X}_i - \left[\boldsymbol{K}^{(1)}\boldsymbol{U}_i^{(1)}, \boldsymbol{K}^{(2)}\boldsymbol{U}_i^{(2)}, \cdots, \boldsymbol{K}^{(N)}\boldsymbol{U}_i^{(N)}\right] \right\|_F^2\\
& + \|\mathcal{W}\|_F^2 + C\sum_{i=1}^{M}\left(1 - y_i\left(\langle \mathcal{W}, \varphi(\mathcal{X}_i)\rangle + b\right)\right)_+ \qquad (4\text{-}9\text{-}1)
\end{aligned}
$$

令 $\mathcal{W} = \sum\limits_{i=1}^{M} \beta_i k(\mathcal{X}_i, \mathcal{X})$, 则优化问题 (4-9-1) 可以写成下列形式:

$$
\begin{aligned}
\min_{\boldsymbol{U}_i^{(n)}, \boldsymbol{K}^{(n)}, \beta_i, b} \ & \gamma \sum_{i=1}^{M} \left\| \mathcal{X}_i - \left[\boldsymbol{K}^{(1)}\boldsymbol{U}_i^{(1)}, \boldsymbol{K}^{(2)}\boldsymbol{U}_i^{(2)}, \cdots, \boldsymbol{K}^{(N)}\boldsymbol{U}_i^{(N)}\right] \right\|_F^2\\
& + \frac{1}{C}\sum_{i,j=1}^{M} \beta_i\beta_j y_i y_j k(\mathcal{X}_i, \mathcal{X}_j) + \sum_{i=1}^{M}\left(1 - y_i\left(\sum_{j=1}^{M}\beta_j k(\mathcal{X}_i, \mathcal{X}_j) + b\right)\right)_+ \\
& \qquad (4\text{-}9\text{-}2)
\end{aligned}
$$

上述优化问题的矩阵形式为

$$
\min_{\boldsymbol{U}_i^{(n)}, \boldsymbol{K}^{(n)}, \boldsymbol{\beta}, b} \gamma \sum_{i=1}^{M} \left\| \mathcal{X}_i - \left[\boldsymbol{K}^{(1)}\boldsymbol{U}_i^{(1)}, \boldsymbol{K}^{(2)}\boldsymbol{U}_i^{(2)}, \cdots, \boldsymbol{K}^{(N)}\boldsymbol{U}_i^{(N)}\right] \right\|_F^2
$$

$$+\frac{1}{C}\boldsymbol{\beta}^{\mathrm{T}}\boldsymbol{K}\boldsymbol{\beta}+\sum_{i=1}^{M}\left(1-y_i\left(\boldsymbol{k}_i^{\mathrm{T}}\boldsymbol{\beta}+b\right)\right)_+ \tag{4-9-3}$$

对于优化问题 (4-9-3), 我们采用迭代法进行求解, 各个变量的修正公式如下.

(1) 修正 $\left(\boldsymbol{K}^{(n)}\right)^{t+1}$.

固定其他变量, $\left(\boldsymbol{K}^{(n)}\right)^{t+1}$ 可以通过解下列线性代数方程组得到

$$\left(\sum_{i=1}^{M}\left(\boldsymbol{U}_i^{(n)}\boldsymbol{W}_i^{(-n)}\right)\right)^{\mathrm{T}}\left(\boldsymbol{K}^{(n)}\right)^{\mathrm{T}}=\left(\sum_{i=1}^{M}\left(\boldsymbol{X}_{i(n)}\boldsymbol{V}_i^{(-n)}\right)\right)^{\mathrm{T}} \tag{4-9-4}$$

其中 $\boldsymbol{V}_i^{(-n)}=\prod_{j\neq n}^{N}\odot\boldsymbol{K}^{(j)}\boldsymbol{U}_i^{(j)}, \boldsymbol{W}_i^{(-n)}=\left(\boldsymbol{V}_i^{(-n)}\right)^{\mathrm{T}}\boldsymbol{V}_i^{(-n)}$.

(2) 修正 $\boldsymbol{\beta}^{t+1}$.

固定其他变量, $\boldsymbol{\beta}^{t+1}$ 可以通过下式进行修正:

$$\boldsymbol{\beta}^{t+1}=\boldsymbol{\beta}^{t}-\eta\nabla_{\boldsymbol{\beta}}=\boldsymbol{\beta}^{t}-2\eta\left(\frac{1}{C}\boldsymbol{K}\boldsymbol{\beta}+\boldsymbol{K}\boldsymbol{I}^0\left(1-\boldsymbol{K}\boldsymbol{\beta}-\boldsymbol{y}+b\boldsymbol{1}\right)\right) \tag{4-9-5}$$

其中 $\boldsymbol{I}^0=\begin{pmatrix}\boldsymbol{I}_{M_s} & \boldsymbol{0}\\ \boldsymbol{0} & \boldsymbol{0}\end{pmatrix}$.

(3) 修正 $(\boldsymbol{U}_i^{(n)})^{t+1}$.

固定其他变量, 由

$$k\left(\mathcal{X}_i,\mathcal{X}_j\right)=\sum_{p=1}^{R}\sum_{q=1}^{R}\prod_{n=1}^{N}(\boldsymbol{u}_{ip}^{(n)})^{\mathrm{T}}(\boldsymbol{u}_{jq}^{(n)})=\boldsymbol{1}^{\mathrm{T}}\left(\prod_{n=1}^{N}*((\boldsymbol{U}_i^{(n)})^{\mathrm{T}}(\boldsymbol{U}_j^{(n)}))\right)\boldsymbol{1} \tag{4-9-6}$$

$(\boldsymbol{U}_i^{(n)})^{t+1}$ 可以通过下式进行修正:

$$(\boldsymbol{U}_i^{(n)})^{t+1}=(\boldsymbol{U}_i^{(n)})^{t}-\lambda\nabla_{\boldsymbol{U}_i^{(n)}}=(\boldsymbol{U}_i^{(n)})^{t}-\lambda\left(\frac{\partial\Omega}{\partial\boldsymbol{U}_i^{(n)}}+\frac{\partial P}{\partial\boldsymbol{U}_i^{(n)}}+\frac{\partial L}{\partial\boldsymbol{U}_i^{(n)}}\right) \tag{4-9-7}$$

其中

$$\frac{\partial\Omega}{\partial\boldsymbol{U}_i^{(n)}}=2\gamma\left(\left(\boldsymbol{K}^{(n)}\right)^{\mathrm{T}}\boldsymbol{K}^{(n)}\boldsymbol{U}_i^{(n)}\boldsymbol{W}_i^{(-n)}-\boldsymbol{K}^{(n)}\boldsymbol{X}_{i(n)}\boldsymbol{V}_i^{(-n)}\right) \tag{4-9-8}$$

$$\frac{\partial P}{\partial\boldsymbol{U}_i^{(n)}}=\frac{2}{C}\beta_i\sum_{j=1}^{N}\beta_j\frac{\partial k\left(\mathcal{X}_i,\mathcal{X}_j\right)}{\partial\boldsymbol{U}_i^{(n)}} \tag{4-9-9}$$

$$\frac{\partial L}{\partial \boldsymbol{U}_i^{(n)}}=2\delta(i)\sum_{j=1}^{N_s}\left(\overline{y}_j-y_j\right)\beta_j\frac{\partial k\left(\mathcal{X}_i,\mathcal{X}_j\right)}{\partial \boldsymbol{U}_i^{(n)}}+2\beta_i\sum_{j=1}^{N_s}\left(\overline{y}_j-y_j\right)\frac{\partial k\left(\mathcal{X}_i,\mathcal{X}_j\right)}{\partial \boldsymbol{U}_i^{(n)}} \tag{4-9-10}$$

$$\frac{\partial k\left(\mathcal{X}_i,\mathcal{X}_j\right)}{\partial \boldsymbol{U}_i^{(n)}}=\boldsymbol{U}_j^{(n)}\left(\prod_{n=1}^{N}*((\boldsymbol{U}_i^{(n)})^{\mathrm{T}}(\boldsymbol{U}_j^{(n)}))\right) \tag{4-9-11}$$

(4) 修正 b^{t+1}.

固定其他变量, b^{t+1} 可以通过下式进行修正:

$$b^{t+1}=b^t-\mu\nabla_b=b^t-2\mu\sum_{j=1}^{N_s}\left(\overline{y}_j-y_j\right) \tag{4-9-12}$$

基于上述分析, KSTM 算法的详细步骤如算法 4-8 所示.

算法 4-8　KSTM 算法

输入: 数据集 $\{(\mathcal{X}_1,y_1),(\mathcal{X}_2,y_2),\cdots,(\mathcal{X}_M,y_M)\}$; 正则化参数 C, γ; 秩参数 R; 学习率 η, μ.

输出: $\boldsymbol{U}_i^{(n)},\boldsymbol{K}^{(n)},\beta,b\,(n=1,2,\cdots,N;i=1,2,\cdots,M)$.

步骤 1: 初始化 $\boldsymbol{U}_i^{(n)},\boldsymbol{K}^{(n)},\beta,b\,(n=1,2,\cdots,N;i=1,2,\cdots,M)$.

步骤 2: 执行下列操作

　　For $t=1,2,\cdots,T_{\max}$

　　　根据 (4-9-4) 计算 $(\boldsymbol{K}^{(n)})^{t+1}$;

　　　根据 (4-9-6) 计算核矩阵 $k\left(\mathcal{X}_i,\mathcal{X}_j\right)$;

　　　根据 (4-9-5) 计算 $\boldsymbol{\beta}^{t+1}$;

　　　根据 (4-9-7) 计算 $(\boldsymbol{U}_i^{(n)})^{t+1}$;

　　　根据 (4-9-12) 计算 b^{t+1};

　　　If 收敛性条件满足, **then break**;

　　End For

步骤 3: 输出 $\boldsymbol{U}_i^{(n)},\boldsymbol{K}^{(n)},\beta,b\,(n=1,2,\cdots,N;i=1,2,\cdots,M)$.

理论分析表明[65]: 上述算法是局部收敛的.

参 考 文 献

[1] Vapnik V N. The Nature of Statistical Learning Theory. London: Springer-Verlag, 1995.

[2] Vapnik V N. Statistical Learning Theory. New York: John Wiley & Sons, 1998.

[3] 杨晓伟, 郝志峰. 支持向量机的算法设计与分析. 北京: 科学出版社, 2013.

[4] Tao D C, Li X L, Wu X D, et al. Supervised tensor learning. Knowledge and Information Systems, 2007, 13: 1-42.

[5] 吴飞, 刘亚楠, 庄越挺. 基于张量表示的直推式多模态视频语义概念检测. 软件学报, 2008, 19(11): 2853-2868.

[6] Kotsia I, Guo W, Patras I. Higher rank support tensor machines for visual recognition. Pattern Recognition, 2012, 45(12): 4192-4203.

[7] Kotsia I, Patras I. Support tucker machines. CVPR, 2011: 633-640.

[8] Chen C, Batselier K, Ko C Y, et al. A support tensor train machine. The 2019 International Joint Conference on Neural Networks (IJCNN 2019), 2019: 1-8.

[9] Su Y, Gao X B, Li X L, et al. Multivariate multilinear regression. IEEE Transactions on Systems, Man, and Cybernetics, Part B: Cybernetics, 2012, 42(6): 1560-1573.

[10] Hoff P D. Multilinear tensor regression for longitudinal relational data. The Annals of Applied Statistics, 2015, 9(3): 1169-1193.

[11] Jing P G, Su Y T, Jin X, et al. High-order temporal correlation model learning for time-series prediction. Cybernetics, IEEE Transactions on Cybernetics, 2019, 49(6): 2385-2397.

[12] Tan X, Zhang Y, Tang S L, et al. Logistic tensor regression for classification. International Conference on Intelligent Science and Intelligent Data Engineering, 2012: 573-581.

[13] Hao Z F, He L F, Chen B Q, et al. A linear support higher-order tensor machine for classification. IEEE Transactions on Image Processing, 2013, 22(7): 2911-2920.

[14] Liu X L, Guo T J, He L F, et al. A low-rank approximation based transductive support tensor machine for semi-supervised classification. IEEE Transactions on Image Processing, 2015, 24(6): 1825-1838.

[15] He L F, Lu C T, Ding H, et al. Multi-way multi-level kernel modeling for neuroimaging classification. IEEE Conference on Computer Vision and Pattern Recognition (CVPR), 2017: 6846-6854

[16] Signoretto M, De Lathauwer L, Suykens J A K. A kernel-based framework to tensorial data analysis. Neural Networks, 2011, 24(8): 861-874.

[17] Zhao Q B, Zhou G X, Adali T, et al. Kernelization of tensor-based models for multiway data analysis. IEEE Signal Processing Magazine, 2013, 30(4): 137-148.

[18] Signoretto M, Dinh Q T, De Lathauwer L, et al. Learning with tensors: A framework based on convex optimization and spectral regularization. Machine Learning, 2014, 94(3): 303-351.

[19] Zhao Q B, Zhang L Q, Cichocki A. Multilinear and nonlinear generalizations of partial least squares: An overview of recent advances. Wiley Interdisciplinary Reviews: Data Mining and Knowledge Discovery, 2014, 4(2): 104-115.

[20] Scholkopf B, Smola A J, Williamson R C, et al. New support vector algorithms. Neural Computation, 2000, 12: 1207-1245.

[21] Suykens J A K, Vandewalle J. Least squares support vector machine classifiers. Neural Processing Letters, 1999, 9(3): 293-300.

[22] Suykens J A K, Van Gestel T, De Brabanter J, et al. Least Squares Support Vector Machines. Singapore: World Scientific, 2002.

[23] Zhang X S, Gao X B, Wang Y. Twin support tensor machines for MCS detection. Journal of Electronics (CHINA), 2009, 26(3): 318-325.

[24] Wu F, Liu Y N, Zhuang Y T. Tensor-based transductive learning for multimodality video semantic concept detection. IEEE Transactions on Multimedia, 2009, 11(5): 868-878.

[25] 陆成韬, 李凡长, 张莉, 等. 最小二乘半监督支持张量机学习算法. 模式识别与人工智能, 2016, 29(7): 633-640.

[26] Cortes C, Vapnik V. Support-vector networks. Machine Learning, 1995, 20(3): 273-297.

[27] Carroll J D, Chang J J. Analysis of individual differences in multidimensional scaling via an N-way generalization of "Eckart-Young" decomposition. Psychometrika, 1970, 35: 283-319.

[28] Harshman R A. Foundations of the PARAFAC procedure: Models and conditions for an "explanatory" multimodal factor analysis. UCLA Working Papers in Phonetics, 1970, 16: 1-84.

[29] Håstad J. Tensor rank is NP-complete. Journal of Algorithms, 1990, 11: 644-654.

[30] Guo T J, Han L, He L F, et al. A GA-based feature selection and parameter optimization for linear support higher-order tensor machine. Neurocomputing, 2014, 144: 408-416.

[31] Lee K Y, Yang F F. Optimal reactive power planning using evolutionary algorithms: A comparative study for evolutionary programming, evolutionary strategy, genetic algorithm, and linear programming. IEEE Transactions on Power Systems, 1998, 13 (1): 101-108.

[32] Zhong J H, Hu X M, Zhang J, et al. Comparison of performance between different selection strategies on simple genetic algorithms. The 2005 International Conference on Computational Intelligence for Modelling, Control and Automation, and International Conference on Intelligent Agents, Web Technologies and Internet Commerce (CIMCA-IAWTIC'05), 2005: 1115-1121.

[33] Chinnasri W, Sureerattanan N. Comparison of performance between different selection strategies on genetic algorithm with course timetabling problem. IEEE International Conference on Advanced Management Science (ICAMS), 2010: 105-108.

[34] Syswerda G. Uniform crossover in genetic algorithms. The 3rd International Conference on Genetic Algorithms, 1989: 2-9.

[35] Picek S, Golub M. Comparison of a crossover operator in binary-coded genetic algorithms. WSEAS Transactions on Computers, 2010, 9(9): 1064-1073.

[36] Hasan B H F, Saleh M S M. Evaluating the effectiveness of mutation operators on the behavior of genetic algorithms applied to non-deterministic polynomial problems. Informatica, 2011, 35 (4): 513-518.

[37] Rajakumar B R. Impact of static and adaptive mutation techniques on the performance of genetic algorithm. International Journal of Hybrid Intelligent Systems, 2013, 10 (1): 11-22.

[38] Demšar J. Statistical comparisons of classifiers over multiple data sets. Journal of Ma-

chine Learning Research, 2006, 7: 1-30.

[39] Hochberg Y. A sharper Bonferroni procedure for multiple tests of significance. Biometrika, 1988, 75(4): 800-802.

[40] Joachims T. Transductive inference for text classification using support vector machines. The 16th International Conference on Machine Learning, 1999: 200-209.

[41] Collobert R, Sinz F, Weston J, et al. Large scale transductive SVMs. Journal of Machine Learning Research, 2006, 7: 1687-1712.

[42] Tao D C, Li X L, Hu W M, et al. Supervised tensor learning. IEEE International Conference on Data Mining (ICDM), Houston, TX, USA, Nov. 2005: 450-457.

[43] Wang X, Foryt P, Ochs R, et al. Abnormalities in resting-state functional connectivity in early human immunodeficiency virus infection. Brain Connectivity, 2011, 1(3): 207-217.

[44] Huang X L, Shi L, Suykens J A K. Support vector machine classifier with pinball loss. IEEE Transactions on Pattern Analysis and Machine Intelligence, 2014, 36(5): 984-997.

[45] 余可鸣, 韩乐, 杨晓伟. 弹球支持张量机分类器. 模式识别与人工智能, 2016, 29(7): 598-607.

[46] Shevade S K, Keerthi S S, Bhattacharyya C, et al. Improvements to the SMO algorithm for SVM regression. IEEE Transactions on Neural Networks, 2000, 11(5): 1188-1193.

[47] Keerthi S S, Shevade S K, Bhattacharyya C, et al. Improvements to Platt's SMO algorithm for SVM classifier design. Neural Computation, 2001, 13(3): 637-649.

[48] Flake G W, Lawrence S. Efficient SVM regression training with SMO. Machine Learning, 2002, 46(1-3): 271-290.

[49] Jorge N, Stephen W. Numerical Optimization. 2nd ed. New York: Springer-Verlag, 2006.

[50] Zhang T, Golub G H. Rank-one approximation to high order tensors. SIAM Journal of Matrix Analysis and Applications, 2001, 23(2): 534-550.

[51] Ripley B D. Pattern Recognition and Neural Networks. Cambridge: Cambridge University Press, 1996.

[52] Lin C J. Asymptotic convergence of an SMO algorithm without any assumptions. IEEE Transactions on Neural Networks, 2002, 13(1): 248-250.

[53] Tian Y J, Qi Z Q, Ju X C, et al. Nonparallel support vector machine for pattern classification. IEEE Transactions on Cybernetics, 2014, 44(7): 1067-1079.

[54] Mangasarian O L, Wild E W. Multisurface proximal support vector machine classification via generalized eigenvalues. IEEE Transactions on Pattern Analysis and Machine Intelligence, 2006, 28(1): 69-74.

[55] Jayadeva K, Khemchandani R, Chandra S. Twin support vector machine for pattern classification. IEEE Transactions on Pattern Analysis and Machine Intelligence, 2007, 29(5): 905-910.

[56] 陈学鹏. 模糊非平行支持张量机模型与算法研究. 广州: 华南理工大学, 2022.

[57] Lin C F, Wang S D. Fuzzy support vector machines. IEEE Transactions on Neural

Networks, 2002, 13(2): 464-471.

[58] Ju H M, Zhao Y, Zhang Y F. Directed acyclic graph fuzzy nonparallel support vector machine. Journal of Intelligent and Fuzzy Systems, 2021, 40(1): 1457-1470.

[59] Flake G W, Lawrence S. Efficient SVM regression training with SMO. Machine Learning, 2002, 46(1-3): 271-290.

[60] Ha M H, Wang C, Chen J Q. The support vector machine based on intuitionistic fuzzy number and kernel function. Soft Computing, 2013, 17(4): 635-641.

[61] Yang X W, Tan L J, He L F. A robust least squares support vector machine for regression and classification with noise. Neurocomputing, 2014, 140: 41-52.

[62] Rezvani S, Wang X Z, Pourpanah F. Intuitionistic fuzzy twin support vector machines. IEEE Transactions on Fuzzy Systems, 2019, 27(11): 2140-2151.

[63] He L F, Kong X N, Yu P S, et al. DuSK: A dual structure-preserving kernel for supervised tensor learning with applications to neuroimages. SIAM International Conference on Data Mining (SDM), 2014: 127-135.

[64] Zhao Q B, Zhou G X, Adali T, et al. Kernel-based tensor partial least squares for reconstruction of limb movements. IEEE International Conference on Acoustics, Speech and Signal Processing, 2013: 3577-3581.

[65] Lu H P, Plataniotis K N, Venetsanopoulos A N. MPCA: Multilinear principal component analysis of tensor objects. IEEE Transactions on Neural Networks, 2008, 19(1): 18-39.

[66] de Silva V, Lim L H. Tensor rank and the ill-posedness of the best low-rank approximation problem. SIAM Journal on Matrix Analysis and Applications, 2008, 30(3): 1084-1127.

[67] Martin C D. The rank of a 2×2×2 tensor. Linear and Multilinear Algebra, 2011, 59(8): 943-950.

[68] He L F, Lu C T, Ma G X, et al. Kernelized support tensor machines. The 34th International Conference on Machine Learning, 2017: 1442-1451.

[69] Chen C, Batselier K, Yu W J, et al. Kernelized support tensor train machines. 2020, arXiv:2001.00360.

第 5 章　带噪声和缺失数据的张量子空间学习

在现实世界中, 噪声和缺失数据广泛存在于机器学习[1-5]、模式识别[6,7] 和图像处理[8-13] 等领域.

针对带噪声的张量子空间学习问题, 基于噪声满足混合高斯分布的假设, 2013 年, Meng 提出一种鲁棒矩阵分解模型[14]; 2016 年, Chen 提出一种鲁棒 CP 分解算法[15]; 2018 年, Chen 基于广义鲁棒张量分解模型提出鲁棒 CP 分解算法和鲁棒 Tucker 分解算法[16]. 针对带噪声的二阶张量子空间学习问题, 2015 年, Li 提出基于 L_1 范数的线性判别分析算法[17]; 2017 年, Chen 提出基于 L_1 范数的局部保持判别投影算法[18]; 2019 年, Li 提出基于 L_p 范数的线性判别分析算法[19], Lu 提出一种低秩邻域保持投影算法[20]. 针对带噪声的高阶张量子空间学习问题, 2015 年, Wang 提出基于 L_1 范数的半监督局部判别投影算法[21]; 2019 年, 基于 CP 分解, Ju 提出概率张量线性判别分析算法[22].

针对带缺失数据的张量子空间学习问题, 2011 年, Acar 提出带缺失数据的 CP 分解算法[23]; 2015 年, 利用因子矩阵核范数代替张量展开矩阵的核范数, Liu 提出带缺失数据的改进 CP 分解算法[24]; 2016 年, 基于光滑约束和低秩近似假设, Yokota 提出一种带缺失数据的快速光滑 CP 分解算法[25], 该算法能处理缺失数据比例较高的情形. 2011 年, Geng 提出带缺失数据的 Tucker 分解算法[26]; 2015 年, Filipović 提出基于加权的 Tucker 分解算法[27]; 2017 年, Tang 提出三聚类张量补全算法解决社会化图像的标签优化问题, 并利用领域知识和子张量的 Tucker 分解对缺失数据进行补全[28]; 2019 年, 为了增加解的可解释性, Chen 提出基于非负 Tucker 分解的张量补全算法[29].

针对噪声和缺失数据共存的张量子空间学习问题, 2015 年, 基于噪声服从高斯分布的假设, Zhao 提出贝叶斯 CP 分解算法[30]; 基于误差张量的 L_1 范数, Meng 提出鲁棒 Tucker 分解算法[31]. 2016 年, 针对数据中同时存在孤立点和噪声的问题, 基于噪声服从高斯分布和孤立点稀疏的假设, Zhao 提出一种贝叶斯鲁棒张量分解算法[32]. 2017 年, 基于噪声满足 Cauchy 分布的假设, Wu 提出鲁棒 Tucker 分解算法和 CP 分解算法[33].

在本章中, 我们将详细讨论带噪声和数据缺失的张量子空间学习问题.

5.1　基于混合高斯分布的广义加权低秩张量分解算法

为了处理带混合噪声的张量补全问题, Chen[16] 提出了基于混合高斯分布的广义加权低秩张量分解 (generalized weighted low-rank tensor factorization using mixture of Gaussians, MoG GWLRTF) 算法. 在 MoG GWLRTF 中, 带噪声的观测数据 $\mathcal{Y}$ 的分量 $Y_{i_1,i_2,\cdots,i_N}$ 表示为下列形式:

$$Y_{i_1,i_2,\cdots,i_N} = X_{i_1,i_2,\cdots,i_N} + G_{i_1,i_2,\cdots,i_N} \tag{5-1-1}$$

其中, $X_{i_1,i_2,\cdots,i_N}$ 是干净数据 $\mathcal{X}$ (低秩张量) 的分量, 未知混合高斯噪声 $\mathcal{G}$ 的分量 $G_{i_1,i_2,\cdots,i_N}$ 服从分布 $p\left(G_{i_1,i_2,\cdots,i_N}\right) \sim \sum_{l=1}^{L} \pi_l N\left(G_{i_1,i_2,\cdots,i_N}|0,\sigma_l^2\right)$, $\left\{\pi_l|\pi_l \geqslant 0, \sum_{j=1}^{L}\pi_j = 1\right\}$ 是不同高斯分布的混合比例, $N\left(\varepsilon \mid 0,\sigma^2\right)$ 是均值为零、方差为 σ^2 的高斯分布.

为了得到干净数据 $X_{i_1,i_2,\cdots,i_N}$, 利用噪声分布 $p\left(G_{i_1,i_2,\cdots,i_N}\right)$, 期望最大化 (expectation-maximum, EM) 算法通过解下列优化问题计算 π_l 和 σ_l^2:

$$\max_{\pi_l,\sigma_l^2} \sum_{i_1,i_2,\cdots,i_N\in\Omega} \log\left(\sum_{l=1}^{L}\pi_l N\left(Y_{i_1,i_2,\cdots,i_N}|X_{i_1,i_2,\cdots,i_N},\sigma_l^2\right)\right) \tag{5-1-2}$$

在 E 步中, 设隐变量 $Z_{i_1,i_2,\cdots,i_{N,l}}$ 表示混合噪声 $G_{i_1,i_2,\cdots,i_N}$ 中第 l 个高斯分模型的噪声分配, 其中 $\left\{Z_{i_1,i_2,\cdots,i_{N,l}}\middle| Z_{i_1,i_2,\cdots,i_{N,l}} \in \{0,1\}, \sum_{k=1}^{L} Z_{i_1,i_2,\cdots,i_{N,k}} = 1\right\}$, 则第 l 个高斯噪声分模型的后验概率为

$$E\left(Z_{i_1,i_2,\cdots,i_{N,l}}\right) = \gamma_{i_1,i_2,\cdots,i_{N,l}} = \frac{\pi_l N\left(Y_{i_1,i_2,\cdots,i_N}|X_{i_1,i_2,\cdots,i_N},\sigma_l^2\right)}{\sum_{k=1}^{L}\pi_k N\left(Y_{i_1,i_2,\cdots,i_N}|X_{i_1,i_2,\cdots,i_N},\sigma_k^2\right)} \tag{5-1-3}$$

在 M 步中, 根据 [34], 通过解下列优化问题:

$$\max_{\pi_l,X_{i_1,i_2,\cdots,i_N},\sigma_l} \sum_{i_1,i_2,\cdots,i_N\in\Omega}\sum_{k=1}^{L}\gamma_{i_1,i_2,\cdots,i_{N,k}}\Bigg(\log\pi_k - \log\sqrt{2\pi}\sigma_k - \frac{\left(Y_{i_1,i_2,\cdots,i_N} - X_{i_1,i_2,\cdots,i_N}\right)^2}{2\pi\sigma_k^2}\Bigg) \tag{5-1-4}$$

我们可以得到高斯分布的参数 π_k 和 σ_k^2:

$$\pi_k = \frac{m_k}{\sum_{l=1}^{L} \pi_l} \tag{5-1-5}$$

$$\sigma_k^2 = \frac{1}{m_k} \sum_{i_1, i_2, \cdots, i_N} \gamma_{i_1, i_2, \cdots, i_{N,k}} \left(X_{i_1, i_2, \cdots, i_N} - G_{i_1, i_2, \cdots, i_N}\right)^2 \tag{5-1-6}$$

$$m_k = \sum_{i_1, i_2, \cdots, i_N} \gamma_{i_1, i_2, \cdots, i_{N,k}} \tag{5-1-7}$$

得到高斯分布的参数 π_k 和 σ_k^2 之后, 我们可以通过解下列优化问题求低秩张量 $\mathcal{X}$:

$$\min_{X_{i_1, i_2, \cdots, i_N}} \sum_{i_1, i_2, \cdots, i_N \in \Omega} \sum_{k=1}^{L} \frac{\gamma_{i_1, i_2, \cdots, i_{N,k}}}{2\pi\sigma_k^2} \left(Y_{i_1, i_2, \cdots, i_N} - X_{i_1, i_2, \cdots, i_N}\right)^2 \tag{5-1-8}$$

基于上述分析, MoG GWLRTF 算法的详细步骤如算法 5-1 所示.

算法 5-1 MoG GWLRTF 算法

输入: 带噪声的张量 $\mathcal{Y}$, 混合高斯分布参数 K, 阈值参数 ε.
输出: 恢复的低秩张量 $\mathcal{X}$.
初始化 π_l, σ_l^2 和 $\mathcal{X}$.
While not converged do
  根据 (5-1-3) 计算第 l 个高斯噪声分模型的后验概率 $\gamma_{i_1, i_2, \cdots, i_N, l}$;
  根据 (5-1-5)—(5-1-7) 分别计算 π_k, σ_k^2 和 m_k;
  解优化问题 (5-1-8) 求低秩张量 $\mathcal{X}$;
End while

基于张量的低秩 Tucker 分解和 CP 分解, 作者通过分别解下列两个优化问题提出了 GWLRTF-Tucker 算法和 GWLRTF-CP 算法[16]:

$$\begin{aligned} \min_{\mathcal{C}, \boldsymbol{U}_1, \boldsymbol{U}_2, \cdots, \boldsymbol{U}_N} \quad & \|\mathcal{W} * (\mathcal{Y} - \mathcal{C} \times_1 \boldsymbol{U}_1 \times_2 \boldsymbol{U}_2 \times_3 \cdots \times_N \boldsymbol{U}_N)\|_F^2 \\ \text{s.t.} \quad & \boldsymbol{U}_i^{\mathrm{T}} \boldsymbol{U}_i = I_i, \ i = 1, 2, \cdots, N \end{aligned} \tag{5-1-9}$$

$$\min_{\boldsymbol{u}_1, \boldsymbol{u}_2, \cdots, \boldsymbol{u}_N} \left\| \mathcal{W} * \left(\mathcal{Y} - \sum_{r=1}^{R} \boldsymbol{u}_r^{(1)} \circ \boldsymbol{u}_r^{(2)} \circ \cdots \circ \boldsymbol{u}_r^{(N)} \right) \right\|_F^2 \tag{5-1-10}$$

其中 $W_{i_1,i_2,\cdots,i_N}=\begin{cases}\sqrt{\sum\limits_{l=1}^{L}\dfrac{\gamma_{i_1,i_2,\cdots,i_N,l}}{2\pi\sigma_l^2}}, & (i_1,i_2,\cdots,i_N)\in\Omega,\\ 0, & (i_1,i_2,\cdots,i_N)\notin\Omega.\end{cases}$

5.2 带稀疏噪声的张量子空间学习

设 $\overline{\mathcal{X}}=\dfrac{1}{M}\sum\limits_{m=1}^{M}\mathcal{X}_m$, $\overline{\mathcal{X}}_c=\dfrac{1}{M_c}\sum\limits_{m=1,y_m=c}^{M}\mathcal{X}_m$,

$$\mathcal{Z}_c=\left(\overline{\mathcal{X}}_c-\overline{\mathcal{X}}\right)\times_1\boldsymbol{U}_1^{\mathrm{T}}\times_2\boldsymbol{U}_2^{\mathrm{T}}\times_3\cdots\times_{k-1}\boldsymbol{U}_{k-1}^{\mathrm{T}}\times_{k+1}\boldsymbol{U}_{k+1}^{\mathrm{T}}\times_{k+2}\cdots\times_N\boldsymbol{U}_N^{\mathrm{T}}\quad(5\text{-}2\text{-}1)$$

$$\mathcal{Z}_m=\left(\mathcal{X}_m-\overline{\mathcal{X}}_{y_m}\right)\times_1\boldsymbol{U}_1^{\mathrm{T}}\times_2\boldsymbol{U}_2^{\mathrm{T}}\times_3\cdots\times_{k-1}\boldsymbol{U}_{k-1}^{\mathrm{T}}\times_{k+1}\boldsymbol{U}_{k+1}^{\mathrm{T}}\times_{k+2}\cdots\times_N\boldsymbol{U}_N^{\mathrm{T}}\quad(5\text{-}2\text{-}2)$$

DATER 通过解下列优化问题得到投影矩阵 $\boldsymbol{U}_n$[35]:

$$\{\boldsymbol{U}_1^*,\boldsymbol{U}_2^*,\cdots,\boldsymbol{U}_N^*\}=\arg\max_{\boldsymbol{U}_1,\boldsymbol{U}_2,\cdots,\boldsymbol{U}_N}\Psi(\boldsymbol{U}_1,\boldsymbol{U}_2,\cdots,\boldsymbol{U}_N)\quad(5\text{-}2\text{-}3)$$

其中

$$\Psi(\boldsymbol{U}_1,\boldsymbol{U}_2,\cdots,\boldsymbol{U}_N)=\frac{\sum\limits_{c=1}^{C}M_c\left\|\left(\overline{\mathcal{X}}_c-\overline{\mathcal{X}}\right)\times_1\boldsymbol{U}_1^{\mathrm{T}}\times_2\boldsymbol{U}_2^{\mathrm{T}}\times_3\cdots\times_N\boldsymbol{U}_N^{\mathrm{T}}\right\|_F^2}{\sum\limits_{c=1}^{C}\sum\limits_{m=1,y_m=c}^{M}\left\|\left(\mathcal{X}_m-\overline{\mathcal{X}}_{y_m}\right)\times_1\boldsymbol{U}_1^{\mathrm{T}}\times_2\boldsymbol{U}_2^{\mathrm{T}}\times_3\cdots\times_N\boldsymbol{U}_N^{\mathrm{T}}\right\|_F^2},$$

该表达式中的分子表示类间散度矩阵, 分母表示类内散度矩阵. 优化问题 (5-2-3) 通过类间散度最大化和类内散度最小化抽取最优特征, 从而达到数据尽量可分的目的.

由

$$\begin{aligned}&\sum_{c=1}^{C}M_c\left\|\left(\overline{\mathcal{X}}_c-\overline{\mathcal{X}}\right)\times_1\boldsymbol{U}_1^{\mathrm{T}}\times_2\boldsymbol{U}_2^{\mathrm{T}}\times_3\cdots\times_N\boldsymbol{U}_N^{\mathrm{T}}\right\|_F^2\\&=\sum_{c=1}^{C}M_c\Big\|\left(\overline{\mathcal{X}}_c-\overline{\mathcal{X}}\right)\times_1\boldsymbol{U}_1^{\mathrm{T}}\times_2\boldsymbol{U}_2^{\mathrm{T}}\times_3\cdots\times_{k-1}\boldsymbol{U}_{k-1}^{\mathrm{T}}\\&\quad\times_{k+1}\boldsymbol{U}_{k+1}^{\mathrm{T}}\times_{k+2}\cdots\times_N\boldsymbol{U}_N^{\mathrm{T}}\times_k\boldsymbol{U}_k^{\mathrm{T}}\Big\|_F^2\\&=\sum_{c=1}^{C}M_c\left\|\mathcal{Z}_c\times_k\boldsymbol{U}_k^{\mathrm{T}}\right\|_F^2\end{aligned}$$

$$=\sum_{c=1}^{C} M_c \left\|\boldsymbol{U}_k^{\mathrm{T}} \boldsymbol{Z}_{c(k)}\right\|_F^2 \tag{5-2-4}$$

$$\begin{aligned}
&\sum_{c=1}^{C} \sum_{m=1, y_m=k}^{M}\left\|\left(\mathcal{X}_m-\overline{\mathcal{X}}_{y_m}\right) \times_1 \boldsymbol{U}_1^{\mathrm{T}} \times_2 \boldsymbol{U}_2^{\mathrm{T}} \times_3 \cdots \times_N \boldsymbol{U}_N^{\mathrm{T}}\right\|_F^2 \\
&=\sum_{c=1}^{C} \sum_{m=1, y_m=k}^{M} \|\left(\mathcal{X}_m-\overline{\mathcal{X}}_{y_m}\right) \times_1 \boldsymbol{U}_1^{\mathrm{T}} \times_2 \boldsymbol{U}_2^{\mathrm{T}} \times_3 \cdots \\
&\quad \times_{k-1} \boldsymbol{U}_{k-1}^{\mathrm{T}} \times_{k+1} \boldsymbol{U}_{k+1}^{\mathrm{T}} \times_{k+2} \cdots \times_N \boldsymbol{U}_N^{\mathrm{T}} \times_k \boldsymbol{U}_k^{\mathrm{T}}\|_F^2 \\
&=\sum_{c=1}^{C} \sum_{m=1, y_m=c}^{M}\left\|\mathcal{Z}_m \times_k \boldsymbol{U}_k^{\mathrm{T}}\right\|_F^2 \\
&=\sum_{c=1}^{C} \sum_{m=1, y_m=c}^{M}\left\|\boldsymbol{U}_k^{\mathrm{T}} \boldsymbol{Z}_{m_{(k)}}\right\|_F^2
\end{aligned} \tag{5-2-5}$$

可知, DATER 算法的数学模型可以写成下列形式:

$$\begin{aligned}
\left\{\boldsymbol{U}_1^*, \boldsymbol{U}_2^*, \cdots, \boldsymbol{U}_N^*\right\} &= \arg \max_{\boldsymbol{U}_1, \boldsymbol{U}_2, \cdots, \boldsymbol{U}_N} J\left(\boldsymbol{U}_1, \boldsymbol{U}_2, \cdots, \boldsymbol{U}_N\right) \\
&= \frac{\sum_{c=1}^{C} M_c \left\|\boldsymbol{U}_k^{\mathrm{T}} \boldsymbol{Z}_{c(k)}\right\|_F^2}{\sum_{c=1}^{C} \sum_{m=1, y_m=c}^{M}\left\|\boldsymbol{U}_k^{\mathrm{T}} \boldsymbol{Z}_{m(k)}\right\|_F^2}
\end{aligned} \tag{5-2-6}$$

当 $\mathcal{X}_m$ 为二阶张量时, DATER 算法就退化到 2D-LDA 算法[36].

对于带稀疏噪声的数据, 基于 L_p-范数, 2019 年, Li 提出了鲁棒 2D-LDA 算法[19]. 基于 L_1-范数, 2015 年, Li 提出了鲁棒 2D-LDA 算法[17], Wang 提出了鲁棒 S^2LDP-L1 算法[21]; 2017 年, Chen 提出了鲁棒 2D-DLPP 算法[18]; 2019 年, Lu 提出了鲁棒 2D-NPP 算法[20]. 考虑到 L_1-范数是 L_p-范数的特殊情况, 受 [19] 的启发, 我们用 L_p-范数替换 (5-2-6) 中的 F-范数给出下列数学模型:

$$\begin{aligned}
\left\{\boldsymbol{U}_1^*, \boldsymbol{U}_2^*, \cdots, \boldsymbol{U}_N^*\right\} &= \arg \max_{\boldsymbol{U}_1, \boldsymbol{U}_2, \cdots, \boldsymbol{U}_N} J\left(\boldsymbol{U}_1, \boldsymbol{U}_2, \cdots, \boldsymbol{U}_N\right) \\
&= \frac{\sum_{c=1}^{C} M_c \left\|\boldsymbol{U}_k^{\mathrm{T}} \boldsymbol{Z}_{c(k)}\right\|_p^p}{\sum_{c=1}^{C} \sum_{m=1, y_m=c}^{M}\left\|\boldsymbol{U}_k^{\mathrm{T}} \boldsymbol{Z}_{m(k)}\right\|_p^p}
\end{aligned}$$

$$\text{s.t.} \quad \boldsymbol{U}_k^{\mathrm{T}}\boldsymbol{U}_k = \boldsymbol{I} \tag{5-2-7}$$

为了解优化问题 (5-2-7), 我们首先解下列优化问题:

$$\begin{aligned} \max_{\boldsymbol{u}} \quad & J(\boldsymbol{u}) = \frac{\sum\limits_{c=1}^{C} M_c \left\| \boldsymbol{u}^{\mathrm{T}} \boldsymbol{Z}_{c_{(k)}} \right\|_p^p}{\sum\limits_{c=1}^{C} \sum\limits_{m=1, y_m=c}^{M} \left\| \boldsymbol{u}^{\mathrm{T}} \boldsymbol{Z}_{m_{(k)}} \right\|_p^p} \\ \text{s.t.} \quad & \boldsymbol{u}^{\mathrm{T}}\boldsymbol{u} = 1 \end{aligned} \tag{5-2-8}$$

$J(\boldsymbol{u})$ 的梯度为

$$\nabla_{\boldsymbol{u}} = \frac{dJ(\boldsymbol{u})}{d\boldsymbol{u}} = \frac{AB - CD}{G} \tag{5-2-9}$$

其中

$$\begin{aligned} A &= p\sum_{c=1}^{C}\sum_{t=1}^{n} M_c \mathrm{sign}(\boldsymbol{u}^{\mathrm{T}}\boldsymbol{Z}_{c(k)}^{t}) \left|\boldsymbol{u}^{\mathrm{T}}\boldsymbol{Z}_{c(k)}^{t}\right|^{p-1} \boldsymbol{Z}_{c(k)}^{t} \\ B &= \sum_{c=1}^{C}\sum_{m=1,y_m=c}^{M}\sum_{t=1}^{n} \left(\mathrm{sign}(\boldsymbol{u}^{\mathrm{T}}\boldsymbol{Z}_{m(k)}^{t})\boldsymbol{u}^{\mathrm{T}}\boldsymbol{Z}_{m(k)}^{t}\right)^p \\ C &= \sum_{c=1}^{C}\sum_{t=1}^{n} M_c \left(\mathrm{sign}(\boldsymbol{u}^{\mathrm{T}}\boldsymbol{Z}_{c(k)}^{t})\boldsymbol{u}^{\mathrm{T}}\boldsymbol{Z}_{c(k)}^{t}\right)^p \\ D &= p\sum_{c=1}^{C}\sum_{m=1,y_m=c}^{M}\sum_{t=1}^{n} \mathrm{sign}(\boldsymbol{u}^{\mathrm{T}}\boldsymbol{Z}_{m(k)}^{t}) \left|\boldsymbol{u}^{\mathrm{T}}\boldsymbol{Z}_{m(k)}^{t}\right|^{p-1} \boldsymbol{Z}_{m(k)}^{t} \\ G &= \left(\sum_{c=1}^{C}\sum_{m=1,y_m=c}^{M}\sum_{t=1}^{n} \left(\mathrm{sign}(\boldsymbol{u}^{\mathrm{T}}\boldsymbol{Z}_{m(k)}^{t})\boldsymbol{u}^{\mathrm{T}}\boldsymbol{Z}_{m(k)}^{t}\right)^p\right)^2 \end{aligned} \tag{5-2-10}$$

我们可以利用 [19] 中的算法 1 得到 (5-2-8) 的最优解 $\boldsymbol{u}$. 假设前 $r-1$ 个向量$\boldsymbol{u}_k^1$, $\boldsymbol{u}_k^2, \cdots, \boldsymbol{u}_k^{r-1}$ 已经得到, 令 $\boldsymbol{W} = (\boldsymbol{u}_k^1, \boldsymbol{u}_k^2, \cdots, \boldsymbol{u}_k^{r-1})$, $\boldsymbol{Z}_{c(k)}^{\mathrm{new}} = (\boldsymbol{I} - \boldsymbol{W}\boldsymbol{W}^{\mathrm{T}})\boldsymbol{Z}_{c(k)}^{\mathrm{old}}$, $\boldsymbol{Z}_{m(k)}^{\mathrm{new}} = (\boldsymbol{I} - \boldsymbol{W}\boldsymbol{W}^{\mathrm{T}})\boldsymbol{Z}_{m(k)}^{\mathrm{old}}$, 则我们可以利用 [19] 中的算法 2 计算 $\boldsymbol{u}_k^r$. 得到 (5-2-7) 中的 $\boldsymbol{U}_1, \boldsymbol{U}_2, \cdots, \boldsymbol{U}_k$ 之后, 我们可以利用同样的步骤计算 $\boldsymbol{U}_{k+1}$.

5.3 基于 CP/Tucker 分解的张量补全算法

设 $\mathcal{X}$ 是带缺失值的 N 阶张量, $\mathcal{W}$ 是标示 $\mathcal{X}$ 缺失位置的示性张量, 其分量定义如下

$$W_{i_1,i_2,\cdots,i_N}=\begin{cases}1, & X_{i_1,i_2,\cdots,i_N}\text{是已知的},\\ 0, & X_{i_1,i_2,\cdots,i_N}\text{是缺失的}\end{cases}\tag{5-3-1}$$

令 $[\![\boldsymbol{U}_1,\boldsymbol{U}_2,\cdots,\boldsymbol{U}_N]\!]\in R^{I_1\times I_2\times\cdots\times I_N},\boldsymbol{U}_n\in R^{I_n\times R}$, 张量 $[\![\boldsymbol{U}_1,\boldsymbol{U}_2,\cdots,\boldsymbol{U}_N]\!]$ 的分量为

$$([\![\boldsymbol{U}_1,\boldsymbol{U}_2,\cdots,\boldsymbol{U}_N]\!])_{i_1,i_2,\cdots,i_N}=\sum_{r=1}^{R}\prod_{n=1}^{N}u_{i_nr}^n,\quad i_n\in\{1,2,\cdots,I_n\}\tag{5-3-2}$$

基于 CP 分解的张量补全算法的目标是寻找 $\mathcal{X}$ 的一个好的低秩近似 $[\![\boldsymbol{U}_1,\boldsymbol{U}_2,\cdots,\boldsymbol{U}_N]\!]$, 使得它在非缺失位置上的重构误差最小. 其最优化模型可以表示为 [23]

$$\min_{\boldsymbol{U}_1,\boldsymbol{U}_2,\cdots,\boldsymbol{U}_N} f_{\mathcal{W}}(\boldsymbol{U}_1,\boldsymbol{U}_2,\cdots,\boldsymbol{U}_N)=\|\mathcal{W}*(\mathcal{X}-[\![\boldsymbol{U}_1,\boldsymbol{U}_2,\cdots,\boldsymbol{U}_N]\!])\|_F^2\tag{5-3-3}$$

针对三阶张量, Tomasi[37] 提出了 INDAFAC (incomplete data PARAFAC) 算法解优化问题 (5-3-3). 对于高维张量, INDAFAC 算法存在计算大规模矩阵逆的问题. 为了解决这个问题, Acar 提出了基于梯度下降的算法 CP-WOPT (CP weighted optimization)[23]. 接下来, 我们详细地介绍 Acar 的工作.

令 $\mathcal{Y}=\mathcal{W}*\mathcal{X}$, $\mathcal{Z}=\mathcal{W}*[\![\boldsymbol{U}_1,\boldsymbol{U}_2,\cdots,\boldsymbol{U}_N]\!]$, 则优化问题 (5-3-3) 的目标函数可以写成下列形式:

$$f_{\mathcal{W}}=\|\mathcal{Y}-\mathcal{Z}\|_F^2\tag{5-3-4}$$

由

$$\begin{aligned}&f_{\mathcal{W}}(\boldsymbol{U}_1,\boldsymbol{U}_2,\cdots,\boldsymbol{U}_N)\\&=\|\mathcal{W}*(\mathcal{X}-[\![\boldsymbol{U}_1,\boldsymbol{U}_2,\cdots,\boldsymbol{U}_N]\!])\|_F^2\\&=\sum_{i_1=1}^{I_1}\sum_{i_2=1}^{I_2}\cdots\sum_{i_N=1}^{I_N}W_{i_1,i_2,\cdots,i_N}^2\\&\quad\cdot\left(X_{i_1,i_2,\cdots,i_N}^2-2X_{i_1,i_2,\cdots,i_N}\sum_{r=1}^{R}\prod_{n=1}^{N}u_{i_nr}^n+\left(\sum_{r=1}^{R}\prod_{n=1}^{N}u_{i_nr}^n\right)^2\right)\end{aligned}\tag{5-3-5}$$

我们可以得到

$$\frac{\partial f_{\mathcal{W}}}{\partial u_{i_n r}^n}=2\sum_{i_1=1}^{I_1}\sum_{i_2=1}^{I_2}\cdots\sum_{i_{n-1}=1}^{I_{n-1}}\sum_{i_{n+1}=1}^{I_{n+1}}\cdots\sum_{i_N=1}^{I_N}W_{i_1,i_2,\cdots,i_N}^2 \cdot\left(-X_{i_1,i_2,\cdots,i_N}+\sum_{l=1}^{R}\prod_{m=1}^{N}u_{i_m l}^m\right)\prod_{\substack{m=1\\m\neq n}}^{N}u_{i_m r}^m \tag{5-3-6}$$

由 $\mathcal{W}^2*\mathcal{X}=\mathcal{W}*\mathcal{X}=\mathcal{Y}$, $\mathcal{W}^2*[\![\boldsymbol{U}_1,\boldsymbol{U}_2,\cdots,\boldsymbol{U}_N]\!]=\mathcal{W}*[\![\boldsymbol{U}_1,\boldsymbol{U}_2,\cdots,\boldsymbol{U}_N]\!]=\mathcal{Z}$, 我们可以把 (5-3-6) 写成下列矩阵形式:

$$\frac{\partial f_{\mathcal{W}}}{\partial \boldsymbol{U}_n}=2\left(\boldsymbol{Z}_{(n)}-\boldsymbol{Y}_{(n)}\right)\boldsymbol{U}^{(-n)} \tag{5-3-7}$$

其中 $\boldsymbol{U}^{(-n)}=\boldsymbol{U}_N\odot\cdots\odot\boldsymbol{U}_{n+1}\odot\boldsymbol{U}_{n-1}\odot\cdots\odot\boldsymbol{U}_2\odot\boldsymbol{U}_1$.

基于 (5-3-7), 因子矩阵的修正公式如下

$$\boldsymbol{U}_n^{k+1}=\boldsymbol{U}_n^k-\rho\frac{\partial f_{\mathcal{W}}}{\partial \boldsymbol{U}_n^k}=\boldsymbol{U}_n^k-2\rho\left(\boldsymbol{Z}_{(n)}^k-\boldsymbol{Y}_{(n)}^k\right)\boldsymbol{U}^{(-n)k} \tag{5-3-8}$$

其中 $0<\rho\leqslant 1$ 是学习率,

$$\boldsymbol{U}^{(-n)k}=\boldsymbol{U}_N^k\odot\cdots\odot\boldsymbol{U}_{n+1}^k\odot\boldsymbol{U}_{n-1}^k\odot\cdots\odot\boldsymbol{U}_2^k\odot\boldsymbol{U}_1^k \tag{5-3-9}$$

$$\boldsymbol{Z}_{(n)}^k=\mathrm{unfold}_n(\mathcal{Z}^k)=\mathrm{unfold}_n\big(\mathcal{W}*[\![\boldsymbol{U}_1^k,\boldsymbol{U}_2^k,\cdots,\boldsymbol{U}_{n-1}^k,\boldsymbol{U}_n^k,\cdots,\boldsymbol{U}_N^k]\!]\big) \tag{5-3-10}$$

$$\boldsymbol{Y}_{(n)}^k=\mathrm{unfold}_n(\mathcal{Y})=\mathrm{unfold}_n(\mathcal{W}*\mathcal{X}) \tag{5-3-11}$$

基于上述分析, CP-WOPT 算法的详细步骤如算法 5-2 所示.

算法 5-2 CP-WOPT 算法

输入: $\mathcal{X}$, $\mathcal{W}$, $\mathcal{E}$, ρ, 算法收敛控制参数 tol, 其中 $\mathcal{E}$ 是所有元素均为 1 的 N 阶张量.

输出: 恢复的低秩张量 $\mathcal{X}$.

$k=0$.

初始化 $\boldsymbol{U}_n^0\ (n=1,2,\cdots,N)$.

循环计算下列过程, 直到 $\dfrac{\left\|\boldsymbol{U}_n^{k+1}-\boldsymbol{U}_n^k\right\|_F^2}{\left\|\boldsymbol{U}_n^k\right\|_F^2}<\mathrm{tol}$

{

For $n=1,2,\cdots,N$

根据 (5-3-9)—(5-3-11), 分别计算 $\boldsymbol{U}^{(-n)k}$, $\boldsymbol{Z}_{(n)}^k$ 和 $\boldsymbol{Y}_{(n)}^k$;

根据 (5-3-8) 计算 $\boldsymbol{U}_n^{k+1}$;

End For

$k=k+1$;

}

计算 $\mathcal{X}=\mathcal{W}*\mathcal{X}+(\mathcal{E}-\mathcal{X})*[\![\boldsymbol{U}_1^{k+1},\boldsymbol{U}_2^{k+1},\cdots,\boldsymbol{U}_{n-1}^{k+1},\boldsymbol{U}_n^{k+1},\cdots,\boldsymbol{U}_N^{k+1}]\!]$.

令 $\mathcal{X}=\mathcal{G}\times_1\boldsymbol{U}_1\times_2\boldsymbol{U}_2\times_3\cdots\times_N\boldsymbol{U}_N\in R^{I_1\times I_2\times\cdots\times I_N},\boldsymbol{U}_n\in R^{I_n\times J_n},\mathcal{G}\in R^{J_1\times J_2\times\cdots\times J_N}$, 基于 Tucker 分解的张量补全算法的目标是寻找 $\mathcal{X}$ 的一个好的低秩近似 $\mathcal{G}\times_1\boldsymbol{U}_1\times_2\boldsymbol{U}_2\times_3\cdots\times_N\boldsymbol{U}_N$, 使得它在非缺失位置上的重构误差最小. 其最优化模型可以表示为[27]

$$\min_{\boldsymbol{U}_1,\boldsymbol{U}_2,\cdots,\boldsymbol{U}_N} f_{\mathcal{W}}(\mathcal{G},\boldsymbol{U}_1,\boldsymbol{U}_2,\cdots,\boldsymbol{U}_N)=\|\mathcal{W}*(\mathcal{X}-\mathcal{G}\times_1\boldsymbol{U}_1\times_2\boldsymbol{U}_2\times_3\cdots\times_N\boldsymbol{U}_N)\|_F^2 \tag{5-3-12}$$

基于下列梯度公式, 可以利用与 [23] 同样的步骤对缺失数据进行补全[27]:

$$\begin{aligned}\frac{\partial f_{\mathcal{W}}}{\partial \boldsymbol{U}_n}=&-2\left(\mathcal{W}*(\mathcal{X}-\mathcal{G}\times_1\boldsymbol{U}_1\times_2\boldsymbol{U}_2\times_3\cdots\times_N\boldsymbol{U}_N)\right)_{(n)}\\&\cdot\left((\mathcal{G}\times_1\boldsymbol{U}_1\times_2\cdots\times_{n-1}\boldsymbol{U}_{n-1}\times_{n+1}\boldsymbol{U}_{n+1}\times_{n+2}\cdots\times_N\boldsymbol{U}_N)_{(n)}\right)^{\mathrm{T}}\end{aligned} \tag{5-3-13}$$

$$\frac{\partial f_{\mathcal{W}}}{\partial \mathcal{G}}=-2\left(\mathcal{W}*(\mathcal{X}-\mathcal{G}\times_1\boldsymbol{U}_1\times_2\boldsymbol{U}_2\times_3\cdots\times_N\boldsymbol{U}_N)\right)\times_1\boldsymbol{U}_1^{\mathrm{T}}\times_2\boldsymbol{U}_2^{\mathrm{T}}\times_3\cdots\times_N\boldsymbol{U}_N^{\mathrm{T}} \tag{5-3-14}$$

2011 年, 通过利用公式 $\mathcal{X}=\mathcal{W}*\mathcal{X}+(\mathcal{E}-\mathcal{X})*\mathcal{G}\times_1\boldsymbol{U}_1\times_2\boldsymbol{U}_2\times_3\cdots\times_N\boldsymbol{U}_N$ 对缺失数据进行填充, Geng 提出了基于 Tucker 分解的迭代 $\mathrm{M^2SA}$ (multilinear subspace analysis with missing values) 算法, 并应用于人脸图像建模[26]. 该算法的详细步骤如算法 5-3 所示.

算法 5-3　$\mathrm{M^2SA}$ 算法

输入: $\mathcal{X}$, $\mathcal{W}$, $\mathcal{E}$, Tucker 分解的秩 $(J_1,J_2,\cdots,J_N)$, 算法收敛控制参数 tol, 其中 $\mathcal{E}$ 是所有元素均为 1 的 N 阶张量.

输出: 恢复的低秩张量 $\mathcal{X}$.

给定初始的 $\mathcal{X}^0$, 利用 HOSVD 算法得到 $\mathcal{G}^0$, $\boldsymbol{U}_n^0\,(n=1,2,\cdots,N)$ 和 $\overline{\mathcal{X}}^0=\mathcal{G}^0\times_1\boldsymbol{U}_1^0\times_2\boldsymbol{U}_2^0\times_3\cdots\times_N\boldsymbol{U}_N^0$.

$i=0$.

循环计算下列过程, 直到 $\|(\mathcal{X}^i-\overline{\mathcal{X}}^{i-1})*(\mathcal{E}-\mathcal{W})\|_F^2<\mathrm{tol}$

{

$i=i+1$;

$\mathcal{X}^i=\mathcal{W}*\mathcal{X}+(\mathcal{E}-\mathcal{X})*\overline{\mathcal{X}}^{i-1}$;

利用 HOSVD 算法对 $\mathcal{X}^i$ 进行分解得到 $\overline{\mathcal{X}}^i=\mathcal{G}^i\times_1\boldsymbol{U}_1^i\times_2\boldsymbol{U}_2^i\times_3\cdots\times_N\boldsymbol{U}_N^i$;

}

计算 $\overline{\mathcal{X}}=\mathcal{G}^i\times_1\boldsymbol{U}_1^i\times_2\boldsymbol{U}_2^i\times_3\cdots\times_N\boldsymbol{U}_N^i$.

5.4 基于 t-SVD 的张量补全算法

定义 5-1 (张量的管道秩[38]) 张量 $\mathcal{A}$ 的管道秩 r 是 $\mathcal{S}$ 的所有非零奇异值管道的数量, 其中 $\mathcal{S}$ 来自 $\mathcal{A}$ 的 t-SVD 分解: $\mathcal{A}=\mathcal{U}*\mathcal{S}*\mathcal{V}^{\mathrm{T}}$. 我们常常用 $\|\mathcal{A}\|_{\mathrm{TNN}}$ 表示. 根据定义 2-10, 我们知道 $\|\mathcal{A}\|_{\mathrm{TNN}}=\left\|\bar{\boldsymbol{A}}\right\|_*$.

5.4.1 基于随机采样的张量补全

给定一个管道秩为 r 的三阶张量 $\mathcal{M}\in R^{n_1\times n_2\times n_3}$, 假设 $\mathcal{M}$ 中有 m 个元素是根据伯努利模型采样得到的, 即张量中的每一个元素在独立于其他元素的情况下以概率 p 采样, 则张量补全问题的目标是从观测数据中恢复 $\mathcal{M}$. 基于随机采样的张量补全问题的数学模型如下[39]

$$\begin{aligned}\min_{\mathcal{X}}\quad & \|\mathcal{X}\|_{\mathrm{TNN}}\\ \text{s.t.}\quad & X_{i,j,k}=M_{i,j,k},\ \ (i,j,k)\in\Omega\end{aligned}\tag{5-4-1}$$

设 $\mathcal{P}_\Omega(\mathcal{Z})$ 是和 $\mathcal{Z}$ 同阶的张量, 其分量定义如下

$$(\mathcal{P}_\Omega(\mathcal{Z}))_{i,j,k}=\begin{cases}Z_{i,j,k}, & (i,j,k)\in\Omega,\\ 0, & (i,j,k)\notin\Omega\end{cases}\tag{5-4-2}$$

根据定义 5-1, 优化问题 (5-4-1) 可以写成下列形式:

$$\begin{aligned}\min_{\mathcal{X}}\quad & \left\|\overline{\boldsymbol{X}}\right\|_*\\ \text{s.t.}\quad & f\left(\mathcal{P}\left(f^{-1}(\overline{\boldsymbol{X}})\right)\right)=f\left(\mathcal{P}\left(f^{-1}(\overline{\boldsymbol{M}})\right)\right)\end{aligned}\tag{5-4-3}$$

其中 f 是从 $\mathcal{Z}$ 到 $\bar{\boldsymbol{Z}}$ 的映射, f^{-1} 是从 $\bar{\boldsymbol{Z}}$ 到 $\mathcal{Z}$ 的映射. 这是一个矩阵补全问题, 可以用已有的矩阵补全算法进行求解.

定义 5-2 (张量非相干条件[39]) 设管道秩为 r 的三阶张量 $\mathcal{M}\in R^{n_1\times n_2\times n_3}$ 的 T-SVD 分解为 $\mathcal{M}=\mathcal{U}*\mathcal{S}*\mathcal{V}^{\mathrm{T}}$. 如果存在 $\mu_0>0$ 使得下式成立:

$$\max_{i=1,2,\cdots,n_1}\left\|\mathcal{U}^{\mathrm{T}}*\mathcal{E}^i\right\|_{2*}\leqslant\sqrt{\frac{\mu_0 r}{n_1}}$$

$$\max_{j=1,2,\cdots,n_2}\left\|\mathcal{V}^{\mathrm{T}}*\mathcal{E}^j\right\|_{2^*}\leqslant\sqrt{\frac{\mu_0 r}{n_2}} \tag{5-4-4}$$

其中 $\mathcal{E}^i\in R^{n_1\times 1\times n_3}$, $\mathcal{E}^j\in R^{n_2\times 1\times n_3}$, $E^i_{i,1,1}=1$, $E^j_{j,1,1}=1$. 那么, 我们称 $\mathcal{M}$ 满足张量非相干条件.

定理 5-1[39] 设管道秩为 r 的三阶张量 $\mathcal{M}\in R^{n_1\times n_2\times n_3}$ 的 t-SVD 分解为 $\mathcal{M}=\mathcal{U}*\mathcal{S}*\mathcal{V}^{\mathrm{T}}$, 其中 $\mathcal{U}\in R^{n_1\times r\times n_3}$, $\mathcal{S}\in R^{r\times r\times n_3}$, $\mathcal{V}\in R^{n_2\times r\times n_3}$. 如果 $\mathcal{M}$ 满足张量非相干条件, 那么一定存在常数 $c_0,c_1,c_2>0$, 使得当 $p\geqslant c_0\dfrac{\mu_0 r\log(n_3(n_1+n_2))}{\min(n_1,n_2)}$ 时, $\mathcal{M}$ 至少以概率 $1-c_1((n_1+n_2)n_3)^{-c_2}$ 为优化问题 (5-4-1) 的唯一最优解.

5.4.2 基于随机管道采样的张量补全

在以前的研究中, 受 [40] 的启发, Liu 首先把射频指纹建模成一个三阶张量, 然后利用自适应管道采样技术对带有射频指纹的室内用户进行定位[41]. 如果沿着第三模态对张量进行随机管道采样, 则张量补全问题的数学模型可以表示如下[39]

$$\begin{aligned}&\min_{\mathcal{X}} && \|\mathcal{X}\|_{\mathrm{TNN}}\\ &\text{s.t.} && X_{i,j,k}=M_{i,j,k},\ \ (i,j)\in\Omega,\ k=1,2,\cdots,n_3\end{aligned} \tag{5-4-5}$$

解上述优化问题等价于在傅里叶域中解下列 n_3 个矩阵补全问题:

$$\begin{aligned}&\min_{\hat{\boldsymbol{X}}^{(k)}} && \|\hat{\boldsymbol{X}}^{(k)}\|_*\\ &\text{s.t.} && \hat{\boldsymbol{X}}^{(k)}_{ij}=\widehat{\boldsymbol{M}}^{(k)}_{ij},\ \ (i,j)\in\Omega\end{aligned} \tag{5-4-6}$$

5.5 基于 TT 分解的张量补全算法

定义 5-3 (张量的连接积[42]) 设 $\mathcal{G}_k\in R^{r_{k-1}\times I_k\times r_k}\ (k=1,2,\cdots,n)$ 是 n 个三阶张量, 其连接积定义如下

$$\mathcal{G}=\mathcal{G}_1\mathcal{G}_2\cdots\mathcal{G}_n\in R^{r_0\times(I_1I_2\cdots I_n)\times r_n} \tag{5-5-1}$$

定义 5-4 (张量排列[42]) 对于任意的 N 阶张量 $\mathcal{X}\in R^{I_1\times I_2\times\cdots\times I_N}$, 其第 i 个 TT 排列 $\mathcal{X}^{P_i}\in R^{I_i\times I_{i+1}\times\cdots\times I_N\times I_1\times I_2\times\cdots\times I_{i-1}}$ 定义如下

$$\mathcal{X}^{P_i}(j_i,j_{i+1},\cdots,j_N,j_1,j_2,\cdots,j_{i-1})=\mathcal{X}(j_1,j_2,\cdots,j_N),\quad j_i\in\{1,2,\cdots,I_i\} \tag{5-5-2}$$

根据 [42] 中的引理 2, 我们知道 $\mathcal{X}^{P_i}=f(\mathcal{G}_i\mathcal{G}_{i+1}\cdots\mathcal{G}_N\mathcal{G}_1\mathcal{G}_2\cdots\mathcal{G}_{i-1})$.

5.5.1 TT-WOPT 算法

设 $\mathcal{X} = f(\mathcal{G}) = f(\mathcal{G}_1\mathcal{G}_2\cdots G_N) \in R^{I_1\times I_2\times\cdots\times I_N}$, 则 f 把一个 $I_1I_2\cdots I_N$ 维的向量折成一个 N 阶张量. 基于 TT 分解的张量补全模型如下

$$\min_{\mathcal{G}_1,\mathcal{G}_2,\cdots,\mathcal{G}_N} \frac{1}{2}\left\|\mathcal{P}_\Omega\left(f(\mathcal{G}_1\mathcal{G}_2\cdots\mathcal{G}_N)\right)-\mathcal{X}_\Omega\right\|_F^2 \tag{5-5-3}$$

设 $\mathcal{B}^{>k} = \mathcal{G}_{k+1}\cdots\mathcal{G}_N$, $\mathcal{B}^{<k} = \mathcal{G}_1\cdots\mathcal{G}_{k-1}$, 则下式成立:

$$\left(f(\mathcal{G}_n\mathcal{G}_{n+1}\cdots\mathcal{G}_N\mathcal{G}_1\mathcal{G}_2\cdots G_{n-1})\right)_{(n)} = \left(\boldsymbol{G}_n\right)_{(2)}\left(\left(\boldsymbol{B}^{>k}\right)_{(1)}\otimes\left(\boldsymbol{B}^{<k}\right)_{(n)}\right) \tag{5-5-4}$$

设 $L(\mathcal{G}_1,\mathcal{G}_2,\cdots,\mathcal{G}_N) = \dfrac{1}{2}\left\|\mathcal{P}_\Omega\left(f(\mathcal{G}_1\mathcal{G}_2\cdots\mathcal{G}_N)\right)-\mathcal{X}_\Omega\right\|_F^2$, 则有

$$\frac{\partial L}{\partial\left(\boldsymbol{G}_n\right)_{(2)}} = \left(\left(\boldsymbol{P}_\Omega\left(f(\mathcal{G}_1\mathcal{G}_2\cdots\mathcal{G}_N)\right)\right)_{(n)}-\left(\boldsymbol{X}_\Omega\right)_{(n)}\right)\left(\left(\boldsymbol{B}^{>k}\right)_{(1)}\otimes\left(\boldsymbol{B}^{<k}\right)_{(n)}\right)^{\mathrm{T}} \tag{5-5-5}$$

从而, 我们可以根据梯度下降法修正 $\left(\boldsymbol{G}_n\right)_{(2)}$:

$$\left(\boldsymbol{G}_n\right)_{(2)} = \left(\boldsymbol{G}_n\right)_{(2)} - \eta\frac{\partial L}{\partial\left(\boldsymbol{G}_n\right)_{(2)}} \tag{5-5-6}$$

基于上述分析, TT-WOPT 算法的详细步骤如算法 5-4 所示[43].

算法 5-4　TT-WOPT 算法

输入: 不完全张量 $\mathcal{Y}$, 权张量 $\mathcal{W}$, TT 秩 r, 学习率 η.
输出: 恢复的低秩张量 $\mathcal{X}$.
初始化核张量 $\mathcal{G}_1,\mathcal{G}_2,\cdots,\mathcal{G}_n$.
While 不收敛 **do**
　根据 (5-5-5) 计算梯度 $\dfrac{\partial L}{\partial\left(\boldsymbol{G}_n\right)_{(2)}}$;
　利用上述梯度计算 $\mathcal{G}_1,\mathcal{G}_2,\cdots,\mathcal{G}_n$;
End While
输出恢复的低秩张量 $\mathcal{X} = f\left(\mathcal{G}_1\mathcal{G}_2\cdots\mathcal{G}_N\right)$.

5.5.2 TT-SGD 算法

对于基于 TT 分解的优化模型:

$$\min_{G_1(i_1),G_2(i_2),\cdots,G_N(i_N)} L\left(G_1(i_1),G_2(i_2),\cdots,G_N(i_N)\right) = \frac{1}{2}\left\|Y_{i_1,i_2,\cdots,i_N}-\prod_{k=1}^{N}G_2(i_k)\right\|_F^2 \tag{5-5-7}$$

其梯度为

$$\frac{\partial L}{\partial G_k(i_k)} = \left(\prod_{k=1}^{N} G_k(i_k) - Y_{i_1,i_2,\cdots,i_N}\right)\left(\prod_{k=n+1}^{N} G_k(i_k)\prod_{k=1}^{n-1} G_k(i_k)\right)^{\mathrm{T}} \tag{5-5-8}$$

对应的 TT-SGD 算法如算法 5-5 所示[43].

算法 5-5 TT-SGD 算法

输入: 完全张量 $\mathcal{Y}$, TT 秩 r.

输出: $\mathcal{G}_1, \mathcal{G}_2, \cdots, \mathcal{G}_n$.

初始化核张量 $\mathcal{G}_1, \mathcal{G}_2, \cdots, \mathcal{G}_n$.

While 不收敛 **do**

  从 $\mathcal{Y}$ 中随机采样 $Y_{i_1,i_2,\cdots,i_N}$;

  根据 (5-5-8) 计算梯度 $\dfrac{\partial L}{\partial G_k(i_k)}$;

  利用上述梯度计算 $G_1(i_1), G_2(i_2), \cdots, G_N(i_N)$;

End While

计算 $\mathcal{G}_1, \mathcal{G}_2, \cdots, \mathcal{G}_n$.

5.5.3 基于 TT 分解的交替最小张量补全算法

基于 TT 分解的张量补全模型如下

$$\min_{\mathcal{G}_1,\mathcal{G}_2,\cdots,\mathcal{G}_N} \frac{1}{2}\left\|\mathcal{P}_\Omega * f\left(\mathcal{G}_1\mathcal{G}_2\cdots\mathcal{G}_N\right) - \mathcal{X}_\Omega\right\|_F^2 \tag{5-5-9}$$

上述优化模型等价于解下列优化问题:

$$\mathcal{G}_i = \arg\min_{\mathcal{Y}} \left\|\mathcal{P}_\Omega * f\left(\mathcal{G}_1\cdots\mathcal{G}_{i-1}\mathcal{Y}\mathcal{G}_{i+1}\cdots\mathcal{G}_N\right) - \mathcal{X}_\Omega\right\|_F^2 \tag{5-5-10}$$

由于

$$\begin{aligned}\mathcal{G}_1 &= \arg\min_{\mathcal{Y}\in R^{r_0\times I_1\times r_1}} \left\|\mathcal{P}_\Omega * f\left(\mathcal{Y}\mathcal{G}_2\cdots\mathcal{G}_N\right) - \mathcal{X}_\Omega\right\|_F^2 \\ &= \arg\min_{\mathcal{Y}\in R^{r_0\times I_1\times r_1}} \left\|\mathcal{P}_\Omega^{P_1} * f\left(\mathcal{Y}\mathcal{G}_2\cdots\mathcal{G}_N\right) - \mathcal{X}_\Omega^{P_1}\right\|_F^2\end{aligned} \tag{5-5-11}$$

$$\begin{aligned}\mathcal{G}_i &= \arg\min_{\mathcal{Y}} \left\|\mathcal{P}_\Omega * f\left(\mathcal{G}_1\cdots\mathcal{G}_{i-1}\mathcal{Y}\mathcal{G}_{i+1}\cdots\mathcal{G}_N\right) - \mathcal{X}_\Omega\right\|_F^2 \\ &= \arg\min_{\mathcal{Y}} \left\|\mathcal{P}_\Omega^{P_i} * f\left(\mathcal{Y}\mathcal{G}_{i+1}\cdots\mathcal{G}_N\mathcal{G}_1\cdots\mathcal{G}_{i-1}\right) - \mathcal{X}_\Omega^{P_i}\right\|_F^2\end{aligned} \tag{5-5-12}$$

因此, 我们可以统一解下列优化问题:

$$\mathcal{G}_k = \arg\min_{\mathcal{Y}} \left\| \mathcal{P}_{\Omega}^{P_k} * f\left(\mathcal{Y}\mathcal{G}_{k+1}\cdots\mathcal{G}_N\mathcal{G}_1\cdots\mathcal{G}_{k-1}\right) - \mathcal{X}_{\Omega}^{P_k} \right\|_F^2 \tag{5-5-13}$$

设 $\mathcal{B}^k = \mathcal{G}_{k+1}\cdots\mathcal{G}_N\mathcal{G}_1\cdots\mathcal{G}_{k-1}$, $\mathcal{B}^k_{\Omega_{i_k}} = (\mathcal{G}_{k+1}\cdots\mathcal{G}_N\mathcal{G}_1\cdots\mathcal{G}_{k-1})_{\Omega_{i_k}}$, 则有

$$\begin{aligned}\mathcal{G}_k &= \arg\min_{\mathcal{Y}} \left\| \mathcal{P}_{\Omega}^{P_k} * f\left(\mathcal{Y}\mathcal{B}^k\right) - \mathcal{X}_{\Omega}^{P_k} \right\|_F^2 \\ &= \arg\min_{\mathcal{Y}} \| f(\mathcal{Y}\mathcal{B}^k_{\Omega_{i_k}}) - \mathcal{X}_{\Omega}^{P_k} \|_F^2\end{aligned} \tag{5-5-14}$$

根据 [42] 中的引理 4, 我们知道, 解优化问题 (5-5-14) 等价于解下列 I_k 个优化问题:

$$\begin{aligned}\mathcal{G}_k\left(:, i_k, :\right) &= \arg\min_{Y\in R^{r_{k-1}\times 1\times r_k}} \left\| f(\mathcal{Y}\mathcal{B}^k_{\Omega_{i_k}})\left(i_k, :\right) - \mathcal{X}_{\Omega}^{P_k}\left(i_k, :\right) \right\|_F^2 \\ &= \arg\min_{\boldsymbol{Z}\in R^{r_{k-1}\times r_k}} \sum_{j\in\Omega_{i_k}} (\mathrm{Trace}(\boldsymbol{Z}\mathcal{B}^k_{\Omega_{i_k}}\left(:, j, :\right)) - \boldsymbol{X}_{\Omega}^{P_k}\left(i_k, j\right))^2 \\ &= \arg\min_{\boldsymbol{Z}\in R^{r_{k-1}\times r_k}} \sum_{j\in\Omega_{i_k}} ((\mathrm{vec}((\mathcal{B}^k_{\Omega_{i_k}}\left(:, j, :\right))^{\mathrm{T}}))^{\mathrm{T}}\mathrm{vec}\left(\boldsymbol{Z}\right) - \boldsymbol{X}_{\Omega}^{P_k}\left(i_k, j\right))^2\end{aligned} \tag{5-5-15}$$

通过解上述 I_k 个最小二乘问题, 我们就可以得到因子张量.

基于上述分析, TCAM-TT 算法 (tensor completion method by alternating minimization under tensor train model) 的详细步骤如算法 5-6 和算法 5-7 所示[42].

算法 5-6　TT-Approximation 算法

输入: 完全张量 $\mathcal{X}$, TT 秩 $r_0 = r_N = 1, r_i\,(i = 2, \cdots, N-1)$.
输出: $\mathcal{G}_1, \mathcal{G}_2, \cdots, \mathcal{G}_n$.
对 $\boldsymbol{X}_{(1)}$ 进行 SVD 分解 $\boldsymbol{X}_{(1)} = \boldsymbol{U}_1\boldsymbol{S}_1(\boldsymbol{V}_1)^{\mathrm{T}}$, 令 $\boldsymbol{M}_1 = \boldsymbol{S}_1(\boldsymbol{V}_1)^{\mathrm{T}}$, 核张量 $\mathcal{G}_1 = \mathrm{reshape}\,(\boldsymbol{U}_1)$.
　For $i = 2, \cdots, N-1$
　　$\boldsymbol{X}_{(i)} = \mathrm{reshape}\,(\boldsymbol{M}_i)$;
　　对 $\boldsymbol{X}_{(i)}$ 进行 SVD 分解 $\boldsymbol{X}_{(i)} = \boldsymbol{U}_i\boldsymbol{S}_i(\boldsymbol{V}_i)^{\mathrm{T}}$, 令 $\boldsymbol{M}_i = \boldsymbol{S}_i(\boldsymbol{V}_i)^{\mathrm{T}}$, 核张量 $\mathcal{G}_i = \mathrm{reshape}\,(\boldsymbol{U}_i)$;
　End For
$\mathcal{G}_N = \mathrm{reshape}\,(\boldsymbol{M}_{N-1})$.
Return $\mathcal{G}_1, \mathcal{G}_2, \cdots, \mathcal{G}_n$.

算法 5-7 TCAM-TT 算法

输入: 张量 $\mathcal{X}_\Omega$, $\mathcal{P}_\Omega$, TT 秩 $r_0 = r_N = 1, r_i\,(i = 2, \cdots, N-1)$, 阈值参数 ε, 最大迭代次数 $T_{\max}$.

输出: $f\left(\mathcal{G}_1\mathcal{G}_2\cdots\mathcal{G}_N\right)$.

对 $\mathcal{X}_\Omega$ 运行算法 5-6 得到初始的 $\mathcal{G}_1, \mathcal{G}_2, \cdots, \mathcal{G}_n$.

$t = 0$.

While $t < T_{\max}$ **do**

  $t = t + 1$;

  For $i = 1, 2, \cdots, N$

    解优化问题 (5-5-14) 得到 $\mathcal{G}_i$;

  End For

  If $\dfrac{\left\|\mathcal{G}_i\left(t+1\right) - \mathcal{G}_i\left(t\right)\right\|_F}{\left\|\mathcal{G}_i\left(t+1\right)\right\|_F} < \varepsilon$, **then break**;

  End While

Return $f\left(\mathcal{G}_1\mathcal{G}_2\cdots\mathcal{G}_N\right)$.

5.5.4 基于全连接张量网分解的张量补全算法

TT 分解存在两个不足: ① TT 分解仅仅建立了邻接因子之间的联系; ② TT 分解对张量模态的排列高度敏感. 为了克服这两个不足, Zheng 提出了基于全连接张量网分解的张量补全 (fully connected tensor network decomposition for tensor completion, FCTN-TC) 算法[44]. 接下来, 我们详细地介绍这个算法.

定义 5-5 (广义张量转置) 设 $\mathcal{X} \in R^{I_1\times I_2\times\cdots\times I_N}$ 是一个 N 阶张量, 向量 $\boldsymbol{n}$ 是对向量 $(1, 2, \cdots, N)$ 的分量重新排列之后所得到的向量. $\mathcal{X}$ 基于向量 $\boldsymbol{n}$ 的广义张量转置定义为张量 $\overrightarrow{\mathcal{X}}^{\boldsymbol{n}} \in R^{I_{n_1}\times I_{n_2}\times\cdots\times I_{n_N}}$, 其本质上是一种按照向量 $\boldsymbol{n}$ 的分量序对 $\mathcal{X}$ 的模态重新排列. 在实际应用中, 为了表示方便, 我们分别用 $\overrightarrow{\mathcal{X}}^{\boldsymbol{n}} = \mathrm{permute}\left(\mathcal{X}, \boldsymbol{n}\right)$ 和 $\mathcal{X} = \mathrm{ipermute}\left(\overrightarrow{\mathcal{X}}^{\boldsymbol{n}}, \boldsymbol{n}\right)$ 表示广义张量转置和它的逆运算.

定义 5-6 (广义张量展开) 设 $\mathcal{X} \in R^{I_1\times I_2\times\cdots\times I_N}$ 是一个 N 阶张量, 向量 $\boldsymbol{n}$ 是对向量 $(1, 2, \cdots, N)$ 的分量重新排列之后所得到的向量. $\mathcal{X}$ 的广义张量展开定义为矩阵 $\boldsymbol{X}_{[n_{1:d};n_{d+1:N}]} = \mathrm{reshape}\left(\overrightarrow{\mathcal{X}}^{\boldsymbol{n}}, \prod\limits_{i=1}^{d} I_{n_i}, \prod\limits_{i=d+1}^{N} I_{n_i}\right)$. 在实际应用中, 为了表示方便, 我们分别用 $\boldsymbol{X}_{[n_{1:d};n_{d+1:N}]} = \mathrm{GenUnfold}\left(\mathcal{X}, n_{1:d}; n_{d+1:N}\right)$ 和 $\mathcal{X} = \mathrm{GenFold}\left(\boldsymbol{X}_{[n_{1:d};n_{d+1:N}]}, n_{1:d}; n_{d+1:N}\right)$ 表示广义张量展开和它的逆运算.

定义 5-7 (并矢张量的缩并) 设向量 $\boldsymbol{n}$ 和 $\boldsymbol{m}$ 是分别对向量 $(1, 2, \cdots, N)$ 和 $(1, 2, \cdots, M)$ 的分量重新排列之后所得到的向量, $\mathcal{X} \in R^{I_1\times I_2\times\cdots\times I_N}$ 和 $\mathcal{Y} \in$

$R^{J_1\times J_2\times\cdots\times J_M}$ 是满足 $I_{n_i}=J_{m_i}\ (i=1,2,\cdots,d)$ 的两个张量, 沿着 $\mathcal{X}$ 的 $n_{1:d}$ 个模态和 $\mathcal{Y}$ 的 $m_{1:d}$ 个模态进行并矢张量的缩并之后得到的张量是一个 $(N+M-2d)$ 阶张量, 展开定义为矩阵 $\mathcal{Z}=\mathcal{X}\times_{n_{1:d}}^{m_{1:d}}\mathcal{Y}\in R^{I_{n_{d+1}}\times\cdots\times I_{n_N}\times I_{m_{d+1}}\times\cdots\times I_{m_M}}$, 其分量形式为

$$
\begin{aligned}
&\mathcal{Z}\left(i_{n_{d+1}},\cdots,i_{n_N},j_{m_{d+1}},\cdots,j_{m_M}\right)\\
=&\sum_{i_{n_1}}^{I_{n_1}}\sum_{i_{n_2}}^{I_{n_2}}\sum_{i_{n_d}}^{I_{n_d}}\overrightarrow{\mathcal{X}}^{\boldsymbol{n}}\left(i_{n_1},\cdots,i_{n_d},i_{n_{d+1}},\cdots,i_{n_N}\right)\overrightarrow{\mathcal{Y}}^{\boldsymbol{m}}\left(i_{n_1},\cdots,i_{n_d},j_{m_{d+1}},\cdots,j_{m_M}\right)
\end{aligned}
$$

定义 5-8 (张量的 FCTN 分解)　张量的 FCTN 分解是把一个 N 阶张量 $\mathcal{X}\in R^{I_1\times I_2\times\cdots\times I_N}$ 分解成 N 个 N 阶因子张量

$$
\mathcal{G}_k\in R^{R_{1,k}\times R_{2,k}\times\cdots\times R_{k-1,k}\times I_k\times R_{k,k+1}\times R_{k,k+2}\times\cdots\times R_{k,N}}\ (k=1,2,\cdots,N)
$$

其分量形式为

$$
\begin{aligned}
\mathcal{X}(i_1,i_2,\cdots,i_N)=&\sum_{r_{1,2}=1}^{R_{1,2}}\sum_{r_{1,3}=1}^{R_{1,3}}\cdots\sum_{r_{1,N}=1}^{R_{1,N}}\sum_{r_{2,3}=1}^{R_{2,3}}\cdots\sum_{r_{2,N}=1}^{R_{2,N}}\cdots\sum_{r_{N-1,N}=1}^{R_{N-1,N}}\\
&G_1\left(i_1,r_{1,2},\cdots,r_{1,N}\right)G_2\left(r_{1,2},i_2,r_{2,3},\cdots,r_{2,N}\right)\cdots\\
&G_k\left(r_{1,k},r_{2,k},\cdots,r_{k-1,k},i_k,r_{k,k+1},r_{k,k+2},\cdots,r_{k,N}\right)\cdots\\
&\mathcal{G}_N\left(r_{1,N},r_{2,N},r_{N-1,N},i_N\right)
\end{aligned}\tag{5-5-16}
$$

为了表述方便, 我们把张量 $\mathcal{X}$ 的 FCTN 分解简记为 $\mathcal{X}=\mathrm{FCTN}\left(\mathcal{G}_1,\mathcal{G}_2,\cdots,\mathcal{G}_N\right)$.

定义 5-9 (张量的 FCTN 合成)　张量的 FCTN 合成定义为通过 FCTN 因子张量 $\mathcal{G}_k\ (k=1,2,\cdots,N)$ 生成 N 阶张量 $\mathcal{X}\in R^{I_1\times I_2\times\cdots\times I_N}$ 的过程, 表示为 $\mathrm{FCTN}\left(\{\mathcal{G}_k\}_{k=1}^N\right)$. 如果因子张量 $\mathcal{G}_t\ (t=1,2,\cdots,N)$ 没有参与合成, 则记为 $\mathrm{FCTN}\left(\{\mathcal{G}_k\}_{k=1}^N,/\mathcal{G}_t\right)$.

基于张量 $\mathcal{X}$ 的 FCTN 分解, Zheng 提出了下列补全模型:

$$
\min_{\mathcal{X},\mathcal{G}}\frac{1}{2}\left\|\mathcal{X}-\mathrm{FCTN}\left(\mathcal{G}_1,\mathcal{G}_2,\cdots,\mathcal{G}_N\right)\right\|_F^2+l_S\left(\mathcal{X}\right)\tag{5-5-17}
$$

其中 $l_S\left(\mathcal{X}\right)=\begin{cases}0, & \mathcal{X}\in S,\\ \infty, & \mathcal{X}\notin S,\end{cases}\quad S=\{\mathcal{X}:\mathcal{X}_\Omega=\mathcal{T}_\Omega\}$.

基于近端交替最小化 (proximal alternating minimization, PAM) 算法[45], 我们可以通过迭代地解下列优化问题得到 $\mathcal{X}$ 和 $\mathcal{G}$.

$$\mathcal{G}_k^{s+1} = \arg\min_{\mathcal{G}_k} f\left(\mathcal{G}_{1:k-1}^{s+1}, \mathcal{G}_k, \cdots, \mathcal{G}_{k+1:N}^{s}, \mathcal{X}^s\right) + \frac{\rho}{2}\|\mathcal{G}_k - \mathcal{G}_k^s\|_F^2, \quad k = 1, 2, \cdots, N \tag{5-5-18}$$

$$\mathcal{X}^{s+1} = \arg\min_{\mathcal{X}} f\left(\mathcal{G}^{s+1}, \mathcal{X}\right) + \frac{\rho}{2}\|\mathcal{X} - \mathcal{X}^s\|_F^2 \tag{5-5-19}$$

其中 $f(\mathcal{G}, \mathcal{X}) = \frac{1}{2}\|\mathcal{X} - \text{FCTN}(\mathcal{G}_1, \mathcal{G}_2, \cdots, \mathcal{G}_N)\|_F^2 + l_S(\mathcal{X})$.

基于 [44] 中的定理 4, 优化问题 (5-5-18) 可以写成下列形式:

$$\mathcal{G}_k^{s+1} = \arg\min_{\mathcal{G}_k} \frac{\rho}{2}\|(\boldsymbol{G}_k)_{(k)} - (\boldsymbol{G}_k^s)_{(k)}\|_F^2 + \frac{1}{2}\|\boldsymbol{X}_{(k)}^s - (\boldsymbol{G}_k)_{(k)}(\boldsymbol{M}_k^s)_{m_1:N-1;n_1:N-1}\|_F^2 \tag{5-5-20}$$

其中 $\mathcal{M}_k^s = \text{FCTN}\left(\mathcal{G}_{1:k-1}^{s+1}, \mathcal{G}_k, \mathcal{G}_{k+1:N}^s, /\mathcal{G}_k\right)$, $m_i = \begin{cases} 2i, & i < k, \\ 2i-1, & i \geqslant k, \end{cases}$ $n_i = \begin{cases} 2i-1, & i < k, \\ 2i, & i \geqslant k. \end{cases}$

优化问题 (5-5-20) 的解析解为

$$\begin{aligned}\left(\boldsymbol{G}_k^{s+1}\right)_{(k)} = &\left(\boldsymbol{X}_{(k)}^s (\boldsymbol{M}_k^s)_{n_1:N-1;m_1:N-1} + \rho(\boldsymbol{G}_k^s)_{(k)}\right) \\ &\left((\boldsymbol{M}_k^s)_{m_1:N-1;n_1:N-1}(\boldsymbol{M}_k^s)_{n_1:N-1;m_1:N-1} + \rho I\right)^{-1}\end{aligned} \tag{5-5-21}$$

由 (5-5-21), 我们可以得到 $\mathcal{G}_k^{s+1} = \text{GenFold}\left(\left(\boldsymbol{G}_k^{s+1}\right)_{(k)}, k; 1, 2, \cdots, k-1, k+1, \cdots, N\right)$.

由于 (5-5-19) 是一个最小二乘问题, 我们很容易得到 $\mathcal{X}$ 的修正公式如下

$$\mathcal{X}^{s+1} = \mathcal{P}_\Omega(\mathcal{T}) + \mathcal{P}_{\Omega^C}\left(\frac{\text{FCTN}\left(\mathcal{G}_k^{s+1}, \mathcal{G}_2^{s+1}, \cdots, \mathcal{G}_N^{s+1}\right) + \rho\mathcal{X}^s}{1+\rho}\right) \tag{5-5-22}$$

基于上述分析, FCTN-TC 算法的详细步骤如算法 5-8 所示.

算法 5-8 FCTN-TC 算法

输入: 不完全张量 $\mathcal{X}$, 观测张量元素的指标集 Ω, 最大 FCTN 秩 $R^{\max}$, 参数 $\rho = 0.1$.
输出: 恢复张量 $\mathcal{X}$.

步骤 1: 初始化 $s=0$, $s^{\max}=1000$, $\mathcal{X}^{(0)}=\mathcal{X}$, $R=\max\left\{\operatorname{one}\left(\dfrac{N(N-1)}{2},1\right),R^{\max}-5\right\}$, $\mathcal{G}_k^0=\operatorname{rand}(R_{1,k},R_{2,k},\cdots,R_{k-1,k},I_k,R_{k,k+1},R_{k,N})\,(k=1,2,\cdots,N)$.

步骤 2: 执行下列操作

For $s=1,2,\cdots,s^{\max}$

根据 (5-5-21) 计算 $\mathcal{G}_k^{s+1}$;

根据 (5-5-22) 计算 $\mathcal{X}^{s+1}$;

If $\dfrac{\|\mathcal{X}^{s+1}-\mathcal{X}^s\|_F}{\|\mathcal{X}^s\|_F}<10^{-2}$, **then** $R=\min\{R+1,R^{\max}\}$;

If $\dfrac{\|\mathcal{X}^{s+1}-\mathcal{X}^s\|_F}{\|\mathcal{X}^s\|_F}<10^{-5}$, **then break**;

$s=s+1$;

End For

Return $\mathcal{X}=\mathcal{X}^{s+1}$.

5.6 基于 TR 分解的张量补全算法

受 [24] 的启发, Yuan 给出了基于 TR 分解的低秩张量补全模型如下[46]

$$\begin{aligned}\min_{\mathcal{X}}\quad&\sum_{n=1}^{N}\sum_{i=1}^{3}\left\|\boldsymbol{G}_{n(i)}\right\|_*+\frac{\lambda}{2}\left\|\mathcal{X}-\Re(\mathcal{G}_1,\mathcal{G}_2,\cdots,\mathcal{G}_N)\right\|_F^2\\ \text{s.t.}\quad&\mathcal{P}_\Omega(\mathcal{X})=\mathcal{P}_\Omega(\mathcal{T})\end{aligned}\tag{5-6-1}$$

为了利用 ADMM 求解优化问题 (5-6-1), 通过引入辅助变量 $\boldsymbol{M}_{n(i)}(n=1,2,\cdots,N;i=1,2,3)$ 到模型 (5-6-1) 中, 我们可以得到与其等价的优化问题:

$$\begin{aligned}\min_{\mathcal{M},\mathcal{G}_1,\mathcal{G}_2,\cdots,\mathcal{G}_N,\mathcal{X}}\quad&\sum_{n=1}^{N}\sum_{i=1}^{3}\left\|\boldsymbol{M}_{n(i)}\right\|_*+\frac{\lambda}{2}\left\|\mathcal{X}-\Re(\mathcal{G}_1,\mathcal{G}_2,\cdots,\mathcal{G}_N)\right\|_F^2\\ \text{s.t.}\quad&\mathcal{P}_\Omega(\mathcal{X})=\mathcal{P}_\Omega(\mathcal{T}),\boldsymbol{M}_{n(i)}=\boldsymbol{G}_{n(i)},\ n=1,2,\cdots,N,\ i=1,2,3\end{aligned}\tag{5-6-2}$$

其中 $\mathcal{M}=\left\{\mathcal{M}_n^i,n=1,2,\cdots,N;i=1,2,3\right\}$.

(5-6-2) 的增广拉格朗日函数为

$$\begin{aligned}L_\mu\left(\mathcal{G}_n,\mathcal{M}_n^i,\mathcal{X},\mathcal{Y}_n^i\right)=&\sum_{n=1}^{N}\sum_{i=1}^{3}\left(\left\|\boldsymbol{M}_{n(i)}\right\|_*+\left\langle\mathcal{Y}_n^i,\mathcal{M}_n^i-\mathcal{G}_n\right\rangle+\frac{\mu}{2}\left\|\mathcal{M}_n^i-\mathcal{G}_n\right\|_F^2\right)\\&+\frac{\lambda}{2}\left\|\mathcal{X}-\Re(\mathcal{G}_1,\mathcal{G}_2,\cdots,\mathcal{G}_N)\right\|_F^2\end{aligned}\tag{5-6-3}$$

其中 $\mathcal{Y}_n^i\,(n=1,2,\cdots,N;i=1,2,3)$ 是拉格朗日乘子张量, μ 是惩罚参数.

基于 (5-6-3), 在第 $k+1$ 次迭代中, 变量 $\mathcal{G}_n$, $\mathcal{M}_n^i$, $\mathcal{X}$ 和 $\mathcal{Y}_n^i$ 的更新公式如下.

(1) 计算 $\mathcal{G}_n$.

求变量 $\mathcal{G}_n$ 的优化问题为

$$\begin{aligned}&\min_{\mathcal{G}_n}\sum_{n=1}^{N}\sum_{i=1}^{3}\left(\left\|\boldsymbol{M}_{n(i)}\right\|_*+\left\langle\mathcal{Y}_n^i,\mathcal{M}_n^i-\mathcal{G}_n\right\rangle+\frac{\mu}{2}\left\|\mathcal{M}_n^i-\mathcal{G}_n\right\|_F^2\right)\\&+\frac{\lambda}{2}\left\|\mathcal{X}-\Re\left(\mathcal{G}_1,\mathcal{G}_2,\cdots,\mathcal{G}_N\right)\right\|_F^2\\=&\min_{\mathcal{G}_n}\sum_{i=1}^{3}\frac{\mu}{2}\left\|\mathcal{M}_n^i-\mathcal{G}_n-\mathcal{Y}_n^i/\mu\right\|_F^2+\frac{\lambda}{2}\left\|\mathcal{X}-\Re\left(\mathcal{G}_1,\mathcal{G}_2,\cdots,\mathcal{G}_N\right)\right\|_F^2\end{aligned}\tag{5-6-4}$$

因为 (5-6-4) 是一个最小二乘问题, 所以其闭式解为

$$\mathcal{G}_n=\text{fold}_2\left(\sum_{i=1}^{3}\left(\mu\boldsymbol{M}_{n(2)}^i+\boldsymbol{Y}_{n(2)}^i\right)+\lambda\boldsymbol{X}_{<n>}\boldsymbol{G}_{<2>}^{(\neq n)}(\lambda(\boldsymbol{G}_{<2>}^{(\neq n)})^{\mathrm{T}}\boldsymbol{G}_{<2>}^{(\neq n)}+3\mu\boldsymbol{I})^{-1}\right)\tag{5-6-5}$$

(2) 计算 $\mathcal{M}_n^i$.

求变量 $\mathcal{M}_n^i$ 的优化问题为

$$\min_{\mathcal{M}_n^i}\quad\sum_{n=1}^{N}\sum_{i=1}^{3}\left(\left\|\boldsymbol{M}_{n(i)}\right\|_*+\left\langle\mathcal{Y}_n^i,\mathcal{M}_n^i-\mathcal{G}_n\right\rangle+\frac{\mu}{2}\left\|\mathcal{M}_n^i-\mathcal{G}_n\right\|_F^2\right)\tag{5-6-6}$$

根据 [47], 其闭式解为

$$\mathcal{M}_n^i=\text{fold}_i\left(\text{SVT}_{\frac{1}{\mu}}\left(\boldsymbol{G}_{n(i)}-\boldsymbol{Y}_{n(i)}^i/\mu\right)\right)\tag{5-6-7}$$

其中 $\text{SVT}_\delta\left(\boldsymbol{A}\right)=\boldsymbol{U}\text{diag}\left(\left\{(\sigma-\delta)_+\right\}\right)\boldsymbol{V}^{\mathrm{T}}$, $\boldsymbol{A}=\boldsymbol{U}\text{diag}(\{\sigma_i\}_{1\leqslant i\leqslant r})\boldsymbol{V}^{\mathrm{T}}$.

(3) 计算 $\mathcal{X}$.

求变量 $\mathcal{X}$ 的优化问题为

$$\begin{aligned}\min_{\mathcal{X}}\quad&\frac{1}{2}\left\|\mathcal{X}-\Re\left(\mathcal{G}_1,\mathcal{G}_2,\cdots,\mathcal{G}_N\right)\right\|_F^2\\\text{s.t.}\quad&\mathcal{P}_\Omega\left(\mathcal{X}\right)=\mathcal{P}_\Omega\left(\mathcal{T}\right)\end{aligned}\tag{5-6-8}$$

由其增广拉格朗日函数 $\frac{1}{2}\left\|\mathcal{X}-\Re\left(\mathcal{G}_1,\mathcal{G}_2,\cdots,\mathcal{G}_N\right)\right\|_F^2+\beta\left\langle\mathcal{Q}_\Omega,P_\Omega\left(\mathcal{X}\right)-P_\Omega\left(\mathcal{T}\right)\right\rangle$, 可知优化问题 (5-6-8) 的 KKT 条件为

$$\mathcal{X} - \Re\left(\mathcal{G}_1, \mathcal{G}_2, \cdots, \mathcal{G}_N\right) + \mathcal{Q}_\Omega = 0 \tag{5-6-9}$$

$$\mathcal{P}_\Omega\left(\mathcal{X}\right) - \mathcal{P}_\Omega\left(\mathcal{T}\right) = 0 \tag{5-6-10}$$

基于 (5-6-9) 和 (5-6-10), 我们很容易给出 $\mathcal{X}$ 的更新公式如下

$$\mathcal{X} = \mathcal{P}_\Omega\left(\mathcal{T}\right) + \mathcal{P}_{\bar{\Omega}}\left(\Re\left(\mathcal{G}_1, \mathcal{G}_2, \cdots, \mathcal{G}_N\right)\right) \tag{5-6-11}$$

(4) 计算 $\mathcal{Y}_n^i$.

求变量 $\mathcal{Y}_n^i$ 的优化问题为

$$\min_{\mathcal{Y}_n^i} \quad \sum_{n=1}^{N}\sum_{i=1}^{3}\left\langle \mathcal{Y}_n^i, \mathcal{M}_n^i - \mathcal{G}_n\right\rangle \tag{5-6-12}$$

由于目标函数相对于 $\mathcal{Y}_n^i$ 的梯度为 $\mathcal{M}_n^i - \mathcal{G}_n$, 因此我们可以按照下式修正 $\mathcal{Y}_n^i$:

$$\mathcal{Y}_n^i = \mathcal{Y}_n^i + \mu\left(\mathcal{M}_n^i - \mathcal{G}_n\right) \tag{5-6-13}$$

基于上述分析, TRLRF (tensor ring low-rank factors) 算法的详细步骤如算法 5-9 所示[46].

算法 5-9　TRLRF 算法

输入: $P_\Omega\left(\mathcal{T}\right)$, TR 秩 $R_1, R_2, \cdots, R_N$.

输出: $\mathcal{X}$.

步骤 1: 初始化, 对 $\mathcal{G}_n\ (n = 1, 2, \cdots, N)$ 按照均值为 0 和方差为 1 的正态分布进行随机采样, $\mathcal{Y}_n^i = 0$, $\mathcal{M}_n^i = 0$, $\lambda = 5$, $\mu_0 = 1$, $\mu_{\max} = 100$, $\rho = 1.01$, $k = 1$, $k_{\max} = 300$.

步骤 2: 执行下列操作

For $k = 1, 2, \cdots, k_{\max}$

　$\mathcal{X}_{\text{last}} = \mathcal{X}$;

　根据 (5-6-5) 计算 $\mathcal{G}_n$;

　根据 (5-6-7) 计算 $\mathcal{M}_n^i$;

　根据 (5-6-11) 计算 $\mathcal{X}$;

　根据 (5-6-13) 计算 $\mathcal{Y}_n^i$;

　$\mu = \max\left\{\rho\mu, \mu_{\max}\right\}$;

　If $\dfrac{\left\|\mathcal{X} - \mathcal{X}_{\text{last}}\right\|_F}{\left\|\mathcal{X}\right\|_F} < 10^{-6}$, **then break**;

End For

步骤 3: 输出 $\mathcal{X} = \mathcal{X}_{\text{last}}$.

5.7 完全贝叶斯 CP 分解算法

2015 年, Zhao[30] 提出了完全贝叶斯 CP(fully Bayesian CP factorization, FBCP) 分解算法, 处理带混合高斯噪声和数据缺失的 CP 分解问题.

设带混合高斯噪声的观测数据 $\mathcal{Y} \in R^{I_1 \times I_2 \times \cdots \times I_N}$ 表示为下列形式[30]:

$$\mathcal{Y} = \mathcal{X} + \varepsilon \tag{5-7-1}$$

其中, $\mathcal{X}$ 是干净数据 (低秩张量), 噪声 ε 服从分布 $\varepsilon \sim \prod\limits_{i_1, i_2, \cdots, i_N} \mathcal{N}(0, \tau^{-1})$.

基于 $\mathcal{X}$ 的 CP 分解 $\mathcal{X} = \sum\limits_{r=1}^{R} \boldsymbol{a}_r^{(1)} \circ \boldsymbol{a}_r^{(2)} \circ \cdots \circ \boldsymbol{a}_r^{(N)} = [\boldsymbol{A}^{(1)}, \boldsymbol{A}^{(2)}, \cdots, \boldsymbol{A}^{(N)}]$ 和噪声假设, 条件概率公式如下

$$p(\mathcal{Y}_\Omega | \{\boldsymbol{A}^{(n)}\}_{n=1}^{N}, \tau) = \prod_{i_1=1}^{I_1} \prod_{i_2=1}^{I_2} \cdots \prod_{i_N=1}^{I_N} \mathcal{N}(Y_{i_1, i_2, \cdots, i_N} | \langle \boldsymbol{a}_1^{(n)}, \boldsymbol{a}_2^{(n)}, \cdots, \boldsymbol{a}_R^{(n)} \rangle, \tau^{-1}) \tag{5-7-2}$$

设因子矩阵 $\boldsymbol{A}^{(n)}$ 的先验分布为

$$p\left(\boldsymbol{A}^{(n)} | \boldsymbol{\lambda}\right) = \prod_{i_n=1}^{I_n} \mathcal{N}(\boldsymbol{a}_{i_n}^{(n)} | 0, \boldsymbol{\Lambda}^{-1}) \tag{5-7-3}$$

$\boldsymbol{\lambda}$ 的先验分布为

$$p(\boldsymbol{\lambda}) = \prod_{r=1}^{R} \mathrm{Ga}(\lambda_r | c_0^r, d_0^r) \tag{5-7-4}$$

τ 的先验分布为

$$p(\tau) = \mathrm{Ga}(\tau | a_0, b_0) \tag{5-7-5}$$

其中, $\boldsymbol{\lambda} = [\lambda_1, \lambda_2, \cdots, \lambda_R]$, $\boldsymbol{\Lambda} = \mathrm{diag}(\boldsymbol{\lambda})$, $\mathrm{Ga}(x|a, b) = \dfrac{b^a x^{a-1} e^{-bx}}{\Gamma(a)}$.

令 $\boldsymbol{\Theta} = \{\boldsymbol{A}^{(1)}, \boldsymbol{A}^{(2)}, \cdots, \boldsymbol{A}^{(N)}, \boldsymbol{\lambda}, \tau\}$, 则联合概率分布为

$$p(\mathcal{Y}_\Omega, \boldsymbol{\Theta}) = p(\mathcal{Y}_\Omega | \{\boldsymbol{A}^{(n)}\}_{n=1}^{N}, \tau) \prod_{n=1}^{N} p(\boldsymbol{A}^{(n)} | \boldsymbol{\lambda}) p(\boldsymbol{\lambda}) p(\tau) \tag{5-7-6}$$

把 (5-7-2)—(5-7-5) 代入 (5-7-6), 我们可以得到联合概率分布的对数为

$$l(\boldsymbol{\Theta}) = -\frac{\tau}{2} \| O * (\mathcal{Y} - [\boldsymbol{A}^{(1)}, \boldsymbol{A}^{(2)}, \cdots, \boldsymbol{A}^{(N)}]) \|_F^2$$

$$- \frac{1}{2}\mathrm{tr}\left(\boldsymbol{\Lambda}\sum_{n=1}^{N}(\boldsymbol{A}^{(n)})^{\mathrm{T}}\boldsymbol{A}^{(n)}\right) + \left(\frac{M}{2}+a_0-1\right)\ln\tau \tag{5-7-7}$$

$$+ \sum_{r=1}^{R}\left[\left(\frac{\sum\limits_{n=1}^{N} I_n}{2} + c_0^r - 1\right)\ln\lambda_r\right] - \sum_{r=1}^{R} d_0^r\lambda_r - b_0\tau + \mathrm{const}$$

其中 $M = \sum\limits_{i_1,i_2,\cdots,i_N} O_{i_1,i_2,\cdots,i_N}$ 是可观测数据的数量.

为了避免通过最大化 (5-7-7) 对 $\boldsymbol{\Theta}$ 进行 MAP 估计, Zhao 直接在观测数据上计算 $\boldsymbol{\Theta}$ 的完全后验分布:

$$p(\boldsymbol{\Theta}|\mathcal{Y}_\Omega) = \frac{p(\boldsymbol{\Theta},\mathcal{Y}_\Omega)}{\int p(\boldsymbol{\Theta},\mathcal{Y}_\Omega)\,d\boldsymbol{\Theta}} \tag{5-7-8}$$

基于 $\boldsymbol{\Theta}$ 的后验分布, 在缺失数据 $\mathcal{Y}_{\backslash\Omega}$ 上的预测分布 $p\left(\mathcal{Y}_{\backslash\Omega}|\mathcal{Y}_\Omega\right)$ 可以通过下式进行计算:

$$p\left(\mathcal{Y}_{\backslash\Omega}|\mathcal{Y}_\Omega\right) = \int p\left(\mathcal{Y}_{\backslash\Omega}|\boldsymbol{\Theta}\right)p(\boldsymbol{\Theta},\mathcal{Y}_\Omega)\,d\boldsymbol{\Theta} \tag{5-7-9}$$

一般来说, 直接利用 (5-7-8) 和 (5-7-9) 进行精确的贝叶斯推理是不可能的. 接下来, 基于变分贝叶斯框架, Zhao 通过近似推理学习概率 CP 分解模型. 为了用分布 $q(\boldsymbol{\Theta})$ 逼近真实的后验分布 $p(\boldsymbol{\Theta}|\mathcal{Y}_\Omega)$, 我们利用 KL-散度度量两者之间的差异:

$$\begin{aligned}
&\mathrm{KL}\left(q(\boldsymbol{\Theta})\,\|p(\boldsymbol{\Theta}|\mathcal{Y}_\Omega)\right)\\
&= \int q(\boldsymbol{\Theta})\ln\frac{q(\boldsymbol{\Theta})}{p(\boldsymbol{\Theta}|\mathcal{Y}_\Omega)}d\boldsymbol{\Theta}\\
&= \ln p(\mathcal{Y}_\Omega) - \int q(\boldsymbol{\Theta})\ln\frac{p(\boldsymbol{\Theta},\mathcal{Y}_\Omega)}{q(\boldsymbol{\Theta})}d\boldsymbol{\Theta}
\end{aligned} \tag{5-7-10}$$

通过最小化 (5-7-10), 我们可以得到 $p(\boldsymbol{\Theta}|\mathcal{Y}_\Omega)$ 的最优近似 $q(\boldsymbol{\Theta})$. 显然, 当 $\mathrm{KL}\left(q(\boldsymbol{\Theta})\,\|p(\boldsymbol{\Theta}|\mathcal{Y}_\Omega)\right)=0$ 时, $q(\boldsymbol{\Theta}) = p(\boldsymbol{\Theta}|\mathcal{Y}_\Omega)$.

令 $L(q) = \int q(\boldsymbol{\Theta})\ln\frac{p(\boldsymbol{\Theta},\mathcal{Y}_\Omega)}{q(\boldsymbol{\Theta})}d\boldsymbol{\Theta}$, 则 $L(q)$ 越大, $\mathrm{KL}\left(q(\boldsymbol{\Theta})\,\|p(\boldsymbol{\Theta}|\mathcal{Y}_\Omega)\right)$ 越小. 在本书中, 我们称 $L(q)$ 为模型的下界. 假设 $q(\boldsymbol{\Theta})$ 是变量可分离的, 即

$q(\boldsymbol{\Theta})=q_{\lambda}(\boldsymbol{\lambda})q_{\tau}(\tau)\prod_{n=1}^{N}q_n(\boldsymbol{A}^{(n)})$, 则

$$\ln q_j(\boldsymbol{\Theta}_j)=E_{q(\boldsymbol{\Theta}\backslash\boldsymbol{\Theta}_j)}(\ln p(\boldsymbol{\Theta},\mathcal{Y}_{\Omega}))+\text{const} \tag{5-7-11}$$

令 $\boldsymbol{b}_{i_n}^{(n)}=\text{vec}(E_q(\boldsymbol{a}_{i_n}^{(n)}(\boldsymbol{a}_{i_n}^{(n)})^{\mathrm{T}}))=\text{vec}(\overline{\boldsymbol{a}}_{i_n}^{(n)}(\overline{\boldsymbol{a}}_{i_n}^{(n)})^{\mathrm{T}}+\boldsymbol{V}_{i_n}^{(n)})$, 利用 [30] 中的定理 3.2、定理 3.3 和公式 (5-7-11), 我们可以得到

$$q_n(\boldsymbol{A}^{(n)})=\prod_{i_n=1}^{I_n}\mathcal{N}\left(\boldsymbol{a}_{i_n}^{(n)}|\overline{\boldsymbol{a}}_{i_n}^{(n)},\boldsymbol{V}_{i_n}^{(n)}\right) \tag{5-7-12}$$

$$q_{\boldsymbol{\lambda}}(\boldsymbol{\lambda})=\sum_{r=1}^{R}\text{Ga}\,(\lambda_r|c_M^r,d_M^r) \tag{5-7-13}$$

$$q_{\tau}(\tau)=\text{Ga}\,(\tau|a_M,b_M) \tag{5-7-14}$$

其中

$$\overline{\boldsymbol{a}}_{i_n}^{(n)}=E_q(\tau)\,\boldsymbol{V}_{i_n}^{(n)}E_q((\boldsymbol{A}_{i_i}^{(\backslash n)})^{\mathrm{T}})\text{vec}\left(\mathcal{Y}_{I(O_{i_n}=1)}\right) \tag{5-7-15}$$

$$\boldsymbol{V}_{i_n}^{(n)}=(E_q(\tau)\,E_q((\boldsymbol{A}_{i_i}^{(\backslash n)})^{\mathrm{T}}\boldsymbol{A}_{i_i}^{(\backslash n)})+E_q(\boldsymbol{\Lambda}))^{-1} \tag{5-7-16}$$

$$(\boldsymbol{A}_{i_i}^{(\backslash n)})^{\mathrm{T}}=(\bigodot_{k\neq n}(\boldsymbol{A}^{(k)}))_{I(O_{i_n}=1)}^{\mathrm{T}} \tag{5-7-17}$$

$$E_q((\boldsymbol{A}_{i_i}^{(\backslash n)})^{\mathrm{T}})\text{vec}\left(\mathcal{Y}_{I(O_{i_n}=1)}\right)=(\bigodot_{k\neq n}E_q(\boldsymbol{A}^{(k)}))^{\mathrm{T}}\text{vec}\left((O*\mathcal{Y})_{\cdots i_n\cdots}\right) \tag{5-7-18}$$

$$\text{vec}(E_q((\boldsymbol{A}_{i_i}^{(\backslash n)})^{\mathrm{T}}\boldsymbol{A}_{i_i}^{(\backslash n)}))=(\bigodot_{k\neq n}\boldsymbol{B}^{(k)})^{\mathrm{T}}\text{vec}\,(O_{\cdots i_n\cdots}) \tag{5-7-19}$$

$$E_q(\boldsymbol{\lambda})=\left(\frac{c_M^1}{d_M^1},\frac{c_M^2}{d_M^2},\cdots,\frac{c_M^R}{d_M^R}\right)^{\mathrm{T}} \tag{5-7-20}$$

$$E_q(\boldsymbol{\Lambda})=\text{diag}\,(E_q(\boldsymbol{\lambda})) \tag{5-7-21}$$

$$c_M^r=c_0^r+\frac{1}{2}\sum_{n=1}^{N}I_n \tag{5-7-22}$$

$$d_M^r=d_0^r+\frac{1}{2}\sum_{n=1}^{N}E_q\left(\left(\boldsymbol{a}_{\cdot r}^{(n)}\right)^{\mathrm{T}}\boldsymbol{a}_{\cdot r}^{(n)}\right) \tag{5-7-23}$$

$$E_q\left(\left(\boldsymbol{a}_{\cdot r}^{(n)}\right)^{\mathrm{T}}\boldsymbol{a}_{\cdot r}^{(n)}\right)=\left(\overline{\boldsymbol{a}}_{\cdot r}^{(n)}\right)^{\mathrm{T}}\overline{\boldsymbol{a}}_{\cdot r}^{(n)}+\sum_{i_n=1}^{I_n}(\boldsymbol{V}_{i_n}^{(n)})_{rr} \tag{5-7-24}$$

$$\overline{\boldsymbol{A}}^{(n)}=E_q(\boldsymbol{A}^{(n)}) \tag{5-7-25}$$

$$a_M=a_0+\frac{1}{2}\sum_{i_1,i_2,\cdots,i_N}O_{i_1,i_2,\cdots,i_N} \tag{5-7-26}$$

$$b_M=b_0+\frac{\tau}{2}E_q(\|O*(\mathcal{Y}-[\boldsymbol{A}^{(1)},\boldsymbol{A}^{(2)},\cdots,\boldsymbol{A}^{(N)}])\|_F^2) \tag{5-7-27}$$

$$\begin{aligned}&E_q(\|O*(\mathcal{Y}-[\boldsymbol{A}^{(1)},\boldsymbol{A}^{(2)},\cdots,\boldsymbol{A}^{(N)}])\|_F^2)\\&=\|\mathcal{Y}_\Omega\|_F^2-2\left(\mathrm{vec}\left(\mathcal{Y}_\Omega\right)\right)^{\mathrm{T}}\mathrm{vec}([\overline{\boldsymbol{A}}^{(1)},\overline{\boldsymbol{A}}^{(2)},\cdots,\overline{\boldsymbol{A}}^{(N)}]_\Omega)\\&+\left(\mathrm{vec}\left(\boldsymbol{O}\right)\right)^{\mathrm{T}}(\bigodot_n\boldsymbol{B}^{(k)})\mathbf{1}_{R^2}\end{aligned} \tag{5-7-28}$$

$$E_q\left(\tau\right)=\frac{a_M}{b_M} \tag{5-7-29}$$

由 $L\left(q\right)=\int q\left(\boldsymbol{\Theta}\right)\ln\dfrac{p\left(\boldsymbol{\Theta},\mathcal{Y}_\Omega\right)}{q\left(\boldsymbol{\Theta}\right)}d\boldsymbol{\Theta}$, 我们可知

$$L\left(q\right)=E_{q(\boldsymbol{\Theta})}\left(\ln p\left(\boldsymbol{\Theta},\mathcal{Y}_\Omega\right)\right)+H\left(q\left(\boldsymbol{\Theta}\right)\right) \tag{5-7-30}$$

其中第一项是联合概率分布的期望, 第二项是后验概率分布的熵.

(5-7-30) 的显式表达式为

$$\begin{aligned}L\left(q\right)=&-\frac{a_M}{2b_M}E_q(\|O*(\mathcal{Y}-[\boldsymbol{A}^{(1)},\boldsymbol{A}^{(2)},\cdots,\boldsymbol{A}^{(N)}])\|_F^2)\\&-\frac{1}{2}\mathrm{tr}\left(\overline{\boldsymbol{\Lambda}}\sum_{n=1}^{N}((\overline{\boldsymbol{A}}^{(n)})^{\mathrm{T}}\overline{\boldsymbol{A}}^{(n)}+\boldsymbol{V}_{i_n}^{(n)})\right)+\frac{1}{2}\sum_{n=1}^{N}\sum_{i_n=1}^{I_n}\ln|\boldsymbol{V}_{i_n}^{(n)}|\\&+\sum_{r=1}^{R}\ln\Gamma\left(c_M^r\right)+\sum_{r=1}^{R}c_M^r\left(1-d_M^r-\frac{d_0^r}{d_M^r}\right)+\ln\Gamma\left(a_M\right)\\&+a_M\left(1-b_M-\frac{b_0}{b_M}\right)+\mathrm{const}\end{aligned} \tag{5-7-31}$$

其中 $\Gamma(\cdot)$ 是伽马函数, $\overline{\boldsymbol{\Lambda}}=E_q\left(\boldsymbol{\Lambda}\right)$.

在每次迭代中, 由于模型的下界 $L\left(q\right)$ 是非减的, 因此我们可以利用 (5-7-31) 计算 $L\left(q\right)$, 然后用它来测试算法的收敛性.

基于上述分析, 完全贝叶斯 CP 分解算法如算法 5-10 所示[30].

算法 5-10 FBCP 分解算法

输入: 不完全张量 $\mathcal{Y}_\Omega$, 权张量 O.

输出: $\mathcal{Y}$.

步骤 1: 初始化 $\boldsymbol{V}_{i_n}^{(n)}$, $\boldsymbol{A}^{(n)}$, a_0, b_0, $\mathbf{c}_0$, $\boldsymbol{d}_0$, $\tau = \dfrac{a_0}{b_0}$, $\lambda_r = \dfrac{c_0^r}{d_0^r}$.

步骤 2: 执行下列操作

For $k = 1, 2, \cdots, k_{\max}$

$L_{\text{last}} = L(q)$;

根据 (5-7-12) 计算 $q_n(\boldsymbol{A}^{(n)})$;

根据 (5-7-13) 计算 $q_{\boldsymbol{\lambda}}(\boldsymbol{\lambda})$;

根据 (5-7-14) 计算 $q_\tau(\tau)$;

根据 (5-7-31) 计算 $L(q)$;

通过删除 $\{\boldsymbol{A}^{(n)}\}_{n=1}^N$ 的零元素减少秩 R;

If $\dfrac{\|L(q) - L_{\text{last}}\|_F}{\|L(q)\|_F} < 10^{-6}$, **then break**;

End For

步骤 3: 输出 $\mathcal{Y} = \overline{\mathcal{Y}}$.

从上述算法中, 张量的秩可以自动得到. 具体来说, 从 (5-7-12), (5-7-15) 和 (5-7-16) 可以看出, 修正 $\boldsymbol{\lambda}$ 将会引起因子矩阵 $\{\boldsymbol{A}^{(n)}\}_{n=1}^N$ 上新的先验; 从 (5-7-20)—(5-7-24) 可以看出, 修正后的因子矩阵 $\{\boldsymbol{A}^{(n)}\}_{n=1}^N$ 将会影响 $\boldsymbol{\lambda}$. 当 λ_r 的后验均值 $E_q(\lambda_r)$ 变得非常大时, $\{\boldsymbol{A}^{(n)}\}_{n=1}^N$ 的第 r 个因子向量将会变成零向量, 张量的秩可以通过计算因子矩阵的非零因子向量数得到.

在缺失数据上的预测分布可以利用变分后验概率分布近似:

$$\begin{aligned} p\left(Y_{i_1,i_2,\cdots,i_N}|\mathcal{Y}_\Omega\right) &= \int p\left(Y_{i_1,i_2,\cdots,i_N}|\boldsymbol{\Theta}\right)p\left(\boldsymbol{\Theta}|\mathcal{Y}_\Omega\right)d\boldsymbol{\Theta} \\ &\simeq \iint p(Y_{i_1,i_2,\cdots,i_N}\left|\{\boldsymbol{a}_{i_n}^{(n)}\},\tau^{-1}\right)q(\{\boldsymbol{a}_{i_n}^{(n)}\})q(\tau)\,d\{\boldsymbol{a}_{i_n}^{(n)}\}d\tau \end{aligned} \tag{5-7-32}$$

近似上述积分, 我们可以得到一个学生 t 分布:

$$Y_{i_1,i_2,\cdots,i_N}|\mathcal{Y}_\Omega \sim T\left(\overline{Y}_{i_1,i_2,\cdots,i_N}, S_{i_1,i_2,\cdots,i_N}, v_y\right) \tag{5-7-33}$$

其中

$$v_y = 2a_M \tag{5-7-34}$$

$$\overline{Y}_{i_1,i_2,\cdots,i_N} = \left\langle \overline{\boldsymbol{a}}_{i_1}^{(n)}, \overline{\boldsymbol{a}}_{i_2}^{(n)}, \cdots, \overline{\boldsymbol{a}}_{i_N}^{(n)} \right\rangle \tag{5-7-35}$$

$$S_{i_1,i_2,\cdots,i_N} = \left\{ \frac{b_M}{a_M} + \sum_{n=1}^{N} \left\{ \left(\underset{k\neq n}{*} \overline{\boldsymbol{a}}_{i_n}^{(n)} \right)^{\mathrm{T}} \boldsymbol{V}_{i_n}^{(n)} \left(\underset{k\neq n}{*} \overline{\boldsymbol{a}}_{i_n}^{(n)} \right) \right\} \right\}^{-1} \tag{5-7-36}$$

5.8 贝叶斯鲁棒张量分解

2016 年, 基于和 5.7 节同样的思想, Zhao[32] 提出了贝叶斯鲁棒张量分解 (Bayesian robust tensor factorization, BRTF) 算法, 处理带稀疏噪声、等向高斯噪声和数据缺失的张量分解问题.

设带稀疏噪声和等向高斯噪声的观测数据 $\mathcal{Y} \in R^{I_1 \times I_2 \times \cdots \times I_N}$ 表示为下列形式[32]:

$$\mathcal{Y} = \mathcal{X} + \mathcal{S} + \varepsilon \tag{5-8-1}$$

其中, $\mathcal{X}$ 是干净数据 (低秩张量), $\mathcal{S}$ 是稀疏噪声张量, ε 是等向高斯噪声.

基于 $\mathcal{X}$ 的 CP 分解 $\mathcal{X} = \sum_{r=1}^{R} \boldsymbol{a}_r^{(1)} \circ \boldsymbol{a}_r^{(2)} \circ \cdots \circ \boldsymbol{a}_r^{(N)} = [\boldsymbol{A}^{(1)}, \boldsymbol{A}^{(2)}, \cdots, \boldsymbol{A}^{(N)}]$ 和噪声假设, 条件概率公式如下

$$\begin{aligned} &p(\mathcal{Y}_\Omega | \{\boldsymbol{A}^{(n)}\}_{n=1}^N, \mathcal{S}_\Omega, \tau) \\ &= \prod_{i_1=1}^{I_1} \prod_{i_2=1}^{I_2} \cdots \prod_{i_N=1}^{I_N} \mathcal{N}\left(Y_{i_1,i_2,\cdots,i_N} | \left\langle \boldsymbol{a}_1^{(n)}, \boldsymbol{a}_2^{(n)}, \cdots, \boldsymbol{a}_R^{(n)} \right\rangle + S_{i_1,i_2,\cdots,i_N}, \tau^{-1} \right) \end{aligned} \tag{5-8-2}$$

设因子矩阵 $\boldsymbol{A}^{(n)}$ 的先验分布为

$$p\left(\boldsymbol{A}^{(n)} | \boldsymbol{\lambda}\right) = \prod_{i_n=1}^{I_n} \mathcal{N}\left(\boldsymbol{a}_{i_n}^{(n)} | 0, \boldsymbol{\varLambda}^{-1} \right) \tag{5-8-3}$$

$\boldsymbol{\lambda}$ 的先验分布为

$$p(\boldsymbol{\lambda}) = \prod_{r=1}^{R} \mathrm{Ga}(\lambda_r | c_0, d_0) \tag{5-8-4}$$

稀疏噪声张量 $\mathcal{S}_\Omega$ 的先验分布为

$$p(\mathcal{S}_\Omega | \gamma) = \prod_{i_1,i_2,\cdots,i_N} \mathcal{N}\left(S_{i_1,i_2,\cdots,i_N} | 0, \gamma_{i_1,i_2,\cdots,i_N}^{-1} \right) \tag{5-8-5}$$

γ 的先验分布为

$$p(\gamma) = \prod_{i_1,i_2,\cdots,i_N} \mathrm{Ga}\left(\gamma_{i_1,i_2,\cdots,i_N} | a_0^\gamma, b_0^\gamma\right) \tag{5-8-6}$$

τ 的先验分布为

$$p(\tau) = \mathrm{Ga}\left(\tau | a_0^\tau, b_0^\tau\right) \tag{5-8-7}$$

其中, $\boldsymbol{\lambda} = [\lambda_1, \lambda_2, \cdots, \lambda_R]$, $\boldsymbol{\Lambda} = \mathrm{diag}(\boldsymbol{\lambda})$, $\mathrm{Ga}(x|a,b) = \dfrac{b^a x^{a-1} e^{-bx}}{\Gamma(a)}$.

令 $\boldsymbol{\Theta} = \{\boldsymbol{A}^{(1)}, \boldsymbol{A}^{(2)}, \cdots, \boldsymbol{A}^{(N)}, \boldsymbol{\lambda}, \mathcal{S}_\Omega, \gamma, \tau\}$, 则联合概率分布 $p(\mathcal{Y}_\Omega, \boldsymbol{\Theta})$ 为

$$p(\mathcal{Y}_\Omega, \boldsymbol{\Theta}) = p(\mathcal{Y}_\Omega | \{\boldsymbol{A}^{(n)}\}_{n=1}^N, \mathcal{S}_\Omega, \tau) \prod_{n=1}^N p(\boldsymbol{A}^{(n)} | \boldsymbol{\lambda}) p(\mathcal{S}_\Omega | \gamma) p(\boldsymbol{\lambda}) p(\gamma) p(\tau) \tag{5-8-8}$$

把 (5-8-2)—(5-8-7) 代入 (5-8-8), 我们可以得到联合分布的对数为

$$\begin{aligned}
L(\boldsymbol{\Theta}) = & -\frac{\tau}{2} \|O * (\mathcal{Y} - [\boldsymbol{A}^{(1)}, \boldsymbol{A}^{(2)}, \cdots, \boldsymbol{A}^{(N)}] - \mathcal{S})\|_F^2 \\
& - \frac{1}{2} \mathrm{tr}\left(\boldsymbol{\Lambda} \sum_{n=1}^N (\boldsymbol{A}^{(n)})^{\mathrm{T}} \boldsymbol{A}^{(n)}\right) + \frac{1}{2} \|O * \sqrt{\gamma} * \mathcal{S}\|_F^2 \\
& + \left(\frac{1}{2} \sum_{(i_1,i_2,\cdots,i_N)\in\Omega} O_{i_1,i_2,\cdots,i_N} + a_0^\tau - 1\right) \ln\tau + \sum_r \left(\frac{\sum_n I_n}{2} + c_0 - 1\right) \ln\lambda_r \\
& + \sum_{(i_1,i_2,\cdots,i_N)\in\Omega} \left(a_0^\gamma - 1 + \frac{1}{2}\right) \ln\gamma_{i_1,i_2,\cdots,i_N} - \sum_{r=1}^R d_0 \lambda_r \\
& - \sum_{(i_1,i_2,\cdots,i_N)\in\Omega} b_0^\gamma \gamma_{i_1,i_2,\cdots,i_N} - b_0 \tau + \mathrm{const}
\end{aligned} \tag{5-8-9}$$

为了避免通过最大化 (5-8-9) 对 $\boldsymbol{\Theta}$ 进行 MAP 估计, Zhao 直接在观测数据上计算 $\boldsymbol{\Theta}$ 的完全后验分布:

$$p(\boldsymbol{\Theta} | \mathcal{Y}_\Omega) = \frac{p(\boldsymbol{\Theta}, \mathcal{Y}_\Omega)}{\displaystyle\int p(\boldsymbol{\Theta}, \mathcal{Y}_\Omega) \, d\boldsymbol{\Theta}} \tag{5-8-10}$$

基于 $\boldsymbol{\Theta}$ 的完全后验分布, 缺失数据上的预测分布为

$$p(\mathcal{Y}_{\backslash\Omega} | \mathcal{Y}_\Omega) = \int p(\mathcal{Y}_{\backslash\Omega} | \boldsymbol{\Theta}) \, p(\boldsymbol{\Theta}, \mathcal{Y}_\Omega) \, d\boldsymbol{\Theta} \tag{5-8-11}$$

一般来说, 直接利用 (5-8-10) 和 (5-8-11) 进行精确的贝叶斯推理是不可能的. 基于变分贝叶斯框架, Zhao 通过近似推理学习概率 CP 分解模型. 为了用分布 $q(\boldsymbol{\Theta})$ 逼近真实的后验概率分布 $p(\boldsymbol{\Theta}|\mathcal{Y}_\Omega)=\dfrac{p(\boldsymbol{\Theta},\mathcal{Y}_\Omega)}{\int p(\boldsymbol{\Theta},\mathcal{Y}_\Omega)\,d\boldsymbol{\Theta}}$, 利用 KL-散度度量两者之间的差异:

$$\begin{aligned}&\mathrm{KL}\left(q(\boldsymbol{\Theta})\,\|p(\boldsymbol{\Theta}|\mathcal{Y}_\Omega)\right)\\&=\int q(\boldsymbol{\Theta})\ln\frac{q(\boldsymbol{\Theta})}{p(\boldsymbol{\Theta}|\mathcal{Y}_\Omega)}d\boldsymbol{\Theta}\\&=\ln p(\mathcal{Y}_\Omega)-\int q(\boldsymbol{\Theta})\ln\frac{p(\boldsymbol{\Theta},\mathcal{Y}_\Omega)}{q(\boldsymbol{\Theta})}d\boldsymbol{\Theta}\end{aligned}\tag{5-8-12}$$

当 $\mathrm{KL}\left(q(\boldsymbol{\Theta})\,\|p(\boldsymbol{\Theta}|\mathcal{Y}_\Omega)\right)=0$ 时, $q(\boldsymbol{\Theta})=p(\boldsymbol{\Theta}|\mathcal{Y}_\Omega)$.

令 $L(q)=\int q(\boldsymbol{\Theta})\ln\dfrac{p(\boldsymbol{\Theta},\mathcal{Y}_\Omega)}{q(\boldsymbol{\Theta})}d\boldsymbol{\Theta}$, 假设 $q(\boldsymbol{\Theta})$ 是变量可分离的, 即

$$q(\boldsymbol{\Theta})=q(\mathcal{S}_\Omega)\,q(\boldsymbol{\lambda})\,q(\gamma)\,q(\tau)\prod_{n=1}^{N}q\left(\boldsymbol{A}^{(n)}\right)$$

$$\boldsymbol{b}_{i_n}^{(n)}=\mathrm{vec}\left(E_q\left(\boldsymbol{a}_{i_n}^{(n)}\left(\boldsymbol{a}_{i_n}^{(n)}\right)^{\mathrm{T}}\right)\right)=\mathrm{vec}\left(\overline{\boldsymbol{a}}_{i_n}^{(n)}\left(\overline{\boldsymbol{a}}_{i_n}^{(n)}\right)^{\mathrm{T}}+\boldsymbol{V}_{i_n}^{(n)}\right)$$

则有下列后验分布公式:

$$q\left(\boldsymbol{A}^{(n)}\right)=\prod_{i_n=1}^{I_n}\mathcal{N}\left(\boldsymbol{a}_{i_n}^{(n)}|\overline{\boldsymbol{a}}_{i_n}^{(n)},\boldsymbol{V}_{i_n}^{(n)}\right)\tag{5-8-13}$$

$$q(\mathcal{S})=\prod_{(i_1,i_2,\cdots,i_N)\in\Omega}\mathcal{N}\left(S_{i_1,i_2,\cdots,i_N}|\overline{S}_{i_1,i_2,\cdots,i_N},\sigma^2_{i_1,i_2,\cdots,i_N}\right)\tag{5-8-14}$$

$$q(\boldsymbol{\lambda})=\sum_{r=1}^{R}\mathrm{Ga}\left(\lambda_r|c_M^r,d_M^r\right)\tag{5-8-15}$$

$$q(\gamma)=\prod_{(i_1,i_2,\cdots,i_N)\in\Omega}\mathrm{Ga}\left(\gamma_{i_1,i_2,\cdots,i_N}|a_M^{\gamma_{i_1,i_2,\cdots,i_N}},b_M^{\gamma_{i_1,i_2,\cdots,i_N}}\right)\tag{5-8-16}$$

$$q(\tau)=\mathrm{Ga}\left(\tau|a_M^\tau,b_M^\tau\right)\tag{5-8-17}$$

其中

$$\overline{\boldsymbol{a}}_{i_n}^{(n)}=E_q(\tau)\,\boldsymbol{V}_{i_n}^{(n)}E_q((\boldsymbol{A}_{i_i}^{(\backslash n)})^{\mathrm{T}})\mathrm{vec}\left(\mathcal{Y}-E_q(\mathcal{S})\right)_{I(O_{i_n}=1)}\tag{5-8-18}$$

$$\boldsymbol{V}_{i_n}^{(n)} = (E_q(\tau)E_q((\boldsymbol{A}_{i_i}^{(\backslash n)})^{\mathrm{T}}\boldsymbol{A}_{i_i}^{(\backslash n)}) + E_q(\boldsymbol{\Lambda}))^{-1} \tag{5-8-19}$$

$$(\boldsymbol{A}_{i_i}^{(\backslash n)})^{\mathrm{T}} = \left(\bigodot_{k\neq n}(\boldsymbol{A}^{(k)})\right)_{I(O_{i_n}=1)}^{\mathrm{T}} \tag{5-8-20}$$

$$\overline{S}_{i_1,i_2,\cdots,i_N} = \sigma^2_{i_1,i_2,\cdots,i_N}E_q(\tau)(Y_{i_1,i_2,\cdots,i_N} - E_q(\langle \boldsymbol{a}_{i_1}^{(1)}, \boldsymbol{a}_{i_2}^{(2)}, \cdots, \boldsymbol{a}_{i_N}^{(N)}\rangle)) \tag{5-8-21}$$

$$\sigma^2_{i_1,i_2,\cdots,i_N} = (E_q(\gamma_{i_1,i_2,\cdots,i_N}) + E_q(\tau))^{-1} \tag{5-8-22}$$

$$E_q((\boldsymbol{A}_{i_i}^{(\backslash n)})^{\mathrm{T}})\mathrm{vec}(\mathcal{Y} - E_q(\mathcal{S}))_{I(O_{i_n}=1)} = \left(\bigodot_{k\neq n}E_q(\boldsymbol{A}^{(k)})\right)^{\mathrm{T}}\mathrm{vec}(O * (\mathcal{Y} - \overline{\mathcal{S}}))_{\cdots i_n \cdots} \tag{5-8-23}$$

$$\mathrm{vec}(E_q((\boldsymbol{A}_{i_i}^{(\backslash n)})^{\mathrm{T}}\boldsymbol{A}_{i_i}^{(\backslash n)})) = \left(\bigodot_{k\neq n}\boldsymbol{B}^{(k)}\right)^{\mathrm{T}}\mathrm{vec}(O_{\cdots i_n \cdots}) \tag{5-8-24}$$

$$E_q(\boldsymbol{\lambda}) = \left(\frac{c_M^1}{d_M^1}, \frac{c_M^2}{d_M^2}, \cdots, \frac{c_M^R}{d_M^R}\right)^{\mathrm{T}} \tag{5-8-25}$$

$$E_q(\boldsymbol{\Lambda}) = \mathrm{diag}(E_q(\boldsymbol{\lambda})) \tag{5-8-26}$$

$$\overline{\boldsymbol{A}}^{(n)} = E_q(\boldsymbol{A}^{(n)}) \tag{5-8-27}$$

$$E_q(\tau) = \frac{a_M^\tau}{b_M^\tau} \tag{5-8-28}$$

$$a_M^\tau = a_0^\tau + \frac{1}{2}\sum_{i_1,i_2,\cdots,i_N} O_{i_1,i_2,\cdots,i_N} \tag{5-8-29}$$

$$b_M^\tau = b_0^\tau + \frac{1}{2}E_q(\|O * (\mathcal{Y} - [\boldsymbol{A}^{(1)}, \boldsymbol{A}^{(2)}, \cdots, \boldsymbol{A}^{(N)}] - \mathcal{S})\|_F^2) \tag{5-8-30}$$

$$a_M^{\gamma_{i_1,i_2,\cdots,i_N}} = a_0^\gamma + \frac{1}{2} \tag{5-8-31}$$

$$b_M^{\gamma_{i_1,i_2,\cdots,i_N}} = b_0^\gamma + \frac{1}{2}(\overline{S}^2_{i_1,i_2,\cdots,i_N} + \sigma^2_{i_1,i_2,\cdots,i_N}) \tag{5-8-32}$$

$$E_q\left((\boldsymbol{a}_{\cdot r}^{(n)})^{\mathrm{T}}\boldsymbol{a}_{\cdot r}^{(n)}\right) = (\overline{\boldsymbol{a}}_{\cdot r}^{(n)})^{\mathrm{T}}\overline{\boldsymbol{a}}_{\cdot r}^{(n)} + \sum_{i_n=1}^{I_n}(\boldsymbol{V}_{i_n}^{(n)})_{rr} \tag{5-8-33}$$

$$\begin{aligned} & E_q(\|O * (\mathcal{Y} - [\boldsymbol{A}^{(1)}, \boldsymbol{A}^{(2)}, \cdots, \boldsymbol{A}^{(N)}] - S)\|_F^2) \\ = & \|\mathcal{Y}_\Omega\|_F^2 - 2(\mathrm{vec}(\mathcal{Y}_\Omega))^{\mathrm{T}}\mathrm{vec}([\overline{\boldsymbol{A}}^{(1)}, \overline{\boldsymbol{A}}^{(2)}, \cdots, \overline{\boldsymbol{A}}^{(N)}]_\Omega) \\ & + (\mathrm{vec}(\boldsymbol{O}))^{\mathrm{T}}\left(\bigodot_n \boldsymbol{B}^{(k)}\right)\boldsymbol{1}_{R^2} - 2(\mathrm{vec}(\mathcal{Y}_\Omega))^{\mathrm{T}}\mathrm{vec}(\overline{S}_\Omega) \end{aligned}$$

$$+ 2\text{vec}([\overline{\boldsymbol{A}}^{(1)}, \overline{\boldsymbol{A}}^{(2)}, \cdots, \overline{\boldsymbol{A}}^{(N)}]_\Omega)^\text{T}\text{vec}\left(\overline{S}_\Omega\right) + E_q(\|S_\Omega\|_F^2) \tag{5-8-34}$$

由 $L(q) = \int q(\boldsymbol{\Theta}) \ln \frac{p(\boldsymbol{\Theta}, \mathcal{Y}_\Omega)}{q(\boldsymbol{\Theta})} d\boldsymbol{\Theta}$, 我们可知

$$L(q) = E_{q(\boldsymbol{\Theta})}(\ln p(\boldsymbol{\Theta}, \mathcal{Y}_\Omega)) + H(q(\boldsymbol{\Theta})) \tag{5-8-35}$$

其中第一项是联合概率分布的期望, 第二项是后验概率分布的熵.

(5-8-35) 的显式表达式为

$$\begin{aligned}
L(q) = & -\frac{a_M^\tau}{2b_M^\tau} E_q(\|O * (\mathcal{Y} - [\boldsymbol{A}^{(1)}, \boldsymbol{A}^{(2)}, \cdots, \boldsymbol{A}^{(N)}] - \mathcal{S})\|_F^2) \\
& - \frac{1}{2}\text{tr}\left(\overline{\boldsymbol{\Lambda}} \sum_{n=1}^N ((\overline{\boldsymbol{A}}^{(n)})^\text{T}\overline{\boldsymbol{A}}^{(n)} + \boldsymbol{V}_{i_n}^{(n)})\right) + \frac{1}{2}\sum_{n=1}^N \sum_{i_n=1}^{I_n} \ln |\boldsymbol{V}_{i_n}^{(n)}| \\
& + \sum_{r=1}^R \left(\ln \Gamma(c_M^r) + c_M^r \left(1 - d_M^r - \frac{d_0^r}{d_M^r}\right)\right) \\
& + \ln \Gamma(a_M^\tau) + a_M^\tau \left(1 - b_M^\tau - \frac{b_0^\tau}{b_M^\tau}\right) \\
& + \sum_{(i_1, i_2, \cdots, i_N) \in \Omega} -\frac{a_M^{\gamma_{i_1, i_2, \cdots, i_N}}}{b_M^{\gamma_{i_1, i_2, \cdots, i_N}}} (\overline{S}_{i_1, i_2, \cdots, i_N}^2 + \sigma_{i_1, i_2, \cdots, i_N}^2) + \frac{1}{2}\ln \sigma_{i_1, i_2, \cdots, i_N}^2 \\
& + \ln \Gamma\left(a_M^{\gamma_{i_1, i_2, \cdots, i_N}}\right) + a_M^{\gamma_{i_1, i_2, \cdots, i_N}} \left(1 - b_M^{\gamma_{i_1, i_2, \cdots, i_N}} - \frac{b_0^\gamma}{b_M^{\gamma_{i_1, i_2, \cdots, i_N}}}\right) + \text{const}
\end{aligned} \tag{5-8-36}$$

在每次迭代中, 由于模型的下界 $L(q)$ 是非减的, 因此我们可以利用 (5-8-36) 计算 $L(q)$, 然后用它来测试算法的收敛性.

考虑到 a_0^γ 和 b_0^γ 与噪声张量 $\mathcal{S}$ 的稀疏度有关, 根据公式 (5-8-36), 我们可以通过最大化下列函数得到最优的 a_0^γ 和 b_0^γ:

$$\begin{aligned}
& L(a_0^\gamma, b_0^\gamma) \\
= & -M \ln \Gamma(a_0^\gamma) + M a_0^\gamma \ln b_0^\gamma + (a_0^\gamma - 1) \sum_{(i_1, i_2, \cdots, i_N) \in \Omega} \left(\Psi\left(a_M^{\gamma_{i_1, i_2, \cdots, i_N}}\right) - \ln b_M^{\gamma_{i_1, i_2, \cdots, i_N}}\right) \\
& - b_0^\gamma \sum_{(i_1, i_2, \cdots, i_N) \in \Omega} \frac{a_M^{\gamma_{i_1, i_2, \cdots, i_N}}}{b_M^{\gamma_{i_1, i_2, \cdots, i_N}}}
\end{aligned} \tag{5-8-37}$$

其中 $\Psi(x) = \frac{\Gamma'(x)}{\Gamma(x)}$ 是双伽马函数.

基于上述分析, 贝叶斯鲁棒张量分解 BRTF 算法如算法 5-11 所示[32].

算法 5-11 BRTF 算法

输入: 不完全张量 $\mathcal{Y}_\Omega$, 权张量 O.

输出: $\mathcal{Y}$.

步骤 1: 初始化 $\boldsymbol{V}_{i_n}^{(n)}$, $\boldsymbol{A}^{(n)}$, $\mathcal{S}$, σ^2, $\boldsymbol{\lambda}$, γ, τ, a_0^γ, b_0^γ, c_0, d_0, a_0^τ, b_0^τ.

步骤 2: 执行下列操作

For $k=1,2,\cdots,k_{\max}$

$L_{\text{last}}=L(q)$;

根据 (5-8-13) 计算 $q\left(\boldsymbol{A}^{(n)}\right)$;

根据 (5-8-15) 计算 $q(\boldsymbol{\lambda})$;

根据 (5-8-17) 计算 $q(\tau)$;

根据 (5-8-14) 计算 $q(\mathcal{S})$;

根据 (5-8-16) 计算 $q(\gamma)$;

根据 (5-8-36) 计算 $L(q)$;

通过最大化 (5-8-37) 计算 a_0^γ 和 b_0^γ;

通过删除 $\{\boldsymbol{A}^{(n)}\}_{n=1}^N$ 的零元素减少秩 R;

If $\dfrac{\|L(q)-L_{\text{last}}\|_F}{\|L(q)\|_F}<10^{-6}$, **then break**;

End For

步骤 3: 输出 $\mathcal{Y}=\overline{\mathcal{Y}}$.

在缺失数据上的预测分布可以利用变分后验概率分布近似:

$$
\begin{aligned}
p\left(Y_{i_1,i_2,\cdots,i_N}|\mathcal{Y}_\Omega\right)&=\int p\left(Y_{i_1,i_2,\cdots,i_N}|\boldsymbol{\Theta}\right)p\left(\boldsymbol{\Theta}|\mathcal{Y}_\Omega\right)d\boldsymbol{\Theta}\\
&\simeq\int\int p(Y_{i_1,i_2,\cdots,i_N}|\{\boldsymbol{a}_{i_n}^{(n)}\},\tau^{-1})q(\{\boldsymbol{a}_{i_n}^{(n)}\})q(\tau)d\{\boldsymbol{a}_{i_n}^{(n)}\}d\tau
\end{aligned}
\tag{5-8-38}
$$

近似上述积分, 我们可以得到一个学生 t 分布:

$$
p\left(Y_{i_1,i_2,\cdots,i_N}|\mathcal{Y}_\Omega\right)\simeq T\left(Y_{i_1,i_2,\cdots,i_N}|\overline{Y}_{i_1,i_2,\cdots,i_N},\Psi_{i_1,i_2,\cdots,i_N},v_y\right)\tag{5-8-39}
$$

其中

$$
v_y=2a_M^\tau\tag{5-8-40}
$$

$$
\overline{Y}_{i_1,i_2,\cdots,i_N}=\left\langle\overline{\boldsymbol{a}}_{i_1}^{(n)},\overline{\boldsymbol{a}}_{i_2}^{(n)},\cdots,\overline{\boldsymbol{a}}_{i_N}^{(n)}\right\rangle\tag{5-8-41}
$$

$$\Psi_{i_1,i_2,\cdots,i_N} = \left\{ \frac{b_M^\tau}{a_M^\tau} + \sum_{n=1}^{N} \{ (\underset{k\neq n}{*} \overline{\boldsymbol{a}}_{i_n}^{(n)})^{\mathrm{T}} \boldsymbol{V}_{i_n}^{(n)} (\underset{k\neq n}{*} \overline{\boldsymbol{a}}_{i_n}^{(n)}) \} \right\}^{-1} \tag{5-8-42}$$

考虑到柯西分布适合对稠密噪声和大的稀疏噪声建模, 基于张量 $\mathcal{X}$ 的 Tucker 分解和 CP 分解, 文献 [33] 分别提出了 CTD (Cauchy based Tucker decomposition) 算法和 CCD (Cauchy based CP decomposition) 算法处理带混合噪声和数据缺失的问题.

5.9 带稀疏噪声的张量补全算法

针对带稀疏噪声的张量补全问题, Song 首先提出了转化张量奇异值分解算法[48], 然后利用 sGS-ADMM (symmetric Gauss-Seidel based multi-block alternating direction method of multipliers)[49] 求解对应的数学模型. 接下来, 我们详细介绍该算法.

设 $\boldsymbol{\Phi}$ 是酉变换矩阵, 即 $\boldsymbol{\Phi}\boldsymbol{\Phi}^H = \boldsymbol{\Phi}^H\boldsymbol{\Phi} = \boldsymbol{I}$. 三阶张量 $\overline{\overline{\mathcal{A}}}_{\boldsymbol{\Phi}} \in R^{n_1\times n_2\times n_3}$ 的分量形式定义如下

$$\mathrm{vec}\left(\overline{\overline{\mathcal{A}}}_{\boldsymbol{\Phi}}(i,j,:)\right) = \boldsymbol{\Phi}\mathrm{vec}\left(\mathcal{A}(i,j,:)\right) \tag{5-9-1}$$

令 $\overline{\overline{\mathcal{A}}}_{\boldsymbol{\Phi}} = \boldsymbol{\Phi}[\mathcal{A}]$, 则 $\mathcal{A} = \boldsymbol{\Phi}^H\left[\overline{\overline{\mathcal{A}}}_{\boldsymbol{\Phi}}\right]$. 设

$$\overline{\mathcal{A}} = \mathrm{bdiag}(\mathcal{A}) = \begin{pmatrix} \mathcal{A}(:,:,1) & & & \\ & \mathcal{A}(:,:,2) & & \\ & & \ddots & \\ & & & \mathcal{A}(:,:,n_3) \end{pmatrix} \tag{5-9-2}$$

则有

$$\mathrm{fold}(\mathrm{bdiag}(\mathcal{A})) = \mathrm{fold}\left(\overline{\mathcal{A}}\right) = \mathcal{A} \tag{5-9-3}$$

定义 5-10 (张量的 $\boldsymbol{\Phi}$-积) 张量 $\mathcal{A} \in R^{n_1\times n_2\times n_3}$ 和 $\mathcal{B} \in R^{n_2\times n_4\times n_3}$ 的 $\boldsymbol{\Phi}$-积是一个张量 $\mathcal{C} \in R^{n_1\times n_4\times n_3}$, 其定义如下

$$\mathcal{C} = \mathcal{A}\Diamond_{\boldsymbol{\Phi}}\mathcal{B} = \boldsymbol{\Phi}^H\left[\mathrm{fold}\left(\mathrm{bdiag}\left(\overline{\overline{\mathcal{A}}}_{\boldsymbol{\Phi}}\right)\times\mathrm{bdiag}\left(\overline{\overline{\mathcal{B}}}_{\boldsymbol{\Phi}}\right)\right)\right] \tag{5-9-4}$$

定义 5-11 (张量的 t-积[50]) 张量 $\mathcal{A} \in R^{n_1\times n_2\times n_3}$ 和 $\mathcal{B} \in R^{n_2\times n_4\times n_3}$ 的 t-积是一个张量 $\mathcal{C} \in R^{n_1\times n_4\times n_3}$, 其定义如下

$$\mathcal{C} = \mathcal{A} * \mathcal{B} = \mathrm{Fold}_{\mathrm{vec}}\left(\mathrm{Circ}(\mathcal{A}) \times \mathrm{vec}(\mathcal{B})\right) \tag{5-9-5}$$

其中

$$\operatorname{vec}(\mathcal{B})=\begin{pmatrix}\mathcal{B}(:,:,1)\\ \mathcal{B}(:,:,2)\\ \vdots \\ \mathcal{B}(:,:,n_3)\end{pmatrix} \tag{5-9-6}$$

$$\operatorname{Circ}(\mathcal{A})=\begin{pmatrix}\mathcal{A}(:,:,:1) & \mathcal{A}(:,:,:n_3) & \mathcal{A}(:,:,:n_3-1) & \cdots & \mathcal{A}(:,:,:2)\\ \mathcal{A}(:,:,:2) & \mathcal{A}(:,:,:1) & \mathcal{A}(:,:,:n_3) & \cdots & \mathcal{A}(:,:,:3)\\ \vdots & \ddots & \ddots & \ddots & \vdots\\ \mathcal{A}(:,:,:n_3) & \mathcal{A}(:,:,:n_3-1) & \cdots & \mathcal{A}(:,:,:2) & \mathcal{A}(:,:,:1)\end{pmatrix} \tag{5-9-7}$$

$\mathrm{Fold}_{\mathrm{vec}}$ 是把向量 $\operatorname{vec}(\mathcal{B})$ 转化为一个张量的运算, 即 $\mathrm{Fold}_{\mathrm{vec}}(\operatorname{vec}(\mathcal{B}))=\mathcal{B}$.

设 $\boldsymbol{F}_{n_3}$ 是离散傅里叶变换矩阵, 则有

$$(\boldsymbol{F}_{n_3}\otimes\boldsymbol{I}_{n_1})\times\operatorname{Circ}(\mathcal{A})\times\left(\boldsymbol{F}_{n_3}^H\otimes\boldsymbol{I}_{n_2}\right)=\operatorname{bdiag}\left(\overline{\overline{\mathcal{A}}}_{\boldsymbol{F}_{n_3}}\right) \tag{5-9-8}$$

利用上式, 我们可以得到

$$\begin{aligned}\mathcal{A}*\mathcal{B}&=\mathrm{Fold}_{\mathrm{vec}}(\operatorname{Circ}(\mathcal{A})\times\operatorname{vec}(\mathcal{B}))\\ &=\mathrm{Fold}_{\mathrm{vec}}\left(\left(\boldsymbol{F}_{n_3}^H\otimes\boldsymbol{I}_{n_1}\right)\times\operatorname{bdiag}\left(\overline{\overline{\mathcal{A}}}_{\boldsymbol{F}_{n_3}}\right)\times(\boldsymbol{F}_{n_3}\otimes\boldsymbol{I}_{n_2})\times\operatorname{vec}(\mathcal{B})\right)\\ &=\mathrm{Fold}_{\mathrm{vec}}\left(\left(\boldsymbol{F}_{n_3}^H\otimes\boldsymbol{I}_{n_1}\right)\times\operatorname{bdiag}\left(\overline{\overline{\mathcal{A}}}_{\boldsymbol{F}_{n_3}}\right)\times\operatorname{vec}\left(\overline{\overline{\mathcal{B}}}_{\boldsymbol{F}_{n_3}}\right)\right)\\ &=\mathrm{Fold}\left(\left(\boldsymbol{F}_{n_3}^H\otimes\boldsymbol{I}_{n_1}\right)\times\operatorname{bdiag}\left(\overline{\overline{\mathcal{A}}}_{\boldsymbol{F}_{n_3}}\right)\times\operatorname{bdiag}\left(\overline{\overline{\mathcal{B}}}_{\boldsymbol{F}_{n_3}}\right)\right)\\ &=\boldsymbol{F}_{n_3}^H\mathrm{Fold}\left(\operatorname{bdiag}\left(\overline{\overline{\mathcal{A}}}_{\boldsymbol{F}_{n_3}}\right)\times\operatorname{bdiag}\left(\overline{\overline{\mathcal{B}}}_{\boldsymbol{F}_{n_3}}\right)\right)\\ &=\mathcal{A}\diamondsuit_{\boldsymbol{F}_{n_3}}\mathcal{B}\end{aligned} \tag{5-9-9}$$

式 (5-9-9) 表明: t-积是 $\boldsymbol{\Phi}$-积的特殊情况.

定义 5-12 (张量的共轭转置) 张量 $\mathcal{A}\in R^{n_1\times n_2\times n_3}$ 相对于 $\boldsymbol{\Phi}$ 的共轭转置 $\mathcal{A}^H\in R^{n_1\times n_2\times n_3}$ 由下式给出

$$\mathcal{A}^H=\boldsymbol{\Phi}^H\left[\operatorname{fold}\left(\operatorname{diag}\left(\overline{\overline{\mathcal{A}}}_{\boldsymbol{\Phi}}\right)\right)^H\right] \tag{5-9-10}$$

定义 5-13 (单位张量[51]) 相对于 $\boldsymbol{\Phi}$ 的三阶单位张量 $\mathcal{I}_{\boldsymbol{\Phi}}=\boldsymbol{\Phi}^H[\mathcal{T}]$, 其中 $\mathcal{T}\in R^{n\times n\times n_3}$ 是沿着第三模态的前切片均是单位矩阵的张量, $\mathcal{I}_{\boldsymbol{\Phi}}\in R^{n\times n\times n_3}$.

定义 5-14 (酉张量[51]) 如果 $\mathcal{Q}^H\Diamond_{\boldsymbol{\Phi}}\mathcal{Q}=\mathcal{Q}\Diamond_{\boldsymbol{\Phi}}\mathcal{Q}^H=\mathcal{I}_{\boldsymbol{\Phi}}$, 则称 $\mathcal{Q}\in R^{n\times n\times n_3}$ 是相对于 $\boldsymbol{\Phi}$-积的酉张量.

定理 5-2[51] 设 $\mathcal{A}\in R^{n_1\times n_2\times n_3}$, 则有 $\mathcal{A}=\mathcal{U}\Diamond_{\boldsymbol{\Phi}}\mathcal{S}\Diamond_{\boldsymbol{\Phi}}\mathcal{V}^H$. 其中, $\mathcal{U}\in R^{n_1\times n_1\times n_3}$ 和 $\mathcal{V}\in R^{n_2\times n_2\times n_3}$ 是相对于 $\boldsymbol{\Phi}$-积的酉张量, $\mathcal{S}\in R^{n_1\times n_2\times n_3}$ 是对角张量.

定义 5-15 (张量的转化管道核范数) 张量 $\mathcal{A}\in R^{n_1\times n_2\times n_3}$ 的转化管道核范数 (transformed tubal nuclear norm, TTNN) 定义如下

$$\|\mathcal{A}\|_{\mathrm{TTNN}}=\sum_{i=1}^{n_3}\left\|\overline{\overline{\mathcal{A}}}_{\boldsymbol{\Phi}}(:,:,i)\right\|_* \tag{5-9-11}$$

设 $\mathcal{L}$ 是低秩三阶张量, $\mathcal{S}$ 是稀疏噪声. 从张量 $\mathcal{X}$ 的观测数据中分别使用张量的 TTNN 范数和 l_1 范数恢复低秩张量 $\mathcal{L}$ 和稀疏噪声 $\mathcal{S}$ 的数学模型如下

$$\begin{aligned}\min_{\mathcal{L},\mathcal{S}}\quad & \|\mathcal{L}\|_{\mathrm{TTNN}}+\lambda\|\mathcal{S}\|_1\\ \text{s.t.}\quad & \mathcal{P}_\Omega(\mathcal{L}+\mathcal{S})=\mathcal{P}_\Omega(\mathcal{X})\end{aligned} \tag{5-9-12}$$

其中 λ 是惩罚参数, $\mathcal{P}_\Omega$ 是在可观测区域 Ω 上的线性投影.

令 $\mathcal{L}+\mathcal{S}=\mathcal{M}$, 则优化问题 (5-9-12) 可以写成下列形式:

$$\begin{aligned}\min_{\mathcal{L},\mathcal{S},\mathcal{M}}\quad & \|\mathcal{L}\|_{\mathrm{TTNN}}+\lambda\|\mathcal{S}\|_1\\ \text{s.t.}\quad & \mathcal{L}+\mathcal{S}=\mathcal{M},\ \mathcal{P}_\Omega(\mathcal{M})=\mathcal{P}_\Omega(\mathcal{X})\end{aligned} \tag{5-9-13}$$

优化问题 (5-9-13) 的增广拉格朗日函数为

$$L(\mathcal{L},\mathcal{S},\mathcal{M},\mathcal{Z})=\|\mathcal{L}\|_{\mathrm{TTNN}}+\lambda\|\mathcal{S}\|_1-\langle\mathcal{Z},\mathcal{L}+\mathcal{S}-\mathcal{M}\rangle+\frac{\beta}{2}\|\mathcal{L}+\mathcal{S}-\mathcal{M}\|_F^2 \tag{5-9-14}$$

令 $\mathcal{D}=\left\{\mathcal{M}\in R^{n_1\times n_2\times n_3}:\mathcal{P}_\Omega(\mathcal{M})=\mathcal{P}_\Omega(\mathcal{X})\right\}$, 用 sGS-ADMM 解优化问题的迭代公式如下

$$\mathcal{M}^{k+\frac{1}{2}}=\arg\min_{\mathcal{M}\in\mathcal{D}}\left\{L\left(\mathcal{L}^k,\mathcal{S}^k,\mathcal{M},\mathcal{Z}^k\right)\right\} \tag{5-9-15}$$

$$\mathcal{L}^{k+1}=\arg\min_{\mathcal{L}}\left\{L\left(\mathcal{L},\mathcal{S}^k,\mathcal{M}^{k+\frac{1}{2}},\mathcal{Z}^k\right)\right\} \tag{5-9-16}$$

$$\mathcal{M}^{k+1}=\arg\min_{\mathcal{M}\in\mathcal{D}}\left\{L\left(\mathcal{L}^{k+1},\mathcal{S}^k,\mathcal{M},\mathcal{Z}^k\right)\right\} \tag{5-9-17}$$

$$\mathcal{S}^{k+1}=\arg\min_{\mathcal{S}}\left\{L\left(\mathcal{L}^{k+1},\mathcal{S},\mathcal{M}^{k+1},\mathcal{Z}^k\right)\right\} \tag{5-9-18}$$

$$\mathcal{Z}^{k+1}=\mathcal{Z}^{k}-\tau\beta\left(\mathcal{L}^{k+1}+\mathcal{S}^{k+1}-\mathcal{M}^{k+1}\right) \tag{5-9-19}$$

其中 $\tau\in\left(0,\dfrac{1+\sqrt{5}}{2}\right)$ 是迭代步长.

接下来, 我们给出 $\mathcal{M}^{k+\frac{1}{2}},\mathcal{L}^{k+1},\mathcal{M}^{k+1}$ 和 $\mathcal{S}^{k+1}$ 的具体计算公式.

(1) 计算 $\mathcal{M}^{k+\frac{1}{2}}$ 和 $\mathcal{M}^{k+1}$.

由 (5-9-14) 可知, 优化问题 (5-9-15) 和 (5-9-17) 的最优解 $\mathcal{M}^{k+\frac{1}{2}}$ 和 $\mathcal{M}^{k+1}$ 的一般形式如下

$$\mathcal{M}^{k+\frac{1}{2}}=\begin{cases}X_{i,j,k}, & (i,j,k)\in\Omega,\\ \left(\mathcal{L}^{k}+\mathcal{S}^{k}-\dfrac{1}{\beta}Z^{k}\right)_{i,j,k}, & (i,j,k)\notin\Omega\end{cases} \tag{5-9-20}$$

$$\mathcal{M}^{k+1}=\begin{cases}X_{i,j,k}, & (i,j,k)\in\Omega\\ \left(\mathcal{L}^{k+1}+\mathcal{S}^{k}-\dfrac{1}{\beta}Z^{k}\right)_{i,j,k}, & (i,j,k)\notin\Omega\end{cases} \tag{5-9-21}$$

定理 5-3[48] 对于任意的 $\mathcal{Y}=\mathcal{U}\diamondsuit_{\boldsymbol{\Phi}}\mathcal{S}\diamondsuit_{\boldsymbol{\Phi}}\mathcal{V}^{H}$, 下列优化问题

$$\min_{\mathcal{X}}\quad \lambda\|\mathcal{X}\|_{\mathrm{TTNN}}+\frac{1}{2}\|\mathcal{X}-\mathcal{Y}\|_{F}^{2} \tag{5-9-22}$$

的最优解为

$$\mathrm{Prox}_{\lambda\|\cdot\|_{\mathrm{TTNN}}}(\mathcal{Y})=\mathcal{U}\diamondsuit_{\boldsymbol{\Phi}}\mathcal{S}_{\lambda}\diamondsuit_{\boldsymbol{\Phi}}\mathcal{V}^{H} \tag{5-9-23}$$

其中 $\mathcal{S}_{\lambda}=\boldsymbol{\Phi}^{H}\left[\overline{\overline{\mathcal{S}}}_{\lambda}\right],\overline{\overline{\mathcal{S}}}_{\lambda}=\max\left\{\overline{\overline{\mathcal{S}}}_{\boldsymbol{\Phi}}-\lambda,0\right\}$.

(2) 计算 $\mathcal{L}^{k+1}$.

优化问题 (5-9-16) 可以转化为下列等价优化问题:

$$\min\quad \|\mathcal{L}\|_{\mathrm{TTNN}}+\frac{\beta}{2}\left\|\mathcal{L}-\left(\mathcal{M}^{k+\frac{1}{2}}+\frac{1}{\beta}\mathcal{Z}^{k}-\mathcal{S}^{k}\right)\right\|_{F}^{2} \tag{5-9-24}$$

由定理 5-3, 其最优解为

$$\mathcal{L}^{k+1}=\mathcal{U}\diamondsuit_{\boldsymbol{\Phi}}S_{\beta}\diamondsuit_{\boldsymbol{\Phi}}\mathcal{V}^{H} \tag{5-9-25}$$

其中

$$\mathcal{M}^{k+\frac{1}{2}}+\frac{1}{\beta}\mathcal{Z}^{k}-\mathcal{S}^{k}=\mathcal{U}\diamondsuit_{\boldsymbol{\Phi}}\mathcal{S}\diamondsuit_{\boldsymbol{\Phi}}\mathcal{V}^{H} \tag{5-9-26}$$

$$\mathcal{S}_{\beta}=\boldsymbol{\Phi}^{H}\left[\overline{\overline{\mathcal{S}}}_{\beta}\right] \tag{5-9-27}$$

$$\overline{\overline{\mathcal{S}}}_\beta = \max\left\{\overline{\overline{\mathcal{S}}}_{\boldsymbol{\Phi}} - \frac{1}{\beta}, 0\right\} \tag{5-9-28}$$

(3) 计算 $\mathcal{S}^{k+1}$.

优化问题 (5-9-18) 的最优解为

$$\mathcal{S}^{k+1} = \operatorname{sgn}(\mathcal{W}) \circ \max\left\{|\mathcal{W}| - \frac{\lambda}{\beta}, 0\right\} \tag{5-9-29}$$

其中

$$\mathcal{W} = \mathcal{M}^{k+1} + \frac{1}{\beta}\mathcal{Z}^k - \mathcal{L}^{k+1} \tag{5-9-30}$$

$$\operatorname{sgn}(y) = \begin{cases} 1, & y > 0, \\ 0, & y = 0, \\ -1, & y < 0 \end{cases} \tag{5-9-31}$$

基于上述分析, 解优化问题 (5-9-12) 的 sGS-ADMM 如算法 5-12 所示. 由 [52] 可知, sGS-ADMM 是收敛的.

算法 5-12 sGS-ADMM

输入: 不完全张量 $\mathcal{P}_\Omega(\mathcal{X})$, 参数 $\tau \in \left(0, \dfrac{1+\sqrt{5}}{2}\right)$, $\beta > 0$, $\mathcal{L}^0$, $\mathcal{S}^0$, $\mathcal{Z}^0$.

输出: $\mathcal{L}$.

步骤 1: 执行下列操作

For $k = 1, 2, \cdots$

  根据 (5-9-20) 计算 $\mathcal{M}^{k+\frac{1}{2}}$;

  根据 (5-9-25) 计算 $\mathcal{L}^{k+1}$;

  根据 (5-9-21) 计算 $\mathcal{M}^{k+1}$;

  根据 (5-9-29) 计算 $\mathcal{S}^{k+1}$;

  根据 (5-9-19) 计算 $\mathcal{Z}^{k+1}$;

  If 收敛, **then break**;

End For

步骤 2: 输出 $\mathcal{L} = \mathcal{L}^{k+1}$.

参 考 文 献

[1] Goldfarb D, Qin Z W. Robust low-rank tensor recovery: Models and algorithms. SIAM Journal on Matrix Analysis and Applications, 2014, 35(1): 225-253.

[2] Lu C Y, Feng J S, Chen Y D, et al. Tensor robust principal component analysis with a new tensor nuclear norm. IEEE Transactions on Pattern Analysis and Machine Intelligence, 2020, 42(4): 925-938.
[3] Xia D, Zhou F. The sup-norm perturbation of HOSVD and low rank tensor denoising. Journal of Machine Learning Research, 2019, 20: 1-42.
[4] Xie T, Li S T, Fang L Y, et al. Tensor completion via nonlocal low-rank regularization. IEEE Transactions on Cybernetics, 2019, 49(6): 2344-2354.
[5] Xie Y, Zhang W S, Qu Y Y, et al. Hyper-Laplacian regularized multilinear multiview self-representations for clustering and semisupervised learning. IEEE Transactions on Cybernetics, 2020, 50(2): 572-586.
[6] Lu C Y, Feng J S, Chen Y D, et al. Tensor robust principal component analysis: Exact recovery of corrupted low-rank tensors via convex optimization. IEEE Conference on Computer Vision and Pattern Recognition (CVPR), 2016: 5249-5257.
[7] Shi Q Q, Cheung Y M, Zhao Q B, et al. Feature extraction for incomplete data via low-rank tensor decomposition with feature regularization. IEEE Transactions on Neural Networks and Learning Systems, 2019, 30(6): 1803-1817.
[8] Jiang J L, Zhang L, Yang J. Mixed noise removal by weighted encoding with sparse nonlocal regularization. IEEE Transactions on Image Processing, 2014, 23(6): 2651-2662.
[9] Cao W F, Wang Y, Sun J, et al. Total variation regularized tensor RPCA for background subtraction from compressive measurements. IEEE Transactions on Image Processing, 2016, 25(9): 4075-4090.
[10] Zhang Z, Li F Z, Zhao M B, et al. Joint low-rank and sparse principal feature coding for enhanced robust representation and visual classification. IEEE Transactions on Image Processing, 2016, 25(6): 2429-2443.
[11] Bengua J A, Phien H N, Tuan H D, et al. Efficient tensor completion for color image and video recovery: Low-rank tensor train. IEEE Transactions on Image Processing, 2017, 26(5): 2466-2479.
[12] Wu Y, Fang L Y, Li S T. Weighted tensor rank-1 decomposition for nonlocal image denoising. IEEE Transactions on Image Processing, 2019, 28(6): 2719-2730.
[13] Wang F Q, Huang H Y, Liu J. Variational-based mixed noise removal with CNN deep learning regularization. IEEE Transactions on Image Processing, 2020, 29: 1246-1258.
[14] Meng D Y, Torre F D L. Robust matrix factorization with unknown noise. IEEE International Conference on Computer Vision, 2013: 1337-1344.
[15] Chen X A, Han Z, Wang Y, et al. Robust tensor factorization with unknown noise. IEEE Conference on Computer Vision and Pattern Recognition, 2016: 5213-5221.
[16] Chen X A, Han Z, Wang Y, et al. A generalized model for robust tensor factorization with noise modeling by mixture of Gaussians. IEEE Transactions on Neural Networks and Learning Systems, 2018, 29(11): 5380-5393.
[17] Li C N, Shao Y H, Deng N Y. Robust L1-norm two-dimensional linear discriminant

analysis. Neural Networks, 2015, 65: 92-104.

[18] Chen S B, Wang J, Liu C Y, et al. Two-dimensional discriminant locality preserving projection based on ℓ_1-norm maximization. Pattern Recognition Letters, 2017, 87: 147-154.

[19] Li C N, Shao Y H, Wang Z, et al. Robust bilateral Lp-norm two-dimensional linear discriminant Analysis. Information Sciences, 2019, 500: 274-297.

[20] Lu Y W, Lai Z H, Li X L, et al. Low-rank 2-D neighborhood preserving projection for enhanced robust image representation. IEEE Transactions on Cybernetics, 2019, 49(5): 1859-1872.

[21] Wang X Y, Zhang Z, Tang Y, et al. L1-norm driven semi-supervised local discriminant projection for robust image representation. IEEE 27th International Conference on Tools with Artificial Intelligence, 2015: 391-397.

[22] Ju F J, Sun Y F, Gao J B, et al. Probabilistic linear discriminant analysis with vectorial representation for tensor data. IEEE Transactions on Neural Networks and Learning Systems, 2019, 30(10): 2938-2950.

[23] Acar E, Dunlavy D M, Kolda T G, et al. Scalable tensor factorizations for incomplete data. Chemometrics and Intelligent Laboratory Systems, 2011, 106(1): 41-56.

[24] Liu Y Y, Shang F H, Jiao L C, et al. Trace norm regularized CANDECOMP/PARAFAC decomposition with missing data. IEEE Transactions on Cybernetics, 2015, 45(11): 2437-2448.

[25] Yokota T, Zhao Q B, Cichocki A. Smooth PARAFAC decomposition for tensor completion. IEEE Transactions on Signal Processing, 2016, 64(20): 5423-5436.

[26] Geng X, Kate S M, Zhou Z H, et al. Face image modeling by multilinear subspace analysis with missing values. IEEE Transactions on Systems, Man, and Cybernetics—Part B: Cybernetics, 2011, 41(3): 881-892.

[27] Filipović M, Jukić A. Tucker factorization with missing data with application to low-n-rank tensor completion. Multidimensional Systems and Signal Processing, 2015, 26(3): 677-692.

[28] Tang J H, Shu X B, Qi G J, et al. Tri-clustered tensor completion for social-aware image tag refinement. IEEE Transactions on Pattern Analysis and Machine Intelligence, 2017, 39(8): 1662-1674.

[29] Chen B L, Sun T, Zhou Z H, et al. Nonnegative tensor completion via low-rank tucker decomposition: Model and algorithm. IEEE Access, 2019, 7: 95903-95914.

[30] Zhao Q B, Zhang L Q, Cichocki A. Bayesian CP factorization of incomplete tensors with automatic rank determination. IEEE Transactions on Pattern Analysis and Machine Intelligence, 2015, 37(9): 1751-1763.

[31] Meng D Y, Zhang B, Xu Z B, et al. Robust low-rank tensor factorization by cyclic weighted median. Science China Information Sciences, 2015, 58(5): 1-11.

[32] Zhao Q B, Zhou G X, Zhang L Q, et al. Bayesian robust tensor factorization for incomplete multiway data. IEEE Transactions on Neural Networks and Learning Systems,

2016, 27(4): 736-748.

[33] Wu Y K, Tan H C, Li Y, et al. Robust tensor decomposition based on Cauchy distribution and its applications. Neurocomputing, 2017, 223: 107-117.

[34] Dempster A P, Laird N M, Rubin D B. Maximum likelihood from incomplete data via the EM algorithm. Journal of the Royal Statistical Society, B, 1977, 39(1):1-38

[35] Yan S, Xu D, Yang Q, et al. Multilinear discriminant analysis for face recognition. IEEE Transactions on Image Processing, 2007, 16(1): 212-220.

[36] Li M, Yuan B Z. 2D-LDA: A statistical linear discriminant analysis for image matrix, Pattern Recognition Letters, 2005, 26: 527-532.

[37] Tomasi G, Bro R. PARAFAC and missing values. Chemometrics and Intelligent Laboratory Systems, 2005, 75(2):163-180.

[38] Zhang Z M, Ely G, Aeron S, et al. Novel methods for multilinear data completion and de-noising based on tensor-SVD. IEEE Conference on Computer Vision and Pattern Recognition(CVPR), 2014: 3842-3849.

[39] Zhang Z M, Aeron S. Exact tensor completion using t-SVD. IEEE Transactions on Signal Processing, 2017, 65(6): 1511-1526.

[40] Krishnamurthy A, Singh A. Low-rank matrix and tensor completion via adaptive sampling. The 26th International Conference on Neural Information Processing Systems, 2013: 836-844.

[41] Liu X Y, Aeron S, Aggarwal V, et al. Adaptive sampling of RF fingerprints for fine-grained indoor localization. IEEE Transactions on Mobile Computing, 2016, 15(10): 2411-2423.

[42] Wang W Q, Aggarwal V, Aeron S. Tensor completion by alternating minimization under the tensor train (TT) model. 2016, arXiv:1609.05587v1.

[43] Yuan L H, Zhao Q B, Gui L H. High-dimension tensor completion via gradient-based optimization under tensor train format. 2018, arXiv:1804. 01983v3.

[44] Zheng Y B, Huang T Z, Zhao X L, et al. Fully-connected tensor network decomposition and its application to higher-order tensor completion. AAAI Conference on Artificial Intelligence (AAAI), 2021: 11071-11078.

[45] Attouch H, Bolte J, Svaiter B F. Convergence of descent methods for semi-algebraic and tame problems: Proximal algorithms, forward-backward splitting, and regularized Gauss-Seidel methods. Mathematical Programming, 2013, 137(1): 91-129.

[46] Yuan L H, Li C, Mandic D, et al. Tensor ring decomposition with rank minimization on latent space: An efficient approach for tensor completion. AAAI Conference on Artificial Intelligence (AAAI), 2019: 9151-9158.

[47] Cai J F, Candès E J, Shen Z W. A singular value thresholding algorithm for matrix completion. SIAM Journal on Optimization, 2010, 20(4): 1956-1982.

[48] Song G J, Ng M K, Zhang X J. Robust tensor completion using transformed tensor SVD. 2019, arXiv:1907.01113v1.

[49] Chen L, Sun D F, Toh K C. An efficient inexact symmetric Gauss-Seidel based majorized

ADMM for high-dimensional convex composite conic programming. Mathematical Programming, 2017, 161(1-2): 237-270.

[50] Kilmer M E, Martin C D. Factorization strategies for third-order tensors. Linear Algebra and its Applications, 2011, 435(3): 641-658.

[51] Kernfeld E, Kilmer M, Aeron S. Tensor-tensor products with invertible linear transforms. Linear Algebra and its Applications, 2015, 485: 545-570.

[52] Li X D, Sun D F, Toh K C. A Schur complement based semi-proximal ADMM for convex quadratic conic programming and extensions. Mathematical Programming, 2016, 155(1-2): 333-373.

第 6 章　张量子空间学习在图像补全和去噪中的应用

在图像处理领域, 2013 年, Rajwade 利用高阶奇异值分解对图像进行去噪[1], Liu 利用张量的迹范数对图像缺失数据进行补全[2]; 2015 年, Liu[3] 和 Zhao[4] 分别利用 CP 分解和贝叶斯 CP 分解对缺失数据进行补全; 2016 年, 张骁利用 Tucker 分解提出基于多源共享因子的多张量填充算法[5]; 2017 年, 基于张量的稀疏 CP 分解, Sun 提出稀疏张量响应回归算法并应用于脑成像分析[6]; 2018 年, Kong 利用 t-SVD 对磁共振图像进行去噪[7], Yin 利用稀疏 Tucker 分解和加权平均规则处理 3-D 医学图像融合问题[8], Qi 利用稀疏 Tucker 分解解决图像去噪和图像超分辨率重建问题[9]; 2019 年, Jiang 利用 Tucker 分解和图-拉普拉斯的混合优化模型处理图像重构、聚类和分类问题[10], Fang 利用序列截断高阶奇异值分解对图像和视频中的缺失数据进行补全[11], Kong 利用块对角表示处理彩色图像和多谱图像的去噪问题[12]; 2020 年, 针对高光谱图像的去噪问题, Gong 利用 Tucker 分解提出低秩张量字典学习算法[13]; 2022 年, 针对带混合噪声的多通道图像补全问题, 基于非局部自相似学习和 Tucker 分解, Xie 提出了加权张量低秩分解算法[14] 和自适应稀疏低秩张量子空间学习算法[15]. 接下来, 我们详细介绍张量子空间学习在图像补全和去噪方面的应用.

6.1　基于因子矩阵迹范数最小化的图像补全算法

低秩张量完全 (low-rank tensor completion, LRTC) 广泛应用于可视化数据分析[16,17]、EEG 数据分析[18]、零售数据分析[19]、超谱数据分析[20,21]、社交网络分析[22] 和链路预测[23]. 考虑到自然图像具有内在的低秩结构, 2015 年, 利用 CP 分解, Liu[3] 提出了基于因子矩阵迹范数最小化的图像补全算法 TNCP(trace norm regularized CANDECOMP/PARAFAC decomposition).

定义 6-1 (张量的 n-秩)　一个 N 阶张量 $\mathcal{X} \in R^{I_1 \times I_2 \times \cdots \times I_N}$ 的 n-秩是由该张量按照各个模态展开之后所得到的矩阵秩组成的数组, 其表达式如下

$$n\text{-rank}\,(\mathcal{X}) = \big(\text{rank}(\boldsymbol{X}_{(1)}), \text{rank}(\boldsymbol{X}_{(2)}), \cdots, \text{rank}(\boldsymbol{X}_{(N)})\big) \tag{6-1-1}$$

基于定义 6-1, Mu[24] 提出了针对低秩张量完全问题的多目标优化模型:

$$\begin{aligned} \min_{\mathcal{X}} \quad & n\text{-rank}\,(\mathcal{X}) = \left(\operatorname{rank}(\boldsymbol{X}_{(1)}), \operatorname{rank}(\boldsymbol{X}_{(2)}), \cdots, \operatorname{rank}(\boldsymbol{X}_{(N)})\right) \\ \text{s.t.} \quad & \mathcal{P}_{\Omega}\,(\mathcal{X}) = \mathcal{P}_{\Omega}\,(\mathcal{T}) \end{aligned} \tag{6-1-2}$$

其中 Ω 是观测到的张量元素的坐标集, 张量 $\mathcal{T}$ 在这些对应坐标上的分量是已知的.

通过对目标函数进行加权, Liu[17] 和 Gandy[21] 把多目标优化问题 (6-1-2) 转化为一个单目标优化问题:

$$\begin{aligned} \min_{\mathcal{X}} \quad & \sum_{n=1}^{N} \alpha_n \operatorname{rank}(\boldsymbol{X}_{(n)}) \\ \text{s.t.} \quad & \mathcal{P}_{\Omega}\,(\mathcal{X}) = \mathcal{P}_{\Omega}\,(\mathcal{T}) \end{aligned} \tag{6-1-3}$$

非凸优化问题 (6-1-3) 可以通过其凸松弛进行求解:

$$\begin{aligned} \min_{\mathcal{X}} \quad & \sum_{n=1}^{N} \alpha_n \left\|\boldsymbol{X}_{(n)}\right\|_* \\ \text{s.t.} \quad & \mathcal{P}_{\Omega}\,(\mathcal{X}) = \mathcal{P}_{\Omega}\,(\mathcal{T}) \end{aligned} \tag{6-1-4}$$

设张量 $\mathcal{X}$ 的 CP 分解为 $\mathcal{X} = \sum_{r=1}^{R} \boldsymbol{u}_1^r \circ \boldsymbol{u}_2^r \circ \cdots \circ \boldsymbol{u}_N^r = [\![\boldsymbol{U}_1, \boldsymbol{U}_2, \cdots, \boldsymbol{U}_N]\!]$, 其中 $[\![\boldsymbol{U}_1, \boldsymbol{U}_2, \cdots, \boldsymbol{U}_N]\!] \in R^{I_1 \times I_2 \times \cdots \times I_N}, \boldsymbol{U}_i = \left(\boldsymbol{u}_i^1, \boldsymbol{u}_i^2, \cdots, \boldsymbol{u}_i^R\right) \in R^{I_i \times R} (i = 1, 2, \cdots, N)$. 由

$$\boldsymbol{X}_{(n)} = \boldsymbol{U}_n \left(\boldsymbol{U}_N \odot \cdots \odot \boldsymbol{U}_{n+1} \odot \boldsymbol{U}_{n-1} \odot \cdots \odot \boldsymbol{U}_2 \odot \boldsymbol{U}_1\right)^{\mathrm{T}} \tag{6-1-5}$$

可得

$$\begin{aligned} \operatorname{rank}\left(\boldsymbol{X}_{(n)}\right) &= \operatorname{rank}\left(\boldsymbol{U}_n \left(\boldsymbol{U}_N \odot \cdots \odot \boldsymbol{U}_{n+1} \odot \boldsymbol{U}_{n-1} \odot \cdots \odot \boldsymbol{U}_2 \odot \boldsymbol{U}_1\right)^{\mathrm{T}}\right) \\ &\leqslant \operatorname{rank}\left(\boldsymbol{U}_n\right) \end{aligned} \tag{6-1-6}$$

利用公式 (6-1-3) 和 (6-1-6), 基于因子矩阵迹范数最小化的图像补全模型如下[3]

$$\begin{aligned} \min_{\mathcal{X}} \quad & \sum_{n=1}^{N} \alpha_n \operatorname{rank}(\boldsymbol{U}_n) \\ \text{s.t.} \quad & \mathcal{P}_{\Omega}\,(\mathcal{X}) = \mathcal{P}_{\Omega}\,(\mathcal{T}),\ \mathcal{X} = [\![\boldsymbol{U}_1, \boldsymbol{U}_2, \cdots, \boldsymbol{U}_N]\!] \end{aligned} \tag{6-1-7}$$

基于公式 (6-1-4), 优化问题 (6-1-7) 可以写成下列形式:

$$\begin{aligned}&\min_{\mathcal{X}} \quad \sum_{n=1}^{N}\alpha_n\left\|\boldsymbol{U}_n\right\|_*\\&\text{s.t.} \quad \mathcal{P}_\Omega\left(\mathcal{X}\right)=\mathcal{P}_\Omega\left(\mathcal{T}\right),\ \mathcal{X}=[\![\boldsymbol{U}_1,\boldsymbol{U}_2,\cdots,\boldsymbol{U}_N]\!]\end{aligned}\tag{6-1-8}$$

上述优化问题等价于下列优化问题:

$$\begin{aligned}&\min_{\mathcal{X}} \quad \sum_{n=1}^{N}\alpha_n\left\|\boldsymbol{U}_n\right\|_*+\frac{\lambda}{2}\left\|\mathcal{X}-[\![\boldsymbol{U}_1,\boldsymbol{U}_2,\cdots,\boldsymbol{U}_N]\!]\right\|_F^2\\&\text{s.t.} \quad \mathcal{P}_\Omega\left(\mathcal{X}\right)=\mathcal{P}_\Omega\left(\mathcal{T}\right)\end{aligned}\tag{6-1-9}$$

为了利用 ADMM[25] 求解优化问题 (6-1-9), 通过引入辅助变量 $\boldsymbol{M}_n(n=1,2,\cdots,N)$ 到模型 (6-1-9) 中, 我们可以得到与其等价的优化问题:

$$\begin{aligned}&\min_{\mathcal{X}} \quad \sum_{n=1}^{N}\alpha_n\left\|\boldsymbol{M}_n\right\|_*+\frac{\lambda}{2}\left\|\mathcal{X}-[\![\boldsymbol{U}_1,\boldsymbol{U}_2,\cdots,\boldsymbol{U}_N]\!]\right\|_F^2\\&\text{s.t.} \quad \mathcal{P}_\Omega\left(\mathcal{X}\right)=\mathcal{P}_\Omega\left(\mathcal{T}\right),\boldsymbol{M}_n=\boldsymbol{U}_n,\ n=1,2,\cdots,N\end{aligned}\tag{6-1-10}$$

(6-1-10) 的增广拉格朗日函数为

$$\begin{aligned}L_\mu\left(\boldsymbol{U}_n,\boldsymbol{M}_n,\mathcal{X},\boldsymbol{Y}_n\right)=&\sum_{n=1}^{N}\alpha_n\left\|\boldsymbol{M}_n\right\|_*+\frac{\lambda}{2}\left\|\mathcal{X}-[\![\boldsymbol{U}_1,\boldsymbol{U}_2,\cdots,\boldsymbol{U}_N]\!]\right\|_F^2\\&+\sum_{n=1}^{N}\left(\left\langle\boldsymbol{Y}_n,\boldsymbol{M}_n-\boldsymbol{U}_n\right\rangle+\frac{\mu}{2}\left\|\boldsymbol{M}_n-\boldsymbol{U}_n\right\|_F^2\right)\end{aligned}\tag{6-1-11}$$

基于 (6-1-11), 在第 $k+1$ 次迭代中, 变量 $\boldsymbol{U}_n$, $\boldsymbol{M}_n$, $\mathcal{X}$ 和 $\boldsymbol{Y}_n$ 的更新公式如下.

(1) 计算 $\boldsymbol{U}_n^{k+1}$.

求变量 $\boldsymbol{U}_n^{k+1}$ 的优化问题为

$$\min_{\boldsymbol{U}_1,\boldsymbol{U}_2,\cdots,\boldsymbol{U}_N}\frac{\lambda}{2}\left\|\mathcal{X}^k-[\![\boldsymbol{U}_1,\boldsymbol{U}_2,\cdots,\boldsymbol{U}_N]\!]\right\|_F^2+\sum_{n=1}^{N}\frac{\mu^k}{2}\left\|\boldsymbol{U}_n-\boldsymbol{M}_n^k-\boldsymbol{Y}_n^k/\mu^k\right\|_F^2\tag{6-1-12}$$

设 $\boldsymbol{B}_n=\boldsymbol{U}_n\left(\boldsymbol{U}_N\odot\cdots\odot\boldsymbol{U}_{n+1}\odot\boldsymbol{U}_{n-1}\odot\cdots\odot\boldsymbol{U}_1\right)^{\mathrm{T}}$, 则优化问题 (6-1-12) 可以写成下列形式:

$$\min_{\boldsymbol{U}_1,\boldsymbol{U}_2,\cdots,\boldsymbol{U}_N}\frac{\lambda}{2}\left\|\boldsymbol{U}_n\boldsymbol{B}_n-\boldsymbol{X}_{(n)}^k\right\|_F^2+\sum_{n=1}^{N}\frac{\mu^k}{2}\left\|\boldsymbol{U}_n-\boldsymbol{M}_n^k-\boldsymbol{Y}_n^k/\mu^k\right\|_F^2\tag{6-1-13}$$

其闭式解为

$$\boldsymbol{U}_n^{k+1}=\left(\lambda \boldsymbol{X}_{(n)}^k \boldsymbol{B}_n^{\mathrm{T}}+\mu^k \boldsymbol{M}_n^k+\boldsymbol{Y}_n^k\right)\left(\lambda \boldsymbol{B}_n \boldsymbol{B}_n^{\mathrm{T}}+\mu^k \boldsymbol{I}\right)^{-1} \tag{6-1-14}$$

(2) 计算 $\boldsymbol{M}_n^{k+1}$.

求变量 $\boldsymbol{M}_n^{k+1}$ 的优化问题为

$$\min_{\boldsymbol{M}_n} \quad \sum_{n=1}^N \alpha_n\left\|\boldsymbol{M}_n\right\|_*+\frac{\mu}{2} \sum_{n=1}^N\left\|\boldsymbol{U}_n-\boldsymbol{M}_n-\boldsymbol{Y}_n / \mu\right\|_F^2 \tag{6-1-15}$$

根据 [26], 其闭式解为

$$\boldsymbol{M}_n^{k+1}=\operatorname{SVT}_{\frac{\alpha_n}{\mu^k}}\left(\boldsymbol{U}_n^{k+1}-\boldsymbol{Y}_n^k / \mu^k\right) \tag{6-1-16}$$

其中 $\operatorname{SVT}_\delta(\boldsymbol{A})=\boldsymbol{U} \operatorname{diag}\left(\left\{(\sigma-\delta)_{+}\right\}\right) \boldsymbol{V}^{\mathrm{T}}$, $\boldsymbol{A}=\boldsymbol{U} \operatorname{diag}\left(\left\{\sigma_i\right\}_{1 \leqslant i \leqslant r}\right) \boldsymbol{V}^{\mathrm{T}}$.

(3) 计算 $\mathcal{X}^{k+1}$.

求变量 X^{k+1} 的优化问题为

$$\begin{aligned}
\min_{\mathcal{X}} \quad & \frac{1}{2}\left\|\mathcal{X}-\left[\!\left[\boldsymbol{U}_1^{k+1}, \boldsymbol{U}_2^{k+1}, \cdots, \boldsymbol{U}_N^{k+1}\right]\!\right]\right\|_F^2 \\
\text{s.t.} \quad & \mathcal{P}_{\Omega}(\mathcal{X})=\mathcal{P}_{\Omega}(\mathcal{T})
\end{aligned} \tag{6-1-17}$$

由其增广拉格朗日函数 $\frac{1}{2}\left\|\mathcal{X}-\left[\!\left[\boldsymbol{U}_1^{k+1}, \boldsymbol{U}_2^{k+1}, \cdots, \boldsymbol{U}_N^{k+1}\right]\!\right]\right\|_F^2+\beta\left\langle\mathcal{Q}_{\Omega}, P_{\Omega}(\mathcal{X})-P_{\Omega}(\mathcal{T})\right\rangle$, 可知优化问题 (6-1-17) 的 KKT 条件为

$$\mathcal{X}-\left[\!\left[\boldsymbol{U}_1^{k+1}, \boldsymbol{U}_2^{k+1}, \cdots, \boldsymbol{U}_N^{k+1}\right]\!\right]+\mathcal{Q}_{\Omega}=0 \tag{6-1-18}$$

$$\mathcal{P}_{\Omega}(\mathcal{X})-\mathcal{P}_{\Omega}(\mathcal{T})=0 \tag{6-1-19}$$

由 (6-1-18), (6-1-19), 我们可以按照下式修正 $\mathcal{X}^{k+1}$:

$$\mathcal{X}^{k+1}=\mathcal{P}_{\Omega}(\mathcal{T})+\mathcal{P}_{\bar{\Omega}}\left(\left[\!\left[\boldsymbol{U}_1^{k+1}, \boldsymbol{U}_2^{k+1}, \cdots, \boldsymbol{U}_N^{k+1}\right]\!\right]\right) \tag{6-1-20}$$

(4) 计算 $\boldsymbol{Y}_n^{k+1}$.

由 (6-1-11), $\boldsymbol{Y}_n^{k+1}$ 可以按照下式进行修正:

$$\boldsymbol{Y}_n^{k+1}=\boldsymbol{Y}_n^k+\mu^k\left(\boldsymbol{M}_n^{k+1}-\boldsymbol{U}_n^{k+1}\right) \tag{6-1-21}$$

基于上述分析, TNCP 算法的详细步骤如算法 6-1 所示[3].

算法 6-1 TNCP 算法

输入: 不完全张量 $\mathcal{P}_{\Omega}(\mathcal{T})$, CP 秩 R, 模型参数 λ, 最大迭代次数 $T_{\max}$, μ_0, $\mu_{\max}$, ρ, tol.
输出: $\mathcal{X}$ 和 $\boldsymbol{U}_n$.
$\boldsymbol{Y}_n^0 = \boldsymbol{M}_n^0 = \boldsymbol{0}$.
$\boldsymbol{U}_n^0 = \text{rand}(I_n, R)\ (i = 1, 2, \cdots, N)$.
  For $k = 1, 2, \cdots, T_{\max}$
    For $n = 1, 2, \cdots, N$
      根据 (6-1-14) 计算 $\boldsymbol{U}_n^{k+1}$;
      根据 (6-1-16) 计算 $\boldsymbol{M}_n^{k+1}$;
    End For
    根据 (6-1-20) 计算 $\mathcal{X}^{k+1}$;
    For $n = 1, 2, \cdots, N$
      根据 (6-1-21) 计算 $\boldsymbol{Y}_n^{k+1}$;
    End For
    根据 $\mu^{k+1} = \min\{\rho\mu^k, \mu_{\max}\}$ 计算 μ^{k+1};
    If $\max\{\|\boldsymbol{M}_n^{k+1} - \boldsymbol{U}_n^{k+1}\|_F, n = 1, 2, \cdots, N\} \leqslant \text{tol}$, **then break**;
  End For
Return $\mathcal{X} = \mathcal{X}^{k+1}$, $\boldsymbol{U}_n = \boldsymbol{U}_n^{k+1}\ (n = 1, 2, \cdots, N)$.

6.2 基于序列截断高阶奇异值分解的图像补全算法

6.2.1 自适应序列截断高阶奇异值分解

序列截断高阶奇异值分解 (sequentially truncated HOSVD, ST-HOSVD)[27] 是一种高质量的 HOSVD 的截断算法, 它按照一定的模态顺序 $p_1, \cdots, p_N$ 处理张量的各个模态, 用贪婪算法得到因子矩阵. 其算法的详细步骤如算法 6-2 所示.

算法 6-2 ST-HOSVD 算法

输入: 张量 $\mathcal{X}$, 截断秩 $r_1, r_2, \cdots, r_N$, 模态序 $p_1, p_2, \cdots, p_N$.
输出: 核张量 $\mathcal{G}$, 因子矩阵 $\boldsymbol{U}_k\ (k = 1, 2, \cdots, N)$.
$\mathcal{G} = \mathcal{X}$.
  For $k = p_1, p_2, \cdots, p_N$
    计算 $\boldsymbol{G}_{(k)}$ 的 SVD 分解: $\boldsymbol{G}_{(k)} = (\boldsymbol{Z}_1 \quad \boldsymbol{Z}_2)\begin{pmatrix} \boldsymbol{S}_1 & \\ & \boldsymbol{S}_2 \end{pmatrix}\begin{pmatrix} \boldsymbol{V}_1^{\mathrm{T}} \\ \boldsymbol{V}_2^{\mathrm{T}} \end{pmatrix}$, 其中 $\boldsymbol{Z}_1 \in R^{I_k \times r_k}$;
    $\boldsymbol{U}_k = \boldsymbol{Z}_1$;
    $\mathcal{G} = \text{fold}_k\left(\boldsymbol{S}_1 \boldsymbol{V}_1^{\mathrm{T}}\right)$;

End For

Return $\mathcal{G}$, $\boldsymbol{U}_k\,(k=1,2,\cdots,N)$.

ST-HOSVD 算法的主要不足是, 我们需要事先给定秩 $r_1,\cdots,r_N$. 为了自动得到 $r_1,\cdots,r_N$, 设 $\delta\in[0,1]$, $s_{ii}(i=1,\cdots,n)$ 是 $\boldsymbol{S}$ 的非零对角元素, 我们首先利用下列表达式计算最优秩 r_k^*, 然后限制 $\boldsymbol{U}$ 到它的前 r_k^* 列得到 $\hat{\boldsymbol{U}}_k=\boldsymbol{U}(:,1:r_k^*)$[28]:

$$r_k^*(\delta)=\min_r\left\{r_0\leqslant r<I_k\left|\sum_{r+1}^n s_{ii}\middle/\sum_1^n s_{ii}<\delta\right.\right\}\tag{6-2-1}$$

其中 r_0 是预先给定的截断秩的下界.

在实际应用中, 由于 $I_k\leqslant\prod\limits_{i\neq k}I_i=J_k$ 常常成立, 为了减少计算时间, 我们直接计算 $\boldsymbol{G}_{(k)}\cdot(\boldsymbol{G}_{(k)})^{\mathrm{T}}=\boldsymbol{U}\cdot\boldsymbol{S}^2\cdot\boldsymbol{U}^{\mathrm{T}}$. 设 $\boldsymbol{U}_1=\boldsymbol{U}(:,1:r_k^*)$, $\boldsymbol{U}_2=\boldsymbol{U}(:,r_k^*+1:I_k)$, $\boldsymbol{V}_1=\boldsymbol{V}(:,1:r_k^*)$, $\boldsymbol{V}_2=\boldsymbol{V}(:,r_k^*+1:I_k)$, $\boldsymbol{S}_1=\boldsymbol{S}(1:r_k^*,1:r_k^*)$, $\boldsymbol{S}_2=\boldsymbol{S}(r_k^*+1:I_k,r_k^*+1:I_k)$, 则下式成立:

$$\boldsymbol{G}_{(k)}=[\boldsymbol{U}_1\ \ \boldsymbol{U}_2]\begin{bmatrix}\boldsymbol{S}_1 & 0^{\mathrm{T}}\\ 0 & \boldsymbol{S}_2\end{bmatrix}\begin{bmatrix}\boldsymbol{V}_1^{\mathrm{T}}\\ \boldsymbol{V}_2^{\mathrm{T}}\end{bmatrix}=\boldsymbol{U}_1\cdot\boldsymbol{S}_1\cdot\boldsymbol{V}_1^{\mathrm{T}}+\boldsymbol{U}_2\cdot\boldsymbol{S}_2\cdot\boldsymbol{V}_2^{\mathrm{T}}\tag{6-2-2}$$

由于 $\boldsymbol{U}=[\boldsymbol{U}_1\ \ \boldsymbol{U}_2]$ 是正交的, 所以 $\boldsymbol{U}_1^{\mathrm{T}}\cdot\boldsymbol{U}_1=\boldsymbol{I}$, $\boldsymbol{U}_1^{\mathrm{T}}\cdot\boldsymbol{U}_2=\boldsymbol{O}$. 从而

$$\begin{aligned}\boldsymbol{U}_1^{\mathrm{T}}\cdot\boldsymbol{G}_{(k)}&=\boldsymbol{U}_1^{\mathrm{T}}\cdot\left(\boldsymbol{U}_1\cdot\boldsymbol{S}_1\cdot\boldsymbol{V}_1^{\mathrm{T}}+\boldsymbol{U}_2\cdot\boldsymbol{S}_2\cdot\boldsymbol{V}_2^{\mathrm{T}}\right)\\&=\boldsymbol{U}_1^{\mathrm{T}}\cdot\boldsymbol{U}_1\cdot\boldsymbol{S}_1\cdot\boldsymbol{V}_1^{\mathrm{T}}+\boldsymbol{U}_1^{\mathrm{T}}\cdot\boldsymbol{U}_2\cdot\boldsymbol{S}_2\cdot\boldsymbol{V}_2^{\mathrm{T}}\\&=\boldsymbol{S}_1\cdot\boldsymbol{V}_1^{\mathrm{T}}\end{aligned}\tag{6-2-3}$$

基于上述分析, 自适应序列截断高阶奇异值分解 (adaptive ST-HOSVD, AST-HOSVD) 算法的详细步骤如算法 6-3 所示[28].

算法 6-3　AST-HOSVD 算法

输入: 张量 $\mathcal{X}$, δ, r_0, 模态序 $p_1,p_2,\cdots,p_N$.

输出: 核张量 $\mathcal{G}$, 因子矩阵 $\boldsymbol{U}_k\,(k=1,2,\cdots,N)$.

$\mathcal{G}^0=\mathcal{X}$.

　For $i=1,2,\cdots,N$

　　$k=p_i$;

　　$\boldsymbol{G}_{(k)}=\mathrm{unfold}_k(\mathcal{G}^{i-1})$;

　　计算 $\boldsymbol{G}_{(k)}\left(\boldsymbol{G}_{(k)}\right)^{\mathrm{T}}$ 的 SVD 分解: $\boldsymbol{G}_{(k)}\left(\boldsymbol{G}_{(k)}\right)^{\mathrm{T}}=\boldsymbol{Z}\boldsymbol{S}^2\boldsymbol{Z}^{\mathrm{T}}$;

根据 (6-2-1) 计算 r_k^*;

$\boldsymbol{U}_k = \boldsymbol{Z}_1$;

$\mathcal{G}^i = \mathrm{fold}_k(\boldsymbol{Z}_1^{\mathrm{T}}\boldsymbol{G}_{(k)})$;

End For

Return $\mathcal{G} = \mathcal{G}^N$, $\boldsymbol{U}_k\,(k = 1, 2, \cdots, N)$.

6.2.2 基于自适应序列截断高阶奇异值分解的张量补全算法

设 $\mathcal{X}$ 是带缺失值的张量, $\mathcal{I}$ 是标示 $\mathcal{X}$ 缺失位置的示性张量, 定义如下

$$I_{i_1,i_2,\cdots,i_N} = \begin{cases} 0, & X_{i_1,i_2,\cdots,i_N}\text{值缺失}, \\ 1, & \text{其他} \end{cases} \tag{6-2-4}$$

我们的目标是寻找 $\mathcal{X}$ 的一个好的低秩近似 $\mathcal{Y}$, 使得它在非缺失位置上的重构误差最小. 其最优化模型可以表示为

$$\min_{\mathcal{Y}} \quad \|\mathcal{I} * (\mathcal{X} - \mathcal{Y})\|_F^2 \tag{6-2-5}$$

从算法 AST-HOSVD, 我们可以得到 $\mathcal{G}^i = \mathcal{X} \times_1 \widehat{\boldsymbol{U}}_1 \times_2 \cdots \times_{i-1} \widehat{\boldsymbol{U}}_{i-1}$. 这样一来, 在前 i 次迭代中, 我们可以得到张量 $\mathcal{X}$ 的 i 个低秩近似 $\widehat{\mathcal{T}}_i = \mathcal{X} \times_1 (\widehat{\boldsymbol{U}}_1\widehat{\boldsymbol{U}}_1^{\mathrm{T}}) \times_2 \cdots \times_i (\widehat{\boldsymbol{U}}_i\widehat{\boldsymbol{U}}_i^{\mathrm{T}})$. 为了加快计算速度, 我们首先取这 i 个近似的平均值 $\mathcal{D}_i = \dfrac{\sum_{i=1}^{N}\widehat{\mathcal{T}}_i}{N}$ 作为 $\mathcal{X}$ 的更好的近似, 然后对缺失值按照下列公式进行填充:

$$\widehat{\mathcal{X}} = \mathcal{X} * \mathcal{I} + \mathcal{D}_i * (\sim \mathcal{I}) \tag{6-2-6}$$

其中 $\sim$ 是布尔 NOT 算子.

基于上述分析, 基于自适应序列截断高阶奇异值分解的张量补全 (AST-HOSVD-TC) 算法如算法 6-4 所示[28].

算法 6-4　AST-HOSVD-TC 算法

输入: 不完全张量 $\mathcal{X}$, $\mathcal{I}$, δ, r_0, tol.

输出: 完全张量 $\widehat{\mathcal{X}}$.

$\mathcal{Z} = \mathcal{X} * \mathcal{I}$.

$\mathcal{D}_0 = O$.

For $t = 1, 2, \cdots, T_{\max}$

对输入张量 $\mathcal{Z}$, 利用算法 6-3 计算 $\mathcal{G}$ 和 $\boldsymbol{U}_k\,(k = 1, 2, \cdots, N)$;

$\mathcal{T}_k = \mathcal{Z} \times_k (\boldsymbol{U}_k \boldsymbol{U}_k^{\mathrm{T}}) \, (k = 1, 2, \cdots, N)$;

$\mathcal{D}_t = \dfrac{1}{N} \sum_{k=1}^{N} \mathcal{T}_k$;

$\mathcal{Z} = \mathcal{X} * \mathcal{I} + \mathcal{D}_t * (\sim \mathcal{I})$;

If $\dfrac{\|\mathcal{D}_t - \mathcal{D}_{t-1}\|_F}{\|\mathcal{D}_t\|_F} \leqslant \text{tol}$, **then break**;

End For

Return $\widehat{\mathcal{X}} = \mathcal{Z}$.

6.2.3 基于自适应序列截断高阶奇异值分解的张量补全算法的收敛性分析

在算法 AST-HOSVD-TC 的每次迭代中, $\mathcal{D}_i$ 相对于 $\widehat{\mathcal{X}}_{i-1}$ 的近似误差为

$$\begin{aligned}
\Delta = \|\widehat{\mathcal{X}}_{i-1} - \mathcal{D}_i\|_F &= \left\| \widehat{\mathcal{X}}_{i-1} - \frac{1}{N} \sum_{k=1}^{N} \widehat{\mathcal{T}}_k \right\|_F \\
&= \left\| \frac{1}{N} \sum_{k=1}^{N} (\widehat{\mathcal{X}}_{i-1} - \widehat{\mathcal{X}}_{i-1} \times_1 (\widehat{\boldsymbol{U}}_1 \widehat{\boldsymbol{U}}_1^{\mathrm{T}}) \times_2 \cdots \times_k (\widehat{\boldsymbol{U}}_k \widehat{\boldsymbol{U}}_k^{\mathrm{T}})) \right\|_F \\
&\leqslant \frac{1}{N} \sum_{k=1}^{N} \|\widehat{\mathcal{X}}_{i-1} - \widehat{\mathcal{X}}_{i-1} \times_1 (\widehat{\boldsymbol{U}}_1 \widehat{\boldsymbol{U}}_1^{\mathrm{T}}) \times_2 \cdots \times_k (\widehat{\boldsymbol{U}}_k \widehat{\boldsymbol{U}}_k^{\mathrm{T}})\|_F
\end{aligned} \tag{6-2-7}$$

根据 [27] 中的定理 6.4, 我们有 $\|\widehat{\mathcal{X}}_{i-1} \times_1 (\boldsymbol{I} - \widehat{\boldsymbol{U}}_1 \widehat{\boldsymbol{U}}_1^{\mathrm{T}})\|_F = \sqrt{\sum_{i_1=r_1+1}^{I_1} \sigma_{1,i_1}^2}$, $\|\widehat{\mathcal{X}}_{i-1} \times_1 (\widehat{\boldsymbol{U}}_1 \widehat{\boldsymbol{U}}_1^{\mathrm{T}}) \times_2 (\boldsymbol{I} - \widehat{\boldsymbol{U}}_2 \widehat{\boldsymbol{U}}_2^{\mathrm{T}})\|_F = \sqrt{\sum_{i_2=r_2+1}^{I_2} \sigma_{2,i_2}^2}$, $\|\widehat{\mathcal{X}}_{i-1} \times_1 (\widehat{\boldsymbol{U}}_1 \widehat{\boldsymbol{U}}_1^{\mathrm{T}}) \times_2 \cdots \times_k (\boldsymbol{I} - \widehat{\boldsymbol{U}}_k \widehat{\boldsymbol{U}}_k^{\mathrm{T}})\|_F = \sqrt{\sum_{i_k=r_k+1}^{I_k} \sigma_{k,i_k}^2}$.

由

$$\begin{aligned}
&\|\widehat{\mathcal{X}}_{i-1} - \widehat{\mathcal{X}}_{i-1} \times_1 (\widehat{\boldsymbol{U}}_1 \widehat{\boldsymbol{U}}_1^{\mathrm{T}}) \times_2 \cdots \times_k (\widehat{\boldsymbol{U}}_k \widehat{\boldsymbol{U}}_k^{\mathrm{T}})\|_F \\
&= \|\widehat{\mathcal{X}}_{i-1} \times_1 (\boldsymbol{I} - \widehat{\boldsymbol{U}}_1 \widehat{\boldsymbol{U}}_1^{\mathrm{T}}) + \widehat{\mathcal{X}}_{i-1} \times_1 (\widehat{\boldsymbol{U}}_1 \widehat{\boldsymbol{U}}_1^{\mathrm{T}}) \times_2 (\boldsymbol{I} - \widehat{\boldsymbol{U}}_2 \widehat{\boldsymbol{U}}_2^{\mathrm{T}}) \\
&\quad + \cdots + \widehat{\mathcal{X}}_{i-1} \times_1 (\widehat{\boldsymbol{U}}_1 \widehat{\boldsymbol{U}}_1^{\mathrm{T}}) \times_2 \cdots \times_k (\boldsymbol{I} - \widehat{\boldsymbol{U}}_k \widehat{\boldsymbol{U}}_k^{\mathrm{T}})\|_F \\
&\leqslant \|\widehat{\mathcal{X}}_{i-1} \times_1 (\boldsymbol{I} - \widehat{\boldsymbol{U}}_1 \widehat{\boldsymbol{U}}_1^{\mathrm{T}})\|_F + \|\widehat{\mathcal{X}}_{i-1} \times_1 (\widehat{\boldsymbol{U}}_1 \widehat{\boldsymbol{U}}_1^{\mathrm{T}}) \times_2 (\boldsymbol{I} - \widehat{\boldsymbol{U}}_2 \widehat{\boldsymbol{U}}_2^{\mathrm{T}})\|_F
\end{aligned}$$

$$+\cdots+\|\widehat{\mathcal{X}}_{i-1}\times_1(\widehat{\boldsymbol{U}}_1\widehat{\boldsymbol{U}}_1^{\mathrm{T}})\times_2\cdots\times_k(\boldsymbol{I}-\widehat{\boldsymbol{U}}_k\widehat{\boldsymbol{U}}_k^{\mathrm{T}})\|_F \tag{6-2-8}$$

可得

$$\Delta=\|\widehat{\mathcal{X}}_{i-1}-\mathcal{D}_i\|_F\leqslant\frac{1}{N}\sum_{k=1}^{N}\left(\sqrt{\sum_{i_1=r_1+1}^{I_1}\sigma_{1,i_1}^2}+\cdots+\sqrt{\sum_{i_k=r_k+1}^{I_k}\sigma_{k,i_k}^2}\right) \tag{6-2-9}$$

很明显, 对于小的 δ, r_k 将变大, 公式 (6-2-9) 右边的值将变小. 当 δ 趋向于 0 时, 公式 (6-2-9) 右边的值将趋向于 0. 因此, 对于任意的 $\varepsilon>0$, 一定存在一个足够小的 δ 使得 $\Delta<\varepsilon$.

由

$$\mathcal{D}_{i+1}-\mathcal{D}_i=(\mathcal{D}_{i+1}-\widehat{\mathcal{X}}_i)+(\widehat{\mathcal{X}}_i-\widehat{\mathcal{X}}_{i-1})+(\widehat{\mathcal{X}}_{i-1}-\mathcal{D}_i) \tag{6-2-10}$$

我们知道: 对于足够小的 δ, $\|\mathcal{D}_{i+1}-\widehat{\mathcal{X}}_i\|_F$ 和 $\|\widehat{\mathcal{X}}_{i-1}-\mathcal{D}_i\|_F$ 都是非常小的. 如果 $\|\widehat{\mathcal{X}}_i-\widehat{\mathcal{X}}_{i-1}\|_F$ 也是非常小的, 那么 $\|\mathcal{D}_{i+1}-\mathcal{D}_i\|_F$ 是非常小的, 算法可以终止. 如果 $\|\widehat{\mathcal{X}}_i-\widehat{\mathcal{X}}_{i-1}\|_F$ 不是一个小值, 根据 (6-2-6), 我们可以得到下列表达式:

$$\mathcal{D}_{i+1}-\mathcal{D}_i\approx\widehat{\mathcal{X}}_i-\widehat{\mathcal{X}}_{i-1}=(\mathcal{D}_i-\mathcal{D}_{i-1})*(\sim\mathcal{I}) \tag{6-2-11}$$

显然, 由 (6-2-11), 我们很容易得到 $\|\mathcal{D}_{i+1}-\mathcal{D}_i\|_F\leqslant\|\mathcal{D}_i-\mathcal{D}_{i-1}\|_F$, 从而对于足够小的 δ, 绝对误差的下降能够保证 AST-HOSVD-TC 算法收敛.

6.2.4 实验结果与分析

我们使用 14 张自然彩色图像和 3 个视频数据集测试我们算法的性能. 其中, 前 13 张图像来自 Bing Gallery (http://www.bing.com/gallery/), 第 14 张图像是用 Panasonic DMC-FS15GK 数码相机自照的, 视频数据来自 Olympic Sports Dataset (http://vision.stanford.edu/Datasets/OlympicSports/). 原始图像的大小为 $4000\times3000\times3, 1920\times1080\times3$ 或者 $1366\times768\times3$. 为了减少计算时间, 在实验中, 我们首先把所有图像都归一化为大约 $800\times500\times3$ 的图像, 然后对每张图像分别按照 50%和 80%的抽样比例进行实验. 归一化之后的前 10 张图像显示在图 6-1 中, 后 4 张图像显示在图 6-2 中, 视频的第一帧图像显示在图 6-3 中.

我们把 AST-HOSVD-TC 和 TNCP[3]、CP-WOPT[29]、WTucker[30]、$\mathrm{M^2SA}$[31] 和 CTD[32] 进行比较. 所有算法的终止误差参数设置为 10^{-3}, 最大迭代次数为 1000. TNCP 算法中的参数设置为 $\alpha_1=\alpha_2=1, \alpha_3=10^{-3}, \lambda=\{0.1,1,5,10\}$; 算法 Wtucker, CTD 和 $\mathrm{M^2SA}$ 中的 Tucker 秩为 $\{r,r,3\}$, 其中 $r=\{3,4,\cdots,100\}$; 算法 TNCP 和 CP-WOPT 中的 CP 秩 $R=\{1,2,\cdots,200\}$; 所提出算法中的参

数设置为 $r_0 = 3, \delta = \{0.1, 0.2, \cdots, 0.9\}$. 抽样率为 50% 的实验结果列在表 6-1 和表 6-2 中; 抽样率为 80%的带不同高斯噪声的实验结果列在表 6-3 中; 抽样率为 80%的不同大小图像的实验结果列在表 6-4 中; 视频数据的实验结果列在表 6-5 中. 在表 6-4 中, 图像 Image_4, Image_5 和 Image_6 的大小均为 $800 \times 500 \times 3$; 图像 Ori_4, Ori_5 和 Ori_6 是它们的原始图像, 大小均为 $1920 \times 1200 \times 3$; 图像 Big_4, Big_5 和 Big_6 是相应原始图像缩放之后的图像, 大小均为 $1280 \times 800 \times 3$. 在表 6-5 中, 对于每一段视频, 我们仅仅选择 30 帧进行实验, 为了减少计算时间, 我们把每一段视频都归一化为大小为 $360 \times 480 \times 3 \times 30$ 的四阶张量.

(a) Image_1　(b) Image_2
(c) Image_3　(d) Image_4
(e) Image_5　(f) Image_6
(g) Image_7　(h) Image_8
(i) Image_9　(j) Image_10

图 6-1　前 10 张图像, 大小均为 $800 \times 500 \times 3$

(a) Image_11 (b) Image_12

(c) Image_13 (d) Image_14

图 6-2 后 4 张图像, 它们的大小分别为 $700 \times 437 \times 3$, $800 \times 449 \times 3$, $800 \times 450 \times 3$ 和 $800 \times 600 \times 3$

(a) Video_1 (b) Video_2 (c) Video_3

图 6-3 视频的第一帧图像

从表 6-1 和表 6-2 可以看到: 无论是恢复质量还是计算时间, 所提出的算法 AST-HOSVD-TC 都优于基准算法.

表 6-1 抽样率为 50% 的 SRE 实验结果比较

图像	TNCP	Wtucker	CTD	M^2SA	CP-WOPT	AST-HOSVD-TC
Image_1	19.0%	20.6%	19.5%	18.9%	19.5%	**18.4%**
Image_2	20.9%	23.0%	21.8%	20.7%	21.9%	**19.9%**
Image_3	16.2%	19.6%	17.9%	15.7%	17.7%	**15.2%**
Image_4	10.9%	13.9%	12.1%	10.7%	12.3%	**10.4%**
Image_5	28.7%	29.5%	30.0%	28.5%	29.0%	**27.7%**
Image_6	32.8%	33.5%	33.0%	32.6%	32.9%	**31.7%**
Image_7	13.2%	16.5%	14.4%	12.9%	14.6%	**12.5%**
Image_8	14.5%	17.7%	16.9%	14.4%	15.7%	**14.0%**
Image_9	19.1%	21.1%	19.7%	19.1%	19.9%	**18.4%**
Image_10	19.3%	20.9%	20.2%	19.0%	20.1%	**18.5%**
Image_11	15.9%	17.6%	16.6%	15.5%	16.1%	**15.3%**
Image_12	19.1%	22.6%	20.1%	18.7%	21.0%	**17.7%**
Image_13	7.3%	11.2%	9.8%	7.2%	8.6%	**7.0%**
Image_14	22.2%	23.0%	23.0%	21.5%	22.8%	**20.6%**

表 6-2 抽样率为 50% 的计算时间比较 (秒)

图像	TNCP	Wtucker	CTD	M^2SA	CP-WOPT	AST-HOSVD-TC
Image_1	29.18	65.15	121.07	376.92	2244.43	**11.29**
Image_2	41.36	71.25	130.31	424.90	4506.93	**7.04**
Image_3	70.29	129.84	198.77	469.24	3895.83	**8.59**
Image_4	48.76	64.56	249.21	243.39	5336.92	**8.71**
Image_5	21.98	40.53	365.78	885.64	2276.22	**7.62**
Image_6	31.44	47.02	462.32	738.87	1984.71	**8.58**
Image_7	41.75	61.91	612.06	780.27	4024.86	**21.28**
Image_8	44.29	278.55	289.58	507.05	3538.61	**28.55**
Image_9	29.42	45.24	349.40	679.79	3732.42	**8.84**
Image_10	33.82	45.37	374.68	484.97	3600.04	**6.92**
Image_11	29.92	52.12	166.25	468.30	3248.99	**10.51**
Image_12	57.26	68.25	504.00	925.57	3653.48	**8.58**
Image_13	52.04	50.34	112.65	212.72	4633.44	**13.13**
Image_14	96.80	629.27	156.70	349.14	3480.94	**10.11**

从表 6-3, 我们可以观察到: 一方面, 无论是恢复质量还是计算时间, 所提出的算法 AST-HOSVD-TC 都优于基准算法; 另一方面, 所有的算法对噪声都是敏感的.

表 6-3 抽样率为 80% 的带不同高斯噪声的实验结果比较

图像	σ^2	RSE			时间 (秒)		
		TNCP	M^2SA	Proposed	TNCP	M^2SA	AST-HOSVD-TC
Image_1	50	12.79%	12.73%	**12.33**%	67.11	1936.65	**2.40**
	30	12.24%	12.17%	**11.78**%	67.85	1380.81	**2.30**
	10	11.66%	11.58%	**11.12**%	66.09	1242.33	**4.84**
Image_2	50	13.57%	13.47%	**12.98**%	116.09	1461.19	**3.73**
	30	12.96%	12.85%	**12.36**%	119.63	2102.54	**3.71**
	10	12.29%	12.18%	**11.67**%	118.42	2327.82	**3.71**
Image_3	50	10.80%	10.73%	**10.42**%	190.14	1765.33	**5.56**
	30	10.13%	10.03%	**9.65**%	188.26	2237.27	**5.03**
	10	9.38%	9.26%	**8.87**%	189.49	2733.16	**4.32**

从表 6-4, 我们可以观察到: 所有的算法对图像的大小都是敏感的. 随着图像变大, 计算时间都会增加. 无论是恢复质量还是计算时间, 所提出的算法 AST-HOSVD-TC 仍然都优于基准算法.

从表 6-5, 我们知道: 对于视频数据, 无论是恢复质量还是计算时间, 所提出的算法 AST-HOSVD-TC 也都优于基准算法.

表 6-4 抽样率为 80% 的不同大小图像的实验结果比较

图像	RSE			时间 (秒)		
	TNCP	M2SA	AST-HOSVD-TC	TNCP	M2SA	AST-HOSVD-TC
Ori_4	4.95%	4.86%	**4.79%**	2701.46	4114.64	**38.12**
Big_4	5.97%	5.92%	**5.59%**	444.62	751.89	**19.28**
Image_4	6.20%	6.20%	**5.80%**	66.25	572.47	**4.97**
Ori_5	15.92%	15.83%	**14.90%**	2057.76	2464.33	**40.54**
Big_5	17.93%	17.88%	**17.07%**	212.20	1441.90	**15.95**
Image_5	17.30%	17.20%	**16.60%**	40.04	956.14	**5.01**
Ori_6	14.39%	14.29%	**13.44%**	2878.63	3745.66	**40.89**
Big_6	17.83%	17.78%	**16.95%**	371.15	2644.57	**11.56**
Image_6	19.10%	19.00%	**18.00%**	67.29	2001.92	**3.78**

表 6-5 视频数据的实验结果比较

视频	SR	RSE			时间 (秒)		
		TNCP	M2SA	AST-HOSVD-TC	TNCP	M2SA	AST-HOSVD-TC
Video_1	0.8	10.92%	11.09%	**6.67%**	3672.72	3612.90	**128.68**
	0.5	22.25%	14.70%	**13.81%**	3651.41	3606.98	**175.82**
	0.3	23.99%	21.56%	**19.41%**	3633.18	3601.14	**521.94**
Video_2	0.8	12.53%	9.07%	**7.49%**	3771.66	3605.19	**976.65**
	0.5	22.41%	19.50%	**14.80%**	3619.19	3616.73	**1304.31**
	0.3	28.83%	24.37%	**22.49%**	3603.80	3601.61	**1130.77**
Video_3	0.8	13.81%	5.99%	**5.94%**	3744.41	3607.54	**52.09**
	0.5	23.17%	21.89%	**11.05%**	3625.16	3603.92	**158.74**
	0.3	30.49%	24.76%	**17.34%**	3631.40	3601.59	**560.97**

6.3 基于 t-SVD 的图像去噪算法

针对下列图像去噪模型, 本节介绍基于 t-SVD 的张量去噪算法:

$$\mathcal{Y} = \mathcal{X} + \mathcal{E} \tag{6-3-1}$$

其中 $\mathcal{Y}$ 是噪声图像, $\mathcal{X}$ 是去噪之后的图像, $\mathcal{E}$ 是均值为 0、方差为 σ^2 的加性高斯噪声.

6.3.1 基于局部自相似特性的算法框架

基于自然图像的非局部自相似特性算法常常有三个步骤组成.

(1) **集群**: 对于 d 维图像块 $\mathcal{P}_n$, 基于给定的块匹配准则, 该步骤把位于图像局部窗口 Ω_{SR} 内的 K 个相似块堆叠成一个 $d+1$ 维的群[33-37]. 例如, 对于一个用三阶张量表示的图像块 $\mathcal{P}_n \in R^{H\times W\times N}$, 我们可以把 K 个相似块堆叠成

一个用四阶张量 $\mathcal{G}_n \in R^{H\times W\times N\times K}$ 表示的群. 如果图像块 $\mathcal{P}_n \in R^{H\times W\times N}$ 用向量 $\boldsymbol{p}_n \in R^{HWN}$ 表示, 那么我们可以把 K 个相似块堆叠成一个用二阶张量 $\boldsymbol{G}_n \in R^{HWN\times K}$ 表示的群.

(2) **协同过滤**: 借助于相似块之间的相互关系, 该步骤是从带噪声的群 $\mathcal{G}_n$ 恢复干净的群 $\mathcal{G}_c$, 其数学模型如下

$$\arg\min_{\mathcal{G}_c} \|\mathcal{G}_n - \mathcal{G}_c\|_F^2 + \rho\Psi(\mathcal{G}_c) \tag{6-3-2}$$

优化问题 (6-3-2) 的矩阵形式为

$$\arg\min_{\boldsymbol{G}_c} \|\boldsymbol{G}_n - \boldsymbol{G}_c\|_F^2 + \rho\Psi(\boldsymbol{G}_c) \tag{6-3-3}$$

其中 $\Psi(\cdot)$ 是针对某些先验知识的正则化项, 例如: 为了对非局部冗余进行建模, 人们常常对于矩阵和张量数据分别用 $\Psi(\boldsymbol{G}_c) = \|\boldsymbol{G}_c\|_*$[38-41] 和 $\Psi(\mathcal{G}_c) = \sum\limits_{n=1}^{4} \alpha_n \left\|\boldsymbol{G}_{c(n)}\right\|_*$[2] 表示矩阵和张量的低秩先验.

(3) **集成**: 该步骤的主要目的是把去噪后的图像块平均写回它们原始的位置. 具体来说, 图像去噪后的每一个像素 $\hat{p}_i$ 是协同过滤后群 $\hat{\mathcal{G}}_c$ 中同一位置像素的平均值, 其计算公式如下

$$\hat{p}_i = \sum_{\hat{p}_{i_k} \in \hat{\mathcal{G}}_c} w_{i_k} \hat{p}_{i_k} \tag{6-3-4}$$

其中 w_{i_k} 和 $\hat{p}_{i_k}$ 分别表示权重和像素值.

为了直观化, 我们把上述三个过程显示在图 6-4 中[12].

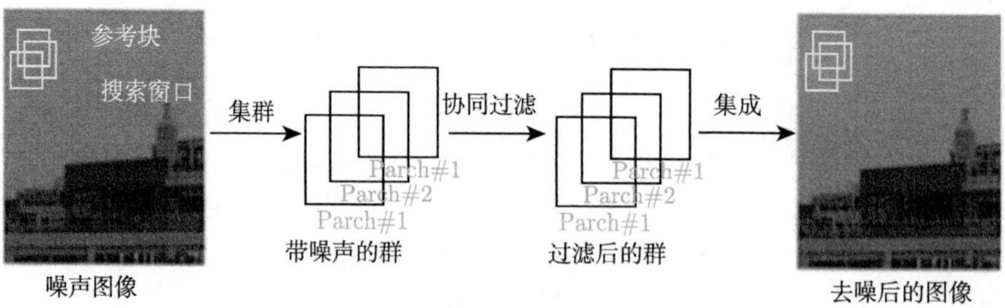

图 6-4 集群-协同过滤-集成的框架

6.3.2 改进的非局部张量奇异值分解算法

给定噪声图像 $\mathcal{Y}$ 中的参考图像块 $\boldsymbol{P}_{\mathrm{ref}} \in R^{p\times p}$, 根据块匹配准则, 计算 $K-1$ 个相似块 $\boldsymbol{P}_i \in R^{p\times p}\,(i=1,2,\cdots,K-1)$, 然后把 K 个相似块堆叠成一个用三阶张量 $\mathcal{Z} \in R^{p\times p\times K}$ 表示的群. 非局部奇异值分解 (nonlocal SVD, NL-SVD) 的数学模型如下[1]

$$\min_{\boldsymbol{U}_k,\left\{S_i^{(k)}\right\},\boldsymbol{V}_k} E(\boldsymbol{U}_k,\{S_i^{(k)}\},\boldsymbol{V}_k)=\sum_{i=1}^{K}\|\boldsymbol{P}_i-\boldsymbol{U}_k\mathcal{S}_i^{(k)}\boldsymbol{V}_k^{\mathrm{T}}\|_F^2 \tag{6-3-5}$$

设 $\boldsymbol{Q}_{\mathrm{ref}} \in R^{p\times p}$ 是对应 $\boldsymbol{P}_{\mathrm{ref}}$ 的干净图像块, 在 $\boldsymbol{P}_i\,(i=1,2,\cdots,K)$ 都是 $\boldsymbol{Q}_{\mathrm{ref}}$ 受噪声破坏所得到的图像块的假设下, $\lim\limits_{K\to\infty}\sum\limits_{i=1}^{K}\boldsymbol{P}_i\boldsymbol{P}_i^{\mathrm{T}}=\boldsymbol{Q}_{\mathrm{ref}}\boldsymbol{Q}_{\mathrm{ref}}^{\mathrm{T}}+\sigma^2\boldsymbol{I}$ 成立. 令人遗憾的是, 在实际场景中, 这个假设常常并不成立. 为了走出这个困境, Rajwade 对群张量 $\mathcal{Z}$ 使用 HOSVD 分解[42] 解决这个问题[1]:

$$\mathcal{Z}=\mathcal{S}\times_1\boldsymbol{U}_1\times_2\boldsymbol{U}_2\times_3\boldsymbol{U}_3 \tag{6-3-6}$$

其中 $\boldsymbol{U}_1\in R^{p\times p}$, $\boldsymbol{U}_2\in R^{p\times p}$ 和 $\boldsymbol{U}_3\in R^{K\times K}$ 是正交因子矩阵, $\mathcal{S}\in R^{p\times p\times K}$ 是核张量.

受 [1] 的启发, Zhang[43] 提出了 4DHOSVD 算法处理 3D 磁共振图像去噪问题. 由于 4DHOSVD 算法把 3D 图像块投影到 2D 因子矩阵上可能导致图像的结构信息丢失, 2018 年, Kong 提出了基于非局部 t-SVD 分解的磁共振图像去噪算法[7]. 设 4D 群张量为 $\mathcal{G}\in R^{l\times m\times n\times K}$, 其 HOSVD 分解为

$$\mathcal{G}=\mathcal{S}\times_1\boldsymbol{U}\times_2\boldsymbol{V}\times_3\boldsymbol{W}\times_4\boldsymbol{Q} \tag{6-3-7}$$

其中 $\boldsymbol{U}\in R^{l\times l}$, $\boldsymbol{V}\in R^{m\times m}$, $\boldsymbol{W}\in R^{n\times n}$ 和 $\boldsymbol{Q}\in R^{K\times K}$ 是正交因子矩阵, $\mathcal{S}\in R^{l\times m\times n\times K}$ 是核张量.

设 $\mathcal{G}^*=\mathcal{G}\times_4\boldsymbol{Q}^{\mathrm{T}}$, $\mathcal{P}_i^*$ 为 $\mathcal{G}^*$ 中的 3D 图像块. 受 [1] 的启发, Kong 对 $\mathcal{P}_i^*$ 进行 t-SVD 分解, 使得在 K 个 3D 图像块上的低秩近似误差最小, 建立了下列优化模型[7]:

$$\min_{\mathcal{U},\{\mathcal{G}^*\},\mathcal{V}} E\left(\mathcal{U},\{\mathcal{G}^*\},\mathcal{V}\right)=\sum_{i=1}^{K}\left\|\mathcal{P}_i^*-\mathcal{U}*\mathcal{S}_i*\mathcal{V}^{\mathrm{T}}\right\|_F^2 \tag{6-3-8}$$

沿着 (6-3-8) 中每一个 3D 图像块的第三个模态做快速傅里叶变换 (fast Fourier

transform, FFT), 我们可以得到下列优化问题:

$$\min_{\mathcal{U},\{\mathcal{G}^*\},\mathcal{V}} E(\mathcal{U},\{\mathcal{G}^*\},\mathcal{V})=\frac{1}{n_3}\sum_{i=1}^{K}\sum_{j=1}^{n_3}\|\hat{\mathcal{P}}_i^*(:,:,j)-\hat{\mathcal{U}}(:,:,j)*\hat{\mathcal{S}}_i(:,:,j)*\hat{\mathcal{V}}^{\mathrm{T}}(:,:,j)\|_F^2 \tag{6-3-9}$$

其中 n_3 是图像块第三个模态空间的维数.

由于张量积的良好特性, 对于固定的 j $(j=1,2,\cdots,n_3)$, 优化问题 (6-3-9) 可以简化为独立地求 n_3 个下列优化问题:

$$\min_{\mathcal{U}(:,:,j),\mathcal{S}_i(:,:,j),\mathcal{V}^{\mathrm{T}}(:,:,j)} E\big(\mathcal{U}(:,:,j),\mathcal{S}_i(:,:,j),\mathcal{V}^{\mathrm{T}}(:,:,j)\big)=\sum_{i=1}^{K}\|\hat{\boldsymbol{P}}_i^*-\hat{\boldsymbol{U}}\hat{\boldsymbol{S}}_i\hat{\boldsymbol{V}}^{\mathrm{T}}\|_F^2 \tag{6-3-10}$$

对于优化问题 (6-3-10), 我们可以通过解两个特征值问题得到因子张量 $\mathcal{U}$ 和 $\mathcal{V}$[44,45], 然后利用 $\mathcal{S}_i=\mathcal{U}^{\mathrm{T}}*\mathcal{P}_i^**\mathcal{V}$ 得到 $\mathcal{S}_i$.

基于上述分析, MNL-t-SVD 算法的详细步骤如算法 6-5 所示[7].

算法 6-5 MNL-t-SVD 算法

输入: 4D 群张量 $\mathcal{G}$.

输出: 去噪后的 4D 群张量 $\mathcal{G}_d$.

步骤 1 (2D 投影): 在 $\mathcal{G}$ 的第 4 个模态上利用 SVD 学习一个 2D 因子矩阵 $\boldsymbol{Q}$, 把 $\mathcal{G}$ 在 $\boldsymbol{Q}^{\mathrm{T}}$ 投影得到一个新的 4D 张量 $\mathcal{G}^*=\mathcal{G}\times_4\boldsymbol{Q}^{\mathrm{T}}$.

步骤 2 (协同过滤): 首先根据 (6-3-9) 计算 $\mathcal{S}_i=\mathcal{U}^{\mathrm{T}}*\mathcal{P}_i^**\mathcal{V}$, 然后在 $\mathcal{S}_i$ 上应用硬阈值技术得到 $\widetilde{\mathcal{S}}_i$, 最后利用逆变换计算 $\mathcal{P}_{i_d}^*=\mathcal{U}*\widetilde{\mathcal{S}}_i*\mathcal{V}^{\mathrm{T}}$.

步骤 3 (逆投影): 对去噪后的 3D 图像块 $\mathcal{P}_i^*$ 进行重排列得到一个 4D 去噪群张量 $\mathcal{G}_d^*$, 根据 $\mathcal{G}_d=\mathcal{G}_d^*\times_4\boldsymbol{Q}$ 计算 $\mathcal{G}_d$.

Return $\mathcal{G}_d$.

6.3.3 基于块对角表示的彩色图像和多谱图像去噪算法

CBM3D[46] 和 4DHOSVD[43] 是彩色图像去噪的代表性方法, 均是基于下列 HOSVD 分解的算法:

$$\mathcal{C}=\mathcal{G}\times_1\boldsymbol{U}_{\mathrm{row}}^{\mathrm{T}}\times_2\boldsymbol{U}_{\mathrm{col}}^{\mathrm{T}}\times_3\boldsymbol{U}_{\mathrm{color}}^{\mathrm{T}}\times_4\boldsymbol{U}_{\mathrm{group}}^{\mathrm{T}} \tag{6-3-11}$$

其中 $\mathcal{C}$ 是核张量, $\boldsymbol{U}_{\mathrm{row}},\boldsymbol{U}_{\mathrm{col}},\boldsymbol{U}_{\mathrm{color}}$ 和 $\boldsymbol{U}_{\mathrm{group}}$ 是模态变换矩阵或者因子矩阵. CBM3D 和 4DHOSVD 之间的主要不同在于: CBM3D 使用预先定义的离散余

弦变换, 其颜色空间用一个 3×3 矩阵表示

$$\boldsymbol{U}_{\text{color}}^{\mathrm{T}}=\begin{pmatrix}\frac{1}{3} & \frac{1}{3} & \frac{1}{3}\\ 0.5 & 0 & -0.5\\ 0.25 & -0.5 & 0.25\end{pmatrix} \tag{6-3-12}$$

而 4DHOSVD 通过解下列优化问题得到因子矩阵:

$$\begin{aligned}\min_{\mathcal{C},\boldsymbol{U}_{\text{row}},\boldsymbol{U}_{\text{col}},\boldsymbol{U}_{\text{color}},\boldsymbol{U}_{\text{group}}}\quad & \left\|\mathcal{G}-\mathcal{C}\times_1\boldsymbol{U}_{\text{row}}\times_2\boldsymbol{U}_{\text{col}}\times_3\boldsymbol{U}_{\text{color}}\times_4\boldsymbol{U}_{\text{group}}\right\|_F^2\\ \text{s.t.}\quad & \boldsymbol{U}_{\text{row}}^{\mathrm{T}}\boldsymbol{U}_{\text{row}}=\boldsymbol{I},\ \boldsymbol{U}_{\text{col}}^{\mathrm{T}}\boldsymbol{U}_{\text{col}}=\boldsymbol{I}\\ & \boldsymbol{U}_{\text{color}}^{\mathrm{T}}\boldsymbol{U}_{\text{color}}=\boldsymbol{I},\ \boldsymbol{U}_{\text{group}}^{\mathrm{T}}\boldsymbol{U}_{\text{group}}=\boldsymbol{I}\end{aligned} \tag{6-3-13}$$

设

$$\left(\mathcal{G}\times_3\boldsymbol{U}_{\text{color}}^{\mathrm{T}}\right)_i=\mathcal{P}_i\times_3\boldsymbol{U}_{\text{color}}^{\mathrm{T}},\quad i=1,2,\cdots,K \tag{6-3-14}$$

$$\hat{\mathcal{P}}_i=\mathcal{P}_i\times_3\boldsymbol{U}_{\text{color}}^{\mathrm{T}} \tag{6-3-15}$$

$$\operatorname{bdiag}(\hat{\mathcal{P}}_i)=\begin{pmatrix}\hat{\mathcal{P}}_i(:,:,1) & & \\ & \hat{\mathcal{P}}_i(:,:,2) & \\ & & \hat{\mathcal{P}}_i(:,:,3)\end{pmatrix} \tag{6-3-16}$$

$$\hat{\mathcal{P}}_i(:,:,k)=\sum_{j=1}^{3}\boldsymbol{U}_{\text{color}}(j,k)\,\mathcal{P}_i(:,:,j) \tag{6-3-17}$$

$$\hat{\mathcal{G}}=\mathcal{G}\times_3\boldsymbol{U}_{\text{color}}^{\mathrm{T}} \tag{6-3-18}$$

$$\operatorname{fdiag}(\hat{\mathcal{G}}_i)=\begin{pmatrix}\hat{\mathcal{G}}_i(:,:,1,:) & & \\ & \hat{\mathcal{G}}_i(:,:,2,:) & \\ & & \hat{\mathcal{G}}_i(:,:,3,:)\end{pmatrix} \tag{6-3-19}$$

由 $\mathcal{C}=\left(\mathcal{G}\times_3\boldsymbol{U}_{\text{color}}^{\mathrm{T}}\right)\times_1\boldsymbol{U}_{\text{row}}^{\mathrm{T}}\times_2\boldsymbol{U}_{\text{col}}^{\mathrm{T}}\times_4\boldsymbol{U}_{\text{group}}^{\mathrm{T}}$, 可得

$$\mathcal{C}=\operatorname{fdiag}(\hat{\mathcal{G}})\times_1\operatorname{bdiag}\left(\boldsymbol{U}_{\text{row}}^{\mathrm{T}}\right)\times_2\operatorname{bdiag}\left(\boldsymbol{U}_{\text{col}}^{\mathrm{T}}\right)\times_4\boldsymbol{U}_{\text{group}}^{\mathrm{T}} \tag{6-3-20}$$

令

$$\operatorname{bcirc}(\mathcal{P}_i)=\begin{pmatrix}\boldsymbol{P}_i(:,:,1) & \boldsymbol{P}_i(:,:,3) & \boldsymbol{P}_i(:,:,2)\\ \boldsymbol{P}_i(:,:,2) & \boldsymbol{P}_i(:,:,1) & \boldsymbol{P}_i(:,:,3)\\ \boldsymbol{P}_i(:,:,3) & \boldsymbol{P}_i(:,:,2) & \boldsymbol{P}_i(:,:,1)\end{pmatrix} \tag{6-3-21}$$

$$\operatorname{bcirc}(\mathcal{G})=\begin{pmatrix}\mathcal{G}(:,:,1,:) & \mathcal{G}(:,:,3,:) & \mathcal{G}(:,:,2,:)\\ \mathcal{G}(:,:,2,:) & \mathcal{G}(:,:,1,:) & \mathcal{G}(:,:,3,:)\\ \mathcal{G}(:,:,3,:) & \mathcal{G}(:,:,2,:) & \mathcal{G}(:,:,1,:)\end{pmatrix} \tag{6-3-22}$$

则有

$$\mathcal{C}_{\text{bcirc}}=\operatorname{bcirc}(\mathcal{G})\times_1\boldsymbol{U}_{\text{bcirc}_{\text{row}}}^{\mathrm{T}}\times_2\boldsymbol{U}_{\text{bcirc}_{\text{col}}}^{\mathrm{T}}\times_3\boldsymbol{U}_{\text{group}}^{\mathrm{T}} \tag{6-3-23}$$

利用 FFT[47], 块循环张量分解问题 (6-3-23) 可以转化为傅里叶域上的 f-对角张量分解问题[12]:

$$\mathcal{C}_{\text{fdiag}}=\operatorname{fdiag}\left(\hat{\mathcal{G}}\right)\times_1\boldsymbol{U}_{\text{fdiag}_{\text{row}}}^{\mathrm{T}}\times_2\boldsymbol{U}_{\text{fdiag}_{\text{col}}}^{\mathrm{T}}\times_3\boldsymbol{U}_{\text{group}}^{\mathrm{T}} \tag{6-3-24}$$

其中 $\hat{\mathcal{G}}=\mathcal{G}\times_3\boldsymbol{W}$, $\boldsymbol{W}=\begin{pmatrix}1 & 1 & 1\\ 1 & -0.5-0.8660\mathrm{i} & -0.5+0.8660\mathrm{i}\\ 1 & -0.5+0.8660\mathrm{i} & -0.5-0.8660\mathrm{i}\end{pmatrix}$.

设三阶张量 $\mathcal{A}\in R^{l\times p\times n},\mathcal{B}\in R^{p\times m\times n}$, 则 $\mathcal{A}$ 和 $\mathcal{B}$ 的 t-积 $\mathcal{C}=\mathcal{A}*\mathcal{B}\in\mathcal{R}^{l\times m\times n}$ 可以通过下式进行计算:

$$\operatorname{bdiag}(\hat{\mathcal{C}})=\operatorname{bdiag}(\hat{\mathcal{A}})\operatorname{bdiag}(\hat{\mathcal{B}}) \tag{6-3-25}$$

其中 $\hat{\mathcal{A}}=\mathcal{A}\times_3\boldsymbol{W}$, $\hat{\mathcal{B}}=\mathcal{B}\times_3\boldsymbol{W}$.

利用 t-积的定义, 我们可以把 (6-3-24) 表示为 $\mathcal{C}=\mathcal{G}*_1\mathcal{U}_{\text{row}}^{\mathrm{T}}*_2\mathcal{U}_{\text{col}}^{\mathrm{T}}*_3\mathcal{U}_{\text{group}}^{\mathrm{T}}$. 其中, $\mathcal{U}_{\text{group}}$ 的第一个前切面是 $\boldsymbol{U}_{\text{group}}$, 其余的全部为 0.

基于和 [7] 同样的思想, 我们通过解下列 NL-t-SVD 分解问题得到 $\mathcal{U}_{\text{row}}$ 和 $\mathcal{U}_{\text{col}}$:

$$\begin{aligned}&\min_{\mathcal{S}_i,\mathcal{U}_{\text{row}},\mathcal{U}_{\text{col}}}\quad\sum_{i=1}^{K}\left\|\mathcal{P}_i-\mathcal{U}_{\text{row}}*\mathcal{S}_i*\mathcal{U}_{\text{col}}^{\mathrm{T}}\right\|_F^2\\ &\text{s.t.}\qquad \mathcal{U}_{\text{row}}^{\mathrm{T}}\mathcal{U}_{\text{row}}=I,\ \mathcal{U}_{\text{col}}^{\mathrm{T}}\mathcal{U}_{\text{col}}=\mathcal{I}\end{aligned} \tag{6-3-26}$$

协同过滤之后的张量由下式给出

$$\mathcal{G}_{\text{filtered}}=\mathcal{C}*_1\mathcal{U}_{\text{row}}*_2\mathcal{U}_{\text{col}}*_3\mathcal{U}_{\text{group}} \tag{6-3-27}$$

如果图像块表示可以得到的话, 集群和协同过滤可以看作特征抽取和块分类过程. 这样一来, 一些简单和高效的特征抽取方法, 如 PCA, 就可以使用. 在本书中, 我们把全局 t-SVD 和局部 PCA 变换的组合称为 MSt-SVD(multispectral t-SVD).

基于上述分析, MSt-SVD 算法的详细步骤如算法 6-6 所示, 其实现的过程见图 6-5[12].

算法 6-6 MSt-SVD 算法

输入: 彩色和多通道图像 $\mathcal{A}$, 块大小参数 ps, 局部搜索窗的大小参数 SR, 相似块的数量参数 K, 相邻参考块像素移动的步长参数 N_{step}.

输出: 去噪后的图像 $\mathcal{A}_c$.

步骤 1 (全局训练): 解优化问题 (6-3-26) 得到 $\mathcal{U}_{\text{row}}$ 和 $\mathcal{U}_{\text{col}}$.

步骤 2 (集群): 对于参考块 $\mathcal{P}_{\text{ref}}$, 将其 K 近邻形成一个 4D 群张量 $\mathcal{G}$.

步骤 3 (协同过滤):

(1) 对 $\boldsymbol{G}_{(4)}$ 运行 PCA 算法得到因子矩阵 $\boldsymbol{U}_{\text{group}}$. 在傅里叶域中, 利用 $\mathcal{C}(:,:,i,:) = \mathcal{G}(:,:,i,:) \times_1 \mathcal{U}_{\text{row}}^{\text{T}}(:,:,i) \times_2 \mathcal{U}_{\text{col}}^{\text{T}}(:,:,i) \times_3 \boldsymbol{U}_{\text{group}}^{\text{T}}$ 计算核张量 $\mathcal{C}$.

(2) 在傅里叶域中, 利用硬阈值技术把 $\mathcal{C}$ 中小于阈值的元素设为 0.

(3) 利用 $\mathcal{G}_{\text{filtered}}(:,:,i,:) = \mathcal{C}(:,:,i,:) \times_1 \mathcal{U}_{\text{row}}(:,:,i) \times_2 \mathcal{U}_{\text{col}}(:,:,i) \times_3 \boldsymbol{U}_{\text{group}}$ 计算去噪之后的 4D 群张量 $\mathcal{G}_{\text{filtered}}$.

步骤 4 (集成): 把 $\mathcal{G}_{\text{filtered}}$ 中所有图像块平均写回原始图像的位置, 得到去噪之后的图像 $\mathcal{A}_c$.

Return $\mathcal{A}_c$.

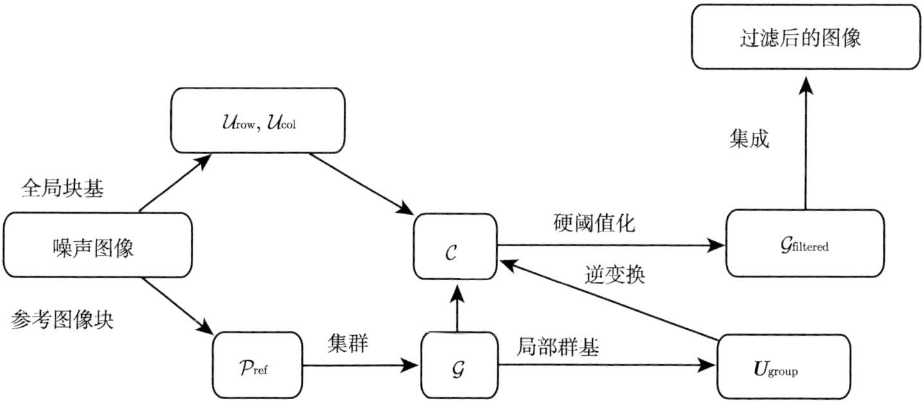

图 6-5 MSt-SVD 算法的实现过程

把 (6-3-24) 中的 FFT 矩阵 $\boldsymbol{W}$ 和 (6-3-12) 中的彩色模态变换矩阵 $\boldsymbol{U}_{\text{color}}^{\text{T}}$ 相比, 我们发现: 相对于 $\boldsymbol{W}$ 第一行的傅里叶域中的第一个切片可以看成亮度通道.

基于这个发现, 与 CBM3D 相似, 集群过程和局部 PCA 的训练可以仅仅利用傅里叶域中所有块的第一个切片完成. 很明显, 这种实现过程可以在集群和局部 PCA 训练上节约 2/3 的计算时间. 这种针对彩色图像的高效 MSt-SVD 改进算法称为 CMSt-SVD (Color MSt-SVD)[12], 其详细的步骤见算法 6-7.

算法 6-7 CMSt-SVD 算法

输入: 彩色和多通道图像 $\mathcal{A}$. 块大小参数 ps, 局部搜索窗的大小参数 SR, 相似块的数量参数 K, 相邻参考块像素移动的步长参数 N_{step}.

输出: 去噪后的图像 $\mathcal{A}_c$.

步骤 1 (全局训练): 解优化问题 (6-3-26) 得到 $\mathcal{U}_{\text{row}}$ 和 $\mathcal{U}_{\text{col}}$.

步骤 2 (集群): 对于参考块 $\mathcal{P}_{\text{ref}}$, 在傅里叶域中, 仅利用其第一切片寻找其 K 近邻, 并形成一个 4D 群张量 $\mathcal{G}$.

步骤 3 (协同过滤):

(1) 在傅里叶域中, 对三阶张量 $\mathcal{G}(:,:,1,:)$ 运行 PCA 算法得到因子矩阵 $\boldsymbol{U}_{\text{group}}$, 利用 $\mathcal{C}(:,:,i,:)=\mathcal{G}(:,:,i,:)\times_1\mathcal{U}_{\text{row}}^{\mathrm{T}}(:,:,i)\times_2\mathcal{U}_{\text{col}}^{\mathrm{T}}(:,:,i)\times_3\boldsymbol{U}_{\text{group}}^{\mathrm{T}}$ 计算核张量 $\mathcal{C}$.

(2) 在傅里叶域中, 利用硬阈值技术把 $\mathcal{C}$ 中小于阈值的元素设为 0.

(3) 利用 $\mathcal{G}_{\text{filtered}}(:,:,i,:)=\mathcal{C}(:,:,i,:)\times_1\mathcal{U}_{\text{row}}(:,:,i)\times_2\mathcal{U}_{\text{col}}(:,:,i)\times_3\boldsymbol{U}_{\text{group}}$ 计算去噪之后的 4D 群张量 $\mathcal{G}_{\text{filtered}}$.

步骤 4 (集成): 把 $\mathcal{G}_{\text{filtered}}$ 中所有图像块平均写回原始图像的位置, 得到去噪之后的图像 $\mathcal{A}_c$.

Return $\mathcal{A}_c$.

为了验证 CMSt-SVD 的有效性, 我们在彩色图像数据集 CC15[48]、CC60[49]、Xu-100[50] 和我们自建的数据集[51] 上进行实验, 并把提出的算法与 CBM3D[46]、4DHOSVD1[52]、WTR1[53]、TNRD[54]、GID[49]、MC-WNNM[55]、TWSC[56]、LSCD[57]、LLRT[58]、MLP[59]、DnCNN[60] 和 FFD-Net[61] 进行比较. 其中, MLP、DnCNN 和 FFD-Net 是深度学习算法.

数据集 CC15 上的实验结果列在表 6-6 中, 数据集 CC60 和 Xu-100 上的实验结果列在表 6-7 中, 自建数据集上的实验结果列在表 6-8 中. 实验结果表明: 算法 CMSt-SVD 对彩色图像的去噪能力与 CBM3D 的最好结果是可比的, 明显优于其他的基准算法.

表 6-7 在数据集 CC60 和 Xu-100 上所比较算法得到的平均 PSNR 和 SSIM

数据集	评价指标	LLRT	WTRI	FFD-Net	GID	TWSC	MC-WNNM	4DHO-SVD1	CBM3D	CBM3D_best	CMSt-SVD
CC60	PSNR	38.51	39.69	**39.73**	38.41	39.66	39.03	39.15	39.40	39.68	**39.75**
	SSIM	0.9636	0.9764	0.9770	0.9633	0.9759	0.9698	0.9729	0.9740	**0.9775**	0.9756
Xu	PSNR	38.51	38.56	38.56	38.37	38.62	38.51	38.51	38.69	**38.81**	**38.82**
	SSIM	0.9707	0.9669	0.9658	0.9675	0.9674	0.9671	0.9673	0.9694	**0.9712**	0.9694

表 6-6 在数据集 CC15 上所有比较算法的 PSNR (peak siqnal to noise ratio) 和平均计算时间

算法	Canon 5D ISO=3200			Canon D600 ISO=3200			Nikon D800 ISO=1600			Nikon D800 ISO=3200			Nikon D800 ISO=6400			均值	时间 (秒)
LSCD	37.86	36.21	35.52	34.65	36.26	38.24	37.90	38.88	38.32	37.45	36.49	37.73	32.33	32.55	32.62	36.20	9.68
LLRT	39.23	36.31	35.93	34.74	36.83	40.58	37.39	40.27	37.78	39.79	37.34	41.03	35.09	34.05	34.11	37.36	>1000
WTR1	41.09	36.92	36.25	34.68	36.48	40.52	38.26	41.40	38.61	39.98	37.70	41.36	35.16	34.22	34.43	37.81	>2000
TNRD	39.51	36.47	36.45	34.79	36.37	39.49	38.11	40.52	38.17	37.69	35.90	38.21	32.81	32.33	32.29	36.61	N/A
MLP	39.00	36.34	36.33	34.70	36.20	39.33	37.95	40.23	37.94	37.55	35.91	38.15	32.69	32.33	32.29	36.46	N/A
DnCNN	37.26	34.13	34.09	33.62	34.48	35.41	35.79	36.08	35.48	34.08	33.70	33.31	29.83	30.55	30.09	33.86	N/A
GID	40.82	37.19	36.92	35.32	36.62	38.68	38.88	40.66	39.20	37.92	36.62	37.64	33.01	32.93	32.96	37.02	55.60
MC-WNNM	41.20	37.25	36.48	35.54	37.03	39.56	39.26	41.45	39.54	38.94	37.40	39.42	34.85	33.97	33.97	37.72	318.29
FFD-Net	39.40	37.02	36.53	34.97	36.73	41.02	38.66	41.53	38.80	40.15	37.61	41.18	34.13	33.66	33.69	37.68	28.98
TWSC	40.55	35.92	35.15	35.36	37.09	41.13	39.36	41.91	38.81	40.27	37.22	42.09	35.53	34.15	33.93	**37.90**	480.80
CBM3D	40.77	37.31	36.98	35.21	36.76	40.13	39.02	41.65	39.40	39.59	37.49	39.47	34.13	33.73	33.85	37.69	6.98
CBM3D_best	40.96	37.31	37.15	35.38	36.81	40.45	39.25	41.65	39.59	39.86	37.54	40.38	34.85	33.92	34.16	**37.95**	6.98
4DHOSVD1	40.22	36.97	36.55	35.02	36.60	39.78	38.85	41.35	39.11	39.24	37.28	39.47	34.40	33.81	34.01	37.51	120.18
MSt-SVD	40.33	37.25	36.83	35.16	36.71	40.29	38.97	41.49	39.24	39.61	37.43	39.93	34.34	33.82	33.96	37.69	110.06
CMSt-SVD	40.79	37.37	37.01	35.29	36.95	40.93	39.21	41.98	39.54	39.98	37.65	40.05	34.50	33.93	34.01	**37.95**	98.88

表 6-8 在自建数据集上所比较算法得到的平均 PSNR 和 SSIM (structure similarity)

相机	# 图像数量	评价指标	LLRT	FFD-Net	GID	TWSC	MC-WNNM	4DHOSVD1	CBM3D	CBM3D_best	CMSt-SVD
Huawe Honor 6X	30	PSNR	39.54	40.05	39.52	39.71	39.46	39.82	39.97	**40.48**	40.08
		SSIM	0.9669	0.9669	0.9653	0.9651	0.9610	0.9658	0.9669	**0.9740**	0.9674
iPhone 5S	36	PSNR	40.02	40.60	40.12	40.27	39.87	40.68	40.77	**41.25**	40.84
		SSIM	0.9676	0.9645	0.9642	0.9617	0.9567	0.9664	0.9668	**0.9758**	0.9668
iPhone 6S	67	PSNR	39.72	40.49	40.16	40.12	40.18	40.36	40.55	**41.16**	40.53
		SSIM	0.9663	0.9707	0.9670	0.9619	0.9628	0.9671	0.9693	**0.9783**	0.9674
Canon 100D	55	PSNR	41.84	41.67	40.86	41.65	41.47	41.41	41.69	**42.08**	41.99
		SSIM	0.9784	0.9768	0.9743	0.9767	0.9774	0.9771	0.9780	**0.9808**	0.9794
Canon 600D	25	PSNR	42.53	42.55	41.60	42.52	42.07	42.14	42.54	**42.89**	42.75
		SSIM	0.9816	0.9824	0.9790	0.9824	0.9795	0.9810	0.9836	**0.9851**	0.9840
Sony A6500	36	PSNR	45.71	45.71	44.94	45.48	45.37	45.56	45.70	45.81	**45.89**
		SSIM	0.9899	0.9901	0.9887	0.9896	0.9894	0.9901	0.9902	**0.9904**	0.9903

6.4 基于非局部自相似和加权张量低秩分解的多通道图像补全算法

在图像恢复问题中, 非局部自相似先验常常被用来增强图像的细节质量 [49,55]. 最近, Xie 提出了基于非局部自相似的加权张量低秩分解 (nonlocal self-similarity-based weighted tensor low-rank decomposition, NSWTLD) 算法 [14], 处理带混合噪声的多通道图像补全问题. 为了清晰地说明该算法, 接下来, 我们首先给出非局部自相似学习中的三个核心操作的定义, 然后简单介绍一下多通道加权核范数最小化算法 [55], 最后详细给出基于非局部自相似的加权张量低秩分解数学模型和求解该模型的 NSWTLD 算法.

定义 6-2 (块划分操作) 给定步长和子张量的大小, 利用卷积运算, 一个三阶张量 $\mathcal{Y} \in R^{I_1\times I_2\times I_3}$ 可以沿着不同模态自然地划分为 K 个三阶子张量 $\mathcal{Y}_1,\mathcal{Y}_2,\mathcal{Y}_3,\cdots,\mathcal{Y}_K \in R^{J_1\times J_2\times J_3}$.

定义 6-3 (块查找和匹配操作) 首先利用欧氏距离度量任意两个块之间的相似性, 然后利用第 i 个子张量 $\mathcal{Y}_i$ 和它的 $M-1$ 个近邻子张量 $\{\mathcal{Y}_{i_j}\}_{j=1}^{M-1}$ 构造相似集 $\mathcal{Y}^i = \{\mathcal{Y}_i,\mathcal{Y}_{i_1},\mathcal{Y}_{i_2},\cdots,\mathcal{Y}_{i_{M-1}}\} \in R^{J_1\times J_2\times J_3\times M}$.

定义 6-4 (块集成操作) 块集成操作是块划分操作的逆运算. 得到所有相似集 $\{\mathcal{Y}^i\}_{i=1}^K$ 的恢复结果 $\left\{\overline{\overline{\mathcal{Y}}}^i\right\}_{i=1}^K$ 之后, 整体张量可以通过集成运算 $\mathcal{X} = \text{integrate}\left(\left\{\overline{\overline{\mathcal{Y}}}_i\right\}_{i=1}^K\right)$ 得到, 其中 $\overline{\overline{\mathcal{Y}}}_i = \sum\limits_{j\in\Phi^i}\overline{\overline{\mathcal{Y}}}_j^i$, Φ^i 是包含 $\mathcal{Y}_i$ 的所有相似集的下标所组成的指标集.

6.4.1 多通道加权核范数最小化算法

多通道加权核范数最小化算法 (multi-channel weighted nuclear norm minimization algorithm, MC-WNNM) 是一个基于非局部自相似的彩色图像去噪算法 [55]. 利用块分割运算, 带噪声的彩色图像 $\mathcal{Y} \in R^{I_1\times I_2\times 3}$ 可以分割成 K 个块 $\{\mathcal{Y}^i\}_{i=1}^K \in R^{p\times p\times 3}$. 如果把子张量 $\mathcal{Y}^i$ 沿着第三个模态展成向量 $\boldsymbol{y}_i \in R^{3p^2}$, 则每一个相似集可以用矩阵 $\boldsymbol{Y}^i = (\boldsymbol{y}_i,\boldsymbol{y}_{i_1},\cdots,\boldsymbol{y}_{i_{M-1}}) \in R^{3p^2\times M}$ 表示.

对于相似集 $\boldsymbol{Y}^i$, 设 $\boldsymbol{Y}^i = \boldsymbol{X}^i + \boldsymbol{E}^i$, 其中 $\boldsymbol{X}^i = (\boldsymbol{x}_i,\boldsymbol{x}_{i_1},\boldsymbol{x}_{i_2},\cdots,\boldsymbol{x}_{i_{M-1}}) \in R^{3p^2\times M}$ 和 $\boldsymbol{E}^i = (\boldsymbol{e}_i,\boldsymbol{e}_{i_1},\boldsymbol{e}_{i_2},\cdots,\boldsymbol{e}_{i_{M-1}}) \in R^{3p^2\times M}$ 分别是干净矩阵和噪声矩阵, 则多通道加权核范数最小化算法的数学模型如下

$$\min_{\boldsymbol{X}^i} \quad \left\|\boldsymbol{W}^i * (\boldsymbol{Y}^i - \boldsymbol{X}^i)\right\|_F^2 + \left\|\boldsymbol{X}^i\right\|_{\boldsymbol{w},*} \tag{6-4-1}$$

其中 $\|\boldsymbol{X}^i\|_{\boldsymbol{w},*}=\sum_j w_j\sigma_j(\boldsymbol{X}^i)$, $w_j=\dfrac{C}{|\sigma_j(\boldsymbol{X}^i)|+\varepsilon}$, $\sigma_j(\boldsymbol{X}^i)$ 是 $\boldsymbol{X}^i$ 的第 j 个奇异值, C 是一个预先给定的常数, ε 是一个小的常数, $\boldsymbol{W}^i$ 是一个权矩阵, 定义如下

$$\boldsymbol{W}^i=\begin{pmatrix}\sigma_r^{-1}\boldsymbol{I} & \boldsymbol{0} & \boldsymbol{0}\\ \boldsymbol{0} & \sigma_g^{-1}\boldsymbol{I} & \boldsymbol{0}\\ \boldsymbol{0} & \boldsymbol{0} & \sigma_b^{-1}\boldsymbol{I}\end{pmatrix}\in R^{3p^2\times 3p^2} \tag{6-4-2}$$

其中 σ_r, σ_g 和 σ_b 分别是 R, G 和 B 通道中噪声的标准差, $\boldsymbol{I}\in R^{p^2\times p^2}$ 是单位矩阵.

6.4.2 基于非局部自相似的加权张量分解算法

带混合稀疏脉冲噪声和稠密高斯噪声的不完全图像 $\mathcal{Y}\in R^{I_1\times I_2\times I_3}$ 可以表示为

$$\mathcal{Y}_\Omega=\mathcal{X}_\Omega+\mathcal{S}_\Omega+\mathcal{N}_\Omega \tag{6-4-3}$$

其中 $\mathcal{X}$, $\mathcal{S}$ 和 $\mathcal{N}$ 分别是干净图像、稀疏噪声和稠密高斯噪声, Ω 是张量的可观测区域.

带混合噪声的图像完全问题的目的是通过发现和保留图像的低秩结构信息, 从带噪声和缺失数据的图像 $\mathcal{Y}$ 恢复完整和干净的图像 $\mathcal{X}$.

设 $\mathcal{Y}$ 的 K 个相似集为 $\{\mathcal{Y}^i\}_{i=1}^K\in R^{J_1\times J_2\times J_3\times M}$, $\Omega_{j_4}^i$ 是第 i 个相似集中第 $j_4\in\{1,2,\cdots,M\}$ 个图像块的可观测区域,

$$W_{j_1,j_2,j_3,j_4}^i=\begin{cases}1, & (j_1,j_2,j_3)\in\Omega_{j_4}^i, j_4\in\{1,2,\cdots,M\},\\ 0, & (j_1,j_2,j_3)\notin\Omega_{j_4}^i, j_4\in\{1,2,\cdots,M\}\end{cases}$$

基于非局部自相似的加权张量分解模型如下 [14]

$$\begin{aligned}\min_{G,\boldsymbol{U}_1,\boldsymbol{U}_2,\cdots,\boldsymbol{U}_N}\quad & \left\|\mathcal{W}^i*(\mathcal{Y}^i-\mathcal{X}^i)\right\|_F^2\\ \text{s.t.}\quad & \mathcal{X}^i=\mathcal{G}^i\times_1\boldsymbol{U}_1^i\times_2\boldsymbol{U}_2^i\times_3\boldsymbol{U}_3^i\times_4\boldsymbol{U}_4^i,\ \left(\boldsymbol{U}_j^i\right)^{\mathrm{T}}\boldsymbol{U}_j^i=I_j,\ j=1,2,3,4\end{aligned} \tag{6-4-4}$$

其中 $\mathcal{X}^i \in R^{J_1\times J_2\times J_3\times M}$ 是 $\mathcal{Y}^i$ 的干净张量, $\mathcal{G}^i \in R^{K_1\times K_2\times K_3\times m}$ 是 $\mathcal{Y}^i$ 的核张量, $\boldsymbol{U}_j^i \in R^{J_j\times K_j}\ (j=1,2,3)$ 是因子矩阵, $\boldsymbol{U}_4^i \in R^{M\times m}$ 表示同一个相似集中不同块之间的一致性.

优化问题 (6-4-4) 没有闭式解. 如果采用传统的增广拉格朗日乘子法进行求解, 将会存在大量的偏微分计算. 受 [62] 的启发, 我们使用构造方法进行求解. 设 $\hat{\mathcal{X}}^i$ 是 $\mathcal{X}^i$ 的相邻估计, 我们可以按照下列步骤修正优化问题 (6-4-4) 中的变量.

(1) 修正核张量 $\mathcal{G}^i$ 和因子矩阵 $\boldsymbol{U}_j^i$.

在 $\mathcal{Y}^i$ 和 $\hat{\mathcal{X}}^i$ 固定的情况下, 核张量 $\mathcal{G}^i$ 和因子矩阵 $\boldsymbol{U}_j^i$ 可以通过解下列优化问题得到

$$\begin{aligned}\min_{\mathcal{G},\boldsymbol{U}_1,\boldsymbol{U}_2,\cdots,\boldsymbol{U}_N} \quad & \left\|\hat{\mathcal{X}}^i - \mathcal{G}^i \times_1 \boldsymbol{U}_1^i \times_2 \boldsymbol{U}_2^i \times_3 \boldsymbol{U}_3^i \times_4 \boldsymbol{U}_4^i\right\|_F^2 \\ \text{s.t.} \quad & \left(\boldsymbol{U}_j^i\right)^{\mathrm{T}} \boldsymbol{U}_j^i = I_j,\ j=1,2,3,4\end{aligned} \tag{6-4-5}$$

为了减少计算复杂度, 我们利用序列截断高阶奇异值分解算法 [27] 解上述优化问题.

(2) 修正 $\mathcal{X}^i$.

得到核张量和因子矩阵之后, 我们根据公式

$$\mathcal{X}^i = \mathcal{G}^i \times_1 \boldsymbol{U}_1^i \times_2 \boldsymbol{U}_2^i \times_3 \boldsymbol{U}_3^i \times_4 \boldsymbol{U}_4^i \tag{6-4-6}$$

计算新的 $\mathcal{X}^i$.

(3) 修正 $\hat{\mathcal{X}}^i$.

根据构造法, $\hat{\mathcal{X}}^i$ 按照下列公式进行计算:

$$\hat{\mathcal{X}}^i = \mathcal{X}^i + \mathcal{W}^i * \mathcal{W}^i * \left(\mathcal{Y}^i - \mathcal{X}^i\right) = \mathcal{X}^i + \frac{1}{2}\pi_{\mathcal{W}^i}\left(\mathcal{Y}^i - \mathcal{X}^i\right) \tag{6-4-7}$$

其中 $\pi_{\mathcal{W}}(\mathcal{X}) = 2\mathcal{W} * \mathcal{W} * \mathcal{X}$.

基于上述分析, 求解优化问题 (6-4-4) 的算法如算法 6-8 所示 [14].

算法 6-8　优化问题 (6-4-4) 的求解器

输入: $\mathcal{W}^i$, $\mathcal{Y}^i$, p, R, $T_{\max}$, tol.

输出: $\mathcal{L}$.

$\hat{\mathcal{X}}^i = \mathcal{X}^i = \mathcal{Y}^i$.

For $t = 1, 2, \cdots, T_{\max}$

　$\mathcal{X}_{\text{last}}^i = \mathcal{X}^i$;

　根据 (6-4-5) 计算核张量 $\mathcal{G}^i$ 和因子矩阵 $\boldsymbol{U}_j^i$;

　根据 (6-4-6) 计算 $\mathcal{X}^i$;

　根据 (6-4-7) 计算 $\hat{\mathcal{X}}^i$;

If $\frac{\|\mathcal{X}^i - \mathcal{X}^i_{\text{last}}\|_F}{\|\mathcal{X}^i\|_F} \leqslant \text{tol}$, **then break**;

End For

Return $\mathcal{X}^i = \mathcal{X}^i_{\text{last}}$.

基于算法 6-8, NSWTLD 算法的详细步骤见算法 6-9.

算法 6-9 NSWTLD 算法

输入: $\mathcal{Y}$, Ω, h_w, r, c, K, $p=[4,1,2,3]$, $R=[m,K_1,K_2,K_3]$, $T_{\max}$.

输出: $\mathcal{X}$.

$\overline{\mathcal{Y}}=\mathcal{Y}$.

用一个 $h_w \times h_w$ 窗口的均值填充 $\overline{y}_{i_1,i_2,i_3}$ $((i_1,i_2,i_3)\notin\Omega)$.

For $t=1,2,\cdots,T_{\max}$

在一个 $h_w \times h_w$ 窗口中, 对 $\overline{\mathcal{Y}}$ 应用中值滤波得到 $\widehat{\mathcal{Y}}$;

求 $\mathcal{W}$;

在 $\mathcal{W},\mathcal{Y},\widehat{\mathcal{Y}}$ 上完成块分割得到 $\{\mathcal{W}_i,\mathcal{Y}_i,\widehat{\mathcal{Y}}_i\}_{i=1}^K$;

在 $\{\widehat{\mathcal{Y}}_i\}_{i=1}^K$ 上完成块搜索和匹配得到 $\{\mathcal{W}^i,\mathcal{Y}^i\}_{i=1}^K$;

利用算法 6-8 计算 $(\mathcal{X}^k)^t$;

在 $\{(\mathcal{X}^k)^t\}_{k=1}^K$ 上完成块集成得到 $\mathcal{X}^t$;

End For

Return $\mathcal{X}=\mathcal{X}^t$.

引理 6-1 设 $\mathcal{X}_t^i$ 和 $\mathcal{X}_{t+1}^i$ 分别是算法 6-8 中的 $\mathcal{X}^i$ 在第 t 次迭代和第 $t+1$ 次迭代时的值, 则下列不等式成立:

$$2\sum_{j_1,j_2,j_3,j_4}\int_{(\mathcal{Y}^i-\mathcal{X}_t^i)_{j_1,j_2,j_3,j_4}}^{(\mathcal{Y}^i-\mathcal{X}_{t+1}^i)_{j_1,j_2,j_3,j_4}} \left(\mathcal{W}^i_{j_1,j_2,j_3,j_4}\right)^2\left(\left(\mathcal{Y}^i-\mathcal{X}^i_{t+1}\right)_{j_1,j_2,j_3,j_4}-x\right)dx$$

$$\leqslant \left\|\mathcal{X}_t^i-\mathcal{X}_{t+1}^i\right\|_F^2 \tag{6-4-8}$$

证明

$$2\sum_{j_1,j_2,j_3,j_4}\int_{(\mathcal{Y}^i-\mathcal{X}_t^i)_{j_1,j_2,j_3,j_4}}^{(\mathcal{Y}^i-\mathcal{X}_{t+1}^i)_{j_1,j_2,j_3,j_4}} \left(\mathcal{W}^i_{j_1,j_2,j_3,j_4}\right)^2\left(\left(\mathcal{Y}^i-\mathcal{X}^i_{t+1}\right)_{j_1,j_2,j_3,j_4}-x\right)dx$$

$$=2\sum_{j_1,j_2,j_3,j_4}\int_{(\mathcal{Y}^i-\mathcal{X}_t^i)_{j_1,j_2,j_3,j_4}}^{(\mathcal{Y}^i-\mathcal{X}_{t+1}^i)_{j_1,j_2,j_3,j_4}} \left(\mathcal{W}^i_{j_1,j_2,j_3,j_4}\right)^2\left(\mathcal{Y}^i-\mathcal{X}^i_{t+1}\right)_{j_1,j_2,j_3,j_4}dx$$

$$-2\sum_{j_1,j_2,j_3,j_4}\int_{\left(\mathcal{Y}^i-\mathcal{X}_t^i\right)_{j_1,j_2,j_3,j_4}}^{\left(\mathcal{Y}^i-\mathcal{X}_{t+1}^i\right)_{j_1,j_2,j_3,j_4}}\left(\mathcal{W}_{j_1,j_2,j_3,j_4}^i\right)^2 xdx$$

$$=2\left(\mathcal{W}_{j_1,j_2,j_3,j_4}^i\right)^2\left(\mathcal{Y}^i-\mathcal{X}_{t+1}^i\right)_{j_1,j_2,j_3,j_4}\left(\mathcal{X}_t^i-\mathcal{X}_{t+1}^i\right)_{j_1,j_2,j_3,j_4}$$

$$-\left(\mathcal{W}_{j_1,j_2,j_3,j_4}^i\right)^2\left(\left(\left(\mathcal{Y}^i-\mathcal{X}_{t+1}^i\right)_{j_1,j_2,j_3,j_4}\right)^2-\left(\left(\mathcal{Y}^i-\mathcal{X}_t^i\right)_{j_1,j_2,j_3,j_4}\right)^2\right)$$

$$=\left(\mathcal{W}_{j_1,j_2,j_3,j_4}^i\right)^2\left(\left(\mathcal{X}_t^i-\mathcal{X}_{t+1}^i\right)_{j_1,j_2,j_3,j_4}\right)^2 \tag{6-4-9}$$

由于 $\mathcal{W}_{j_1,j_2,j_3,j_4}^i\in[0,1]$, 因此, 下列不等式成立:

$$\left(\mathcal{W}_{j_1,j_2,j_3,j_4}^i\right)^2\left(\left(\mathcal{X}_t^i-\mathcal{X}_{t+1}^i\right)_{j_1,j_2,j_3,j_4}\right)^2\leqslant\left(\left(\mathcal{X}_t^i-\mathcal{X}_{t+1}^i\right)_{j_1,j_2,j_3,j_4}\right)^2 \tag{6-4-10}$$

根据 (6-4-9) 和 (6-4-10), 我们知道 (6-4-8) 成立, 引理 6-1 得证.

定理 6-1 设 $\mathcal{X}_t^i$ 和 $\mathcal{X}_{t+1}^i$ 分别是算法 6-8 中的 $\mathcal{X}^i$ 在第 t 次迭代和第 $t+1$ 次迭代时的值, 则下列不等式成立:

$$\left\|\mathcal{W}*\left(\mathcal{Y}^i-\mathcal{X}_t^i\right)\right\|_F^2\geqslant\left\|\mathcal{W}*\left(\mathcal{Y}^i-\mathcal{X}_{t+1}^i\right)\right\|_F^2 \tag{6-4-11}$$

证明 设 $f(\mathcal{X})=\|\mathcal{W}*\mathcal{X}\|_F^2$, $\pi_{\mathcal{W}}(\mathcal{X})=2\mathcal{W}*\mathcal{W}*\mathcal{X}$, 则 (6-4-11) 可以写成下列形式:

$$f\left(\mathcal{Y}^i-\mathcal{X}_t^i\right)\geqslant f\left(\mathcal{Y}^i-\mathcal{X}_{t+1}^i\right) \tag{6-4-12}$$

由于 ST-HOSVD 的良好性能, $\mathcal{X}_{t+1}^i$ 是 $\hat{\mathcal{X}}_t^i$ 的最好近似, 下列不等式成立:

$$\|\hat{\mathcal{X}}_t^i-\mathcal{X}_{t+1}^i\|_F^2\leqslant\|\hat{\mathcal{X}}_t^i-\mathcal{X}_t^i\|_F^2 \tag{6-4-13}$$

由等式

$$\begin{aligned}\|\hat{\mathcal{X}}_t^i-\mathcal{X}_{t+1}^i\|_F^2&=\|\hat{\mathcal{X}}_t^i-\mathcal{X}_t^i+\mathcal{X}_t^i-\mathcal{X}_{t+1}^i\|_F^2\\&=\|\hat{\mathcal{X}}_t^i-\mathcal{X}_t^i\|_F^2+\left\|\mathcal{X}_t^i-\mathcal{X}_{t+1}^i\right\|_F^2+2\left\langle\hat{\mathcal{X}}_t^i-\mathcal{X}_t^i,\mathcal{X}_t^i-\mathcal{X}_{t+1}^i\right\rangle\end{aligned} \tag{6-4-14}$$

可得

$$\left\|\mathcal{X}_t^i-\mathcal{X}_{t+1}^i\right\|_F^2+2\left\langle\hat{\mathcal{X}}_t^i-\mathcal{X}_t^i,\mathcal{X}_t^i-\mathcal{X}_{t+1}^i\right\rangle\leqslant 0 \tag{6-4-15}$$

利用 (6-4-7) 和 (6-4-15), 我们可以得到下列不等式:

$$\left\|\mathcal{X}_t^i-\mathcal{X}_{t+1}^i\right\|_F^2+\left\langle\pi_{\mathcal{W}^i}\left(\mathcal{Y}^i-\mathcal{X}_t^i\right),\mathcal{X}_t^i-\mathcal{X}_{t+1}^i\right\rangle\leqslant 0 \tag{6-4-16}$$

根据不等式 (6-4-8), 下列不等式成立:

$$\begin{aligned}&2\sum_{j_1,j_2,j_3,j_4}\int_{\left(\mathcal{Y}^i-\mathcal{X}_t^i\right)_{j_1,j_2,j_3,j_4}}^{\left(\mathcal{Y}^i-\mathcal{X}_{t+1}^i\right)_{j_1,j_2,j_3,j_4}}\left(\mathcal{W}_{j_1,j_2,j_3,j_4}^i\right)^2\left(\left(\mathcal{Y}^i-\mathcal{X}_{t+1}^i\right)_{j_1,j_2,j_3,j_4}-x\right)dx\\&+\left\langle\pi_{\mathcal{W}^i}\left(\mathcal{Y}^i-\mathcal{X}_t^i\right),\mathcal{X}_t^i-\mathcal{X}_{t+1}^i\right\rangle\leqslant\left\|\mathcal{X}_t^i-\mathcal{X}_{t+1}^i\right\|_F^2+\left\langle\pi_{\mathcal{W}^i}\left(\mathcal{Y}^i-\mathcal{X}_t^i\right),\mathcal{X}_t^i-\mathcal{X}_{t+1}^i\right\rangle\end{aligned} \tag{6-4-17}$$

把 (6-4-16) 代入 (6-4-17), 我们可以得到下列不等式:

$$\begin{aligned}&2\sum_{j_1,j_2,j_3,j_4}\int_{\left(\mathcal{Y}^i-\mathcal{X}_t^i\right)_{j_1,j_2,j_3,j_4}}^{\left(\mathcal{Y}^i-\mathcal{X}_{t+1}^i\right)_{j_1,j_2,j_3,j_4}}\left(\mathcal{W}_{j_1,j_2,j_3,j_4}^i\right)^2\left(\left(\mathcal{Y}^i-\mathcal{X}_{t+1}^i\right)_{j_1,j_2,j_3,j_4}-x\right)dx\\&+\left\langle\pi_{\mathcal{W}^i}\left(\mathcal{Y}^i-\mathcal{X}_t^i\right),\mathcal{X}_t^i-\mathcal{X}_{t+1}^i\right\rangle\leqslant 0\end{aligned} \tag{6-4-18}$$

由

$$\begin{aligned}f\left(\mathcal{Y}^i-\mathcal{X}_{t+1}^i\right)=&f\left(\mathcal{Y}^i-\mathcal{X}_t^i\right)+\left\langle\pi_{\mathcal{W}^i}\left(\mathcal{Y}^i-\mathcal{X}_t^i\right),\mathcal{X}_t^i-\mathcal{X}_{t+1}^i\right\rangle\\&+2\sum_{j_1,j_2,j_3,j_4}\int_{\left(\mathcal{Y}^i-\mathcal{X}_t^i\right)_{j_1,j_2,j_3,j_4}}^{\left(\mathcal{Y}^i-\mathcal{X}_{t+1}^i\right)_{j_1,j_2,j_3,j_4}}\left(\mathcal{W}_{j_1,j_2,j_3,j_4}^i\right)^2\\&\cdot\left(\left(\mathcal{Y}^i-\mathcal{X}_{t+1}^i\right)_{j_1,j_2,j_3,j_4}-x\right)dx\end{aligned} \tag{6-4-19}$$

可知

$$f\left(\mathcal{Y}^i-\mathcal{X}_t^i\right)\geqslant f\left(\mathcal{Y}^i-\mathcal{X}_{t+1}^i\right) \tag{6-4-20}$$

定理 6-2 (一阶条件)　算法 6-8 所得到的局部最优解满足优化问题 (6-4-4) 的 KKT 条件.

证明　优化问题 (6-4-4) 的拉格朗日函数为

$$L\left(\mathcal{X}^i,\mathcal{G}^i,\boldsymbol{U}_j^i,\mathcal{A}^i,\boldsymbol{A}_j^i\right)$$

$$
\begin{aligned}
&= \left\|\mathcal{W}^i * \left(\mathcal{Y}^i - \mathcal{X}^i\right)\right\|_F^2 + \left\langle \mathcal{A}^i, \mathcal{X}^i - \mathcal{G}^i \times_1 \boldsymbol{U}_1^i \times_2 \boldsymbol{U}_2^i \times_3 \boldsymbol{U}_3^i \times_4 \boldsymbol{U}_4^i \right\rangle \\
&\quad + \sum_{j=1}^{4} \left\langle \boldsymbol{A}_j^i, \left(\boldsymbol{U}_j^i\right)^{\mathrm{T}} \boldsymbol{U}_j^i - I_j \right\rangle
\end{aligned}
$$

令其一阶偏导数 $\dfrac{\partial L}{\partial \mathcal{X}^i}$, $\dfrac{\partial L}{\partial \mathcal{G}^i}$, $\dfrac{\partial L}{\partial \boldsymbol{U}_j^i}$, $\dfrac{\partial L}{\partial \mathcal{A}^i}$ 和 $\dfrac{\partial L}{\partial \boldsymbol{A}_j^i}$ 等于 0, 则存在 $\mathcal{X}^{i*}$, $\mathcal{G}^{i*}$, $\boldsymbol{U}_j^{i*}$, $\mathcal{A}^{i*}$ 和 $\boldsymbol{A}_j^{i*}$, 使得优化问题 (6-4-4) 的 KKT 条件成立:

$$
-\pi_{\mathcal{W}^i}\left(\mathcal{Y}^i - \mathcal{X}^{i*}\right) + \mathcal{A}^{i*} = 0 \tag{6-4-21}
$$

$$
\left.\frac{-\partial \left\langle \mathcal{A}^i, \mathcal{G}^i \times_1 \boldsymbol{U}_1^i \times_2 \boldsymbol{U}_2^i \times_3 \boldsymbol{U}_3^i \times_4 \boldsymbol{U}_4^i \right\rangle}{\partial \mathcal{G}^i}\right|_{\mathcal{A}^i=\mathcal{A}^{i*}, \mathcal{G}^i=\mathcal{G}^{i*}, \boldsymbol{U}_j^i=\boldsymbol{U}_j^{i*}} = 0 \tag{6-4-22}
$$

$$
\left.\frac{\partial\left(-\left\langle \mathcal{A}^i, \mathcal{G}^i \times_1 \boldsymbol{U}_1^i \times_2 \boldsymbol{U}_2^i \times_3 \boldsymbol{U}_3^i \times_4 \boldsymbol{U}_4^i \right\rangle + \left\langle \boldsymbol{A}_j^i, \left(\boldsymbol{U}_j^i\right)^{\mathrm{T}} \boldsymbol{U}_j^i - I_j \right\rangle\right)}{\partial \boldsymbol{U}_j^i}\right|_{\mathcal{A}^i=\mathcal{A}^{i*}, \mathcal{G}^i=\mathcal{G}^{i*}, \boldsymbol{U}_j^i=\boldsymbol{U}_j^{i*}, \boldsymbol{A}_j^i=\boldsymbol{A}_j^{i*}} = 0 \tag{6-4-23}
$$

$$
\mathcal{X}^{i*} - \mathcal{G}^{i*} \times_1 \boldsymbol{U}_1^{i*} \times_2 \boldsymbol{U}_2^{i*} \times_3 \boldsymbol{U}_3^{i*} \times_4 \boldsymbol{U}_4^{i*} = 0 \tag{6-4-24}
$$

$$
\left(\boldsymbol{U}_j^{i*}\right)^{\mathrm{T}} \boldsymbol{U}_j^{i*} - I_j = 0 \tag{6-4-25}
$$

设 $\mathcal{G}^{i*}$ 和 $\boldsymbol{U}_j^{i*}$ 分别是 $\mathcal{G}^i$ 和 $\boldsymbol{U}_j^i$ 的局部最优解, 根据算法 6-8, $\mathcal{G}^{i*}$ 和 $\boldsymbol{U}_j^{i*}$ 通过解下列优化问题得到

$$
\begin{aligned}
\min_{\mathcal{G}, \boldsymbol{U}_1, \boldsymbol{U}_2, \cdots, \boldsymbol{U}_N} \quad & \left\|\hat{\mathcal{X}}^i - \mathcal{G}^i \times_1 \boldsymbol{U}_1^i \times_2 \boldsymbol{U}_2^i \times_3 \boldsymbol{U}_3^i \times_4 \boldsymbol{U}_4^i\right\|_F^2 \\
\text{s.t.} \quad & \left(\boldsymbol{U}_j^i\right)^{\mathrm{T}} \boldsymbol{U}_j^i = I_j,\ j = 1, 2, 3, 4
\end{aligned} \tag{6-4-26}
$$

利用辅助变量 $\mathcal{X}^i$, (6-4-26) 等价于下列优化问题:

$$
\begin{aligned}
&\min_{\mathcal{G}, \boldsymbol{U}_1, \boldsymbol{U}_2, \cdots, \boldsymbol{U}_N} \left\|\hat{\mathcal{X}}^i - \mathcal{X}^i\right\|_F^2 \\
&\quad \text{s.t.} \quad \mathcal{X}^i = \mathcal{G}^i \times_1 \boldsymbol{U}_1^i \times_2 \boldsymbol{U}_2^i \times_3 \boldsymbol{U}_3^i \times_4 \boldsymbol{U}_4^i,\ \left(\boldsymbol{U}_j^i\right)^{\mathrm{T}} \boldsymbol{U}_j^i = I_j,\ j = 1, 2, 3, 4
\end{aligned} \tag{6-4-27}
$$

设 (6-4-27) 的拉格朗日函数为

$$
\begin{aligned}
&T\left(\mathcal{X}^i, \mathcal{G}^i, \boldsymbol{U}_j^i, \mathcal{B}^i, \boldsymbol{B}_j^i\right) \\
&= \|\hat{\mathcal{X}}^i - \mathcal{X}^i\|_F^2 + \left\langle \mathcal{B}^i, \mathcal{X}^i - \mathcal{G}^i \times_1 \boldsymbol{U}_1^i \times_2 \boldsymbol{U}_2^i \times_3 \boldsymbol{U}_3^i \times_4 \boldsymbol{U}_4^i \right\rangle \\
&\quad + \sum_{j=1}^{4} \langle \boldsymbol{B}_j^i, \left(\boldsymbol{U}_j^i\right)^{\mathrm{T}} \boldsymbol{U}_j^i - I_j \rangle
\end{aligned}
\tag{6-4-28}
$$

则存在 $\mathcal{X}^{i*}$, $\mathcal{G}^{i*}$, $\boldsymbol{U}_j^{i*}$, $\mathcal{B}^{i*}$ 和 $\boldsymbol{B}_j^{i*}$, 使得优化问题 (6-4-28) 的下列 KKT 条件成立:

$$
-2(\hat{\mathcal{X}}^i - \mathcal{X}^{i*}) + \mathcal{B}^{i*} = 0 \tag{6-4-29}
$$

$$
\left.\frac{-\partial \left\langle \mathcal{B}^i, \mathcal{G}^i \times_1 \boldsymbol{U}_1^i \times_2 \boldsymbol{U}_2^i \times_3 \boldsymbol{U}_3^i \times_4 \boldsymbol{U}_4^i \right\rangle}{\partial \mathcal{G}^i}\right|_{\mathcal{B}^i=\mathcal{B}^{i*}, \mathcal{G}^i=\mathcal{G}^{i*}, \boldsymbol{U}_j^i=\boldsymbol{U}_j^{i*}} = 0 \tag{6-4-30}
$$

$$
\left.\frac{\partial \left(-\left\langle \mathcal{B}^i, \mathcal{G}^i \times_1 \boldsymbol{U}_1^i \times_2 \boldsymbol{U}_2^i \times_3 \boldsymbol{U}_3^i \times_4 \boldsymbol{U}_4^i \right\rangle + \left\langle \boldsymbol{B}_j^i, \left(\boldsymbol{U}_j^i\right)^{\mathrm{T}} \boldsymbol{U}_j^i - I_j \right\rangle\right)}{\partial \boldsymbol{U}_j^i}\right|_{\mathcal{B}^i=\mathcal{B}^{i*}, \mathcal{G}^i=\mathcal{G}^{i*}, \boldsymbol{U}_j^i=\boldsymbol{U}_j^{i*}, \boldsymbol{B}_j^i=\boldsymbol{B}_j^{i*}} = 0 \tag{6-4-31}
$$

$$
\mathcal{X}^{i*} - \mathcal{G}^{i*} \times_1 \boldsymbol{U}_1^{i*} \times_2 \boldsymbol{U}_2^{i*} \times_3 \boldsymbol{U}_3^{i*} \times_4 \boldsymbol{U}_4^{i*} = 0 \tag{6-4-32}
$$

$$
\left(\boldsymbol{U}_j^{i*}\right)^{\mathrm{T}} \boldsymbol{U}_j^{i*} - I_j = 0 \tag{6-4-33}
$$

由

$$
\mathcal{X}^{i*} = \mathcal{G}^{i*} \times_1 \boldsymbol{U}_1^{i*} \times_2 \boldsymbol{U}_2^{i*} \times_3 \boldsymbol{U}_3^{i*} \times_4 \boldsymbol{U}_4^{i*} \tag{6-4-34}
$$

$$
\hat{\mathcal{X}}^i = \mathcal{X}^{i*} + \frac{1}{2}\pi_{\mathcal{W}^i}\left(\mathcal{Y}^i - \mathcal{X}^{i*}\right) \tag{6-4-35}
$$

可知 $-2(\hat{\mathcal{X}}^i - \mathcal{X}^{i*}) = -\pi_{\mathcal{W}^i}\left(\mathcal{Y}^i - \mathcal{X}^{i*}\right)$. 根据 (6-4-21) 和 (6-4-29), 我们很容易得到 $\mathcal{A}^{i*} = \mathcal{B}^{i*}$. 基于这个等式, 我们从等式 (6-4-23) 和 (6-4-31) 知道 $\boldsymbol{A}_j^{i*} = \boldsymbol{B}_j^{i*}$ 成立. 从而算法 6-8 所得到的局部最优解满足优化问题 (6-4-4) 的 KKT 条件.

定理 6-1 表明: 算法 6-8 所生成的序列 $\left\{\mathcal{X}_t^i\right\}_{t=1}^{t\to\infty}$ 能够确保优化问题 (6-4-4) 的目标函数是单调下降的. 由于张量的 Frobenius 范数是非负的并且有下界, 因此算法 6-8 是收敛的.

定理 6-2 表明: 当算法 6-8 收敛时, 其稳定解满足非凸优化问题 (6-4-4) 的一阶条件.

接下来, 我们用实验来说明 NSWTLD 算法的性能. 对于彩色图像, 我们把来自 Bing Gallery (http://www.biying.com/gallery/) 的 6 个高分辨率宏观图像 (Image_ 1—Image_6) 和 4 个高分辨率微观图像 (Image_7—Image_10)(CC10) 以及来自网站 https://github.com/csjunxu/Guided-Image-DenoisingTIP2018/tree/master/CCImages 的数据集 CC60 用作实验数据, 并把数据集 CC10 中的图像显示在图 6-6 中. 对于多谱图像, 我们使用 https://www.cs.columbia.edu/CAVE/databases/multispectral/上的公开数据集 cave 和 https://zhaoxile.github.io/上的 Pavia City Center 数据集 (简称 Pavia). 对于核磁共振图像, 我们使用 https://brainweb.bic.mni.mcgill.ca/brainweb /selection_normal.html 上的数据集 simulated Brain (简称 Brain). 为了评估所提算法的有效性, 我们把它和 11 个基准算法进行可视化比较. 这些基准算法包括基于非局部自相似的算法 (MC-WNNM[55]、CBM3D[46]) 和基于全局结构的算法 (MoG GWLRTF[63]、MoG LRMF[64]、AST-HOSVD[11]、HaLRTC[2]、NLSLR[65]、WLRTF[66]、TCTF[67]、TNN[68]、SPCQV[69]). 另外, 我们把它与 GWLRTF-CP[63]、TNN[68]、SPCQV[69]、RTRC[71]、TNTV-FFT[72]、TNTV-DCT[72]、TNTV-Data[72]、TTNN-FFT[73]、TTNN-Data[73] 和 NLRR[74] 进行数值比较.

(a) Image_1 (b) Image_2 (c) Image_3 (d) Image_4 (e) Image_5

(f) Image_6 (g) Image_7 (h) Image_8 (i) Image_9 (j) Image_10

图 6-6 从 Bing Gallery 中随机选出的 10 幅图像

为了说明新算法的高效性, 与一般的非全通道像素缺失问题相比, 我们设计了更加困难的全通道像素缺失问题. 为了减少时间花费和内存需求, 我们首先把所有的干净图像都处理成大小为 $500 \times 800 \times 3$ 的图像; 然后, 我们对归一化之后的干净图像用两种缺失比例进行抽样得到不完全图像; 最后, 我们把两种水平的高斯噪声和两种水平的脉冲噪声加在不完全图像上. 基于这些破坏, 我们设计了四种复杂的场景 (见表 6-9). 为了直观地显示带高斯噪声、脉冲噪声和缺失数据的图像, 我们在图 6-7 中给出了一些例子.

表 6-9 实验中的四种破坏场景

破坏场景	缺失数据百分比	脉冲噪声水平	高斯噪声水平
场景 1	15%	15%	[0.055, 0.095]
场景 2	15%	30%	[0.055, 0.095]
场景 3	15%	15%	[0.105, 0.135]
场景 4	30%	15%	[0.055, 0.095]

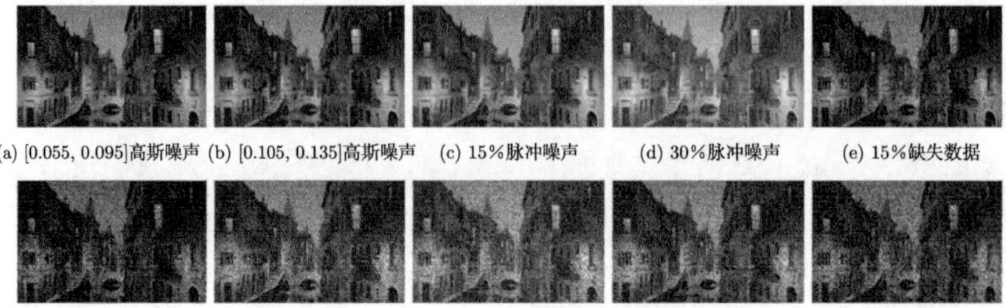

(a) [0.055, 0.095]高斯噪声 (b) [0.105, 0.135]高斯噪声 (c) 15%脉冲噪声 (d) 30%脉冲噪声 (e) 15%缺失数据
(f) 30%缺失数据 (g) 场景1 (h) 场景2 (i) 场景3 (j) 场景4

图 6-7 带不同水平混合噪声和缺失数据的图像

我们使用 SSIM (structure similarity) 评估所有算法的性能, 其计算公式如下

$$\mathrm{SSIM}=\frac{1}{3}\sum_{i=1}^{3}\frac{\left(2\mu_{I_i}\mu_{\tilde{I}_i}+C_1\right)\left(2\mu_{I_i}\mu_{\tilde{I}_i}+C_2\right)}{\left(\mu_{I_i}^2+\mu_{\tilde{I}_i}^2+C_1\right)\left(\sigma_{I_i}^2+\sigma_{\tilde{I}_i}^2+C_2\right)} \tag{6-4-36}$$

其中 I_i 是干净图像 I 的第 i 个通道, μ_{I_i} 和 σ_{I_i} 分别是 I_i 的均值和方差. $\tilde{I}_i$ 是恢复图像 $\tilde{I}$ 的第 i 个通道, $\mu_{\tilde{I}_i}$ 和 $\sigma_{\tilde{I}_i}$ 分别是 $\tilde{I}_i$ 的均值和方差. $\sigma_{I_i\tilde{I}_i}$ 是 I_i 和 $\tilde{I}_i$ 的协方差. 一般来说, 大的 SSIM 值对应好的恢复质量.

针对四种破坏场景, 所有算法在高光谱图像、彩色图像和磁共振图像上的实验结果分别列在表 6-10—表 6-12 中. 对于每一种算法, 我们使用网格搜索方法得到它的最优结果. 在表 6-10—表 6-12 中, 黑体和下划线分别表示最好和次好的结果.

从表 6-10—表 6-12, 我们发现:

(1) 就恢复质量而言, 在绝大部分场景中, NSWTLD 都优于基准算法. 就基准算法而言, 在彩色图像数据上, GWLRTF-CP、TNTV-FFT 和 TNTV-Data 取得了更好的结果; 在多谱图像和磁共振图像数据上, TNTV-FFT 和 TNTV-Data 取得了更好的结果.

(2) 就训练时间而言, 在彩色图像数据上, NSWTLD 比 GWLRTF-CP、SPCQV 和 NLRR 快, 比 RTRC、TNTV-FFT、TNTV-DCT 和 TNTV-Data 慢, 与 TTNN-FFT 和 TTNN-Data 可比; 在多谱图像数据上, NSWTLD 比 RTRC 慢, 与 TTNN-

表 6-10 在高光谱图像上的实验结果比较

数据集	破坏场景	评价指标	RTRC	GWLRTF-CP	TTNN-FFT	TTNN-Data	TNTV-FFT	TNTV-DCT	TNTV-Data	NSWTLD
cave	场景 1	PSNR	20.863	21.605	22.015	22.158	22.048	21.948	21.970	**22.984**
		SSIM	0.3202	0.5161	0.5207	0.5291	0.5271	0.5166	0.5175	**0.5702**
	场景 2	PSNR	15.986	16.257	16.462	16.482	16.408	16.368	16.373	**17.262**
		SSIM	0.2088	0.4034	0.3772	0.3991	0.4116	0.4062	0.4066	**0.4451**
	场景 3	PSNR	19.137	20.829	21.515	21.753	**21.997**	21.973	21.992	21.987
		SSIM	0.2678	0.4780	0.4801	0.4931	0.5223	0.5155	0.5161	**0.5398**
	场景 4	PSNR	20.836	21.473	21.892	22.046	22.099	21.874	21.900	**23.940**
		SSIM	0.3398	0.5020	0.5079	0.5163	0.5327	0.5098	0.5108	**0.5731**
		MT	100.01	3266.77	109.21	951.70	245.10	262.21	534.74	133.60
Pavia	场景 1	PSNR	21.261	21.724	21.893	21.957	21.640	21.665	21.668	**22.665**
		SSIM	0.7101	0.8100	0.8216	0.8311	0.7801	0.7829	0.7835	**0.8742**
		SAM	7.272	5.122	6.366	5.763	5.739	5.638	5.624	**4.292**
	场景 2	PSNR	15.865	16.253	16.324	16.358	16.176	16.181	16.182	**16.750**
		SSIM	0.5255	0.7317	0.7074	0.7244	0.6643	0.6671	0.6680	**0.7819**
		SAM	9.717	5.918	7.445	6.887	6.662	6.547	6.518	**5.431**
	场景 3	PSNR	19.772	21.480	21.604	21.708	21.326	21.357	21.363	**22.359**
		SSIM	0.5000	0.7926	0.7663	0.7873	0.7201	0.7233	0.7243	**0.8660**
		SAM	12.816	5.336	7.292	6.345	6.338	6.248	6.224	**4.615**
	场景 4	PSNR	20.896	21.431	21.666	21.688	21.507	21.537	21.538	**22.930**
		SSIM	0.6522	0.7626	0.7802	0.7796	0.7572	0.7605	0.7612	**0.7908**
		SAM	7.035	5.246	6.496	6.118	5.867	5.751	5.733	**4.670**
		MT	34.62	22187.82	114.33	1203.92	370.73	321.41	367.44	**86.81**

注: MT 代表算法的平均计算时间.

表 6-11 在彩色图像上的实验结果比较

数据集	破坏场景	评价指标	RTRC	GWLRTF-CP	TTNN-FFT	TTNN-Data	TNTV-FFT	TNTV-DCT	TNTV-Data	SPCQV	TNN	NLRR	NSWTLD
CC10	场景 1	PSNR	20.537	20.583	19.937	20.606	19.284	18.423	18.425	19.396	19.256	19.447	**22.204**
		SSIM	0.7101	0.6809	0.6513	0.7180	0.6968	0.7155	0.7155	0.6447	0.6324	0.6449	**0.8505**
	场景 2	PSNR	16.079	16.250	16.104	15.894	15.479	15.261	15.261	15.223	15.161	15.244	**16.905**
		SSIM	0.6171	0.6244	0.6364	0.5827	0.6335	0.6617	0.6618	0.5338	0.5214	0.5344	**0.7812**
	场景 3	PSNR	19.716	20.523	20.208	19.604	18.423	18.237	18.237	17.384	17.221	17.416	**22.156**
		SSIM	0.6139	0.6476	0.6557	0.6056	0.6582	0.6906	0.6906	0.5188	0.4965	0.50193	**0.8237**
	场景 4	PSNR	20.097	20.468	20.177	19.509	18.638	18.320	18.321	19.549	19.280	19.648	**22.766**
		SSIM	0.6740	0.6683	0.6736	0.6094	0.6718	0.7017	0.7018	0.6481	0.6055	0.6472	**0.7954**
		MT	11.29	2735.07	43.61	94.20	29.28	29.83	58.91	105.92	11.85	361.01	79.02
CC60	场景 1	PSNR	20.820	21.679	21.513	21.477	22.117	21.829	21.847	19.209	19.108	19.290	**22.645**
		SSIM	0.6794	0.7663	0.7660	0.7678	0.8300	0.8223	0.8223	0.5358	0.5247	0.5388	**0.8707**
	场景 2	PSNR	15.920	16.363	16.317	16.359	16.626	16.597	16.599	14.881	14.833	14.932	**16.764**
		SSIM	0.5689	0.6789	0.6446	0.6844	0.7614	0.7603	0.7601	0.4190	0.4089	0.4221	**0.7977**
	场景 3	PSNR	19.873	21.278	21.192	21.176	21.384	20.982	20.999	17.231	17.138	17.361	**22.350**
		SSIM	0.5739	0.7031	0.6722	0.7241	0.8032	0.8005	0.8002	0.4095	0.3996	0.4130	**0.8419**
	场景 4	PSNR	20.576	21.570	21.205	21.152	21.815	21.168	21.198	19.494	19.283	19.627	**23.499**
		SSIM	0.6648	0.7459	0.7398	0.7414	0.8182	0.8059	0.8058	0.5506	0.5248	0.5557	**0.8188**
		MT	18.93	1953.88	104.57	300.62	19.50	20.61	35.84	106.99	7.42	255.46	65.26

注: MT 代表算法的平均计算时间.

表 6-12 在磁共振图像上的实验结果比较

数据集	破坏场景	评价指标	RTRC	GWLRTF-CP	TTNN-FFT	TTNN-Data	TNTV-FFT	TNTV-DCT	TNTV-Data	NSWTLD
pd_Brain	场景 1	PSNR	20.622	18.176	19.906	19.749	21.277	21.429	21.452	**21.563**
		SSIM	0.5065	0.3805	0.5064	0.5076	0.5422	0.5890	0.5910	**0.5970**
	场景 2	PSNR	16.449	15.558	15.831	15.728	16.420	16.406	16.412	**17.150**
		SSIM	0.4343	0.3358	0.4340	0.4335	0.4584	0.5000	0.5021	**0.5193**
	场景 3	PSNR	19.743	18.073	19.471	19.356	20.555	20.964	20.987	**21.156**
		SSIM	0.4227	0.3628	0.4494	0.4581	0.4731	0.5387	0.5411	**0.5673**
	场景 4	PSNR	20.151	18.135	19.287	19.123	20.983	21.155	21.187	**21.607**
		SSIM	0.4837	0.3770	0.4795	0.4752	0.5196	0.5725	0.5747	**0.5750**
		MT	56.65	37915.28	382.16	3340.11	779.00	786.40	1558.75	**947.06**
tl_Brain	场景 1	PSNR	21.002	19.777	21.107	21.135	21.723	21.730	21.738	**21.973**
		SSIM	0.4960	0.4122	0.5030	0.4948	0.5626	0.5647	0.5651	**0.5878**
	场景 2	PSNR	15.871	15.632	15.999	16.018	16.199	16.207	16.210	**16.506**
		SSIM	0.3858	0.3714	0.4198	0.4275	0.4871	0.4904	0.4907	**0.5251**
	场景 3	PSNR	19.738	19.372	20.585	20.634	21.386	21.399	**21.413**	21.102
		SSIM	0.3931	0.4026	0.4490	0.4592	0.5278	0.5314	0.5320	**0.5648**
	场景 4	PSNR	20.731	19.733	20.774	20.708	21.589	21.585	21.597	**21.768**
		SSIM	0.4735	0.4085	0.4823	0.4793	0.5509	0.5524	0.5529	**0.5763**
		MT	56.47	36357.15	213.60	2728.99	930.48	775.92	1350.06	1297.23
t2_Brain	场景 1	PSNR	20.264	16.739	19.808	19.689	20.710	20.822	20.844	**20.955**
		SSIM	0.5340	0.3146	0.5008	0.5095	0.6052	0.5964	0.5979	**0.6189**
	场景 2	PSNR	15.647	14.282	15.403	15.547	15.901	15.924	15.932	**16.309**
		SSIM	0.4384	0.2801	0.4243	0.4368	0.5268	0.5160	0.5174	**0.5490**
	场景 3	PSNR	18.555	16.503	18.640	19.006	20.137	20.190	**20.216**	**20.313**
		SSIM	0.4369	0.3041	0.4386	0.4571	0.5668	0.5504	0.5521	**0.5824**
	场景 4	PSNR	19.587	16.716	19.342	19.001	20.338	20.441	**20.467**	**20.651**
		SSIM	0.5026	0.3097	0.4758	0.4706	0.5826	0.5744	0.5761	**0.5993**
		MT	83.80	38474.87	135.04	3163.57	670.35	629.42	**1381.46**	1027.85

注：MT 代表算法的平均计算时间.

FFT 可比, 比其余的基准算法快; 在磁共振图像数据上, NSWTLD 比 GWLRTF-CP、TTNN-Data 和 TNTV-Data 快, 比 RTRC 慢.

为了进行可视化比较, 我们把在破坏场景 4 下所有算法所恢复的 Image_1 的结果在图 6-8 中进行可视化. 为了容易观察, 在所有图像中, 我们在一个方框中放大细节.

从图 6-8, 我们可以观测到:

(1) 就图像去噪和细节恢复而言, NSWTLD 优于所有的基准算法. 原因在于, 一方面, 基于中值滤波的权张量能够比较好地处理噪声问题; 另一方面, 每一个块的低秩结构和非局部相似集能够增强图像的细节.

(2) 就基准算法而言, 尽管丢失了一个细节, 但基于混合高斯的算法在图像去噪方面优于其他的算法.

(a) CBM3D (b) MC-WNNM (c) AST-HOSVD
(d) HaLRTC (e) MoG LRMF (f) WLRTF
(g) MoG GWLRTF (h) TCTF (i) SPCQV
(j) NLSLR (k) TNN (l) NSWTLD

图 6-8 破坏场景 4 下的 Image_1 可视化结果比较

最后, 我们进行算法的灵敏度分析. NSWTLD 包含了 12 个模型参数. 令

win = 20, inner loop = 2, patch size(ps) = 10, step = 5, K = 7, p 从 $[4,1,2,3]$ 中取值. 对于 R, 在第一次迭代中, $R=[2,2,2,2]$, 在后续的迭代中, $R=[K,\mathrm{ps},\mathrm{ps},3]$. 对于 h_w, c 和 γ, 针对破坏场景 1, 我们固定其中一个参数同时变化其他参数在 Image_1 上进行参数灵敏度分析. 其中, 三个参数的取值范围分别为

$$h_w \in \{2,3,4,5,6,7\}, \quad c \in \left\{0,10^{-5},10^{-4},10^{-3},10^{-2},10^{-1},1\right\}$$

$$\gamma \in \{1,2,3,4,5,6,7,8,9\}$$

结果显示在图 6-9 中.

从图 6-9, 我们可以看到:

(1) NSWTLD 对参数 γ 是敏感的, 但对参数 h_w 和 c 不太敏感.

(2) 当 $c>0$ 时, NSWTLD 得到了最好的 SSIM. 这说明权张量的合理设计有利于得到更好的恢复图像.

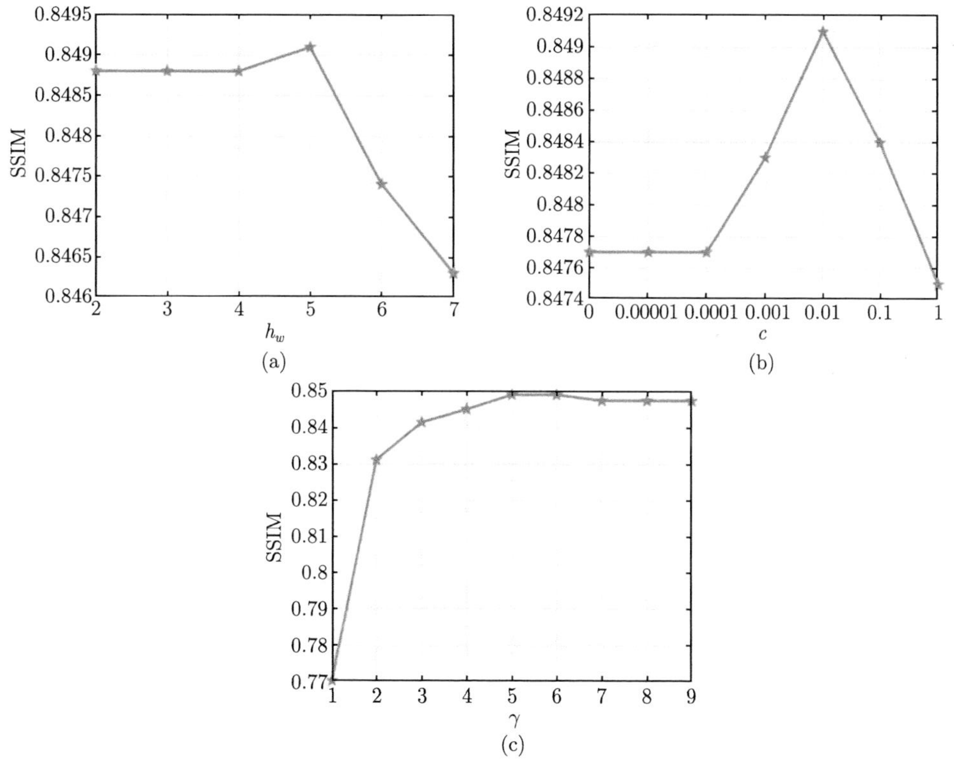

图 6-9 NSWTLD 所得到的 SSIM 和模型参数之间的灵敏度曲线

6.5 基于自适应稀疏低秩张量子空间学习的多通道图像补全算法

带混合噪声的多通道图像补全问题是机器学习、图像处理和计算机视觉领域中的一个共同和复杂的问题. 2022 年, 利用 Tucker 分解、非局部自相似和自适应稀疏低秩张量子空间学习, Xie[15] 提出了一个基于自适应稀疏低秩张量子空间和非局部自相似的多通道图像补全模型 ASLT-NS (adaptive sparse low-rank tensor subspace based on non-local Self-similarity), 处理带混合噪声的多通道图像补全问题. 为了增强张量的低秩分解对混合噪声的鲁棒性, 在所提出的模型中, Xie 利用自适应稀疏低秩正则化构建鲁棒张量子空间. 接下来, 我们详细地介绍这方面的工作.

设带混合噪声和数据缺失的多通道图像为 $\mathcal{T} \in R^{I_1 \times I_2 \times I_3}$, 根据上一节的图像分割方法得到的局部块图像 $\mathcal{T}_1, \mathcal{T}_2, \mathcal{T}_3, \cdots, \mathcal{T}_{n_p} \in R^{p_s \times p_s \times I_3}$, 其中 $T^i = [\mathcal{T}_i, \mathcal{T}_{i_1}, \mathcal{T}_{i_2}, \cdots, \mathcal{T}_{i_{K-1}}] \in R^{p_s \times p_s \times I_3 \times K}$ 是利用第 i 个局部块图像 $\mathcal{T}_i$ 和它的 $K-1$ 个近邻 $\left\{\mathcal{T}_{i_j}\right\}_{j=1}^{K-1}$ 构造的局部块图像群, $I_1 \times I_2$ 和 $p_s \times p_s$ 分别是 $\mathcal{T}$ 和 $\mathcal{T}_i$ 的通道大小, I_3 是 $\mathcal{T}$ 的通道总数.

带混合噪声的观测图像常常表示为下列形式:

$$\mathcal{T} = \mathcal{X} + \mathcal{S} + \varepsilon \tag{6-5-1}$$

基于 (6-5-1), 带混合噪声的图像补全模型可以表示为下列形式:

$$\mathcal{W} * \mathcal{T} = \mathcal{W} * (\mathcal{X} + \mathcal{S} + \varepsilon) \tag{6-5-2}$$

基于自适应稀疏低秩张量子空间学习, Xie[15] 提出了 ASLT-NS 模型, 处理带混合噪声和数据缺失的多通道图像补全问题:

$$\begin{aligned}
\min_{\boldsymbol{\alpha}^i, \mathcal{G}^i, \mathcal{S}^i, \boldsymbol{U}_1, \boldsymbol{U}_2, \boldsymbol{U}_3} \quad & \left\|\boldsymbol{\alpha}^i\right\|_2^2 + \sum_{n=1}^{3} \alpha_n^i \left(\left\|\boldsymbol{U}_n^i\right\|_* + \left\|\boldsymbol{U}_n^i\right\|_1\right) \\
& + \frac{\lambda}{2}\left\|\mathcal{W}^i * \left(\mathcal{T}^i - \mathcal{G}^i \times_1 \boldsymbol{U}_1^i \times_2 \boldsymbol{U}_2^i \times_3 \boldsymbol{U}_3^i - \mathcal{S}^i\right)\right\|_F^2 + \left\|\mathcal{S}^i\right\|_1 \\
\text{s.t.} \quad & \left(\boldsymbol{\alpha}^i\right)^{\mathrm{T}} \mathbf{1} = 1,\ \boldsymbol{\alpha}^i > \mathbf{0},\ \left(\boldsymbol{U}_n^i\right)^{\mathrm{T}} \boldsymbol{U}_n^i = I_n,\ n = 1,2,3; i = 1,2,\cdots, n_G
\end{aligned} \tag{6-5-3}$$

其中 $\mathcal{T}^i, \mathcal{W}^i, \mathcal{S}^i \in R^{p_s^2 \times I_3 \times K}$, $\boldsymbol{\alpha}^i \in R^{3\times 1}$, $\mathcal{G}^i \in R^{R_1 \times R_2 \times R_3}$, $[R_1, R_2, R_3]$ 是 $\mathcal{T}^i$ 的多线性秩, $\boldsymbol{U}_1^i \in R^{p_s^2 \times R_1}$, $\boldsymbol{U}_2^i \in R^{I_3 \times R_2}$, $\boldsymbol{U}_3^i \in R^{K \times R_3}$.

对 $\mathcal{T}^i$ 和 $\boldsymbol{U}_n^i$ 分别引入辅助变量 $\mathcal{Y}^i$ 和 $\left\{\boldsymbol{M}_n^i, \boldsymbol{Q}_n^i\right\}$, 则优化问题 (6-5-3) 等价于下列优化问题:

$$
\begin{aligned}
\min_{\boldsymbol{\alpha}^i, \mathcal{G}^i, \mathcal{S}^i, \{\boldsymbol{U}_n^i, \boldsymbol{M}_n^i, \boldsymbol{Q}_n^i\}_{n=1}^3} \quad & \left\|\boldsymbol{\alpha}^i\right\|_2^2+\sum_{n=1}^3 \alpha_n^i\left(\left\|\boldsymbol{M}_n^i\right\|_*+\left\|\boldsymbol{Q}_n^i\right\|_1\right) \\
& +\frac{\lambda}{2}\left\|\mathcal{W}^i *\left(\mathcal{Y}^i-\mathcal{G}^i \times_1 \boldsymbol{U}_1^i \times_2 \boldsymbol{U}_2^i \times_3 \boldsymbol{U}_3^i-\mathcal{S}^i\right)\right\|_F^2+\left\|\mathcal{S}^i\right\|_1 \\
\text{s.t.} \quad & \mathcal{W}^i * \mathcal{T}^i=\mathcal{W}^i * \mathcal{Y}^i,\ \left(\boldsymbol{\alpha}^i\right)^{\mathrm{T}} \mathbf{1}=1,\ \boldsymbol{\alpha}^i>\mathbf{0} \\
& \boldsymbol{U}_n^i=\boldsymbol{M}_n^i,\ \boldsymbol{U}_n^i=\boldsymbol{Q}_n^i,\ \left(\boldsymbol{U}_n^i\right)^{\mathrm{T}} \boldsymbol{U}_n^i=I_n,\ n=1,2,3
\end{aligned} \tag{6-5-4}
$$

优化问题 (6-5-3) 的增广拉格朗日函数为

$$
\begin{aligned}
& L_\eta\left(\boldsymbol{\alpha}^i,\left\{\boldsymbol{U}_n^i, \boldsymbol{M}_n^i, \boldsymbol{A}_n^i, \boldsymbol{Q}_n^i, \boldsymbol{B}_n^i\right\}_{n=1}^3, \mathcal{G}^i, \mathcal{S}^i, \mathcal{Y}^i\right) \\
= & \left\|\boldsymbol{\alpha}^i\right\|_2^2+\sum_{n=1}^3 \alpha_n^i\left(\left\|\boldsymbol{M}_n^i\right\|_*+\left\|\boldsymbol{Q}_n^i\right\|_1\right) \\
& +\left\|S^i\right\|_1+\frac{\lambda}{2}\left\|\mathcal{Y}^i-\mathcal{S}^i-\mathcal{G}^i \times_1 \boldsymbol{U}_1^i \times_2 \boldsymbol{U}_2^i \times_3 \boldsymbol{U}_3^i\right\|_F^2 \\
& +\sum_{n=1}^3\left(\left\langle\boldsymbol{A}_n^i, \boldsymbol{U}_n^i-\boldsymbol{M}_n^i\right\rangle+\frac{\eta}{2}\left\|\boldsymbol{U}_n^i-\boldsymbol{M}_n^i\right\|_F^2\right) \\
& +\sum_{n=1}^3\left(\left\langle\boldsymbol{B}_n^i, \boldsymbol{U}_n^i-\boldsymbol{Q}_n^i\right\rangle+\frac{\eta}{2}\left\|\boldsymbol{U}_n^i-\boldsymbol{Q}_n^i\right\|_F^2\right) \\
\text{s.t.} \quad & \mathcal{W}^i * \mathcal{T}^i=\mathcal{W}^i * \mathcal{Y}^i,\ \left(\boldsymbol{\alpha}^i\right)^{\mathrm{T}} \mathbf{1}=1,\ \alpha_n^i>0,\ \left(\boldsymbol{U}_n^i\right)^{\mathrm{T}} \boldsymbol{U}_n^i=I_n,\ n=1,2,3
\end{aligned} \tag{6-5-5}
$$

在迭代的过程中, 假设变量 $\boldsymbol{U}_n^i$, $\boldsymbol{M}_n^i$, $\boldsymbol{Q}_n^i$, $\mathcal{G}^i, \mathcal{S}^i$, $\mathcal{Y}^i$, $\boldsymbol{\alpha}^i$, $\boldsymbol{A}_n^i$, $\boldsymbol{B}_n^i$和 η 在第 t 步的值已知, 则它们在第 $t+1$ 步的更新公式如下.

(1) 更新 $\left(\boldsymbol{U}_n^i\right)^{t+1}$.

固定其他变量, $\left(\boldsymbol{U}_n^i\right)^{t+1}$ 可以通过解下列优化问题得到

$$
\begin{aligned}
\min_{\boldsymbol{U}_n^i} \quad & \frac{\lambda}{2}\left\|\left(\mathcal{Z}^i\right)^t-\left(\mathcal{H}_n^i\right)^t \times_n \boldsymbol{U}_n^i\right\|_F^2+\left\langle\left(\boldsymbol{A}_n^i\right)^t, \boldsymbol{U}_n^i-\left(\boldsymbol{M}_n^i\right)^t\right\rangle \\
& +\frac{\eta^t}{2}\left\|\boldsymbol{U}_n^i-\left(\boldsymbol{M}_n^i\right)^t\right\|_F^2+\left\langle\left(\boldsymbol{B}_n^i\right)^t, \boldsymbol{U}_n^i-\left(\boldsymbol{Q}_n^i\right)^t\right\rangle+\frac{\eta^t}{2}\left\|\boldsymbol{U}_n^i-\left(\boldsymbol{Q}_n^i\right)^t\right\|_F^2
\end{aligned}
$$

$$\text{s.t.} \quad \left(\boldsymbol{U}_n^i\right)^{\mathrm{T}} \boldsymbol{U}_n^i = I_n \tag{6-5-6}$$

其中 $\left(\mathcal{H}_n^i\right)^t = \left(\mathcal{G}^i\right)^t \times \prod_{k=1}^{n-1} \left(\boldsymbol{U}_k^i\right)^{t+1} \times \prod_{k=n+1}^{3} \left(\boldsymbol{U}_k^i\right)^t, \left(\mathcal{Z}^i\right)^t = \left(\mathcal{Y}^i\right)^t - \left(\mathcal{S}^i\right)^t.$

利用张量的矩阵展开, (6-5-6) 可以表示为下列等价形式:

$$\begin{aligned} \min_{\boldsymbol{U}_n^i} \quad & \frac{\lambda}{2}\left\|\left(\boldsymbol{Z}_{(n)}^i\right)^t - \boldsymbol{U}_n^i \left(\boldsymbol{H}_{n(n)}^i\right)^t\right\|_F^2 + \left\langle \left(\boldsymbol{A}_n^i\right)^t, \boldsymbol{U}_n^i - \left(\boldsymbol{M}_n^i\right)^t \right\rangle \\ & + \frac{\eta^t}{2}\left\|\boldsymbol{U}_n^i - \left(\boldsymbol{M}_n^i\right)^t\right\|_F^2 + \left\langle \left(\boldsymbol{B}_n^i\right)^t, \boldsymbol{U}_n^i - \left(\boldsymbol{Q}_n^i\right)^t \right\rangle + \frac{\eta^t}{2}\left\|\boldsymbol{U}_n^i - \left(\boldsymbol{Q}_n^i\right)^t\right\|_F^2 \\ \text{s.t.} \quad & \left(\boldsymbol{U}_n^i\right)^{\mathrm{T}} \boldsymbol{U}_n^i = I_n \end{aligned} \tag{6-5-7}$$

借助于正交约束 $\left(\boldsymbol{U}_n^i\right)^{\mathrm{T}} \boldsymbol{U}_n^i = I_n$, 我们知道, 优化问题 (6-5-7) 等价于下列优化问题:

$$\begin{aligned} \max_{\boldsymbol{U}_n^i} \quad & \operatorname{tr}(\left(\boldsymbol{U}_n^i\right)^{\mathrm{T}} (\lambda \left(\boldsymbol{Z}_{(n)}^i\right)^t (\left(\boldsymbol{H}_{n(n)}^i\right)^t)^{\mathrm{T}} \\ & + \eta^t(\left(\boldsymbol{M}_n^i\right)^t + \left(\boldsymbol{Q}_n^i\right)^t) - \left(\boldsymbol{A}_n^i\right)^t - \left(\boldsymbol{B}_n^i\right)^t)) \\ \text{s.t.} \quad & \left(\boldsymbol{U}_n^i\right)^{\mathrm{T}} \boldsymbol{U}_n^i = I_n \end{aligned} \tag{6-5-8}$$

优化问题 (6-5-8) 的全局最优解为

$$\left(\boldsymbol{U}_n^i\right)^{t+1} = \overline{\boldsymbol{U}}_n^i (\overline{\boldsymbol{V}}_n^i)^{\mathrm{T}} \tag{6-5-9}$$

其中

$$\begin{aligned} \overline{\boldsymbol{U}}_n^i \overline{\boldsymbol{\Sigma}}_n^i (\overline{\boldsymbol{V}}_n^i)^{\mathrm{T}} = & \operatorname{SVD}\Bigg(\lambda \left(\boldsymbol{Z}_{(n)}^i\right)^t \left(\left(\boldsymbol{H}_{n(n)}^i\right)^t\right)^{\mathrm{T}} \\ & + \eta^t \left(\left(\boldsymbol{M}_n^i\right)^t + \left(\boldsymbol{Q}_n^i\right)^t\right) - \left(\boldsymbol{A}_n^i\right)^t - \left(\boldsymbol{B}_n^i\right)^t \Bigg) \end{aligned} \tag{6-5-10}$$

(2) 更新 $\left(\boldsymbol{M}_n^i\right)^{t+1}$.

固定其他变量, $\left(\boldsymbol{M}_n^i\right)^{t+1}$ 可以通过解下列优化问题得到

$$\min_{\boldsymbol{M}_n^i} \ \left(\alpha_n^i\right)^t \left\|\boldsymbol{M}_n^i\right\|_* + \left\langle \left(\boldsymbol{A}_n^i\right)^t, \left(\boldsymbol{U}_n^i\right)^{t+1} - \boldsymbol{M}_n^i \right\rangle + \frac{\eta^t}{2}\left\|\left(\boldsymbol{U}_n^i\right)^{t+1} - \boldsymbol{M}_n^i\right\|_F^2 \tag{6-5-11}$$

优化问题 (6-5-11) 可以写成下列等价形式:

$$\min_{\boldsymbol{M}_n^i} \quad \frac{\left(\alpha_n^i\right)^t}{\eta^t}\left\|\boldsymbol{M}_n^i\right\|_* + \frac{1}{2}\left\|\boldsymbol{M}_n^i - \left(\left(\boldsymbol{U}_n^i\right)^{t+1} + \frac{\left(\boldsymbol{A}_n^i\right)^t}{\eta^t}\right)\right\|_F^2 \tag{6-5-12}$$

其闭式解为

$$\left(\boldsymbol{M}_n^i\right)^{t+1} = \overline{\boldsymbol{U}}_n^i \operatorname{diag}\left(\max\left(\boldsymbol{\sigma}^i - \frac{\left(\alpha_n^i\right)^t}{\eta^t}, 0\right)\right)\left(\overline{\boldsymbol{V}}_n^i\right)^{\mathrm{T}} \tag{6-5-13}$$

其中

$$\overline{\boldsymbol{U}}_n^i \operatorname{diag}\left(\boldsymbol{\sigma}^i\right)\left(\overline{\boldsymbol{V}}_n^i\right)^{\mathrm{T}} = \operatorname{SVD}\left(\left(\boldsymbol{U}_n^i\right)^{t+1} + \frac{\left(\boldsymbol{A}_n^i\right)^t}{\eta^t}\right) \tag{6-5-14}$$

(3) 更新 $\left(\boldsymbol{Q}_n^i\right)^{t+1}$.

固定其他变量, $\left(\boldsymbol{Q}_n^i\right)^{t+1}$ 可以通过解下列优化问题得到

$$\min_{\boldsymbol{Q}_n^i} \quad \left(\alpha_n^i\right)^t\left\|\boldsymbol{Q}_n^i\right\|_1 + \left\langle\left(\boldsymbol{B}_n^i\right)^t, \left(\boldsymbol{U}_n^i\right)^{t+1} - \boldsymbol{Q}_n^i\right\rangle + \frac{\eta^t}{2}\left\|\left(\boldsymbol{U}_n^i\right)^{t+1} - \boldsymbol{Q}_n^i\right\|_F^2 \tag{6-5-15}$$

优化问题 (6-5-15) 可以写成下列等价形式:

$$\min_{\boldsymbol{M}_n^i} \quad \frac{\left(\alpha_n^i\right)^t}{\eta^t}\left\|\boldsymbol{Q}_n^i\right\|_1 + \frac{1}{2}\left\|\boldsymbol{Q}_n^i - \left(\left(\boldsymbol{U}_n^i\right)^{t+1} + \frac{\left(\boldsymbol{B}_n^i\right)^t}{\eta^t}\right)\right\|_F^2 \tag{6-5-16}$$

其闭式解为

$$\left(\boldsymbol{Q}_n^i\right)^{t+1} = \operatorname{soft}_{\frac{\left(\alpha_n^i\right)^t}{\eta^t}}\left(\boldsymbol{U}_n^i\right)^{t+1} + \frac{\left(\boldsymbol{B}_n^i\right)^t}{\eta^t} \tag{6-5-17}$$

其中 $\operatorname{soft}_s(x) = \operatorname{sign}(x)\left(|x| - s\right)_+$.

(4) 更新 $\left(\mathcal{G}^i\right)^{t+1}$.

固定其他变量, $\left(\mathcal{G}^i\right)^{t+1}$ 可以通过解下列优化问题得到

$$\begin{aligned} \min_{\mathcal{G}^i} \quad & \frac{\lambda}{2}\left\|\mathcal{Y}^i - \mathcal{S}^i - \mathcal{G}^i \times_1 \left(\boldsymbol{U}_1^i\right)^{t+1} \times_2 \left(\boldsymbol{U}_2^i\right)^{t+1} \times_3 \left(\boldsymbol{U}_3^i\right)^{t+1}\right\|_F^2 \\ \text{s.t.} \quad & \left(\boldsymbol{U}_n^i\right)^{\mathrm{T}}\boldsymbol{U}_n^i = I_n \end{aligned} \tag{6-5-18}$$

其最优解为

$$\left(\mathcal{G}^{i}\right)^{t+1}=\left(\mathcal{Y}^{i}-\mathcal{S}^{i}\right)\times_{1}\left(\left(\boldsymbol{U}_{1}^{i}\right)^{t+1}\right)^{\mathrm{T}}\times_{2}\left(\left(\boldsymbol{U}_{2}^{i}\right)^{t+1}\right)^{\mathrm{T}}\times_{3}\left(\left(\boldsymbol{U}_{3}^{i}\right)^{t+1}\right)^{\mathrm{T}} \tag{6-5-19}$$

(5) 更新 $\left(\mathcal{S}^{i}\right)^{t+1}$.

固定其他变量, $\left(\mathcal{S}^{i}\right)^{t+1}$ 可以通过解下列优化问题得到

$$\min_{\mathcal{S}^{i}}\quad\left\|\mathcal{S}^{i}\right\|_{1}+\frac{\lambda}{2}\|\left(\mathcal{Y}^{i}\right)^{t}-\mathcal{S}^{i}-\left(\mathcal{G}^{i}\right)^{t+1}\times_{1}\left(\boldsymbol{U}_{1}^{i}\right)^{t+1}\times_{2}\left(\boldsymbol{U}_{2}^{i}\right)^{t+1}\times_{3}\left(\boldsymbol{U}_{3}^{i}\right)^{t+1}\|_{F}^{2} \tag{6-5-20}$$

其最优解为

$$\left(\mathcal{S}^{i}\right)^{t+1}=\operatorname{soft}_{\frac{1}{\lambda}}\left(\left(\mathcal{Y}^{i}\right)^{t}-\left(\mathcal{H}^{i}\right)^{t+1}\right) \tag{6-5-21}$$

其中

$$\left(\mathcal{H}^{i}\right)^{t+1}=\left(\mathcal{G}^{i}\right)^{t+1}\times_{1}\left(\boldsymbol{U}_{1}^{i}\right)^{t+1}\times_{2}\left(\boldsymbol{U}_{2}^{i}\right)^{t+1}\times_{3}\left(\boldsymbol{U}_{3}^{i}\right)^{t+1} \tag{6-5-22}$$

(6) 更新 $\left(\mathcal{Y}^{i}\right)^{t+1}$.

固定其他变量, $\left(\mathcal{Y}^{i}\right)^{t+1}$ 可以通过解下列优化问题得到

$$\begin{aligned}&\min_{\mathcal{Y}^{i}}\quad\frac{\lambda}{2}\|\mathcal{Y}^{i}-\left(\mathcal{S}^{i}\right)^{t+1}-\left(\mathcal{G}^{i}\right)^{t+1}\times_{1}\left(\boldsymbol{U}_{1}^{i}\right)^{t+1}\times_{2}\left(\boldsymbol{U}_{2}^{i}\right)^{t+1}\times_{3}\left(\boldsymbol{U}_{3}^{i}\right)^{t+1}\|_{F}^{2}\\&\text{s.t.}\quad\mathcal{W}^{i}*\mathcal{T}^{i}=\mathcal{W}^{i}*\mathcal{Y}^{i}\end{aligned} \tag{6-5-23}$$

其最优解为

$$\left(\left(\mathcal{Y}^{i}\right)^{t+1}\right)_{j_{1},j_{2},j_{3}}=\begin{cases}\left(\left(\mathcal{S}^{i}\right)^{t+1}\right)_{j_{1},j_{2},j_{3}}+\left(\left(\mathcal{H}^{i}\right)^{t+1}\right)_{j_{1},j_{2},j_{3}}, & \left(\mathcal{W}^{i}\right)_{j_{1},j_{2},j_{3}}=0,\\\left(\mathcal{T}^{i}\right)_{j_{1},j_{2},j_{3}}, & \left(\mathcal{W}^{i}\right)_{j_{1},j_{2},j_{3}}=1\end{cases} \tag{6-5-24}$$

(7) 更新 $\left(\boldsymbol{\alpha}^{i}\right)^{t+1}$.

固定其他变量, $\left(\boldsymbol{\alpha}^{i}\right)^{t+1}$ 可以通过解下列优化问题得到

$$\min_{\boldsymbol{\alpha}^{i}}\quad\left\|\boldsymbol{\alpha}^{i}\right\|_{2}^{2}+\sum_{n=1}^{3}\alpha_{n}^{i}\left(\psi_{n}^{i}\right)^{t+1}$$

$$\text{s.t.} \quad \left(\boldsymbol{\alpha}^{i}\right)^{\mathrm{T}} \mathbf{1}=1, \ \alpha_{n}^{i}>0, \ n=1,2,3 \tag{6-5-25}$$

其中 $\left(\psi_{n}^{i}\right)^{t+1}=(\|\left(\boldsymbol{M}_{n}^{i}\right)^{t+1}\|_{*}+\|\left(\boldsymbol{Q}_{n}^{i}\right)^{t+1}\|_{1})$.

优化问题 (6-5-25) 可以写成下列等价形式:

$$\begin{aligned} \min_{\boldsymbol{\alpha}^{i}} \quad & \left(\boldsymbol{\alpha}^{i}\right)^{\mathrm{T}}\left(\mathbf{1}\left(\boldsymbol{\psi}^{i}\right)^{t+1}+\boldsymbol{I}\right) \boldsymbol{\alpha}^{i} \\ \text{s.t.} \quad & \left(\boldsymbol{\alpha}^{i}\right)^{\mathrm{T}} \mathbf{1}=1, \ \alpha_{n}^{i}>0, \ n=1,2,3 \end{aligned} \tag{6-5-26}$$

我们可以利用算法 6-10 解上述优化问题.

算法 6-10　解优化问题 (6-5-26) 的求解器

输入: 函数 $f(\boldsymbol{\alpha}^{i})=(\boldsymbol{\alpha}^{i})^{\mathrm{T}}(\mathbf{1}(\boldsymbol{\psi}^{i})^{t+1}+\boldsymbol{I})\boldsymbol{\alpha}^{i}$, ζ, tol, $T_{\max}$, $(\boldsymbol{\alpha}^{i})^{1}$.
输出: $(\boldsymbol{\alpha}^{i})^{t+1}$.

For $t=1,2,\cdots,T_{\max}$

计算函数的梯度 $\dfrac{\partial f\left(\boldsymbol{\alpha}^{i}\right)}{\partial \boldsymbol{\alpha}^{i}}=2(\mathbf{1}((\boldsymbol{\psi}^{i})^{t+1})^{\mathrm{T}}+\boldsymbol{I})((\boldsymbol{\alpha}^{i})^{t})^{\mathrm{T}}$;

计算 $\left[(\boldsymbol{\alpha}^{i})^{t+1}\right]_{n}=\dfrac{[(\boldsymbol{\alpha}^{i})^{t}]_{n} \exp\left(-\zeta\left[\frac{\partial f(\boldsymbol{\alpha}^{i})}{\partial \boldsymbol{\alpha}^{i}}\right]_{n}\right)}{\sum\limits_{j=1}^{3}\left[(\boldsymbol{\alpha}^{i})^{t}\right]_{j} \exp\left(-\zeta\left[\frac{\partial f(\boldsymbol{\alpha}^{i})}{\partial \boldsymbol{\alpha}^{i}}\right]_{j}\right)}$;

If $\|(\boldsymbol{\alpha}^{i})^{t+1}-(\boldsymbol{\alpha}^{i})^{t}\|_{\infty} \leqslant \text{tol}$, **then break**;

End For
Return $(\boldsymbol{\alpha}^{i})^{t+1}$.

(8) 更新 $\left(\boldsymbol{A}_{n}^{i}\right)^{t+1}$ 和 $\left(\boldsymbol{B}_{n}^{i}\right)^{t+1}$.

$\left(\boldsymbol{A}_{n}^{i}\right)^{t+1}$ 和 $\left(\boldsymbol{B}_{n}^{i}\right)^{t+1}$ 的更新公式如下

$$\left(\boldsymbol{A}_{n}^{i}\right)^{t+1}=\left(\boldsymbol{A}_{n}^{i}\right)^{t}+\eta^{t}\left(\left(\boldsymbol{U}_{n}^{i}\right)^{t+1}-\left(\boldsymbol{M}_{n}^{i}\right)^{t+1}\right) \tag{6-5-27}$$

$$\left(\boldsymbol{B}_{n}^{i}\right)^{t+1}=\left(\boldsymbol{B}_{n}^{i}\right)^{t}+\eta^{t}\left(\left(\boldsymbol{U}_{n}^{i}\right)^{t+1}-\left(\boldsymbol{Q}_{n}^{i}\right)^{t+1}\right) \tag{6-5-28}$$

(9) 更新 η^{t+1}.

η^{t+1} 的更新公式如下

$$\eta^{t+1}=\rho \eta^{t} \tag{6-5-29}$$

基于上述分析, ASLT-NS 算法的详细步骤如算法 6-11 和算法 6-12 所示.

算法 6-11 解优化问题 (6-5-4) 的 ADMM

输入: $\mathcal{T}^i$, $\mathcal{W}^i$, $[R_1, R_2, R_3]$, λ, $T_{\max}$, tol, ρ, η^0.
输出: $\widehat{\mathcal{T}}^i$.

$[(\mathcal{G}^i)^0, \{(\boldsymbol{U}_n^i)^0\}_{n=1}^3] = \text{ST-HOSVD}(\mathcal{T}^i, [R_1, R_2, R_3])$.

$(\boldsymbol{M}_n^i)^0 = (\boldsymbol{Q}_n^i)^0 = (\boldsymbol{U}_n^i)^0$.

随机初始化张量和矩阵 $(\mathcal{S}^i)^0$, $(\boldsymbol{A}_n^i)^0$ 和 $(\boldsymbol{B}_n^i)^0$.

$(\mathcal{Y}^i)^0 = \mathcal{T}^i$.

$(\alpha_n^i)^0 = \dfrac{1}{3}\,(n = 1, 2, 3)$.

For $t = 1, 2, \cdots, T_{\max}$

根据 (6-5-9) 计算 $(\boldsymbol{U}_n^i)^{t+1}$;

根据 (6-5-13) 计算 $(\boldsymbol{M}_n^i)^{t+1}$;

根据 (6-5-17) 计算 $(\boldsymbol{Q}_n^i)^{t+1}$;

根据 (6-5-19) 计算 $(\mathcal{G}^i)^{t+1}$;

根据 (6-5-21) 计算 $(\mathcal{S}^i)^{t+1}$;

根据 (6-5-24) 计算 $(\mathcal{Y}^i)^{t+1}$;

利用算法 6-10 求 $(\boldsymbol{\alpha}^i)^{t+1}$;

根据 (6-5-27) 计算 $(\boldsymbol{A}_n^i)^{t+1}$;

根据 (6-5-28) 计算 $(\boldsymbol{B}_n^i)^{t+1}$;

根据 (6-5-29) 计算 η^{t+1};

If $\dfrac{\left|L_\eta^{t+1} - L_\eta^t\right|}{\left|L_\eta^{t+1}\right|} \leqslant \text{tol}$, **then break**;

End For
Return $\widehat{\mathcal{T}}^i = (\mathcal{G}^i)^{t+1} \times_1 (\boldsymbol{U}_1^i)^{t+1} \times_2 (\boldsymbol{U}_2^i)^{t+1} \times_3 (\boldsymbol{U}_3^i)^{t+1}$.

算法 6-12 ASLTS-NS 算法

输入: $\mathcal{T}$, Ω, $[R_1, R_2, R_3]$, λ.
输出: $\widehat{\mathcal{T}}$.

步骤 1: 对 $\mathcal{T}$ 的中值滤波结果 $\widetilde{\mathcal{T}}$ 进行块搜索和匹配得到指标集 $\{\Phi^i\}_{i=1}^K$.

步骤 2: 根据 $\{\Phi^i\}_{i=1}^K$, 从 $\mathcal{T}$ 和 $\mathcal{W}$ 求块群 $\{\mathcal{T}^i,\mathcal{W}^i\}_{i=1}^K$.

步骤 3: 利用算法 6-11 得到块群的恢复结果 $\{\widehat{\mathcal{T}}^i\}_{i=1}^K$.

步骤 4: 在 $\{\widehat{\mathcal{T}}^i\}_{i=1}^K$ 上完成块集成操作得到整体恢复结果 $\widehat{\mathcal{T}}$.

Return $\widehat{\mathcal{T}}$.

我们在彩色图像、高光谱图像和磁共振图像上进行实验, 验证算法 ASLTS-NS 的性能. 对于彩色图像, 我们从数据集 Bing Gallery (http://www.bing.com/gallery/) 中随机选择 5 个宏观图像 (Image_1—Image_5) 和 5 个微观图像 (Image_6—Image_10) 作为实验数据. 对于高光谱图像, 我们使用网站 https://zhaoxile.github.io/上的公开数据集 Indian Pines (简称 Indian) 和 Pavia City Center (简称 Pavia). 对于磁共振图像, 我们使用网站 https://brainweb.bic.mni.mcgill.ca/brainweb/selection_normal.html 上的数据集 simulated Brain (简称 Brain) 和网站 https://download.csdn.net/download/weixin_43981402/10848569? 上的数据集 Real Human Brain (简称 Real Brain). 为了减少时间花费和内存需求, 我们把所有的彩色图像都处理成大小为 $200 \times 200 \times 3$ 的图像; 对于 Real Brain 数据集, 我们仅使用大小为 $165 \times 221 \times 189$ 的子图.

为了说明新算法的高效性, 我们设计了复杂的全通道像素缺失问题. 我们首先对归一化之后的干净图像用两种缺失数据比例进行抽样得到不完全图像; 然后我们把两种水平的高斯噪声和两种水平的脉冲噪声加在不完全图像上. 基于这些破坏, 我们设计了 5 种复杂的场景 (见表 6-13).

表 6-13 实验中的 5 种破坏场景

破坏场景	缺失数据百分比	脉冲噪声水平	高斯噪声水平
场景 1	15%	10%	[0.055, 0.095]
场景 2	15%	20%	[0.055, 0.095]
场景 3	15%	10%	[0.105, 0.135]
场景 4	30%	10%	[0.055, 0.095]
场景 5	30%	20%	[0.105, 0.135]

为了评估所提算法的有效性, 对于彩色图像, 我们把 ASLTS-NS 与下列算法进行比较:

(1) 基于未知噪声分布估计的算法 (GWLRTF-CP[63]);

(2) 鲁棒低秩补全算法 (BRTF[70]、RTRC[71]、TNTV-FFT[72]、TNTV-DCT[72]、TNTV-Data[72]);

(3) 传统低秩补全算法 (TCTF[67]、TNN[68]、SPCQV[69]);

(4) 基于非局部自相似的算法 (CBM3D[46]、MC-WNNM[55]).

对于高光谱图像和磁共振图像, 我们把 ASLTS-NS 与下列算法进行比较:

(1) 基于未知噪声分布估计的算法 (GWLRTF-CP[63]);

(2) 鲁棒低秩补全算法 (BRTF[70]、RTRC[71]、TNTV-FFT[72]、TNTV-DCT[72]、TNTV-Data[72]、TTNN-FFT[73]、TTNN-Data[73]);

(3) 传统低秩补全算法 (SPCQV[69]).

ASLTS-NS 算法的参数设置见表 6-14. 在彩色图像、高光谱图像和磁共振图像上的实验结果分别列在表 6-15—表 6-17 中.

表 6-14　ASLTS-NS 算法的参数设置

参数列	算法 6-10	非局部相似块匹配框架					来自 MATLAB 函数库的中值滤波			
参数	学习率	搜索窗口	内循环	块尺寸	步长	最近邻 K	平滑窗口	滤波模式	平滑方式	边界模式	尺寸模式
值	0.01	20	2	10	5	70	5	‘corr’	‘average’	‘replicate’	‘same’

从表 6-15 可以看出, 就恢复质量而言, ASLTS-NS 优于所有的基准算法. 就计算时间而言, ASLTS-NS 与基准算法 SPCQV 是可比的, 比基准算法 GWLRTF-CP 和 BRTF 快, 但比其他的基准算法慢.

从表 6-16 可以看出, 就恢复质量而言, 在多数情况下, ASLTS-NS 优于所有的基准算法. 就计算时间而言, ASLTS-NS 与基准算法 BRTF 和 TTNN-Data 是可比的, 比基准算法 GWLRTF-CP 和 BRTF 快, 但比其他的基准算法 RTRC、TTNN-FFT、TNTV-FFT、TNTV-DCT 和 TNTV-Data 慢.

从表 6-17 可以看出, 就恢复质量而言, 对于数据集 Real Brain 上的破坏场景 1, 2, 4, 5 和数据集 Brain 上的破坏场景 2, 4, ASLTS-NS 优于所有的基准算法. 对于其他的场景, 尽管 ASLTS-NS 在 MPSNR 指标上少损于 TNTV-FFT, 但是, 在 MSSIM 指标上, ASLTS-NS 明显地优于 TNTV-FFT. 就计算时间而言, ASLTS-NS 比基准算法 SPCQV、GWLRTF-CP 和 BRTF 快, 但比其他的基准算法慢.

表 6-15 彩色图像上的 SSIM 和平均计算时间 MT 的比较

算法	CBM3D	MC-WNNM	SPCQV	TCTF	TNN	GWLRTF-CP	BRTF	RTRC	TNTV-FFT	TNTV-DCT	TNTV-Data	ASLTS-NS
场景 1												
Image_1	0.6544	0.5945	0.4876	0.4777	0.4693	0.6814	0.7065	0.6056	0.6662	0.6601	0.6540	**0.8349**
Image_2	0.6681	0.6110	0.4883	0.4626	0.4503	0.7073	0.7320	0.6017	0.6184	0.6942	0.6823	**0.8381**
Image_3	0.6532	0.4670	0.3544	0.3275	0.3183	0.5585	0.6079	0.4551	0.4786	0.5946	0.5780	**0.8304**
Image_4	0.6784	0.4667	0.3535	0.3048	0.2968	0.6050	0.6737	0.4775	0.4670	0.7138	0.7183	**0.8172**
Image_5	0.4731	0.4222	0.5045	0.4672	0.4592	0.6789	0.6944	0.5846	0.6246	0.6453	0.6439	**0.7971**
Image_6	0.5135	0.4046	0.4385	0.4304	0.4215	0.6297	0.6590	0.5636	0.6029	0.5989	0.5892	**0.8315**
Image_7	0.4979	0.4076	0.5853	0.6130	0.6092	0.6693	0.7445	0.6834	0.7405	0.6018	0.6034	**0.7762**
Image_8	0.6430	0.5537	0.4950	0.4207	0.4172	0.6063	0.6399	0.5388	0.5755	0.5524	0.5508	**0.8365**
Image_9	0.7921	0.4383	0.3347	0.3355	0.3271	0.6741	0.7045	0.5108	0.5453	0.7572	0.7515	**0.8793**
Image_10	0.6817	0.6219	0.4435	0.3803	0.3677	0.6244	0.6546	0.5367	0.5623	0.6251	0.6301	**0.8102**
MT	0.47	27.76	40.40	0.56	0.71	98.83	265.16	0.80	2.25	2.49	2.46	42.85
场景 2												
Image_1	0.6308	0.5445	0.4901	0.4180	0.4091	0.6248	0.6486	0.5418	0.6331	0.6376	0.6438	**0.8045**
Image_2	0.6230	0.5501	0.4900	0.4197	0.3989	0.6563	0.6859	0.5499	0.5609	0.6500	0.6434	**0.8091**
Image_3	0.6110	0.4271	0.3555	0.3194	0.3022	0.5391	0.5682	0.4383	0.4538	0.5806	0.5677	**0.8356**
Image_4	0.6146	0.4236	0.3532	0.2958	0.2911	0.5791	0.6283	0.4724	0.4519	0.6980	0.7051	**0.8290**
Image_5	0.4159	0.4001	0.5073	0.4436	0.4238	0.6495	0.6569	0.5602	0.5911	0.6244	0.6222	**0.7885**
Image_6	0.4671	0.3661	0.4429	0.3682	0.3479	0.5789	0.6121	0.5000	0.5236	0.5685	0.5545	**0.7925**
Image_7	0.4778	0.3889	0.5899	0.5001	0.4868	0.6198	0.6653	0.5897	0.6301	0.5807	0.5818	**0.7513**
Image_8	0.6069	0.5013	0.5023	0.3836	0.3775	0.5685	0.5959	0.4975	0.5235	0.5238	0.5242	**0.8107**
Image_9	0.7430	0.3955	0.3354	0.2638	0.2533	0.5671	0.6350	0.4208	0,4299	0.7202	0.7175	**0.8955**
Image_10	0.6649	0.5743	0.4443	0.3190	0.3130	0.5638	0.6187	0.4742	0.4921	0.5955	0.6001	**0.7860**
MT	0.46	26.67	33.36	0.57	0.45	132.58	220.14	0.80	2.33	2.36	2.48	43.81
场景 3												
Img_1	0.6345	0.5749	0.4909	0.3428	0.3335	0.6022	0.7065	0.6036	0.6724	0.6397	0.6260	**0.7973**
Img_2	0.6404	0.5912	0.4897	0.3061	0.2907	0.6089	0.6410	0.4408	0.4698	0.6405	0.6355	**0.7802**
Img_3	0.6427	0.4624	0.3556	0.2494	0.2355	0.5090	0.5342	0.3608	0,4051	0.5531	0.5487	**0.8130**
Img_4	0.6540	0.4568	0.3539	0.2354	0.2272	0.5785	0.6072	0.3908	0.4008	0.6748	0.6890	**0.8048**
Img_5	0.4561	0.4082	0.5076	0.3476	0.3312	0.6010	0.6200	0.4662	0.5274	0.6191	0.6162	**0.7919**

续表

算法	CBM3D	MC-WNNM	SPCQV	TCTF	TNN	GWLRTF-CP	BRTF	RTRC	TNTV-FFT	TNTV-DCT	TNTV-Data	ASLTS-NS
场景 3												
Img_6	0.4883	0.4087	0.4381	0.2567	0.2389	0.5123	0.5425	0.3834	0.4158	<u>0.5505</u>	0.5295	**0.7769**
Img_7	0.4907	0.4024	0.5909	0.4289	0.4130	0.5670	<u>0.6203</u>	0.5235	0.5767	0.5729	0.5774	**0.7488**
Img_8	<u>0.6283</u>	0.5302	0.5035	0.3052	0.2968	0.5074	0.5468	0.4157	0.4561	0.5092	0.5096	**0.7898**
Img_9	<u>0.7721</u>	0.4425	0.3352	0.2152	0.2031	0.5732	0.6109	0.3538	0.3832	0.6660	0.6759	**0.8721**
Img_10	<u>0.6690</u>	0.6046	0.4420	0.2189	0.2138	0.5149	0.5743	0.3556	0.3994	0.5789	0.5947	**0.7451**
MT	0.47	26.77	59.38	0.58	0.41	58.61	206.99	0.80	2.32	2.56	2.50	44.47
场景 4												
Img_1	0.5588	0.4913	0.4913	0.4609	0.4384	0.6323	<u>0.6541</u>	0.5707	0.6381	0.6507	0.6477	**0.8253**
Img_2	0.5647	0.5038	0.4907	0.4617	0.4381	0.6848	<u>0.6997</u>	0.5833	0.6166	0.6556	0.6526	**0.8392**
Img_3	0.5303	0.3379	0.3560	0.3189	0.3013	0.5260	0.5534	0.4345	0.4789	<u>0.5695</u>	0.5653	**0.8283**
Img_4	0.5441	0.3629	0.3541	0.3201	0.3145	0.6397	0.6473	0.4979	0.5046	0.6905	<u>0.6944</u>	**0.8201**
Img_5	0.3436	0.3344	0.5080	0.4524	0.4456	0.6373	<u>0.6535</u>	0.5686	0.6253	0.6039	0.6057	**0.7865**
Img_6	0.4091	0.2969	0.4434	0.3920	0.3797	0.5685	<u>0.5821</u>	0.5268	0.5682	0.5675	0.5589	**0.8004**
Img_7	0.3704	0.3228	0.5914	0.5430	0.5317	0.5838	0.6615	0.6054	<u>0.6763</u>	0.5502	0.5524	**0.7530**
Img_8	0.5482	0.4469	0.5035	0.4538	0.4401	0.5598	<u>0.6120</u>	0.5400	0.6060	0.5046	0.5566	**0.8381**
Img_9	0.6465	0.2421	0.3355	0.3021	0.2876	0.6417	0.6263	0.4668	0.5066	<u>0.7273</u>	0.7111	**0.8756**
Img_10	0.6232	0.5341	0.4447	0.4101	0.3868	0.6350	<u>0.6512</u>	0.5429	0.5987	0.5963	0.6069	**0.8201**
MT	0.45	26.81	49.28	0.63	0.90	93.76	229.19	0.82	2.32	2.57	2.50	44.24
场景 5												
Img_1	0.5224	0.4401	0.3268	0.2933	0.2855	0.5100	<u>0.5444</u>	0.4169	0.4632	0.4872	0.4774	**0.7225**
Img_2	0.5474	0.4580	0.3298	0.3044	0.2858	0.5370	<u>0.5870</u>	0.4339	0.4656	0.4979	0.4854	**0.7335**
Img_3	<u>0.5291</u>	0.3027	0.2644	0.2345	0.2196	0.4459	0.4834	0.3401	0.3919	0.4330	0.4146	**0.7668**
Img_4	0.5420	0.3281	0.2568	0.2407	0.2239	0.5124	<u>0.5686</u>	0.3891	0.4115	0.4916	0.4743	**0.7615**
Img_5	0.3368	0.3108	0.3666	0.3351	0.3126	0.5565	<u>0.5733</u>	0.4482	0.5078	0.5524	0.5445	**0.7230**
Img_6	0.4105	0.2669	0.3026	0.2719	0.2527	0.4807	<u>0.5081</u>	0.3976	0.4347	0.4707	0.4561	**0.7348**
Img_7	0.3499	0.2904	0.4082	0.3658	0.3573	0.4960	<u>0.5383</u>	0.4564	0.5196	0.5299	0.5238	**0.6710**
Img_8	<u>0.5107</u>	0.3914	0.3037	0.2707	0.2564	0.4336	0.4629	0.3622	0.4166	0.4324	0.4245	**0.7229**
Img_9	<u>0.6365</u>	0.2142	0.2290	0.2093	0.1925	0.4853	0.5690	0.3416	0.3842	0.4456	0.4319	**0.8120**
Img_10	<u>0.6044</u>	0.4794	0.2397	0.2031	0.2009	0.4397	0.5143	0.3429	0.3968	0.4245	0.4119	**0.7082**
MT	0.44	28.61	44.48	0.66	0.99	98.32	224.12	0.82	2.44	2.63	260	40.00

注: MT 代表算法的平均计算时间.

表 6-16 高光谱图像上的结果比较

算法	Indices	SPCQV	GWLRTF-CP	BRTF	RTRC	TTNN-FFT	TTNN-Date	TNTV-FFT	TNTV-DCT	TNTV-Data	ASLTS-NS
场景 1											
Indian	MPSNR	21.252	24.488	22.344	24.243	23.751	23.922	24.452	24.789	**24.849**	24.788
	MSSIM	0.4883	0.8652	0.7642	0.7275	0.8459	0.8831	0.7761	0.8267	0.8337	**0.8875**
	MSAM	6.702	2.927	4.547	3.765	5.044	4.511	3.586	3.259	3.175	**2.754**
Pavia	MPSNR	20.885	24.412	22.701	23.668	24.394	24.801	22.393	22.333	22.325	**25.104**
	MSSIM	0.5263	0.8316	0.6595	0.7396	0.8333	0.8583	0.6312	0.6272	0.6267	**0.8874**
	MSAM	14.722	4.904	5.699	7.197	6.525	5.450	12.047	12.165	12.193	**3.651**
	MT	3359.93	8344.32	1333.91	39.66	204.52	1572.41	507.21	488.62	948.99	1095.82
场景 2											
Indian	MPSNR	18.140	20.008	19.199	19.865	19.316	19.451	19.594	19.726	19.744	**20.187**
	MSSIM	0.4444	0.8354	0.7535	0.6815	0.8148	0.8523	0.7216	0.7777	0.7843	**0.8647**
	MSAM	7.761	4.338	5.401	4.981	6.220	5.751	4.846	4.566	4.489	**4.277**
Pavia	MPSNR	17.472	19.527	18.889	19.207	19.602	19.706	18.400	18.362	18.362	**19.779**
	MSSIM	0.4344	0.7828	0.6243	0.6662	0.7721	0.7962	0.5370	0.5323	0.5324	**0.8378**
	MSAM	14.945	5.376	6.052	7.754	7.085	6.257	12.111	12.234	12.241	**4.545**
	MT	3839.01	17160.29	1421.08	42.41	112.36	1398.28	573.56	734.48	987.90	993.38
场景 3											
Indian	MPSNR	18.702	24.509	22.611	23.222	23.137	23.334	23.362	23.950	24.027	**24.863**
	MSSIM	0.3740	0.8480	0.7701	0.5986	0.8002	0.8441	0.6622	0.7309	0.7385	**0.8836**
	MSAM	9.635	3.247	4.606	5.143	5.798	5.311	4.670	4.109	4.004	**3.108**
Pavia	MPSNR	18.155	24.038	22.503	21.560	23.828	24.281	20.187	20.080	20.078	**24.700**
	MSSIM	0.3502	0.8133	0.6539	0.5345	0.7826	0.8107	0.4655	0.4597	0.4596	**0.8731**
	MSAM	19.529	5.123	5.777	12.799	7.149	6.095	17.012	17.231	17.235	**4.208**
	MT	3864.04	10287.27	1471.44	47.55	89.30	1144.09	552.00	452.95	669.45	1041.53
场景 4											
Indian	MPSNR	21.582	22.745	22.260	23.755	23.136	23.289	24.056	24.435	24.486	**24.722**
	MSSIM	0.5098	0.8123	0.7498	0.7088	0.8094	0.8444	0.7481	0.8076	0.8146	**0.8643**
	MSAM	6.101	3.228	4.563	4.036	5.611	5.111	3.839	3.463	3.373	**2.886**
Pavia	MPSNR	21.326	23.884	22.511	22.964	23.827	24.243	22.403	22.358	22.354	**25.102**
	MSSIM	0.5528	0.7878	0.6444	0.6772	0.7839	0.8092	0.6274	0.6238	0.6236	**0.8658**

续表

算法	Indices	SPCQV	GWLRTF-CP	BRTF	RTRC	TTNN-FFT	TTNN-Date	TNTV-FFT	TNTV-DCT	TNTV-Data	ASLTS-NS
场景 4											
Pavia	MSAM	12.808	<u>5.070</u>	5.743	6.951	6.865	5.839	11.315	11.377	11.393	**3.792**
	MT	4271.33	8593.75	1275.19	38.45	89.84	1115.08	409.34	324.12	485.92	1121.25
场景 5											
Indian	MPSNR	17.256	<u>19.774</u>	19.287	19.520	18.875	18.980	19.048	19.302	19.329	**20.435**
	MSSIM	0.3750	<u>0.7915</u>	0.7371	0.5732	0.7486	0.7867	0.6021	0.6771	0.6838	**0.8302**
	MSAM	9.223	<u>4.720</u>	5.758	6.207	7.369	6.935	5.916	5.409	5.307	**4.709**
Pavia	MPSNR	16.413	19.187	18.752	18.345	19.313	<u>19.442</u>	17.498	17.440	17.441	**19.770**
	MSSIM	0.3333	<u>0.7166</u>	0.6018	0.4772	0.6778	0.7063	0.4132	0.4079	0.4080	**0.8017**
	MSAM	16.385	<u>5.678</u>	6.170	10.753	7.830	6.986	14.729	14.864	14.851	**5.027**
	MT	4348.23	9199.66	978.88	38.67	92.14	1008.33	305.72	270.79	549.68	1096.51

注: MT 代表算法的平均计算时间.

表 6-17 磁共振图像上的结果比较

算法	Indices	SPCQV	GWLRTF-CP	BRTF	RTRC	TTNN-FFT	TTNN-Date	TNTV-FFT	TNTV-DCT	TNTV-Data	ASLTS-NS
						场景 1					
Brain	MPSNR	20.503	20.807	21.451	23.168	23.278	23.353	**24.309**	24.060	24.069	24.287
	MSSIM	0.3948	0.4051	0.4348	0.5215	0.5079	0.5347	0.5743	0.5532	0.5536	**0.6099**
Real Brain	MPSNR	20.635	21.152	21.552	23.055	23.016	22.837	24.215	24.044	24.071	**24.368**
	MSSIM	0.3948	0.4687	0.4848	0.5507	0.5165	0.5684	0.6498	0.6166	0.6187	**0.6732**
	MT	8163.53	27911.51	9275.40	322.55	115.58	1648.95	635.95	740.53	1943.99	1892.16
						场景 2					
Brain	MPSNR	17.238	18.013	18.329	19.068	18.937	19.121	19.397	19.276	19.279	**19.496**
	MSSIM	0.3392	0.3728	0.4027	0.4691	0.4428	0.4794	0.5154	0.4930	0.4933	**0.5648**
Real Brain	MPSNR	17.280	18.156	18.383	19.062	18.888	18.945	19.382	19.295	19.300	**19.556**
	MSSIM	0.3148	0.3989	0.4183	0.4544	0.4189	0.4716	0.5411	0.5111	0.5130	**0.5768**
	MT	7336.23	19945.60	8496.86	289.02	111.50	848.05	777.23	515.91	1035.38	1749.89
						场景 3					
Brain	MPSNR	17.808	20.261	20.810	21.560	21.882	22.573	**23.445**	22.959	22.972	23.024
	MSSIM	0.2914	0.3918	0.4194	0.4306	0.4269	0.4838	0.5202	0.4881	0.4885	**0.5744**
Real Brain	MPSNR	17.900	20.697	21.038	21.474	21.735	22.200	**23.459**	23.083	23.113	23.107
	MSSIM	0.2684	0.4442	0.4610	0.4109	0.4059	0.5040	0.5739	0.5234	0.5258	**0.6129**
	MT	7545.00	16483.18	7461.10	295.94	43.91	877.00	826.91	430.00	937.96	1726.08
						场景 4					
Brain	MPSNR	20.627	20.694	21.370	22.666	23.050	22.742	24.128	23.828	23.841	**24.346**
	MSSIM	0.3976	0.3995	0.4327	0.4972	0.5013	0.5076	0.5630	0.5381	0.5384	**0.6009**
Real Brain	MPSNR	20.739	21.092	21.533	22.535	22.704	22.240	23.978	23.776	23.807	**24.504**
	MSSIM	0.3963	0.4616	0.4801	0.5248	0.5092	0.5357	0.6317	0.5926	0.5950	**0.6434**
	MT	7999.05	20917.19	6763.47	228.86	59.56	904.16	749.79	804.58	1021.99	1840.06
						场景 5					
Brain	MPSNR	15.925	17.742	18.017	18.218	18.476	18.659	**19.076**	18.802	18.809	19.051
	MSSIM	0.2695	0.3655	0.3919	0.3677	0.3836	0.4222	0.4627	0.4265	0.4270	**0.5259**
Real Brain	MPSNR	15.957	17.869	18.072	18.235	18.434	18.498	19.068	18.866	18.874	**19.231**
	MSSIM	0.2376	0.3837	0.3984	0.3308	0.3467	0.4093	0.4730	0.4270	0.4289	**0.5172**
	MT	8547.79	16217.44	6756.47	251.29	38.50	841.19	568.42	814.01	1027.95	1852.04

注：MT 代表算法的平均计算时间.

6.6 张量鲁棒主成分分析

对于带稀疏噪声的图像, Lu 提出了张量鲁棒主成分分析 (tensor robust principal component analysis, TRPCA) 算法抽取张量的低秩成分 [75,76], 从而达到对图像进行去噪的目的. 接下来, 我们首先给出张量奇异值阈值算子的定义, 然后详细给出 TRPCA 算法的推导过程.

定义 6-5 (张量奇异值阈值算子) 设三阶张量 $\mathcal{A} \in R^{l\times m\times n}$ 的奇异值分解形式如下

$$\mathcal{A} = \mathcal{U} * \mathcal{S} * \mathcal{V}^{\mathrm{T}} \tag{6-6-1}$$

其中张量 $\mathcal{U} \in R^{l\times l\times n}, \mathcal{V} \in R^{m\times m\times n}$ 是正交张量, $\mathcal{S} \in R^{l\times m\times n}$ 是一个 f-对角张量. 张量奇异值阈值算子定义如下

$$\operatorname{tsvt}_{\tau}(\mathcal{A}) = \mathcal{U} * \mathcal{S}_{\tau} * \mathcal{V}^{\mathrm{T}} \tag{6-6-2}$$

其中 $\mathcal{S}_{\tau} = \operatorname{ifft}\left(\left(\overline{\mathcal{S}} - \tau\right)_{+}\right)$, $\overline{\mathcal{S}}$ 是 $\mathcal{S}$ 沿着第三个模态的快速傅里叶变换.

张量鲁棒主成分分析的数学模型如下

$$\begin{aligned} \min_{\mathcal{L},\varepsilon} \quad & \|\mathcal{L}\|_{\mathrm{TNN}} + \lambda \|\varepsilon\|_1 \\ \text{s.t.} \quad & \mathcal{X} = \mathcal{L} + \varepsilon \end{aligned} \tag{6-6-3}$$

其中 $\mathcal{L}$ 是张量 $\mathcal{X}$ 的低秩主成分, ε 是稀疏噪声张量.

优化问题 (6-6-3) 的增广拉格朗日函数为

$$L(\mathcal{L}, \varepsilon, \mathcal{Y}, \mu) = \|\mathcal{L}\|_{\mathrm{TNN}} + \lambda \|\varepsilon\|_1 + \langle \mathcal{Y}, \mathcal{X} - \mathcal{L} - \varepsilon \rangle + \mu \|\mathcal{X} - \mathcal{L} - \varepsilon\|_F^2 \tag{6-6-4}$$

其中 $\mathcal{Y}$ 是拉格朗日乘子张量, μ 是惩罚参数.

基于 (6-6-4), 在第 $k+1$ 次迭代中, 变量 $\mathcal{L}$, ε, $\mathcal{Y}$ 和 μ 的更新公式如下.

(1) 计算 $\mathcal{L}_{k+1}$.

固定其他变量, 变量 $\mathcal{L}_{k+1}$ 可以通过解下列优化问题得到

$$\mathcal{L}_{k+1} = \arg\min_{\mathcal{L}} \|\mathcal{L}\|_{\mathrm{TNN}} + \langle \mathcal{Y}_k, \mathcal{X} - \mathcal{L} - \varepsilon_k \rangle + \mu \|\mathcal{X} - \mathcal{L} - \varepsilon_k\|_F^2 \tag{6-6-5}$$

优化问题 (6-6-5) 可以写成下列形式:

$$\mathcal{L}_{k+1} = \arg\min_{\mathcal{L}} \|\mathcal{L}\|_{\mathrm{TNN}} + \frac{\mu_k}{2} \|\mathcal{L} - \mathcal{X} + \varepsilon_k - \mathcal{Y}/\mu_k\|_F^2 \tag{6-6-6}$$

其闭式解为

$$\mathcal{L}_{k+1}=\operatorname{tsvt}_{\frac{1}{\mu_k}}\left(\mathcal{X}-\varepsilon+\mathcal{Y}_k/\mu_k\right) \tag{6-6-7}$$

(2) 计算 ε_{k+1}.

固定其他变量, 变量 ε_{k+1} 可以通过解下列优化问题得到

$$\varepsilon_{k+1}=\arg\min_{\varepsilon}\lambda\left\|\varepsilon\right\|_1+\left\langle\mathcal{Y}_k,\mathcal{X}-\mathcal{L}_k-\varepsilon\right\rangle+\frac{\mu_k}{2}\left\|\mathcal{X}-\mathcal{L}_k-\varepsilon\right\|_F^2 \tag{6-6-8}$$

优化问题 (6-6-8) 可以写成下列形式:

$$\varepsilon_{k+1}=\arg\min_{\varepsilon}\lambda\left\|\varepsilon\right\|_1+\frac{\mu_k}{2}\left\|\mathcal{L}_{k+1}-\mathcal{X}+\varepsilon-\mathcal{Y}_k/\mu_k\right\|_F^2 \tag{6-6-9}$$

其闭式解为

$$\varepsilon_{k+1}=\operatorname{sth}_{\frac{\lambda}{\mu_k}}\left(\mathcal{X}-\mathcal{L}_{k+1}-\mathcal{Y}_k/\mu_k\right) \tag{6-6-10}$$

其中 $\operatorname{sth}_\tau(x)=\operatorname{sgn}(x)\max(|x|-\tau)$.

(3) 计算 $\mathcal{Y}_{k+1}$.

固定其他变量, $\mathcal{Y}_{k+1}$ 按照下式进行修正:

$$\mathcal{Y}_{k+1}=\mathcal{Y}_k+\mu_k\left(\mathcal{L}_{k+1}+\varepsilon_{k+1}-\mathcal{X}\right) \tag{6-6-11}$$

(4) 计算 μ_{k+1}.

固定其他变量, μ_{k+1} 按照下式进行修正:

$$\mu_{k+1}=\min\left\{\rho\mu_k,\mu_{\max}\right\} \tag{6-6-12}$$

基于上述分析, 张量鲁棒主成分分析 (TRPCA) 算法的详细步骤如算法 6-13 所示.

算法 6-13 TRPCA 算法

输入: 观测张量 $\mathcal{X}$, 模型参数 λ, μ_0, ρ, $\mu_{\max}$, tol.

输出: $\mathcal{L}$.

$\mathcal{L}=\varepsilon=\mathcal{Y}=0$.

For $k=1,2,\cdots$

根据 (6-6-7) 计算 $\mathcal{L}_{k+1}$;

根据 (6-6-10) 计算 ε_{k+1};

根据 (6-6-11) 计算 $\mathcal{Y}_{k+1}$;

根据 (6-6-12) 计算 μ_{k+1};

If $\max\left\{\left\|\mathcal{L}_{k+1}-\mathcal{L}_k\right\|_\infty,\left\|\varepsilon_{k+1}-\varepsilon_k\right\|_\infty,\left\|\mathcal{L}_{k+1}+\varepsilon_{k+1}-\mathcal{X}\right\|_\infty\right\}\leqslant \text{tol}$, **then break**;

End For

Return $L=\mathcal{L}_{k+1}$.

参考文献

[1] Rajwade A, Rangarajan A, Banerjee A. Image denoising using the higher order singular value decomposition. IEEE Transactions on Pattern Analysis and Machine Intelligence, 2013, 35(4): 849-862.

[2] Liu J, Musialski P, Wonka P, et al. Tensor completion for estimating missing values in visual data. IEEE Transactions on Pattern Analysis and Machine Intelligence, 2013, 35(1): 208-220.

[3] Liu Y Y, Shang F H, Jiao L C, et al. Trace norm regularized CANDECOMP/PARAFAC decomposition with missing data. IEEE Transactions on Cybernetics, 2015, 45(11): 2437-2448.

[4] Zhao Q B, Zhang L Q, Cichocki A. Bayesian CP factorization of incomplete tensors with automatic rank determination. IEEE Transactions on Pattern Analysis and Machine Intelligence, 2015, 37(9): 1751-1763.

[5] 张骁, 胡清华, 廖士中. 基于多源共享因子的多张量填充. 中国科学: 信息科学, 2016, 46(7): 819-833.

[6] Sun W W, Li L X. STORE: Sparse tensor response regression and neuroimaging analysis. Journal of Machine Learning Research, 2017, 18: 1-37.

[7] Kong Z M, Han L, Liu X L, et al. A new 4-D nonlocal transform-domain filter for 3-D magnetic resonance images denoising. IEEE Transactions on Medical Imaging, 2018, 37(4): 941-954.

[8] Yin H T. Tensor sparse representation for 3-D medical image fusion using weighted average rule. IEEE Transactions on Biomedical Engineering, 2018, 65(11): 2622-2633.

[9] Qi N, Shi Y H, Sun X Y, et al. Multi-dimensional sparse models. IEEE Transactions on Pattern Analysis and Machine Intelligence, 2018, 40(1): 163-178.

[10] Jiang B, Ding C, Tang J, et al. Image representation and learning with graph-Laplacian Tucker tensor decomposition. IEEE Transactions on Cybernetics, 2019, 49(4): 1417-1426.

[11] Fang Z S, Yang X W, Han L, et al. A sequentially truncated higher order singular value decomposition-based algorithm for tensor completion. Cybernetics, IEEE Transactions on Cybernetics, 2019, 49(5): 1956-1967.

[12] Kong Z M, Yang X W. Color image and multispectral image denoising using block diagonal representation. IEEE Transactions on Image Processing, 2019, 28(9): 4247-4259.

[13] Gong X, Chen W, Chen J. A low-rank tensor dictionary learning method for hyperspectral image denoising. IEEE Transactions on Signal Processing, 2020, 68: 1168-1180.

[14] Xie M Y, Liu X L, Yang X W. A nonlocal self-similarity-based weighted tensor low-rank decomposition for multichannel image completion with mixture noise. IEEE Transactions on Neural Networks and Learning Systems, 2022. DOI:10.1109/TNNLS.2022.3172184

[15] Xie M Y, Liu X L, Yang X W, et al. Multichannel image completion with mixture noise: Adaptive sparse low-rank tensor subspace meets nonlocal selfsimilarity. IEEE Transactions on Cybernetics, 2022. DOI: 10.1109/TCYB. 2022. 3169800.

[16] Liu J, Musialski P, Wonka P, et al. Tensor completion for estimating missing values in visual data. IEEE International Conference on Computer Vision (ICCV), Kyoto, Japan, 2009: 2114-2121.

[17] Liu J, Musialski P, Wonka P, et al. Tensor completion for estimating missing values in visual data. IEEE Transactions on Pattern Analysis and Machine Intelligence, 2013, 35(1): 208-220.

[18] Mørup M, Hansen L K, Herrmann C S, et al. Parallel factor analysis as an exploratory tool for wavelet transformed event-related EEG. Neuroimage, 2006, 29(3): 938-947.

[19] Shan H, Banerjee A, Natarajan R. Probabilistic tensor factorization for tensor completion. Univ. Minnesota, Minneapolis, MN, USA, Tech. Rep. TR11-026, 2011.

[20] Liu Y Y, Shang F H. An efficient matrix factorization method for tensor completion. IEEE Signal Processing Letters, 2013, 20(4): 307-310.

[21] Gandy S, Recht B, Yamada I. Tensor completion and low-n-rank tensor recovery via convex optimization. Inverse Problems, 2011, 27(2): Art.ID 025010.

[22] Sun J M, Papadimitriou S, Lin C Y, et al. MultiVis: Content-based social network exploration through multi-way visual analysis. SIAM International Conference on Data Mining (SDM), Denver, CO, USA, 2009: 1063-1074.

[23] Yilmaz Y K, Cemgil A T, Simsekli U. Generalized coupled tensor factorization. The International Conference on Neural Information Processing Systems(NIPS), 2011: 2151-2159.

[24] Mu C, Huang B, Wright J, et al. Square deal: Lower bounds and improved relaxations for tensor recovery. The 31st International Conference on Machine Learning (ICML), Beijing, China, 2014: 73-81.

[25] Chen C H, He B S, Yuan X M. Matrix completion via an alternating direction method. IMA Journal of Numerical Analysis, 2012, 32(1): 227-245.

[26] Cai J F, Candès E J, Shen Z W. A singular value thresholding algorithm for matrix completion. SIAM Journal on Optimization, 2010, 20(4):1956-1982.

[27] Vannieuwenhoven N, Vandebril R, Meerbergen K. A new truncation strategy for the higher-order singular value decomposition. SIAM Journal on Scientific Computing, 2012, 34(2): 1027-1052.

[28] Fang Z S, Yang X W, Han L, et al. A sequentially truncated higher order singular value decomposition based algorithm for tensor completion. Cybernetics, IEEE Transactions on Cybernetics 2019, 49(5): 1956-1967.

[29] Acar E, Dunlavy D M, Kolda T G, et al. Scalable tensor factorizations with missing data. SIAM International Conference on Data Mining (SDM), Singapore, 2010: 701-711.

[30] Filipović M, Jukić A. Tucker factorization with missing data with application to low-n-

rank tensor completion. Multidimensional Systems and Signal Processing, 2015, 26(3): 677-692.

[31] Geng X, Smith-Miles K, Zhou Z H, et al. Face image modeling by multilinear subspace analysis with missing values. IEEE Transactions on Systems Man & Cybernetics Part B, 2011, 41(3): 881-892.

[32] Wu Y K, Tan H C, Li Y, et al. Robust tensor decomposition based on Cauchy distribution and its applications. Neurocomputing, 2017, 223: 107-117.

[33] Foi A, Katkovnik V, Egiazarian K. Pointwise shape-adaptive DCT for high-quality denoising and deblocking of grayscale and color images. IEEE Transactions on Image Processing, 2007, 16(5): 1395-1411.

[34] Rubel A , Lukin V , Egiazarian K O. Metric performance in similar blocks search and their use in collaborative 3D filtering of grayscale images. Image Processing: Algorithms and Systems XII, 2014.

[35] Buades A, Lisani J L, Miladinovc M. Patch-based video denoising with optical flow estimation. IEEE Transactions on Image Processing, 2016, 25(6): 2573-2586.

[36] Foi A, Boracchi G. Foveated nonlocal self-similarity. International Journal of Computer Vision, 2016, 120(1): 78-110.

[37] Mäkinen Y, Azzari L, Foi A. Collaborative filtering of correlated noise: Exact transform-domain variance for improved shrinkage and patch matching. IEEE Transactions on Image Processing, 2020, 29: 8339-8354.

[38] Dong W S, Shi G M, Li X. Nonlocal image restoration with bilateral variance estimation: A low-rank approach. IEEE Transactions on Image Processing, 2013, 22(2): 700-711.

[39] Chang Y, Yan L X, Zhong S. Hyper-Laplacian regularized unidirectional low-rank tensor recovery for multispectral image denoising. The 30th IEEE Conference on Computer Vision and Pattern Recognition (CVPR), 2017: 5901-5909.

[40] Dong W S, Li G Y, Shi G M, et al. Low-rank tensor approximation with laplacian scale mixture modeling for multiframe image denoising. IEEE International Conference on Computer Vision (ICCV), 2015: 442-449.

[41] Cabral R, Torre F D L, Costeira J P, et al. Unifying nuclear norm and bilinear factorization approaches for low-rank matrix decomposition.IEEE International Conference on Computer Vision (ICCV), 2013: 2488-2495.

[42] de Lathauwer L. Signal Processing Based on Multilinear Algebra. Leuven: Katholieke Universiteit Leuven, 1997.

[43] Zhang X Y, Xu Z B, Jia N, et al. Denoising of 3D magnetic resonance images by using higher-order singular value decomposition. Medical Image Analysis, 2015, 19(1): 75-86.

[44] Rangarajan A. Learning matrix space image representations. International Conference on Energy Minimization Methods in Computer Vision and Pattern Recognition, 2001: 153-168.

[45] Ye J P. Generalized low rank approximations of matrices. Machine Learning, 2005,

61(1): 167-191.

[46] Dabov K, Foi A, Katkovnik V, et al. Color image denoising via sparse 3D collaborative filtering with grouping constraint in luminance-chrominance space. IEEE International Conference on Image Processing, 2007, 1-7: 313-316.

[47] Rojo O, Rojo H. Some results on symmetric circulant matrices. and on symmetric centrosymmetric matrices. Linear Algebra and its Applications, 2004, 392: 211-233.

[48] Nam S, Hwang Y, Matsushita Y, et al. A holistic approach to cross-channel image noise modeling and its application to image denoising. IEEE Conference on Computer Vision and Pattern Recognition (CVPR), 2016: 1683-1691.

[49] Xu J, Zhang L, Zhang D. External prior guided internal prior learning for real-world noisy image denoising. IEEE Transactions on Image Processing, 2018, 27(6): 2996-3010.

[50] Xu J, Li H, Liang Z T, et al. Real-world noisy image denoising: A new benchmark, 2018, arXiv: 1804.02603.

[51] Kong Z, Yang X. A New Real-World Dataset for Color Image Denoising. 2018, github .com/ ZhaomingKong/Real_Noisy_Clean_Color_IMAGES.

[52] Rajwade A, Rangarajan A, Banerjee A. Image denoising using the higher order singular value decomposition. IEEE Transactions on Pattern Analysis and Machine Intelligence, 2013, 35(4): 849-862.

[53] Wu Y, Fang L Y, Li S T. Weighted tensor rank-1 decomposition for nonlocal image denoising. IEEE Transactions on Image Processing, 2019, 28(6): 2719-2730.

[54] Chen Y J, Wei Y, Pock T. On learning optimized reaction diffusion processes for effective image restoration. IEEE Conference on Computer Vision and Pattern Recognition (CVPR), 2015: 5261-5269.

[55] Xu J, Zhang L, Zhang D, et al. Multi-channel weighted nuclear norm minimization for real color image denoising. IEEE Conference on Computer Vision (ICCV), 2017: 1105-1113.

[56] Xu J, Zhang L, Zhang D. A trilateral weighted sparse coding scheme for real-world image denoising. European Conference on Computer Vision (ECCV), 2018: 21-38.

[57] Rizkinia M, Baba T, Shirai K, et al. Local spectral component decomposition for multi-channel image denoising. IEEE Transactions on Image Processing, 2016, 25(7): 3208-3218.

[58] Chang Y, Yan L X, Zhong S. Hyper-Laplacian regularized unidirectional low-rank tensor recovery for multispectral image denoising. IEEE Conference on Computer Vision and Pattern Recognition (CVPR), 2017: 5901-5909.

[59] Burger H C, Schuler C J, Harmeling S. Image denoising: Can plain neural networks compete with BM3D. IEEE Conference on Computer Vision and Pattern Recognition (CVPR), 2012: 2392-2399.

[60] Zhang K, Zuo W M, Chen Y J, et al. Beyond a Gaussian denoiser: Residual learning of deep CNN for image denoising. IEEE Transactions on Image Processing, 2017, 26(7):

3142-3155.

[61] Zhang K, Zuo W, Zhang L. FFDnet: Toward a fast and flexible solution for CNN-based image denoising. IEEE Transactions on Image Processing, 2018, 27(9): 4608-4622.

[62] 方子森. 基于张量分解的数据补全和去噪算法研究. 广州: 华南理工大学, 2019.

[63] Chen X A, Han Z, Wang Y, et al. A generalized model for robust tensor factorization with noise modeling by mixture of Gaussians. IEEE Transactions on Neural Networks and Learning Systems, 2018, 29(11): 5380-5393.

[64] Meng D Y, De la Torre F. Robust matrix factorization with unknown noise. IEEE International Conference on Computer Vision (ICCV), 2013: 1337-1344.

[65] Li X T, Zhao X L, Jiang T X, et al. Low-rank tensor completion via combined non-local self-similarity and low-rank regularization. Neurocomputing, 2019, 367(20): 112.

[66] Chen X A, Han Z, Wang Y, et al. Robust tensor factorization with unknown noise. IEEE Conference on Computer Vision and Pattern Recognition (CVPR), 2016: 5213-5221.

[67] Zhou P, Lu C Y, Lin Z C, et al. Tensor factorization for low-rank tensor completion. IEEE Transactions on Image Processing, 2018, 27(3): 1152-1163.

[68] Zhang Z M, Aeron S. Exact tensor completion using t-SVD. IEEE Transactions on Signal Processing, 2017, 65(6): 1511-1526.

[69] Yokota T, Zhao Q B, Cichocki A. Smooth PARAFAC decomposition for tensor completion. IEEE Transactions on Signal Processing, 2016, 64(20): 5423-5436.

[70] Zhao Q B, Zhou G X, Zhang L Q, et al. Bayesian robust tensor factorization for incomplete multiway data. IEEE Transactions on Neural Networks and Learning Systems, 2016, 27(4): 736-748.

[71] Huang H Y, Liu Y P, Long Z, et al. Robust low-rank tensor ring completion. IEEE Transactions on Computational Imaging, 2020, 6: 1117-1126.

[72] Qiu D, Bai M R, Ng M K, et al. Robust low-rank tensor completion via transformed tensor nuclear norm with total variation regularization. Neurocomputing, 2021, 435: 197-215.

[73] Song G K, Ng M K, Zhang X J. Robust tensor completion using transformed tensor singular value decomposition. Numerical Linear Algebra with Applications, 2020, 27(3): e2299.

[74] Zhang L F, Song L C, Du B, et al. Nonlocal low-rank tensor completion for visual data. IEEE Transactions on Cybernetics, 2021, 51(2): 673-685.

[75] Lu C Y, Feng J S, Chen Y D, et al. Tensor robust principal component analysis: Exact recovery of corrupted low-rank tensors via convex optimization. IEEE Conference on Computer Vision and Pattern Recognition (CVPR), 2016: 5249-5257.

[76] Lu C Y, Feng J S, Chen Y D, et al. Tensor robust principal component analysis with a new tensor nuclear norm. IEEE Transactions on Pattern Analysis and Machine Intelligence, 2020, 42(4): 925-938.

第 7 章　张量子空间学习在数据挖掘中的应用

在数据挖掘领域, 2012 年, Sang 基于图的拉普拉斯矩阵构建稀疏 Tucker 分解模型解决个性化图像搜索问题 [1]; 廖志芳基于三部图张量分解提出一种标签推荐算法 [2]; 2014 年,Zhang 利用四阶张量的 Tucker 分解算法对社区活动进行预测 [3], 邹本友提出基于用户信任和高阶奇异值分解的社交网络推荐算法 [4]; 2015 年, Yao 利用张量分解算法解决兴趣点推荐问题 [5]; 2016 年, 王守辉利用 CP 分解提出基于模体演化的时序链路预测方法 [6]; 2019 年, Tang 利用 Tucker 分解提出基于社交锚点单元图正则化的张量补全方法, 处理大规模图像重标记问题 [7], Hamdi 利用 CP 分解提出两种图结点嵌入算法, 使得图结点的低维向量特征具有很好的可解释性 [8]; 2021 年, Cai 提出了基于张量和矩阵混合分解的兴趣点推荐算法 [9]. 在本章中, 我们将详细地介绍张量子空间学习在兴趣点推荐、时序链路预测、社交网络推荐和图像重标记等方面的应用.

7.1　基于张量和矩阵混合分解的兴趣点推荐算法

随着无线网络和移动终端的快速发展, 利用基于位置的社交网络进行兴趣点推荐成为推荐系统领域中的一个研究热点 [10,11]. 直观上, 影响用户行为的潜在因素可以按照不同水平的粒度进行划分: ① 用户的短期偏好和长期偏好; ② 用户的内部个性化偏好和外部群体行为; ③ 粗粒度的位置类别和细粒度的兴趣点位置. 从用户行为中识别出这些因素不仅有助于更好地理解用户的偏好, 而且也能够更好地减轻由数据稀疏性所带来的负面影响. 在仅仅只有登记数据的情况下, 如何发现这些因素并把它们融入到推荐模型中是推荐系统领域中的一个挑战性问题.

受不同粒度影响因素和文献 [12–14] 的启发, 基于张量和矩阵的混合分解, Cai 提出了一个从粗到细的偏好预测方法处理兴趣点推荐问题 [9]. 该方法包括两个阶段: 类别偏好预测和特定的兴趣点推荐. 在第一阶段, 基于用户的长短期个性化偏好和社交关系影响, Cai 构建了一个混合张量和矩阵分解的模型处理数据稀疏化问题, 挖掘时变的用户-类别偏好. 在第二阶段, Cai 利用基于地理信息影响的核密度估计算法挖掘用户的细粒度位置偏好. 接下来, 我们详细介绍这方面的工作.

7.1.1 混合张量和矩阵分解的位置类别推荐模型和算法

为了处理数据的稀疏化问题, 受张量补全工作的启发, 首先根据用户-时间-位置信息构造三阶张量 $\mathcal{X}^C$, 然后利用 CP 分解构建下列模型 (简称 TF-Basic 模型):

$$\min_{\mathcal{X}^C,\boldsymbol{U},\boldsymbol{T},\boldsymbol{C}} \frac{1}{2}\left\|\mathcal{W}^C * \left(\mathcal{X}^C - \sum_{k=1}^{K} \boldsymbol{u}_k \circ \boldsymbol{t}_k \circ \boldsymbol{c}_k\right)\right\|_F^2 + \frac{\lambda_3}{2}\sum_{k=1}^{K}\left(\|\boldsymbol{u}_k\|_{\boldsymbol{F}}^2 + \|\boldsymbol{t}_k\|_{\boldsymbol{F}}^2 + \|\boldsymbol{c}_k\|_{\boldsymbol{F}}^2\right) \tag{7-1-1}$$

其中 $\boldsymbol{U} = (\boldsymbol{u}_1, \boldsymbol{u}_2, \cdots, \boldsymbol{u}_K)$, $\boldsymbol{T} = (\boldsymbol{t}_1, \boldsymbol{t}_2, \cdots, \boldsymbol{t}_K)$ 和 $\boldsymbol{C} = (\boldsymbol{c}_1, \boldsymbol{c}_2, \cdots, \boldsymbol{c}_K)$ 分别是用户因子矩阵、时间因子矩阵和类别因子矩阵, $\mathcal{W}^C$ 表示数据缺失的权张量, 其定义如下

$$W_{m,j,q} = \begin{cases} 1, & X_{m,j,q} \text{ 是观测数据}, \\ 0, & X_{m,j,q} \text{ 是缺失数据} \end{cases} \tag{7-1-2}$$

模型 (7-1-1) 的主要不足是由于时间不连续, 它不能有效地捕捉用户偏好. 为了克服这个不足, 考虑到用户偏好对用户决策有非常重要的影响, 受 [15, 16] 的启发, 研究者构造了一个用户-兴趣点类矩阵 $\boldsymbol{Y}$ 反映用户的长期偏好. 在实际场景中, 用户登记记录的序列, 特别是对同一个位置类的序列登记日差, 不应该被忽略. 基于上述考虑, 研究者取平均日差作为访问次数的权重构造矩阵 $\boldsymbol{Y}$, 其元素定义如下

$$y_{m,q} = \frac{1}{\dfrac{\sum \mathrm{GapDay}(q_{\mathrm{prev}}, q_{\mathrm{next}})}{\mathrm{CheckinTimes}(m,q)}}\mathrm{CheckinTimes}(m,q) = \frac{(\mathrm{CheckinTimes}(m,q))^2}{\sum \mathrm{GapDay}(q_{\mathrm{prev}}, q_{\mathrm{next}})} \tag{7-1-3}$$

其中 $\mathrm{GapDay}(q_{\mathrm{prev}}, q_{\mathrm{next}})$ 是第 q 个位置类的序列登记日差, $\mathrm{CheckinTimes}(m,q)$ 是第 m 个用户对第 q 个位置类访问的次数.

基于矩阵 $\boldsymbol{Y}$, 把用户的长期偏好和序列信息整合在一起得到下列优化模型 (简称 TF-LongTerm 模型):

$$\begin{aligned} \min_{\mathcal{X}^C,\boldsymbol{U},\boldsymbol{T},\boldsymbol{C}} \quad & \frac{1}{2}\left\|\mathcal{W}^C * \left(\mathcal{X}^C - \sum_{k=1}^{K} \boldsymbol{u}_k \circ \boldsymbol{t}_k \circ \boldsymbol{c}_k\right)\right\|_F^2 + \frac{\lambda_1}{2}\left\|\boldsymbol{Y} - \sum_{k=1}^{K} \boldsymbol{u}_k \circ \boldsymbol{c}_k\right\|_F^2 \\ & + \frac{\lambda_3}{2}\sum_{k=1}^{K}\left(\|\boldsymbol{u}_k\|_F^2 + \|\boldsymbol{t}_k\|_F^2 + \|\boldsymbol{c}_k\|_F^2\right) \end{aligned} \tag{7-1-4}$$

用户的行为常常受群体行为的影响, 为了保持模型的一致性, 研究者把一个时空群体-位置类别影响矩阵 $\boldsymbol{Z}$ 加入模型 (7-1-1) 描述其他用户对特定用户的影响, 得到下列优化模型 (简称 TF-Crowd 模型):

$$\min_{\mathcal{X}^C,\boldsymbol{U},\boldsymbol{T},\boldsymbol{C}} \quad \frac{1}{2}\left\|\mathcal{W}^C * \left(\mathcal{X}^C - \sum_{k=1}^{K}\boldsymbol{u}_k \circ \boldsymbol{t}_k \circ \boldsymbol{c}_k\right)\right\|_F^2 + \frac{\lambda_2}{2}\left\|\boldsymbol{Z} - \sum_{k=1}^{K}\boldsymbol{t}_k \circ \boldsymbol{c}_k\right\|_F^2 + \frac{\lambda_3}{2}\sum_{k=1}^{K}\left(\|\boldsymbol{u}_k\|_F^2 + \|\boldsymbol{t}_k\|_F^2 + \|\boldsymbol{c}_k\|_F^2\right) \tag{7-1-5}$$

式中矩阵 $\boldsymbol{Z}$ 的元素定义如下

$$z_{j,q} = \text{SortAscend}\left(\frac{\text{CheckinTimes}(m,j,q)}{\text{CheckinTimes}(j,q)}\right) \cdot \text{SortDescend}\left(\text{CheckinTimes}(m,j,q)\right) \tag{7-1-6}$$

其中 $\text{CheckinTimes}(m,j,q)$ 是第 m 个用户在第 j 个时间对第 q 个位置类访问的次数, $\text{CheckinTimes}(j,q)$ 是所有用户在第 j 个时间对第 q 个位置类访问的总次数, $\text{SortAscend}\left(\frac{\text{CheckinTimes}(m,j,q)}{\text{CheckinTimes}(j,q)}\right)$ 是对比值 $\frac{\text{CheckinTimes}(m,j,q)}{\text{CheckinTimes}(j,q)}$ 的升序排列, $\text{SortDescend}\left(\text{CheckinTimes}(m,j,q)\right)$ 是对 $\text{CheckinTimes}(m,j,q)$ 的降序排列.

考虑到带有序列信息的长期偏好和群体对特定个体行为的影响, 基于模型 (7-1-1), (7-1-4) 和 (7-1-5), 研究者给出了下列混合张量和矩阵分解的优化模型 (简称 TF-Hybrid 模型):

$$\min_{\mathcal{X}^C,\boldsymbol{U},\boldsymbol{T},\boldsymbol{C}} \quad \frac{1}{2}\left\|\mathcal{W}^C * \left(\mathcal{X}^C - \sum_{k=1}^{K}\boldsymbol{u}_k \circ \boldsymbol{t}_k \circ \boldsymbol{c}_k\right)\right\|_F^2 + \frac{\lambda_1}{2}\left\|\boldsymbol{Y} - \sum_{k=1}^{K}\boldsymbol{u}_k \circ \boldsymbol{c}_k\right\|_F^2 + \frac{\lambda_2}{2}\left\|\boldsymbol{Z} - \sum_{k=1}^{K}\boldsymbol{t}_k \circ \boldsymbol{c}_k\right\|_F^2 + \frac{\lambda_3}{2}\sum_{k=1}^{K}\left(\|\boldsymbol{u}_k\|_F^2 + \|\boldsymbol{t}_k\|_F^2 + \|\boldsymbol{c}_k\|_F^2\right) \tag{7-1-7}$$

设

$$\text{Loss}(\mathcal{X}^C,\boldsymbol{U},\boldsymbol{T},\boldsymbol{C}) = \frac{1}{2}\left\|\mathcal{W}^C * \left(\mathcal{X}^C - \sum_{k=1}^{K}\boldsymbol{u}_k \circ \boldsymbol{t}_k \circ \boldsymbol{c}_k\right)\right\|_F^2 + \frac{\lambda_1}{2}\left\|\boldsymbol{Y} - \sum_{k=1}^{K}\boldsymbol{u}_k \circ \boldsymbol{c}_k\right\|_F^2 + \frac{\lambda_2}{2}\left\|\boldsymbol{Z} - \sum_{k=1}^{K}\boldsymbol{t}_k \circ \boldsymbol{c}_k\right\|_F^2$$

$$+\frac{\lambda_3}{2}\sum_{k=1}^{K}\left(\|\boldsymbol{u}_k\|_F^2+\|\boldsymbol{t}_k\|_F^2+\|\boldsymbol{c}_k\|_F^2\right) \tag{7-1-8}$$

则

$$\begin{aligned}\frac{\partial \mathrm{Loss}(\mathcal{X}^C,\boldsymbol{U},\boldsymbol{T},\boldsymbol{C})}{\partial \boldsymbol{U}}=&\boldsymbol{W}_{(1)}^C\left(\boldsymbol{U}\left(\boldsymbol{C}\odot\boldsymbol{T}\right)^{\mathrm{T}}-\boldsymbol{X}_{(1)}^C\right)\left(\boldsymbol{C}\odot\boldsymbol{T}\right)\\&+\lambda_1\left(\boldsymbol{U}\boldsymbol{C}^{\mathrm{T}}-\boldsymbol{Y}\right)\boldsymbol{C}+\lambda_3\boldsymbol{U}\end{aligned} \tag{7-1-9}$$

$$\begin{aligned}\frac{\partial \mathrm{Loss}(\mathcal{X}^C,\boldsymbol{U},\boldsymbol{T},\boldsymbol{C})}{\partial \boldsymbol{T}}=&\boldsymbol{W}_{(2)}^C\left(\boldsymbol{T}\left(\boldsymbol{C}\odot\boldsymbol{U}\right)^{\mathrm{T}}-\boldsymbol{X}_{(2)}^C\right)\left(\boldsymbol{C}\odot\boldsymbol{U}\right)\\&+\lambda_1\left(\boldsymbol{T}\boldsymbol{C}^{\mathrm{T}}-\boldsymbol{Z}\right)\boldsymbol{C}+\lambda_3\boldsymbol{T}\end{aligned} \tag{7-1-10}$$

$$\begin{aligned}\frac{\partial \mathrm{Loss}(\mathcal{X}^C,\boldsymbol{U},\boldsymbol{T},\boldsymbol{C})}{\partial \boldsymbol{C}}=&\ \boldsymbol{W}_{(3)}^C\left(\boldsymbol{C}\left(\boldsymbol{T}\odot\boldsymbol{U}\right)^{\mathrm{T}}-\boldsymbol{X}_{(3)}^C\right)\left(\boldsymbol{T}\odot\boldsymbol{U}\right)\\&+\lambda_1\left(\boldsymbol{U}\boldsymbol{C}^{\mathrm{T}}-\boldsymbol{Y}\right)\boldsymbol{U}+\lambda_2\left(\boldsymbol{T}\boldsymbol{C}^{\mathrm{T}}-\boldsymbol{Z}\right)\boldsymbol{T}+\lambda_3\boldsymbol{C}\end{aligned} \tag{7-1-11}$$

基于上述分析, 兴趣点类别推荐算法的详细流程如算法 7-1 所示.

算法 7-1　TF-Hybrid 算法

输入: 张量 $\mathcal{X}^C$, CP 分解秩 K, 矩阵 $\boldsymbol{Y}$, $\boldsymbol{Z}$, 模型参数 λ_1, λ_2, λ_3, 学习率 α, 最大迭代次数 $T_{\max}$, 算法收敛参数 tol.

输出: 恢复张量 $\widehat{\mathcal{X}}^C$.

初始化矩阵 $\boldsymbol{U}_{(0)}$, $\boldsymbol{T}_{(0)}$, $\boldsymbol{C}_{(0)}$.

For $t=1,2,\cdots,T_{\max}$

$$\boldsymbol{U}_{(t)}=\boldsymbol{U}_{(t-1)}-\alpha\frac{\partial \mathrm{Loss}(\mathcal{X}^C,\boldsymbol{U},\boldsymbol{T},\boldsymbol{C})}{\partial \boldsymbol{U}};$$

$$\boldsymbol{T}_{(t)}=\boldsymbol{T}_{(t-1)}-\alpha\frac{\partial \mathrm{Loss}(\mathcal{X}^C,\boldsymbol{U},\boldsymbol{T},\boldsymbol{C})}{\partial \boldsymbol{T}};$$

$$\boldsymbol{C}_{(t)}=\boldsymbol{C}_{(t-1)}-\alpha\frac{\partial \mathrm{Loss}(\mathcal{X}^C,\boldsymbol{U},\boldsymbol{T},\boldsymbol{C})}{\partial \boldsymbol{C}};$$

If $\max\left\{\left\|\boldsymbol{U}_{(t)}-\boldsymbol{U}_{(t-1)}\right\|_F,\left\|\boldsymbol{T}_{(t)}-\boldsymbol{T}_{(t-1)}\right\|_F,\left\|\boldsymbol{C}_{(t)}-\boldsymbol{C}_{(t-1)}\right\|_F\right\}\leqslant \mathrm{tol}$, **then break**;

End For

$\boldsymbol{U}=\boldsymbol{U}_{(t)},\boldsymbol{T}=\boldsymbol{T}_{(t)},\boldsymbol{C}=\boldsymbol{C}_{(t)}$.

Return $\widehat{\mathcal{X}}^C=\sum_{k=1}^{K}\boldsymbol{u}_k\circ\boldsymbol{t}_k\circ\boldsymbol{c}_k$.

7.1.2 基于加权核密度估计的用户-位置偏好预测

得到兴趣点类别的推荐结果之后, 在第二阶段, 首先根据拟推荐位置的类别数对 $\widehat{\mathcal{X}}^C$ 排序, 然后根据下列加权核密度估计公式计算位置 l 对兴趣点推荐系统的贡献 $f(l)$, 最后根据拟推荐的兴趣点数对 $f(l)$ 排序得到用户位置偏好预测.

$$f(l)=\frac{1}{P^{m,j}d}\sum_{i=1}^{P^{m,j}} w_i^{m,j} e^{-\frac{\left\|l-\boldsymbol{L}_i^{m,j}\right\|_2^2}{2d^2}} \tag{7-1-12}$$

其中 $P^{m,j}$ 是第 m 个用户在第 j 个时间段访问位置的总数, $w_i^{m,j}$ 是第 m 个用户在第 j 个时间段访问第 i 个位置的次数, $L_i^{m,j}$ 是第 m 个用户在第 j 个时间段访问的第 i 个位置. 在实际的计算中，公式 (7-1-12) 中的位置用它们的坐标表示.

设 N_C 是拟推荐位置的类别数, N_L 是拟推荐的兴趣点数. 用户–位置偏好预测算法的详细步骤如算法 7-2 所示.

算法 7-2 加权核密度估计算法

输入: 算法 7-1 输出的张量 $\widehat{\mathcal{X}}^C$, 拟推荐位置的类别数 N_C, 拟推荐的兴趣点数 N_L, 用户索引集 UserIndex, 时间段索引集 TimeSlotIndex.

输出: 推荐位置列表 RLL.

$\boldsymbol{Y}_n^0=\boldsymbol{M}_n^0=\mathbf{0}$.

$\boldsymbol{U}_n^0=\text{rand}(I_n,R)\,(i=1,2,\cdots,N)$.

For $m=1,2,\cdots,|\text{UserIndex}|$

  For $j=1,2,\cdots,|\text{TimeSlotIndex}|$

    $\text{CateSet}=\text{sort}\left(\widehat{\mathcal{X}}^C(m,j,:),N_C\right)$;

    $\text{LocSet}=\{i\,|\,i$ 是属于 CateSet 的位置$\}$;

    For $l=1,2,\cdots,|\text{LocSet}|$

      根据 (7-1-12) 计算 $f(l)$;

      $\text{fSet}=\text{add}(f(l))$;

    End For

    $\text{fSet}_{N_L}=\text{sort}(\text{fSet},N_L)$;

    For $l=1,2,\cdots,|\text{LocSet}|$

      If $\text{fSet}(l)\in\text{fSet}_{N_L}$, **then** $\text{RLL}(m,j)=\text{add}(l)$;

    End For

  End For

End For

Return RLL.

7.1.3 实验结果与分析

数据集: 两个来自 Foursquare 的数据集 New York City 和 Tokyo[16] 用于评估所提出的算法性能, 其详细信息如表 7-1 所示. 在具体实验中, 对于每一个用户,

70%的数据用于训练, 其余的数据用于测试.

表 7-1 两个数据集的统计信息

	用户数	登记数	位置数	类别数	稀疏度
New York City	1083	227428	38333	400	97.34%
Tokyo	2293	573703	61858	385	97.72%

评估指标: 三个标准指标 Precision, recall 和 F_1-score[17] 用于评估算法的推荐性能, 它们的具体定义如下

$$\text{Precision@}N = \frac{|\text{Loc}_{N,\text{rec}} \cap \text{Loc}_{\text{visited}}|}{N} \tag{7-1-13}$$

$$\text{Recall@}N = \frac{|\text{Loc}_{N,\text{rec}} \cap \text{Loc}_{\text{visited}}|}{\text{Loc}_{\text{visited}}} \tag{7-1-14}$$

$$F_1\text{-score@}N = \frac{2 * \text{Precision@}N * \text{Recall@}N}{\text{Precision@}N + \text{Recall@}N} \tag{7-1-15}$$

其中 N 是兴趣点的数量, $\text{Loc}_{\text{visited}}$ 是测试集中已经访问的位置, $\text{Loc}_{N,\text{rec}}$ 是所提方法预测的前 N 个兴趣点.

对比算法: 为了评估 TF-Hybrid 推荐框架的性能, 我们把它与 TF-Basic, TF-LongTerm, TF-Crowd, MF-URT[18], CTF-ARA[19], TAD-FPMC[20] 和 APOIR[21] 进行比较.

实验设置: 因子矩阵 $\boldsymbol{U}$, $\boldsymbol{T}$, $\boldsymbol{C}$ 随机生成, 参数 $N_C = 10$, $N_L = 5$, $\lambda_1 = 0.5$, $\lambda_2 = 2.5$, $\lambda_3 = 0.1$, $d = 0.00005$, $\alpha = 0.001$, $K = 4$. 对于实验数据集, 每周按照 weekday 和 weekend 进行划分, 每 8 小时为一天内的一个时间段 (00:00—07:59, 08:00—15:59, 16:00—23:59).

实验结果与分析: 模型 TF-Hybrid, TF-Basic, TF-LongTerm 和 TF-Crowd 所得到的推荐准确率、召回率和 F_1-score 分别显示在图 7-1—图 7-3 中. 模型 TF-Hybrid, MF-URT, CTF-ARA, TAD-FPMC 和 APOIR 所得到的推荐准确率、召回率和 F_1-score 分别显示在图 7-4—图 7-6 中.

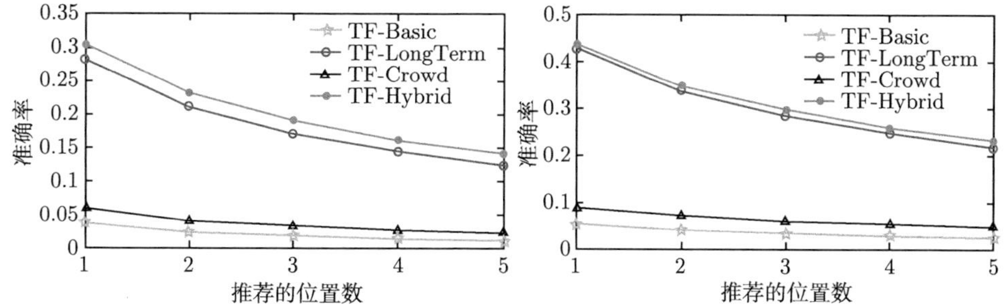

(a) New York City (b) Tokyo

图 7-1 模型 TF-Hybrid, TF-Basic, TF-LongTerm 和 TF-Crowd 所得到的推荐准确率

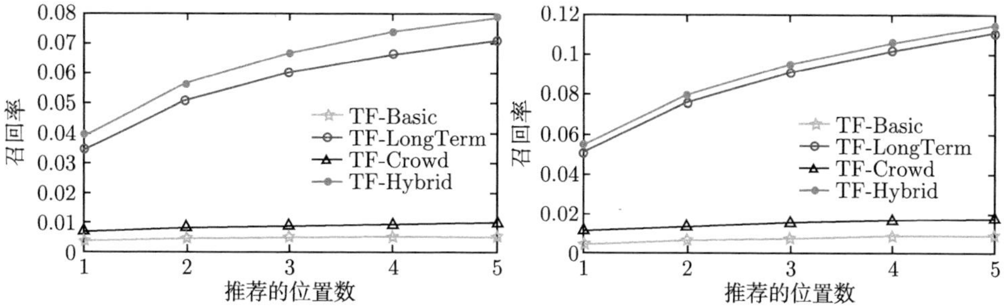

(a) New York City (b) Tokyo

图 7-2 模型 TF-Hybrid, TF-Basic, TF-LongTerm 和 TF-Crowd 所得到的召回率

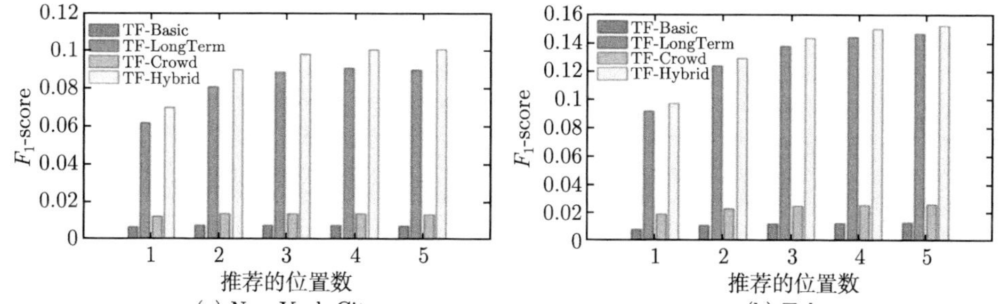

(a) New York City (b) Tokyo

图 7-3 模型 TF-Hybrid, TF-Basic, TF-LongTerm 和 TF-Crowd 所得到的 F_1-score

从图 7-1 至图 7-3, 我们可以看出: 一方面, 随着推荐位置数量的增加, 四种算法的精度都会下降, 召回率和 F_1-score 都会上升. 另一方面, 无论采用精度、召回率还是 F_1-score 作为模型的性能评价指标, TF-Hybrid 的性能都优于 TF-Basic, TF-LongTerm 和 TF-Crowd. 就 TF-Basic, TF-LongTerm 和 TF-Crowd 而言, TF-LongTerm 和 TF-Crowd 的性能优于 TF-Basic; TF-LongTerm 的性能优于

TF-Crowd. 这些结果说明: 一方面, 在兴趣点推荐系统中考虑用户的长期偏好和群体行为有利于提高推荐系统的性能; 另一方面, 用户的长期偏好比群体行为对兴趣点推荐的贡献更大.

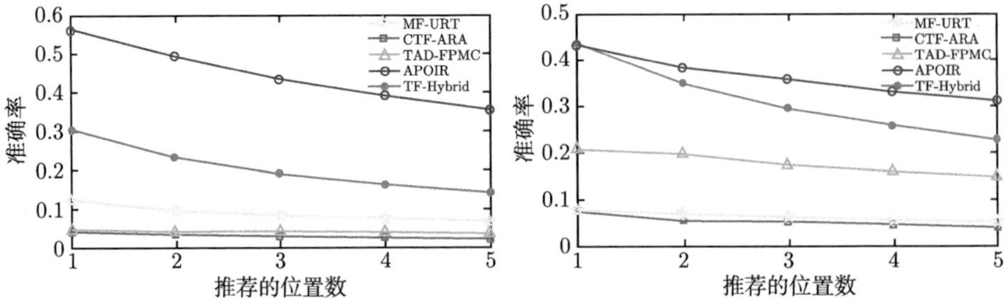

(a) New York City (b) Tokyo

图 7-4 模型 TF-Hybrid, MF-URT, CTF-ARA, TAD-FPMC 和 APOIR 所得到的推荐准确率

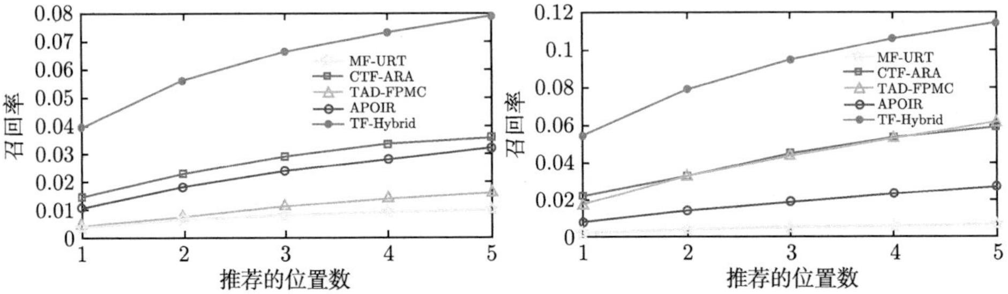

(a) New York City (b) Tokyo

图 7-5 模型 TF-Hybrid, MF-URT, CTF-ARA, TAD-FPMC 和 APOIR 所得到的召回率

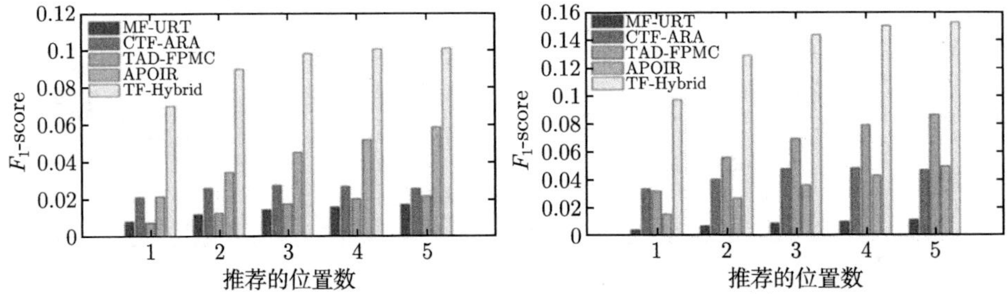

(a) New York City (b) Tokyo

图 7-6 模型 TF-Hybrid, MF-URT, CTF-ARA, TAD-FPMC 和 APOIR 所得到的 F_1-score

从图 7-4 至图 7-6, 我们可以看出: 就召回率和 F_1-score 而言, TF-Hybrid 优于所有的比较算法. 就精度而言, 只有 APOIR 优于 TF-Hybrid, 其他的算法都劣于 TF-Hybrid.

7.2 基于张量分解的链路预测算法

实际网络的结构随时间动态变化, 导致传统的静态网络分析方法不能有效挖掘网络信息 [22]. 时序链路预测方法可以根据网络的历史信息推测网络中将会产生的边, 是一种重要的动态网络分析方法, 具有极大的理论和应用价值 [23]. 接下来, 我们详细介绍基于张量分解的链路预测算法 [6].

7.2.1 时序链路预测问题描述

设随时间变化的无向无权无环网络 $G=(g_1,g_2,\cdots,g_t,\cdots,g_T)$ 由 T 个快照组成, 其中, g_t 表示 t 时刻网络 G 的快照, $V(g_t)$ 表示快照 g_t 的节点集, $E(g_t)$ 表示快照 g_t 的边集. 动态链路预测问题可以转化为: 已知网络 G 中 g_1 到 g_t 的拓扑信息, 给定一种链路预测方法, 为 g_{t+1} 中的任意节点对 (v_x,v_y) 赋予一个分数值, 该分数值可以理解为与两节点的连边概率正相关的一个数值.

定义 7-1 (模体)[24] 模体是复杂网络中的一个子图结构, 其在原始网络中出现的频率明显大于其在随机网络中出现的频率. 图 7-7 展示了一个模体的例子.

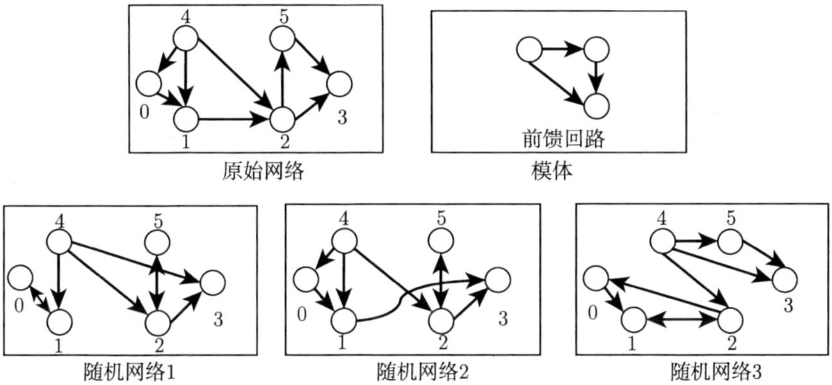

图 7-7 模体的例子

对三元组 (模体) 中的节点进行区分, 对不同的节点进行编号, 得到无向网络中的 8 种三元组, 如图 7-8 所示. 图中标识的三元组识别号具有唯一性.

王守辉根据三元组的演化规律对网络中节点对的可能连边进行预测 [6]. 首先, 对前两个相邻快照之间的三元组进行统计, 得到这两个快照中不同三元组类型之间的转换概率, 并构成这两个快照间的三元组转换概率矩阵; 以此类推, 得到所有相邻快照间的三元组转换概率矩阵, 并将其合并为三阶张量. 然后, 对此三元组转换概率张量进行 CP 分解, 对其中的时间因子 C 进行时间序列分析后合并各因子矩阵, 得到从 T 时刻到 $T+1$ 时刻的三元组转换概率矩阵. 根据该三元组转换概率矩阵和 T 时刻的网络快照可以得到 $T+1$ 时刻各个三元组的生成概率. 最后,

根据 $T+1$ 时刻中各个三元组的生成概率和不同三元组的重要性来预测 $T+1$ 时刻网络中节点对的连边可能. 下面, 我们详细介绍算法中所涉及的三元组转换概率矩阵、三元组转换概率预测、三元组重要性分析、链路预测等内容.

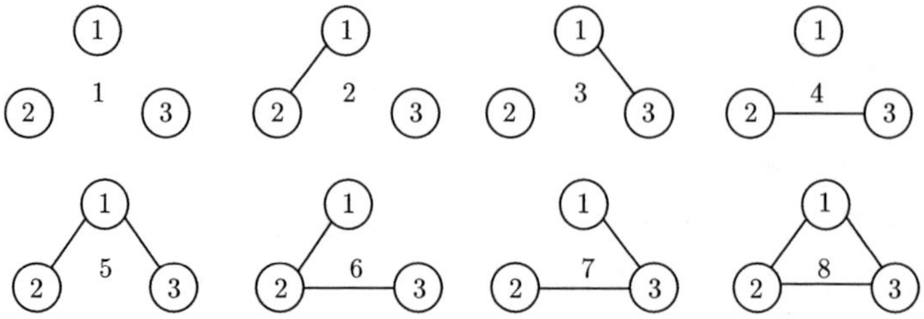

图 7-8　无向网络三元组

7.2.2　三元组转换概率矩阵

考虑到三元组的类型数为 8, 定义一个大小为 8×8 的矩阵来描述相邻时刻间不同三元组类型的转换概率, 称为三元组转换矩阵 (triad changement matrix, TCM). 矩阵中各元素的值为

$$\mathrm{TCM}_t(i,j) = P\left(\mathrm{tr}_i(t) \to \mathrm{tr}_j(t+1)\right) \tag{7-2-1}$$

其中, $\mathrm{tr}_i(t)$ 表示 t 时刻第 i 类三元组, $\mathrm{TCM}_t(i,j)$ 表示从 t 时刻到 $t+1$ 时刻第 i 类三元组转换到第 j 类三元组的概率.

7.2.3　三元组转换概率预测

三元组的演化是非线性的, 不同三元组类型间也存在影响. 因此, 不能采用简单的求均值的方式对三元组的转换概率进行预测. 非负张量可以很自然地描述三元组的转换概率而不丢失信息, 张量分解可以挖掘不同三元组转换概率之间的潜在关系. 大部分三元组转换概率表现出了周期性趋势或平稳趋势, 时间序列分析可以很好地对这些趋势进行预测. 因此, 采用非负张量分解和时间序列分析的方法对三元组转换概率进行进一步分析和预测. 构建三元组转换张量 (triad changement tensor, TCT) 来描述所有相邻时刻间三元组的转换概率, 张量中的元素为

$$\mathrm{TCT}\,(i,j,t) = \mathrm{TCM}_t\,(i,j) = P\left(\mathrm{tr}_i(t) \to \mathrm{tr}_j(t+1)\right) \tag{7-2-2}$$

由于不同的三元组转换概率间存在关联, 同一三元组转换概率本身随时间变化时也存在关联, 因此, 采用非负 CP 分解对 TCT 进行分解, 挖掘张量各维之间的潜在关系及各维数据自身的潜在结构. 在 CP 分解中, 由于因子矩阵 $\boldsymbol{A}$ 和 $\boldsymbol{B}$

的乘积 $\boldsymbol{AB}^{\mathrm{T}}$ 衡量了不同类型三元组间的转换关系, 而因子矩阵 $\boldsymbol{C}$ 中包含了这种关系随时间变化的信息, 因此按照下列公式对时间因子矩阵 $\boldsymbol{C}$ 进行时序分析:

$$c_{T+1,r}=\alpha c_{T,r}+(1-\alpha)\,c_{T-1,r}+(1-\alpha)^2\,c_{T-2,r}+\cdots+(1-\alpha)^{T-1}\,c_{1,r} \quad (7\text{-}2\text{-}3)$$

其中, α 是平滑参数, $c_{T,r}$ 是对 TCT 进行非负 CP 分解后得到的时间因子矩阵 $\boldsymbol{C}$ 中的元素, 表示第 r 个组件中 t 时刻的时间因子值.

得到 $c_{T+1,r}$ 后, 可以得到 T 时刻到 $T+1$ 时刻的三元组转换似然矩阵 (triad changement likelihood matrix, TCLM):

$$\mathrm{TCLM}_T(i,j)=\sum_{r=1}^{R}\lambda_r\left(a_{i,r}b_{j,r}c_{T+1,r}\right) \quad (7\text{-}2\text{-}4)$$

TCLM_T 矩阵包含了 T 时刻到 $T+1$ 时刻的三元组转换信息, 但是不满足概率条件, 因此, 对 TCLM_T 矩阵按行进行归一化, 得到 T 时刻到 $T+1$ 时刻的三元组转换概率矩阵 TCM_T.

7.2.4 三元组重要性分析

在实际的社交网络中, 一个节点对可能包含在不同的三元组中, 每个包含该节点对的三元组的状态都为预测其连边可能提供了参考, 但不同的三元组对预测的重要性不同, "活跃" 的三元组往往能起到更加积极的作用. 三元组的活跃度可以表现为两个方面: ① 三元组内部各节点间连边的频率, 频率越高, 三元组越活跃; ② 三元组形成闭合的频率, 网络演化中, 三元组形成闭合的次数越多, 说明该三元组内部节点间关系越紧密, 对预测节点对的连边也越重要. 此外, 历史连边的产生时间距预测时刻点越远, 则对预测时刻点的节点对产生的影响越小.

基于上述分析, 定义三元组重要性指标来描述三元组对于链路预测的重要性程度:

$$W_i=\beta\sum_{t=1}^{T}\theta_1^{T-t}l_{i,t}+\gamma\sum_{t=1}^{T}\theta_2^{T-t}\mathrm{trc}_{i,t}+1 \quad (7\text{-}2\text{-}5)$$

其中, W_i 表示三元组 i 的重要程度, $l_{i,t}$ 表示 t 时刻三元组 i 中各节点的连边个数, $\mathrm{trc}_{i,t}$ 表示 t 时刻三元组 i 是否闭合, 闭合为 1, 不闭合为 0, β 和 γ 为调控参数, θ_1 和 θ_2 取值为 (0, 1), 用来衡量历史连边的产生时间对链路预测的影响.

7.2.5 链路预测

根据 TCM_T 矩阵和计算得到的三元组重要性指标, 可以得到 $T+1$ 时刻网络中每个节点对 (i,j) 的连边可能值:

$$\mathrm{score}_{i,j}=\sum_{m=1}^{M_{tr}}W_m\mathrm{TCM}(m) \tag{7-2-6}$$

其中, M_{tr} 表示 $T+1$ 时刻所有包含节点对 (i,j) 的三元组总数, W_m 表示第 m 个三元组的重要程度, $\mathrm{TCM}(m)$ 表示 $T+1$ 时刻包含节点对 (i,j) 的第 m 个三元组从时刻 T 到时刻 $T+1$ 的转换概率.

基于上述分析, 基于模体演化的链路预测算法的详细步骤如算法 7-3 所示.

算法 7-3　基于模体演化的链路预测算法

输入: 1 到 T 时刻网络快照 $g_t(1,2,\cdots,T)$, 节点对集合 NodePairSet.
输出: $T+1$ 时刻节点对的连边概率 $\mathrm{score}_{i,j}$.

```
根据 (7-2-1) 计算矩阵 TCM.
For 所有的 (i,j) ∈ NodePairSet
    For 包含 (i,j) 的所有三元组
        根据 (7-2-5) 计算三元组的重要性指标 W_i;
        根据 (7-2-6) 计算 T+1 时刻网络中每个节点对 (i,j) 的连边概率 score_{i,j};
    End For
End For
Return score_{i,j}.
```

7.3 基于张量分解的社交网络推荐算法

推荐系统 [25, 26] 作为个性化服务研究领域的重要分支, 通过挖掘用户与项目之间的二元关系, 帮助用户从大量数据中发现其可能感兴趣的项目, 并生成个性化推荐以满足个性化需求.

对于在线社交网络, 如果两个用户之间的交互很频繁, 那么他们之间的关系强度就很大. 一般来说, 用户间的信任程度与交互经历相关. 当两个用户之间的经历为正关系时, 用户间的信任程度会提高; 反之, 信任程度会下降 [27]. 用户之间的信任度可以提高物品推荐的满意度 [28], 基于这种认知, 研究者在信任关系表示方面开展了卓有成效的工作 [29-32], 并把信任关系加入到社会化推荐系统中 [33].

目前, 上述的推荐算法存在以下两个缺陷: ① 大多数的推荐算法基于一个假设, 用户对其邻居的影响是单一的. 但是, 在实际的社交网络中, 每个用户的兴趣是不同的, 用户对于不同的话题或知识的见解是不同的. 比如用户购买手机、电脑等数码产品的时候, 这个用户在很大程度上会听取对数码产品比较了解的朋友的建议; 用户如果要去三亚旅游, 会倾向听取去过三亚或者旅游爱好者的朋友的建议; 用户如果想购买数据挖掘的教程, 可能会倾向微博中比较活跃的从事数据挖掘研究的学者的建议. ②现有的大部分推荐算法都是假设训练数据是静态的, 即训练集在模型训练的时候已经固定. 如果训练集中有新的数据加入, 比如新用户的加入、新物品的加入等, 算法要对新的训练集重新计算. 对于更新速度快的社交网络的推荐任务, 这种算法就会显得不合时宜.

为了解决上述两个传统推荐算法的缺点, 邹本友提出了两种不同的算法 [4]: ① 提出了一种基于主题和张量分解的信任推荐算法, 挖掘用户在不同的主题上对朋友的信任关系; ② 提出了一种可以增量更新张量分解的用户信任推荐算法, 解决传统推荐算法中的训练数据更新引起的算法重算问题. 接下来, 我们详细介绍这两个算法.

7.3.1 基于用户主题信任推荐算法

传统的推荐算法是通过用户的行为数据建立用户–项目二者之间的二元关系, 通过对其挖掘分析得到每个用户潜在的感兴趣的项目, 从而进行个性化推荐. 图 7-9 给出了算法中所用到的用户信任关系的图例. 对于用户 1 来说, 他信任的朋友只有用户 2, 用户 2 信任的朋友是用户 1 和用户 4, 用户 3 的信任朋友为用户 4, 用户 4 的信任朋友为用户 2 和用户 3.

	用户1	用户2	用户3	用户4
用户1		+		
用户2	+			+
用户3				+
用户4		+	+	

图 7-9 用户间的信息关系

尽管基于用户间信息关系的方法可以很直观地找到用户的信任关系, 但是在实际的社交网络中, 用户存在多方面的兴趣. 图 7-10 给出了基于主题的信任关系框图. 在引入了主题后, 我们可以看到: 在主题 1 层面上, 用户间的信任关系有用户 1-用户 2 和用户 3-用户 4; 主题 2 层面上, 用户的信任关系为用户 1-用户 2 和用户 2-用户 4; 在主题 3 层面上, 用户的信任关系为用户 2-用户 4 和用户 3-用户 4.

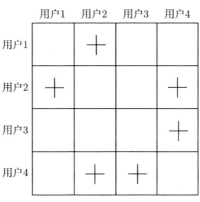

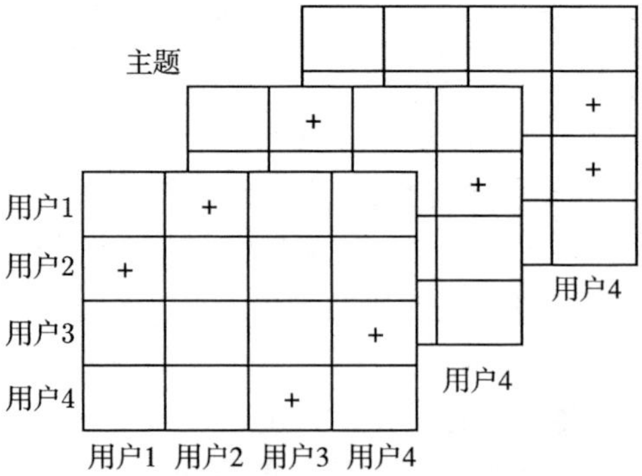

图 7-10　基于主题的用户间的信息关系

在对基于主题的用户信任推荐中，首先根据用户–用户–主题的关联关系构建一个三阶张量 $\mathcal{A}$，并采用交替最小二乘法对张量 $\mathcal{A}$ 进行 N 阶近似 [34]，然后通过以下公式计算近似张量 $\mathcal{A}'$:

$$\begin{aligned}\mathcal{A}' = \mathcal{A} &\times_1 (\boldsymbol{U}_{l+1}^{(1)})^{\mathrm{T}} \times_2 (\boldsymbol{U}_{l+1}^{(2)})^{\mathrm{T}} \\ &\times_3 \cdots \times_{n-1} (\boldsymbol{U}_{l+1}^{(n-1)})^{\mathrm{T}} \times_{n+1} (\boldsymbol{U}_{l}^{(n+1)})^{\mathrm{T}} \\ &\times_{n+2} (\boldsymbol{U}_{l}^{(n+2)})^{\mathrm{T}} \times_1 (\boldsymbol{U}_{l}^{(N)})^{\mathrm{T}}\end{aligned} \tag{7-3-1}$$

最后，通过对张量 $\mathcal{A}'$ 的 n 模展开矩阵进行 SVD 分解计算因子矩阵 $\boldsymbol{U}_{l+1}^{(n+1)}$. 算法的伪代码描述如算法 7-4 所示 [4].

算法 7-4　TrustTensor 算法

输入: 用户–用户–主题张量 $\mathcal{A}$，主题数量 R，最大迭代次数 $T_{\max}$，算法终止阈值参数 tol.
输出: $\mathcal{A}'$ 和 $\boldsymbol{U}^{(n)} = \boldsymbol{U}_{k+1}^{(n)}\ (n = 1, 2, \cdots, N)$.

$\boldsymbol{U}_0^{(i)} = \boldsymbol{I}_{I_i}\ (i = 1, 2, \cdots, N)$.

$\mathcal{C}_0 = \mathcal{A} \times_1 (\boldsymbol{U}_0^{(1)})^{\mathrm{T}} \times_2 (\boldsymbol{U}_0^{(2)})^{\mathrm{T}} \times_3 \cdots \times_N (\boldsymbol{U}_0^{(N)})^{\mathrm{T}}$.

For $k = 1, 2, \cdots, T_{\max}$

　For $n = 1, 2, \cdots, N$

　　$\mathcal{A}' = \mathcal{A} \times_1 (\boldsymbol{U}_{k+1}^{(1)})^{\mathrm{T}} \times_2 (\boldsymbol{U}_{k+1}^{(2)})^{\mathrm{T}} \times_3 \cdots \times_{n-1} (\boldsymbol{U}_{k+1}^{(n-1)})^{\mathrm{T}} \times_{n+1} (\boldsymbol{U}_{k}^{(n+1)})^{\mathrm{T}}$

　　　$\times_{n+2}(\boldsymbol{U}_{k}^{(n+2)})^{\mathrm{T}} \times_N (\boldsymbol{U}_{k}^{(N)})^{\mathrm{T}}$;

　　$\boldsymbol{A}'_{(n)} = \boldsymbol{U}_{k+1}^{(n)} \boldsymbol{\Sigma}_{k+1}^{(n)} \left(\boldsymbol{V}_{k+1}^{(n)}\right)^{\mathrm{T}}$;

　End For

　$\mathcal{C}_{k+1} = \mathcal{A} \times_1 (\boldsymbol{U}_{k+1}^{(1)})^{\mathrm{T}} \times_2 (\boldsymbol{U}_{k+1}^{(2)})^{\mathrm{T}} \times_3 \cdots \times_N (\boldsymbol{U}_{k+1}^{(N)})^{\mathrm{T}}$;

　If $\|\mathcal{C}_{k+1} - \mathcal{C}_k\|_F \leqslant \mathrm{tol}$, **then break**;

End For
Return $\mathcal{A}' = \mathcal{C}_{k+1}$, $\boldsymbol{U}^{(n)} = \boldsymbol{U}_{k+1}^{(n)}\,(n = 1, 2, \cdots, N)$.

对于大多数的社交网络, 比如脸书、推特以及新浪微博等, 每天都有成上万的新用户注册, 网站每天会新增很多的消息、话题等, 对于这些新用户和新物品的推荐的冷启动问题是推荐系统中的一个重要挑战. 目前, 大多数的推荐算法是基于静态数据的, 没有考虑到用户和物品的增长. 当新用户和物品加入后, 推荐系统需要对新的张量进行重新分解, 原来分解过的张量数据也要重新计算, 浪费了大量的资源. 为了解决这个问题, 邹本友提出了一种动态增量更新的张量分解算法 [4]. 该方法不需要对原始张量重新计算, 只是用到原始张量分解的结果和新加入的用户、物品构成的新张量, 对原始分解结果进行动态更新. 接下来, 我们首先介绍增量 SVD 分解算法, 然后介绍增量张量分解算法.

7.3.2 增量 SVD 分解算法

设矩阵 $\boldsymbol{A} \in R^{I_1 \times I_2}$ 的 SVD 分解为 $\mathrm{SVD}(\boldsymbol{A}) = \boldsymbol{U}_t \boldsymbol{\Sigma}_t \boldsymbol{V}_t^{\mathrm{T}}$, $\boldsymbol{A}^* = (\boldsymbol{A} \quad \boldsymbol{F})$, $\boldsymbol{F} \in R^{I_1 \times I_2'}$. 由于 $\boldsymbol{U}_t$ 和 $\boldsymbol{V}_t$ 为正交矩阵, 我们知道下列等式成立:

$$\boldsymbol{\Sigma}_t = \boldsymbol{U}_t^{\mathrm{T}} \boldsymbol{U}_t \boldsymbol{\Sigma}_t \boldsymbol{V}_t^{\mathrm{T}} \boldsymbol{V}_t \tag{7-3-2}$$

令 $\boldsymbol{Y} = \boldsymbol{U}_t^{\mathrm{T}} \boldsymbol{A}^* \begin{pmatrix} \boldsymbol{V}_t & \boldsymbol{0} \\ \boldsymbol{0} & \boldsymbol{I}_f \end{pmatrix} = \boldsymbol{U}_t^{\mathrm{T}} (\boldsymbol{A} \quad \boldsymbol{F}) \begin{pmatrix} \boldsymbol{V}_t & \boldsymbol{0} \\ \boldsymbol{0} & \boldsymbol{I}_f \end{pmatrix} = (\boldsymbol{U}_t^{\mathrm{T}} \boldsymbol{A} \boldsymbol{V}_t \quad \boldsymbol{U}_t^{\mathrm{T}} \boldsymbol{F})$ $= (\boldsymbol{\Sigma}_t \quad \boldsymbol{U}_t^{\mathrm{T}} \boldsymbol{F})$ 的 SVD 分解为 $\boldsymbol{Y} = \boldsymbol{U}_y \boldsymbol{\Sigma}_y \boldsymbol{V}_y^{\mathrm{T}}$, 那么

$$\begin{aligned}
\boldsymbol{A}^* &= \boldsymbol{U}_t \boldsymbol{U}_t^{\mathrm{T}} \boldsymbol{A}^* \begin{pmatrix} \boldsymbol{V}_t & \boldsymbol{0} \\ \boldsymbol{0} & \boldsymbol{I}_f \end{pmatrix} \begin{pmatrix} \boldsymbol{V}_t & \boldsymbol{0} \\ \boldsymbol{0} & \boldsymbol{I}_f \end{pmatrix}^{\mathrm{T}} \\
&= \boldsymbol{U}_t \begin{pmatrix} \boldsymbol{\Sigma}_t & \boldsymbol{U}_t^{\mathrm{T}} \boldsymbol{F} \end{pmatrix} \begin{pmatrix} \boldsymbol{V}_t & \boldsymbol{0} \\ \boldsymbol{0} & \boldsymbol{I}_f \end{pmatrix}^{\mathrm{T}} \\
&= \boldsymbol{U}_t \boldsymbol{Y} \begin{pmatrix} \boldsymbol{V}_t & \boldsymbol{0} \\ \boldsymbol{0} & \boldsymbol{I}_f \end{pmatrix}^{\mathrm{T}} \\
&= \boldsymbol{U}_t \boldsymbol{U}_y \boldsymbol{\Sigma}_y \boldsymbol{V}_y^{\mathrm{T}} \begin{pmatrix} \boldsymbol{V}_t & \boldsymbol{0} \\ \boldsymbol{0} & \boldsymbol{I}_f \end{pmatrix}^{\mathrm{T}}
\end{aligned} \tag{7-3-3}$$

令 $\mathrm{SVD}(\boldsymbol{A}^*) = \boldsymbol{U}_{t+1} \boldsymbol{\Sigma}_{t+1} \boldsymbol{V}_{t+1}^{\mathrm{T}}$, 则

$$\boldsymbol{U}_{t+1} = \boldsymbol{U}_t \boldsymbol{U}_y \tag{7-3-4}$$

$$\boldsymbol{\Sigma}_{t+1} = \boldsymbol{\Sigma}_y \tag{7-3-5}$$

$$\boldsymbol{V}_{t+1}^{\mathrm{T}} = \boldsymbol{V}_y^{\mathrm{T}} \begin{pmatrix} \boldsymbol{V}_t & \boldsymbol{0} \\ \boldsymbol{0} & \boldsymbol{I}_f \end{pmatrix}^{\mathrm{T}} \tag{7-3-6}$$

为了表述方便, 在本书中, 我们把上述算法简记为 IncSVD ($\boldsymbol{A}^*$).

7.3.3 增量张量分解算法

我们以四阶张量为例介绍增量张量分解模型. 设原始四阶张量为 $\mathcal{A} \in R^{I_1 \times I_2 \times I_3 \times I_4}$, 增量的张量为 $\mathcal{F} \in R^{I_1 \times I_2 \times I_3 \times I_4'}$, 二者在第 4 个模态合并之后组成的新张量 $\mathcal{A}^* \in R^{I_1 \times I_2 \times I_3 \times I_4^*}$, 其中 $I_4^* = I_4 + I_4'$. 假设 $I_1 = I_2 = I_3 = I_4 = 2, I_4 = 1$, 张量 $\mathcal{A}^*$ 沿着各个模态的矩阵展开显示在图 7-11 中. 为了便于理解, 将图的左半部分四阶张量 $\mathcal{A}^*$ 表示为 I_1 个三阶张量 $\mathcal{A}' \in R^{I_2 \times I_3 \times I_4^*}$, 图的右半部分是对张量 $\mathcal{A}^*$ 按照 1, 2, 3, 4 模态进行矩阵展开得到的矩阵, 图中灰色的部分表示新加入的部

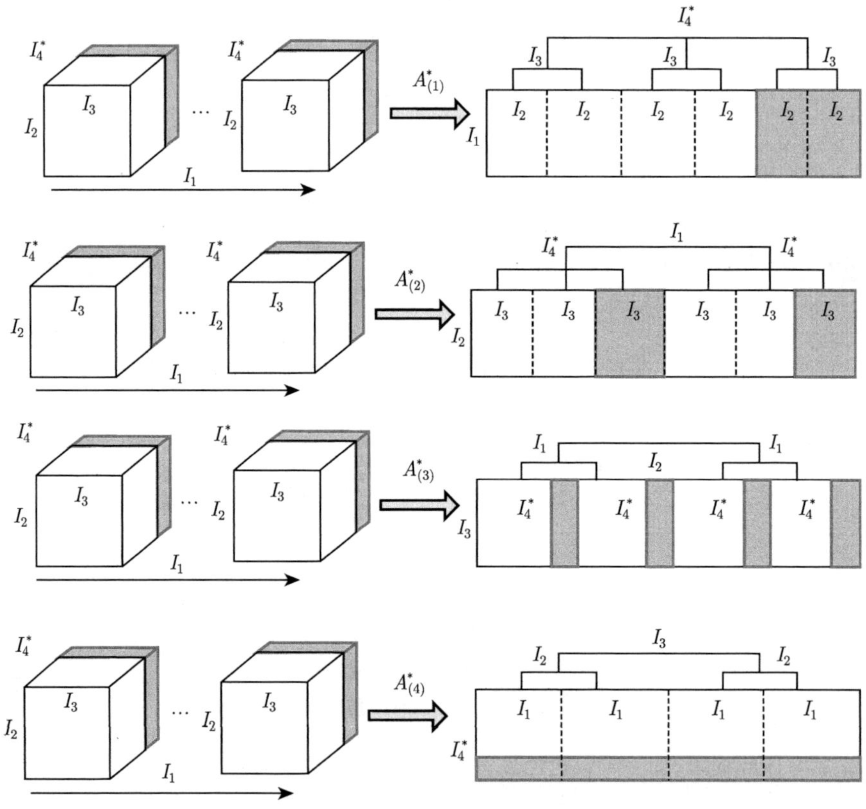

图 7-11 四阶张量的展开矩阵

分. 其中, $\boldsymbol{A}_{(1)}^* \in R^{I_1\times(I_2\times I_3\times I_4^*)}$, $\boldsymbol{A}_{(2)}^* \in R^{I_2\times(I_3\times I_4^*\times I_1)}$, $\boldsymbol{A}_{(3)}^* \in R^{I_3\times(I_4^*\times I_1\times I_2)}$, $\boldsymbol{A}_{(4)}^* \in R^{I_4^*\times(I_1\times I_2\times I_3)}$. 从图 7-11 中, 我们可以看到: 新加入的张量经过矩阵展开后, 矩阵 $\boldsymbol{A}_{(1)}$, $\boldsymbol{A}_{(2)}$, $\boldsymbol{A}_{(3)}$ 的列数会增加, 矩阵 $\boldsymbol{A}_{(4)}$ 的行数会增加.

从图 7-11 可以看到: 新张量 $\mathcal{A}^*$ 沿着第 1 模态展开可以得到展开矩阵 $\boldsymbol{A}_{(1)}^* = \begin{pmatrix}\boldsymbol{A}_{(1)} & \boldsymbol{F}_{(1)}\end{pmatrix}$; 沿着第 2 模态和第 3 模态展开可以得到展开矩阵 $\boldsymbol{A}_{(n)}^* = \begin{pmatrix}\boldsymbol{A}_{(n)} & \boldsymbol{F}_{(n)}\end{pmatrix}\boldsymbol{P}_n(n=2,3)$, 它们是通过对矩阵 $\begin{pmatrix}\boldsymbol{A}_{(2)} & \boldsymbol{F}_{(2)}\end{pmatrix}$ 和 $\begin{pmatrix}\boldsymbol{A}_{(3)} & \boldsymbol{F}_{(3)}\end{pmatrix}$ 进行相应的列变换得到的; 沿着第 4 模态展开可以得到展开矩阵 $\boldsymbol{A}_{(4)}^* = \begin{pmatrix}\boldsymbol{A}_{(4)} \\ \boldsymbol{F}_{(4)}\end{pmatrix}$ $= \begin{pmatrix}\boldsymbol{A}_{(4)} & \boldsymbol{F}_{(4)}\end{pmatrix}^{\mathrm{T}}$.

设 $\boldsymbol{G} = \begin{pmatrix}\boldsymbol{E}_{(n)} & \boldsymbol{Q}_{(n)}\end{pmatrix}(1 \leqslant n \leqslant I_1I_2\cdots I_{n-1})$ 为单位矩阵, 其中 $\boldsymbol{E}_{(n)} \in R^{(I_1I_2\cdots I_{n-1}I_{n+1}\cdots I_N^*)\times(I_{n+1}\cdots I_N)}$, $\boldsymbol{Q}_{(n)} \in R^{(I_1I_2\cdots I_{n-1}I_{n+1}\cdots I_N^*)\times\left(I_{n+1}\cdots I_N'\right)}$, 则列变换矩阵 $\boldsymbol{P}_n$ 可以表示为

$$\boldsymbol{P}_n = \begin{pmatrix}\boldsymbol{E}_{(1)} & \boldsymbol{E}_{(2)} & \cdots & \boldsymbol{E}_{(I_1I_2\cdots I_{n-1})} & \boldsymbol{Q}_{(1)} & \boldsymbol{Q}_{(2)} & \cdots & \boldsymbol{Q}_{(I_1I_2\cdots I_{n-1})}\end{pmatrix}^{\mathrm{T}} \tag{7-3-7}$$

对于图 7-11 中的四阶张量 $\mathcal{A}^*$, 其列变换矩阵 $\boldsymbol{P}_2$ 和 $\boldsymbol{P}_3$ 的具体表达式分别如下

$$\boldsymbol{P}_2 = \begin{pmatrix}\boldsymbol{E}_{(1)} & \boldsymbol{E}_{(2)} & \cdots & \boldsymbol{E}_{(I_1)} & \boldsymbol{Q}_{(1)} & \boldsymbol{Q}_{(2)} & \cdots & \boldsymbol{Q}_{(I_1)}\end{pmatrix}^{\mathrm{T}} \tag{7-3-8}$$

$$\boldsymbol{P}_3 = \begin{pmatrix}\boldsymbol{E}_{(1)} & \boldsymbol{E}_{(2)} & \cdots & \boldsymbol{E}_{(I_1I_2)} & \boldsymbol{Q}_{(1)} & \boldsymbol{Q}_{(2)} & \cdots & \boldsymbol{Q}_{(I_1I_2)}\end{pmatrix}^{\mathrm{T}} \tag{7-3-9}$$

基于上述对四阶张量的更新过程的详细分析, 作者提出一种普适的增量张量分解算法, 记为 IncTrustTensor, 其详细的算法流程如算法 7-5 所示 [4].

算法 7-5 IncTrustTensor 算法

输入: 张量 $\mathcal{A}$ 的奇异值分解矩阵 $\boldsymbol{U}_t^{(n)}$, $\boldsymbol{\Sigma}_t^{(n)}$, $\boldsymbol{V}_t^{(n)}$, 新增张量 $\mathcal{F}$.

输出: $\boldsymbol{U}_{t+1}^{(n)}$, $\boldsymbol{\Sigma}_{t+1}^{(n)}$ 和 $\boldsymbol{V}_{t+1}^{(n)}$.

$\boldsymbol{A}_{(1)}^* = \begin{pmatrix}\boldsymbol{A}_{(1)} & \boldsymbol{F}_{(1)}\end{pmatrix}$.

IncSVD $\left(\boldsymbol{A}_{(1)}^*\right) = \boldsymbol{U}_{t+1}^{(1)}\boldsymbol{\Sigma}_{t+1}^{(1)}\left(\boldsymbol{V}_{t+1}^{(1)}\right)^{\mathrm{T}}$.

For $n = 2, \cdots, N-1$

$\boldsymbol{A}_{(n)}^{*}=\begin{pmatrix}\boldsymbol{A}_{(n)} & \boldsymbol{F}_{(n)}\end{pmatrix}\boldsymbol{P}_{n}.$

$\operatorname{IncSVD}\left(\boldsymbol{A}_{(n)}^{*}\right)=\boldsymbol{U}_{t+1}^{(n)}\boldsymbol{\Sigma}_{t+1}^{(n)}\left(\boldsymbol{V}_{t+1}^{(n)}\right)^{\mathrm{T}}.$

$\boldsymbol{V}_{t+1}^{(n)}=\boldsymbol{P}_{n}^{\mathrm{T}}\boldsymbol{V}_{t+1}^{(n)}.$

End For

$\left(\boldsymbol{A}_{(N)}^{*}\right)^{\mathrm{T}}=\begin{pmatrix}\boldsymbol{A}_{(N)} & \boldsymbol{F}_{(N)}\end{pmatrix}.$

$\operatorname{IncSVD}\left(\left(\boldsymbol{A}_{(N)}^{*}\right)^{\mathrm{T}}\right)=\boldsymbol{U}\boldsymbol{\Sigma}\boldsymbol{V}^{\mathrm{T}}.$

$\boldsymbol{U}_{t+1}^{(N)}=\boldsymbol{V},\ \boldsymbol{\Sigma}_{t+1}^{(N)}=\boldsymbol{\Sigma},\ \boldsymbol{V}_{t+1}^{(N)}=\boldsymbol{U}^{\mathrm{T}}.$

Return $\boldsymbol{U}_{t+1}^{(n)},\boldsymbol{\Sigma}_{t+1}^{(n)},\boldsymbol{V}_{t+1}^{(n)}\,(n=1,2,\cdots,N).$

7.4 基于张量分解的标签推荐算法

社会标签系统起源于传统的推荐系统, 其主要元素包括 {资源 (item), 标签 (tag), 用户 (user)} , 系统可定义为 $F:=(U,T,I,R)$. 其中 U 为 user, T 为 tag, I 为 item, $R\in U\times T\times I$[35] 为 user, item 和 tag 之间的关系. 传统推荐系统包括 {item, user} 及两者之间的关系, 系统定义为 $F:=(U,I,R)$, 其中 $R\in U\times I$[36].

根据上述定义, 传统推荐系统分析的是 {item, user} 之间的二维关系, 而社会标签系统分析的是 {item, user, tag} 之间的三维关系, 因而传统推荐系统中的推荐算法不能直接应用于社会标签系统.

在前期的研究中, 很多研究者首先将社会标签的三维关系转换为二维关系, 然后直接应用传统推荐系统算法及模型[37-39]. 其主要不足是在从三维关系转化到二维关系的过程中, 它们会丢失一部分三元组信息, 直接影响预测分析结果. 另外, 由于社会标签系统常常存在数据稀疏性问题, 三部图的处理方法会损失更多的三元组信息. 为了解决上述两个问题, 廖志芳提出了基于三部图的三阶张量分解推荐 (tripartite tensor decomposition, TTD) 算法[2]. 该算法通过定义以三部图为基础的低阶张量分解模型, 对高阶稀疏数据进行分析; 在此基础上, 利用缺失值处理, 进行社会标签系统中的标签推荐预测. 下面, 我们详细介绍这方面的工作.

考虑如下的基于张量分解的三部图模型:

$$X_{i,j,k}\approx Y_{i,j,k} \tag{7-4-1}$$

其中不同的 Y 代表不同的张量分解方法.

考虑到三部图中三元组元素之间两两的相关性, 廖志芳提出了如下张量分解模型:

$$Y_{i,j,k} = u_{i,j}v_{j,k} + v_{j,k}w_{i,k} + u_{i,j}w_{i,k} \tag{7-4-2}$$

根据上述张量分解模型, item 节点 i 和 tag 节点 j 之间的关系为

$$u_{i,j} = \sum_{k=1}^{N_k} Y_{i,j,k} = \sum_{k=1}^{N_k} v_{j,k} + v_{j,k}w_{i,k} + u_{i,j}w_{i,k} \tag{7-4-3}$$

其中, $\boldsymbol{U} \in R^{N_I \times N_J}$, $\boldsymbol{V} \in R^{N_J \times N_K}$, $\boldsymbol{W} \in R^{N_I \times N_K}$; N_i, N_j 和 N_k 分别是 item, tag 和 user 的数量. 很明显, 模型 (7-4-2) 为标签系统提供比三部图更多的系统间的相关信息, 解决了三部图在转换成二部图中信息丢失的问题.

为获得最优的标签预测值, $X_{i,j,k}$ 和 $Y_{i,j,k}$ 需满足下列条件:

$$\min_{\boldsymbol{U},\boldsymbol{V},\boldsymbol{W}} J(\boldsymbol{U},\boldsymbol{V},\boldsymbol{W}) = \left(\sum_{i,j,k}(X_{i,j,k} - Y_{i,j,k})^2 + \alpha\left(\|\boldsymbol{U}\|^2 + \|\boldsymbol{V}\|^2 + \|\boldsymbol{W}\|^2\right)\right) \tag{7-4-4}$$

其中, $X_{i,j,k}$ 为标签系统实际值, $Y_{i,j,k}$ 为标签预测值, α 是一个模型参数.

固定 $v_{j,k}$ 和 $w_{i,k}$, $u_{i,j}$ 可以通过解下列优化问题得到

$$\begin{aligned}\min_{\boldsymbol{U}} \mathrm{J}(\boldsymbol{U}) = \min_{\boldsymbol{U}} \sum_{i,j,k}(X_{i,j,k} - (u_{i,j}v_{j,k} + v_{j,k}w_{i,k} + u_{i,j}w_{i,k}))^2 \\ + \alpha\left(\|\boldsymbol{U}\|^2 + \|\boldsymbol{V}\|^2 + \|\boldsymbol{W}\|^2\right)\end{aligned} \tag{7-4-5}$$

令 $\dfrac{\partial J(\boldsymbol{U})}{\partial \boldsymbol{U}} = 0$, 我们可以得到 $\boldsymbol{U}$ 的最优解为

$$\begin{aligned}\boldsymbol{U} = &\left(\boldsymbol{V}\boldsymbol{V}^{\mathrm{T}}\boldsymbol{e}_j + \boldsymbol{e}_i\boldsymbol{W}\boldsymbol{W}^{\mathrm{T}} + 2\boldsymbol{V}\boldsymbol{W}^{\mathrm{T}} + \alpha\boldsymbol{I}\right)^{-1} \\ &\cdot\left(\boldsymbol{X}_{\boldsymbol{V}}^k + \boldsymbol{X}_{\boldsymbol{W}}^k - (\boldsymbol{V} * \boldsymbol{V})\boldsymbol{W}^{\mathrm{T}} - \boldsymbol{V}(\boldsymbol{W} * \boldsymbol{W})\right)\end{aligned} \tag{7-4-6}$$

按照同样的方法, 我们可以得到 $\boldsymbol{V}$ 和 $\boldsymbol{W}$ 的最优解分别如下

$$\begin{aligned}\boldsymbol{V} = &\left(\boldsymbol{U}\boldsymbol{U}^{\mathrm{T}}\boldsymbol{e}_i\boldsymbol{e}_k^{\mathrm{T}} + \boldsymbol{e}_i\boldsymbol{e}_k^{\mathrm{T}}\boldsymbol{W}^{\mathrm{T}}\boldsymbol{W} + 2\boldsymbol{U}\boldsymbol{W}^{\mathrm{T}} + \alpha\boldsymbol{I}\right)^{-1} \\ &\cdot\left(\boldsymbol{X}_{\boldsymbol{U}}^j + \boldsymbol{X}_{\boldsymbol{W}}^j - (\boldsymbol{U} * \boldsymbol{U})\boldsymbol{W}^{\mathrm{T}} - \boldsymbol{U}(\boldsymbol{W} * \boldsymbol{W})\right)\end{aligned} \tag{7-4-7}$$

$$\begin{aligned}\boldsymbol{W} = &\left(\boldsymbol{U}^{\mathrm{T}}\boldsymbol{U}\boldsymbol{e}_j\boldsymbol{e}_k^{\mathrm{T}} + \boldsymbol{e}_j\boldsymbol{e}_k^{\mathrm{T}}\boldsymbol{V}^{\mathrm{T}}\boldsymbol{V} + 2\boldsymbol{U}^{\mathrm{T}}\boldsymbol{V} + \alpha\boldsymbol{I}\right)^{-1} \\ &\cdot\left(\boldsymbol{X}_{\boldsymbol{U}}^i + \boldsymbol{X}_{\boldsymbol{V}}^i - \left(\boldsymbol{U}^{\mathrm{T}} * \boldsymbol{U}^{\mathrm{T}}\right)\boldsymbol{V} - \boldsymbol{U}^{\mathrm{T}}(\boldsymbol{V} * \boldsymbol{V})\right)\end{aligned} \tag{7-4-8}$$

其中 $\boldsymbol{e}_i$, $\boldsymbol{e}_j$ 和 $\boldsymbol{e}_k$ 是元素为 1, 长度分别为 N_i, N_j 和 N_k 的列向量. $X_{\boldsymbol{V}}^{k}(i,j)=\sum_{k=1}^{N_k}X_{i,j,k}v_{j,k}$, $X_{\boldsymbol{W}}^{k}(i,j)=\sum_{k=1}^{N_k}X_{i,j,k}w_{i,k}$, $X_{\boldsymbol{U}}^{i}(j,k)=\sum_{i=1}^{N_i}X_{i,j,k}u_{i,j}$, $X_{\boldsymbol{V}}^{i}(j,k)=\sum_{i=1}^{N_i}X_{i,j,k}v_{j,k}$, $X_{\boldsymbol{U}}^{j}(i,k)=\sum_{j=1}^{N_j}X_{i,j,k}u_{i,j}$, $X_{\boldsymbol{W}}^{j}(i,k)=\sum_{i=1}^{N_i}X_{i,j,k}w_{i,k}$.

通过不断迭代求解, 我们最终可以得到式 (7-4-4) 的最优值 $Y_{i,j,k}$, 并进行标签推荐.

由

$$J\left(\boldsymbol{U}^{n+1},\boldsymbol{V}^{n},\boldsymbol{W}^{n}\right)=\arg\min J\left(\boldsymbol{U}^{n},\boldsymbol{V}^{n},\boldsymbol{W}^{n}\right) \tag{7-4-9}$$

我们可以得到下列不等式:

$$J\left(\boldsymbol{U}^{n+1},\boldsymbol{V}^{n},\boldsymbol{W}^{n}\right)\leqslant J\left(\boldsymbol{U}^{n},\boldsymbol{V}^{n},\boldsymbol{W}^{n}\right) \tag{7-4-10}$$

根据同样的道理, 我们知道下列不等式成立:

$$J\left(\boldsymbol{U}^{n+1},\boldsymbol{V}^{n+1},\boldsymbol{W}^{n}\right)\leqslant J\left(\boldsymbol{U}^{n+1},\boldsymbol{V}^{n},\boldsymbol{W}^{n}\right) \tag{7-4-11}$$

$$J\left(\boldsymbol{U}^{n+1},\boldsymbol{V}^{n+1},\boldsymbol{W}^{n+1}\right)\leqslant J\left(\boldsymbol{U}^{n+1},\boldsymbol{V}^{n+1},\boldsymbol{W}^{n}\right) \tag{7-4-12}$$

从 (7-4-10)—(7-4-12), 我们有

$$J\left(\boldsymbol{U}^{n+1},\boldsymbol{V}^{n+1},\boldsymbol{W}^{n+1}\right)\leqslant J\left(\boldsymbol{U}^{n},\boldsymbol{V}^{n},\boldsymbol{W}^{n}\right) \tag{7-4-13}$$

上述不等式说明: 解优化问题 (7-4-4) 的算法是收敛的.

在标签数据集中, 如果某用户没有用标签对某资源项进行标注, 或者某标签与某资源项没有对应关系, 则称该对应关系是缺失的, 形式化描述就是三元组 (i,j,k) 无实际有效值. 设 $\mathcal{X}_m$ 表示标签系统 F 中缺失值元素组成的集合, $\mathcal{X}_\Omega$ 表示标签系统 F 中观测元素组成的集合, 对系统中的 $\mathcal{X}$, 我们有

$$\mathcal{X}=\mathcal{X}_\Omega+\mathcal{X}_m \tag{7-4-14}$$

根据文献 [40], 我们可以通过不断地解下列优化问题完成缺失数据的补全任务:

$$\min_{\mathcal{X}_m^t}\quad \left\|\left(\mathcal{X}_\Omega+\mathcal{X}_m^{t-1}\right)-\mathcal{X}^t\right\|_F^2 \tag{7-4-15}$$

基于上述分析, 基于三部图的三阶张量分解推荐 (TTD) 算法的详细步骤如算法 7-6 所示[2].

算法 7-6 三部图的三阶张量分解推荐算法

输入: 不完全张量 $\mathcal{X}$, 最大迭代次数 $T_{\max}$, 算法收敛阈值参数 tol.

输出: $\mathcal{Y}$.

初始化 $\mathcal{X}$ 的缺失值, 得到初始补全张量 $\mathcal{X}^{(0)}$.

初始化 $\boldsymbol{U}$, $\boldsymbol{V}$, $\boldsymbol{W}$.

$J^{(0)}=0$.

For $t=1,2,\cdots,T_{\max}$

根据 (7-4-6) 计算 $\boldsymbol{U}$;

根据 (7-4-7) 计算 $\boldsymbol{V}$;

根据 (7-4-8) 计算 $\boldsymbol{W}$;

根据 (7-4-2) 计算 $Y_{i,j,k}=u_{i,j}v_{j,k}+v_{j,k}w_{i,k}+u_{i,j}w_{i,k}$;

根据 (7-4-4) 计算 $J^{(t)}$.

If $\left|J^{(t)}-J^{(t-1)}\right|\leqslant$ tol, **then break**

解优化问题 (7-4-15) 得到 $\mathcal{X}_m^t$;

$X^t=\mathcal{X}_\Omega+\mathcal{X}_m^t$;

End For

根据 (7-4-2) 计算 $Y_{i,j,k}=u_{i,j}v_{j,k}+v_{j,k}w_{i,k}+u_{i,j}w_{i,k}$.

Return $\mathcal{Y}$.

7.5 基于社交锚点单元图正则化的大规模图像重标记算法

社交图像重标记是大规模基于标记图像检索的重要步骤, 其目的是通过补全缺失标记和移去噪声标记提高社交图像的标记质量 [41,42]. 目前, 社交图像重标记方法主要分为两类: ① 基于图像–标记关系的图像重标记方法 [43-50]; ② 基于标记–图像–用户关系的图像重标记方法 [51,52]. 在早期的研究中, 研究者主要利用标记之间的语义相关性和图像之间的可视化相似性改善图像标记的质量. 其基本假设是, 具有高可视化相似性的图像应该有高标记语义相似性. 基于这个假设, 在充分利用图像–标记关系的情况下, 研究者提出了基于低秩分解的矩阵补全算法 [53-56], 达到了同时补全缺失标记和移去噪声标记的目的. 最近, 考虑到具有共同爱好的用户上传的图像之间存在非常紧密的关系, 一些研究者同时利用可视化信息、用户信息和标记信息提高图像的标记质量, 提出了基于低秩分解的张量补全算法 [57,58]. 主要不足是其计算复杂度随着标记图像数量的增加而大幅增加.

在实际的应用中, 基于图的学习方法取得了非常好的性能 [59]. 主要不足是随着数据规模的增加, 其算法复杂度会快速增加. 为了减少其时间复杂度和空间复杂度, 研究者提出了基于锚点图的学习算法 [60-64]. 目前, 锚点图模型被成功应用于人脸识别 [65]、图像检索 [66]、目标追踪 [67] 等应用场景. 考虑到锚点图方法能够有效解决大规模模式识别、计算机视觉和数据挖掘问题, 通过把单域锚点图推广到多域锚点单元图, Tang 提出了基于社交锚点单元图正则化的大规模图像重标记算法[7]. 接下来, 我们详细介绍这方面的工作.

设 $I=\{\boldsymbol{x}_i\}_{i=1}^{|I|}$, $T=\{t_j\}_{j=1}^{|T|}$ 和 $U=\{u_k\}_{k=1}^{|U|}$ 分别为图像集、标记集和用户集, I_n, U_n, I_m 和 U_m 分别表示非锚点图像集、非锚点用户集、锚点图像集和锚点用户集. 其中, $|I|=|I_n|+|I_m|, |U|=|U_n|+|U_m|$. 设 $\mathcal{T}\in R^{|T|\times|I_n|\times|U_n|}$ 是一个根据所有的标记、非锚点图像和非锚点用户构造的标记–图像–用户非锚点张量, $\mathcal{A}_0\in R^{|T|\times|I_m|\times|U_m|}$ 是一个根据所有的标记、锚点图像和锚点用户构造的标记–图像用户锚点张量, $\mathcal{A}\in R^{|T|\times|I_m|\times|U_m|}$ 是对 $\mathcal{A}_0$ 修正之后的锚点张量, 其中 $\mathcal{A}_0$ 可能包含不正确的关系, 也可能包含缺失关系. 社交图像重标记的任务是首先利用 $\mathcal{T}$ 和 $\mathcal{A}_0$ 之间的关系得到 $\mathcal{A}$, 然后基于锚点图上锚点单元和非锚点单元之间的内在关系, 利用 $\mathcal{A}$ 重新标记非锚点图像.

设 $|I_n|$ 个非锚点图像和 $|I_m|$ 个锚点图像之间的邻接矩阵为 $\boldsymbol{S}^m\in R^{|I_n|\times|I_m|}$, 其元素定义如下

$$s_{i,j}^m=\exp\left(-\frac{\left\|\boldsymbol{d}_{\boldsymbol{x}_i}-\boldsymbol{d}_{\boldsymbol{x}_j}\right\|_2^2}{\sigma^2}\right) \tag{7-5-1}$$

$|U_n|$ 个非锚点用户和 $|U_m|$ 个锚点用户之间的邻接矩阵为 $\boldsymbol{U}^m\in R^{|U_n|\times|U_m|}$, 其元素定义如下

$$u_{i,j}^m=\frac{N(u_i,u_j)}{N(u_i)+N(u_j)-N(u_i,u_j)} \tag{7-5-2}$$

非锚点图像之间的邻接矩阵为 $\boldsymbol{W}^I\in R^{|I_n|\times|I_n|}$, 其定义如下

$$\boldsymbol{W}^I=\boldsymbol{S}^m\left(\boldsymbol{\varLambda}^I\right)^{-1}\left(\boldsymbol{S}^m\right)^{\mathrm{T}} \tag{7-5-3}$$

非锚点用户之间的邻接矩阵为 $\boldsymbol{W}^U\in R^{|U_n|\times|U_n|}$, 其定义如下

$$\boldsymbol{W}^U=\boldsymbol{U}^m\left(\boldsymbol{\varLambda}^U\right)^{-1}\left(\boldsymbol{U}^m\right)^{\mathrm{T}} \tag{7-5-4}$$

标记邻接矩阵 $\boldsymbol{T}\in R^{|T|\times|T|}$, 其元素定义如下

$$t_{i,j}=\alpha_1\frac{N(t_i,t_j)}{N(t_i)+N(t_j)-N(t_i,t_j)}+\alpha_2\frac{2C(L\left(t_i,t_j\right))}{C(t_i)+C(t_j)} \tag{7-5-5}$$

在上述表达式中, σ 是 RBF 核函数的参数, $\boldsymbol{d}_{\boldsymbol{x}_i}$ 和 $\boldsymbol{d}_{\boldsymbol{x}_j}$ 分别是非锚点图像 $\boldsymbol{x}_i$ 和锚点图像 $\boldsymbol{x}_j$ 的特征, $N(u_i,u_j)$ 是非锚点用户和锚点用户共享群组的数量, $N(u_i)$ 是非锚点用户共享群组的数量, $N(u_j)$ 是锚点用户共享群组的数量. 对角矩

阵 $\boldsymbol{\Lambda}^I$ 的对角元素 $\lambda_{j,j}^I = \sum_{i=1}^{|I_n|} s_{i,j}^m \, (1 \leqslant j \leqslant |I_m|)$, 对角矩阵 $\boldsymbol{\Lambda}^U$ 的对角元素 $\lambda_{j,j}^U = \sum_{i=1}^{|U_n|} u_{i,j}^m \, (1 \leqslant j \leqslant |U_m|)$. $N(t_i, t_j)$ 是数据集中标记 t_i 和标记 t_j 共同出现的次数, $N(t_i)$ 是数据集中标记 t_i 出现的次数, $N(t_j)$ 是数据集中标记 t_j 出现的次数, $p(t_i)$ 是标记 t_i 发生的概率, $C(t_i) = -\log(p(t_i))$, $L(t_i, t_j)$ 是在词网分类法中标记 t_i 和标记 t_j 的最小公共祖先[68].

通过把社交锚点正则化项

$$\Theta_1 = \frac{\lambda_1}{2} \sum_{i,j=1}^{|I_n|} w_{i,j}^I \left\| \mathcal{A} \times_2 \boldsymbol{S}_{i;:}^m - \mathcal{A} \times_2 \boldsymbol{S}_{j;:}^m \right\|_F^2 + \frac{\lambda_2}{2} \sum_{i,j=1}^{|U_n|} w_{i,j}^U \left\| \mathcal{A} \times_3 \boldsymbol{U}_{i;:}^m - \mathcal{A} \times_3 \boldsymbol{U}_{j;:}^m \right\|_F^2 \tag{7-5-6}$$

和张量补全项

$$\Theta_2 = \left\| \mathcal{T} - \mathcal{A} \times_1 \boldsymbol{T} \times_2 \boldsymbol{S}^m \times_3 \boldsymbol{U}^m \right\|_F^2 + \alpha \left\| \mathcal{A} - \mathcal{A}_0 \right\|_F^2 + \beta \left\| \mathcal{A} \right\|_F^2 \tag{7-5-7}$$

整合在一起, Tang 提出了下列优化模型解决社交图像重标记问题[7]:

$$\begin{aligned}
&\min_{\mathcal{A}} \Theta \\
&= \min_{\mathcal{A}} (\Theta_1 + \Theta_2) \\
&= \min_{\mathcal{A}} \left\| \mathcal{T} - \mathcal{A} \times_1 \boldsymbol{T} \times_2 \boldsymbol{S}^m \times_3 \boldsymbol{U}^m \right\|_F^2 + \alpha \left\| \mathcal{A} - \mathcal{A}_0 \right\|_F^2 + \beta \left\| \mathcal{A} \right\|_F^2 \\
&\quad + \frac{\lambda_1}{2} \sum_{i,j=1}^{|I_n|} w_{i,j}^I \left\| \mathcal{A} \times_2 \boldsymbol{S}_{i;:}^m - \mathcal{A} \times_2 \boldsymbol{S}_{j;:}^m \right\|_F^2 + \frac{\lambda_2}{2} \sum_{i,j=1}^{|U_n|} w_{i,j}^U \left\| \mathcal{A} \times_3 \boldsymbol{U}_{i;:}^m - \mathcal{A} \times_3 \boldsymbol{U}_{j;:}^m \right\|_F^2
\end{aligned} \tag{7-5-8}$$

令

$$\mathcal{H} = \mathcal{T} \times_1 \boldsymbol{T}^{\mathrm{T}} \times_2 \left(\boldsymbol{S}^m\right)^{\mathrm{T}} \times_3 \left(\boldsymbol{U}^m\right)^{\mathrm{T}} \tag{7-5-9}$$

$$\mathcal{G} = \mathcal{A} \times_1 \left(\boldsymbol{T}^{\mathrm{T}} \boldsymbol{T}\right) \times_2 \left(\left(\boldsymbol{S}^m\right)^{\mathrm{T}} \boldsymbol{S}^m\right) \times_3 \left(\left(\boldsymbol{U}^m\right)^{\mathrm{T}} \boldsymbol{U}^m\right) \tag{7-5-10}$$

$$\mathcal{Q} = \sum_{i,j=1}^{|I_n|} w_{i,j}^I \mathcal{A} \times_2 \left(\left(\boldsymbol{S}_{i;:}^m\right)^{\mathrm{T}} \boldsymbol{S}_{j;:}^m\right) \tag{7-5-11}$$

$$\mathcal{P} = \sum_{i,j=1}^{|U_n|} w_{i,j}^{U} \mathcal{A} \times_3 \left(\left(\boldsymbol{U}_{i;:}^{m} \right)^{\mathrm{T}} \boldsymbol{U}_{j;:}^{m} \right) \tag{7-5-12}$$

$$\mathcal{U} = \sum_{i,j=1}^{|I_n|} w_{i,j}^{I} \mathcal{A} \times_2 \left(\left(\boldsymbol{S}_{i;:}^{m} \right)^{\mathrm{T}} \boldsymbol{S}_{i;:}^{m} \right) \tag{7-5-13}$$

$$V = \sum_{i,j=1}^{|U_n|} w_{i,j}^{U} \mathcal{A} \times_3 \left(\left(\boldsymbol{U}_{i;:}^{m} \right)^{\mathrm{T}} \boldsymbol{U}_{i;:}^{m} \right) \tag{7-5-14}$$

由

$$\begin{aligned}
\frac{\partial \Theta}{\partial A} =& 2\mathcal{A} \times_1 \left(\boldsymbol{T}^{\mathrm{T}} \boldsymbol{T} \right) \times_2 \left(\left(\boldsymbol{S}^{m} \right)^{\mathrm{T}} \boldsymbol{S}^{m} \right) \times_3 \left(\left(\boldsymbol{U}^{m} \right)^{\mathrm{T}} \boldsymbol{U}^{m} \right) \\
& - 2\mathcal{T} \times_1 \boldsymbol{T}^{\mathrm{T}} \times_2 \left(\boldsymbol{S}^{m} \right)^{\mathrm{T}} \times_3 \left(\boldsymbol{U}^{m} \right)^{\mathrm{T}} + 2\alpha \left(\mathcal{A} - \mathcal{A}_0 \right) + 2\beta \mathcal{A} \\
& + \lambda_1 \sum_{i,j=1}^{|I_n|} w_{i,j}^{I} \left(\mathcal{A} \times_2 \left(\left(\boldsymbol{S}_{i;:}^{m} \right)^{\mathrm{T}} \boldsymbol{S}_{i;:}^{m} \right) - \mathcal{A} \times_2 \left(\left(\boldsymbol{S}_{i;:}^{m} \right)^{\mathrm{T}} \boldsymbol{S}_{j;:}^{m} \right) \right) \\
& + \lambda_1 \sum_{i,j=1}^{|I_n|} w_{i,j}^{I} \left(\mathcal{A} \times_2 \left(\left(\boldsymbol{S}_{j;:}^{m} \right)^{\mathrm{T}} \boldsymbol{S}_{j;:}^{m} \right) - \mathcal{A} \times_2 \left(\left(\boldsymbol{S}_{j;:}^{m} \right)^{\mathrm{T}} \boldsymbol{S}_{i;:}^{m} \right) \right) \\
& + \lambda_2 \sum_{i,j=1}^{|U_n|} w_{i,j}^{U} \left(\mathcal{A} \times_3 \left(\left(\boldsymbol{U}_{i;:}^{m} \right)^{\mathrm{T}} \boldsymbol{U}_{i;:}^{m} \right) - \mathcal{A} \times_3 \left(\left(\boldsymbol{U}_{i;:}^{m} \right)^{\mathrm{T}} \boldsymbol{U}_{j;:}^{m} \right) \right) \\
& + \lambda_2 \sum_{i,j=1}^{|U_n|} w_{i,j}^{U} \left(\mathcal{A} \times_3 \left(\left(\boldsymbol{U}_{j;:}^{m} \right)^{\mathrm{T}} \boldsymbol{U}_{j;:}^{m} \right) - \mathcal{A} \times_3 \left(\left(\boldsymbol{U}_{j;:}^{m} \right)^{\mathrm{T}} \boldsymbol{U}_{i;:}^{m} \right) \right) \\
=& 2\mathcal{A} \times_1 \left(\boldsymbol{T}^{\mathrm{T}} \boldsymbol{T} \right) \times_2 \left(\left(\boldsymbol{S}^{m} \right)^{\mathrm{T}} \boldsymbol{S}^{m} \right) \times_3 \left(\left(\boldsymbol{U}^{m} \right)^{\mathrm{T}} \boldsymbol{U}^{m} \right) \\
& - 2\mathcal{T} \times_1 \boldsymbol{T}^{\mathrm{T}} \times_2 \left(\boldsymbol{S}^{m} \right)^{\mathrm{T}} \times_3 \left(\boldsymbol{U}^{m} \right)^{\mathrm{T}} + 2\alpha \left(\mathcal{A} - \mathcal{A}_0 \right) + 2\beta \mathcal{A} \\
& + 2\lambda_1 \sum_{i,j=1}^{|I_n|} w_{i,j}^{I} \left(\mathcal{A} \times_2 \left(\left(\boldsymbol{S}_{i;:}^{m} \right)^{\mathrm{T}} \boldsymbol{S}_{i;:}^{m} \right) - \mathcal{A} \times_2 \left(\left(\boldsymbol{S}_{i;:}^{m} \right)^{\mathrm{T}} \boldsymbol{S}_{j;:}^{m} \right) \right) \\
& + 2\lambda_2 \sum_{i,j=1}^{|U_n|} w_{i,j}^{U} \left(\mathcal{A} \times_3 \left(\left(\boldsymbol{U}_{i;:}^{m} \right)^{\mathrm{T}} \boldsymbol{U}_{i;:}^{m} \right) - \mathcal{A} \times_3 \left(\left(\boldsymbol{U}_{i;:}^{m} \right)^{\mathrm{T}} \boldsymbol{U}_{j;:}^{m} \right) \right) \\
=& 0
\end{aligned} \tag{7-5-15}$$

我们可以得到

$$A_{i,j,k}=A_{i,j,k}\frac{(\mathcal{H}+\alpha\mathcal{A}_0+\lambda_1\mathcal{Q}+\lambda_2\mathcal{P})_{i,j,k}}{(\mathcal{G}+(\alpha+\beta)\mathcal{A}+\lambda_1\mathcal{U}+\lambda_2\mathcal{V})_{i,j,k}} \tag{7-5-16}$$

得到补全的张量 $\mathcal{A}$ 之后, 首先对其沿着用户模态和图像模态分别进行矩阵展开, 得到展开矩阵 $\boldsymbol{A}_{(3)}$ 和 $\boldsymbol{A}_{(2)}$; 然后, 利用与锚点单元关联的补全标记预测非锚点图像的标记. 对于非锚点图像 $\boldsymbol{x}_i$, 假设与其关联的用户为 u_k, 与其关联的最近邻锚点单元数为 s, 基于 s 个最近邻锚点单元的标记, Tang 利用加权平均策略预测 $\boldsymbol{x}_i$ 的标记向量 $\boldsymbol{y}_i$[7]:

$$\boldsymbol{y}_i=\frac{\gamma\boldsymbol{S}^m_{i;\langle i\rangle}\left(\boldsymbol{A}_{(3):,\langle i\rangle}\right)^{\mathrm{T}}+(1-\gamma)\boldsymbol{U}^m_{k;\langle k\rangle}\left(\boldsymbol{A}_{(2):,\langle k\rangle}\right)^{\mathrm{T}}}{s} \tag{7-5-17}$$

其中 $\langle i\rangle$ 是 $\boldsymbol{x}_i$ 的 s 个最近邻锚点图像的指标集, $\langle k\rangle$ 是与这 s 个最近邻锚点图像关联的用户集.

基于上述分析, 基于社交锚点单元图正则化的大规模图像重标记算法 SUGAR 的详细步骤如算法 7-7 所示.

算法 7-7 SUGAR 算法

输入: 原始非锚点张量 $\mathcal{T}$, 原始锚点张量 $(\mathcal{Y}^i)^{t+1}$, 邻接矩阵 $\boldsymbol{T}$, $\boldsymbol{I}^m$, $\boldsymbol{U}^m$, $\boldsymbol{W}^I$, $\boldsymbol{W}^U$, 参数 α, β, λ_1, λ_2, 最大迭代次数 $T_{\max}$.

输出: 完全锚点张量 $\mathcal{A}$.

初始化张量 $\mathcal{A}^{(0)}$.

For $t=1,2,\cdots,T_{\max}$

  根据 (7-5-16) 计算 $\mathcal{A}^{(t)}$;

  If $\|\mathcal{A}^{(t)}-\mathcal{A}^{(t-1)}\|_F\leqslant \text{tol}$, **then break**;

End For

Return $\mathcal{A}=\mathcal{A}^{(t)}$.

参 考 文 献

[1] Sang J T, Xu C S, Lu D Y. Learn to personalized image search from the photo sharing websites. IEEE Transactions on Multimedia, 2012, 14(4): 963-974.

[2] 廖志芳, 李玲, 刘丽敏, 等. 三部图张量分解标签推荐算法. 计算机学报, 2012, 35(12): 2625-2632.

[3] Zhang Y, Chen M, Mao S W, et al. CAP: Community activity prediction based on big data analysis. IEEE Network, 2014, 28(4): 52-57.

[4] 邹本友, 李翠平, 谭力文, 等. 基于用户信任和张量分解的社会网络推荐. 软件学报, 2014, 25(12): 2852-2864.

[5] Yao L, Sheng Q Z, Qin Y, et al. Context-aware point-of-interest recommendation using tensor factorization with social regularization. The 38th International ACM SIGIR Conference on Research and Development in Information Retrieval (SIGIR'15), 2015: 1007-1010.

[6] 王守辉, 于洪涛, 黄瑞阳, 等. 基于模体演化的时序链路预测方法. 自动化学报 2016, 42(5): 735-745.

[7] Tang J H, Shu X B, Li Z C, et al. Social anchor-unit graph regularized tensor completion for large-scale image retagging. IEEE Transactions on Pattern Analysis and Machine Intelligence, 2019, 41(8): 2027-2034.

[8] Hamdi S M, Angryk R. Interpretable feature learning of graphs using tensor decomposition. IEEE International Conference on Data Mining (ICDM), 2019: 270-279.

[9] Cai L Q, Wen W, Wu B, et al. A coarse-to-fine user preferences prediction method for point-of-interest recommendation. Neurocomputing, 2021, 422:1-11.

[10] Ye M, Yin P, Lee W, et al. Exploiting geographical influence for collaborative point-of-interest recommendation. The 34th International ACM SIGIR Conference on Research and Development in Information Retrieval, 2011: 325-334.

[11] He J, Li X, Liao L J, et al. Inferring a personalized next point-of-interest recommendation model with latent behavior patterns. The 30th AAAI Conference on Artificial Intelligence(AAAI), 2016: 137-143.

[12] Acar E, Nilsson M, Saunders M. A flexible modeling framework for coupled matrix and tensor factorizations. The 22nd European Signal Processing Conference (EUSIPCO), 2014: 111-115.

[13] Almutairi F M, Sidiropoulos N D, Karypis G. Context-aware recommendation-based learning analytics using tensor and coupled matrix factorization. IEEE Journal of Selected Topics in Signal Processing, 2017, 11(5): 729-741.

[14] Bahargam S, Papalexakis E E. Constrained coupled matrix-tensor factorization and its application in pattern and topic detection. IEEE/ACM International Conference on Advances in Social Networks Analysis and Mining (ASONAM), 2018: 91-94.

[15] Ying Y K, Chen L, Chen G C. A temporal-aware POI recommendation system using context-aware tensor decomposition and weighted HITS. Neurocomputing, 2017, 242: 195-205.

[16] Yang D Q, Zhang D Q, Zheng V W, et al. Modeling user activity preference by leveraging user spatial temporal characteristics in LBSNs. IEEE Transactions on Systems, Man, and Cybernetics, 2015, 45 (1): 129-142.

[17] Bao J, Zheng Y, Wilkie D, et al. Recommendations in location-based social networks: A survey. Geoinformatica, 2015, 19 (3): 525-565.

[18] Liu X, Liu Y, Aberer K, et al. Personalized point-of-interest recommendation by mining users' preference transition. The 22nd ACM International Conference on Information & Knowledge Management, 2013: 733-738.

[19] Si Y L, Zhang F Z, Liu W Y. CTf-ARA: An adaptive method for POI recommendation based on check-in and temporal features. Knowledge-Based Systems, 2017, 128(15): 59-70.

[20] Li X, Jiang M M, Hong H T, et al. A time-aware personalized point-of-interest recommendation via high-order tensor factorization. ACM Transactions on Information Systems, 2017, 35(4): 31-59.

[21] Zhou F, Yin R Y, Zhang K P, et al. Adversarial point-of-interest recommendation. The World Wide Web Conference, 2019: 3462-3468.

[22] 席裕庚. 大系统控制论与复杂网络—探索与思考. 自动化学报, 2013, 39(11): 1758-1768.

[23] 陆浩, 王飞跃, 刘德荣, 等. 基于科研知识图谱的近年国内外自动化学科发展综述. 自动化学报, 2014, 40(5): 994-1015.

[24] Milo R, Shenorr S, Itzkovitz S, et al. Network motifs: Simple building blocks of complex networks. Science, 2002, 298(5594): 824-827.

[25] Adomavicius G, Tuzhilin A. Toward the next generation of recommender systems: A survey of the state-of-the-art and possible extensions. IEEE Trans. on Knowledge and Data Engineering, 2005, 17: 734-749.

[26] Wang L C, Meng X W, Zhang Y J. Context-aware recommender systems. Journal of Software, 2012, 23(1): 1-20.

[27] Sherchan W, Nepal S, Paris C. A survey of trust in social networks. ACM Computing Surveys (CSUR), 2013, 45(4): 47.

[28] Singh S, Bawa S. A privacy, trust and policy based authorization framework for services in distributed environments. International Journal of Computer Science, 2007, 2(2): 85-92.

[29] Ruohomaa S, Kutvonen L. Trust management survey. The 3rd International Conference on Trust Management, 2005: 77-92.

[30] Gilbert E, Karahalios K. Predicting Tie strength with social media. The SIGCHI Conference on Human Factors in Computing Systems, 2009: 211-220.

[31] Zarghami A, Fazeli S, Dokoohaki N, et al. Social trust-aware recommendation system: A T-index approach. The 2009 IEEE/WIC/ACM International Joint Conference on Web Intelligence and Intelligent Agent Technology, 2009: 85-90.

[32] Xiang R, Neville J, Rogati M. Modeling relationship strength in online social networks. The 19th International Conference on World Wide Web, 2010: 981-990.

[33] Ma H, King I, Lyu M R. Learning to recommend with social trust ensemble. The 32nd International ACM SIGIR Conference on Research and Development in Information Retrieval, 2009: 203-210.

[34] De Lathauwer L, De Moor B, Vandewalle J. A multilinear singular value decomposition. SIAM Journal on Matrix Analysis and Applications, 2000, 21(4): 1253-1278.

[35] Symeonidis P, Nanopoulos A, Manolopoulos Y. A unified framework for providing recommendations in social tagging systems based on ternary semantic analysis. IEEE

Transactions on Knowledge and Data Engineering, 2010, 22(2): 179-192.

[36] 许海玲, 吴潇, 李晓东, 等. 互联网推荐系统比较研究. 软件学报, 2009, 20(2): 350-362.

[37] Hofmann T. Latent semantic models for collaborative filtering. ACM Transactions on Information Systems, 2004, 22(1): 89-115.

[38] Cohn D, Hofmann T. The missing link: A probabilistic model of document content and hypertext connectivity. The 13th International Conference on Neural Information Processing Systems (NIPS), 2000, 430-436.

[39] Mika P. Ontologies are us: A unified model of social networks and semantics. Journal of Web Semantics, 2007, 5(1): 5-15.

[40] Cai Y Z, Zhang M, Luo D J, et al. Low-order tensor decompositions for social tagging recommendation. Proceedings of the 4th ACM International Conference on Web Search and Data Mining (WSDM'11), 2011: 695-704.

[41] Wang M, Ni B B, Hua X S, et al. Assistive tagging: A survey of multimedia tagging with human-computer joint exploration. ACM Computing Surveys, 2012, 44(4): Article 25: 1-24.

[42] Li X R, Uricchio T, Ballan L, et al. Socializing the semantic gap: A comparative survey on image tag assignment, refinement, and retrieval. ACM Computing Surveys, 2017, 49(1): Article 14: 1-39.

[43] Wu L, Jin R, Jain A K. Tag completion for image retrieval. IEEE Transactions on Pattern Analysis and Machine Intelligence, 2013, 35(3): 716-727.

[44] Liu D, Hua X S, Wang M, et al. Image retagging. The 18th ACM International Conference on Multimedia, 2010: 491-500.

[45] Yang Y, Huang Z, Shen H T, et al. Mining multi-tag association for image tagging. World Wide Web, 2011, 14: 133-156.

[46] Chen M M, Zheng A, Weinberger K Q. Fast image tagging. The 30th International Conference on Machine Learning (ICML), 2013: 1274-1282.

[47] Li Z C, Tang J H, Mei T. Deep collaborative embedding for social image understanding. IEEE Transactions on Pattern Analysis and Machine Intelligence, 2019, 41(9): 2070-2083.

[48] Li Z C, Tang J H. Weakly supervised deep matrix factorization for social image understanding. IEEE Transactions on, Image Processing, 2017, 26(1): 276-288.

[49] Lin Z J, Ding G G, Hu M Q, et al. Image tag completion via image-specific and tag-specific linear sparse reconstructions. IEEE Conference on Computer Vision and Pattern Recognition (CVPR), 2013: 1618-1625.

[50] Li X, Zhang Y J, Shen B, et al. Image tag completion by low-rank factorization with dual reconstruction structure preserved. IEEE International Conference on Image Processing, 2014: 3062-3066.

[51] Sang J T, Xu C S, Liu J. User-aware image tag refinement via ternary semantic analysis. IEEE Transactions on Multimedia, 2012, 14(3): 883-895.

[52] Rafailidis D, Axenopoulos A, Etzold J, et al. Content-based tag propagation and tensor factorization for personalized item recommendation based on social tagging. ACM Transactions on Interactive Intelligent Systems, 2014, 3(4): Article 26.

[53] Zhu G Y, Yan S C, Ma Y. Image tag refinement towards low-rank, content tag prior and error sparsity. The 18th ACM International Conference on Multimedia, 2010: 461-470.

[54] Xu X, He L, Lu H M, et al. Non-linear matrix completion for social image tagging. IEEE Access, 2017, 5: 6688-6696.

[55] Li X, Shen B, Liu B D, et al. A locality sensitive low-rank model for image tag completion. IEEE Transactions on Multimedia, 2016, 18(3): 474-483.

[56] Feng Z Y, Feng S H, Jin R, et al. Image tag completion by noisy matrix recovery. European Conference on Computer Vision, 2014: 424-438.

[57] Sang J T, Liu J, Xu C S. Exploiting user information for image tag refinement. The 19th ACM International Conference on Multimedia, 2011: 1129-1132.

[58] Tang J H, Shu X B, Qi G J, et al. Tri-clustered tensor completion for social-aware image tag refinement. IEEE Transactions on Pattern Analysis and Machine Intelligence, 2017, 39(8): 1662-1674.

[59] Deng C, Ji R R, Liu W, et al. Visual reranking through weakly supervised multi-graph learning. IEEE International Conference on Computer Vision (ICCV), 2013: 2600-2607.

[60] Liu W, He J F, Chang S F. Large graph construction for scalable semi-supervised learning. The 27th International Conference on Machine Learning (ICML), 2010: 679-686.

[61] Liu W, Wang J, Chang S F. Robust and scalable graph-based semisupervised learning. Proceedings of the IEEE, 2012, 100(9): 2624-2638.

[62] Kim S, Choi S. Multi-view anchor graph hashing. IEEE International Conference on Acoustics, Speech, and Signal Processing (ICASSP), 2013: 3123-3127.

[63] Wang M, Fu W J, Hao S J, et al. Scalable semi-supervised learning by efficient anchor graph regularization. IEEE Transactions on Knowledge and Data Engineering, 2016, 28(7): 1864-1877.

[64] Wang M, Fu W J, Hao S J, et al. Learning on big graph: Label inference and regularization with anchor hierarchy. IEEE Transactions on Knowledge and Data Engineering, 2017, 29(5): 1101-1114.

[65] Xiong Y J, Liu W, Zhao D L, et al. Face recognition via archetype hull ranking. IEEE International Conference on Computer Vision (ICCV), 2013: 585-592.

[66] Xu B, Bu J J, Chen C, et al. EMR: A scalable graph-based ranking model for content-based image retrieval. IEEE Transactions on Image Processing, 2015, 27(1): 102-114.

[67] Wu Y W, Pei M T, Yang M, et al. Robust discriminative tracking via landmark-based label propagation. IEEE Transactions on Image Processing, 2015, 24(5): 1510-1523.

[68] Lin D K. Using syntactic dependency as local context to resolve word sense ambiguity. The 35th Annual Meeting of the Association for Computational Linguistics, 1997: 64-71.

索　引

W

X

Y

Z

其他

“统计与数据科学丛书”已出版书目

1　智能计算中的算法、原理和应用　沈世镒 著　2020年5月
2　多水平模型及其在经济领域中的应用（第二版）石磊　向其凤　陈飞 著　2020年12月
3　应用非参数统计（第二版）　薛留根 编著　2021年5月
4　多元统计分析　李高荣　吴密霞 编著　2021年9月
5　张量学习理论及其应用　杨晓伟　郝志峰　何丽芳 著　2023年9月